U0162040

关键信息基础设施安全保护系列丛书

本书由网络安全应急技术国家工程实验室指导翻译

# Cyber Security
## Critical Infrastructure Protection

# 网络安全
## 关键基础设施保护

主编　［芬］马蒂·莱赫托（Martti Lehto）
　　　［芬］佩卡·内塔安梅基（Pekka Neittaanmäki）

译　　李　野　何跃鹰　鲍旭华

电子工業出版社
**Publishing House of Electronics Industry**
北京·BEIJING

First published in English under the title
Cyber Security: Critical Infrastructure Protection
edited by Martti Lehto and Pekka Neittaanmäki
Copyright © Martti Lehto and Pekka Neittaanmäki, 2022
This edition has been translated and published under licence from
Springer Nature Switzerland AG.
本书简体中文版专有翻译出版权由 Springer Nature 授予电子工业出版社在中华人民共和国境内
（不包含香港特别行政区、澳门特别行政区和台湾地区）销售。专有出版权受法律保护。
版权贸易合同登记号 图字：01-2022-6390

图书在版编目（CIP）数据

网络安全：关键基础设施保护／（芬）马蒂·莱赫托，（芬）佩卡·内塔安梅基主编；李野，何跃
鹰，鲍旭华译. —北京：电子工业出版社，2023.12
（关键信息基础设施安全保护系列丛书）
书名原文：Cyber Security: Critical Infrastructure Protection
ISBN 978-7-121-46925-1

Ⅰ. ①网…　Ⅱ. ①马…　②佩…　③李…　④何…　⑤鲍…　Ⅲ. ①计算机网络—网络安全
Ⅳ. ①TP393.08

中国国家版本馆 CIP 数据核字（2023）第 241731 号

责任编辑：孙杰贤　　文字编辑：底　波
印　　刷：三河市兴达印务有限公司
装　　订：三河市兴达印务有限公司
出版发行：电子工业出版社
　　　　　北京市海淀区万寿路 173 信箱　邮编 100036
开　　本：720×1 000　1/16　印张：23.25　字数：520.8 千字
版　　次：2023 年 12 月第 1 版
印　　次：2023 年 12 月第 1 次印刷
定　　价：118.00 元

# 出 版 说 明

信息时代，关键信息基础设施的重要性毋庸置疑。现代社会深度依赖数字技术和互联网连接，关键基础设施支撑着政府运转、企业生产经营和民众的日常生活。对关键信息基础设施的保护，不仅关系到国家安全和经济稳定，还会直接影响财产数据安全和个人隐私。有效的保护措施不仅需要技术方案，还需要政策法规和全球协作，通过保护措施可以确保网络和数据的安全，防止潜在的网络攻击、数据泄露和服务中断，从而维护社会的稳定和繁荣。

信息技术的快速发展和网络全球化意味着各种威胁也会跨越国界，在我国关键信息基础设施保护探索和实践中，借鉴国际相关经验至关重要。"他山之石，可以攻玉"，通过学习其他国家和组织在关键信息基础设施保护方面的最佳实践和经验，可以使我们更好地应对不断演进的威胁，提高我们的安全防御能力，以确保网络的弹性和可靠性，同时也促使我们更加重视国际协作和信息共享，以应对全球性的网络威胁。

本丛书的目的就是介绍关键信息基础设施保护的制度、原理、技术、框架、模型、体系、规则、标准和最佳实践，归纳国际的实际通行做法与先进经验，为进一步做好我国关键信息基础设施安全保护提供借鉴。丛书由一册总论和若干分册组成：总论针对关键信息基础设施保护概念、范畴、规范等共性内容进行讨论；分册将重点对电力、金融等多个不同行业的个性场景、需求和最佳实践提供分析和借鉴。

本丛书的阅读对象包括关键信息基础设施保护领域的从业者，政府机构和监管部门管理者，企业高管、风险管理人员和安全专家，学术界和研究人员，以及对信息安全和基础设施保护感兴趣的读者。

本丛书的独特之处在于将理论与实践融为一体，为读者提供全面的理论指导和丰富的实践案例。每本书都由领域内的国际权威专家撰写，结合最新的趋势、案例研究和最佳实践，为读者提供高质量的内容。本丛书由电子工业出版社华信研究院网络技术应用研究所与深信服产业研究院共同策划引进，并邀请国内网络安全行业知名专家和学者领衔翻译。华信研究院网络技术应用研究所所长冯锡平博士牵头策划了本系列丛书，协调了丛书的出版工作，并参与了部分章节及个别重要段落的翻译或校对工作。姜红德等人参与了图书出版流程和部分编辑加工工作，为丛书顺利出版提出了一些有益的建议。北京中外翻译咨询有限公司翻译人员吴珏奇参与了本书的文字翻译工作。

本丛书属于引进版权图书，为了遵守版权引进协议，同时也为了保持原著图书的风格，我们保留了原著外文图书的参考文献引用规范和出现顺序。同时，由于部分图书的个别文献引自国外网页，存在链接动态更新的可能性，为方便核查更新参考文献，我们调整了将大段参考文献置于章末的传统做法，并在各章末设置二维码，方便读者通过"扫一扫"功能查阅本章参考文献。读者也可以"扫一扫"下面的二维码查阅原著图书的部分彩图和表。

由于时间仓促，出版中的疏漏、错误之处在所难免，敬请各位专家和读者批评指正，以便在日后修改完善。

# 序 一

数字经济已经成为我国社会经济发展的重要驱动力。在新型信息技术的支持下，各行各业的生产效率大幅提升，生产模式不断转变，产品质量得到优化。同时，新冠疫情的威胁加深了人们对数字化和网络化的依赖，数字空间和物理空间的联系与影响也越来越密切。在这样的背景下，关键基础设施成为支撑数字空间和物理空间有序运行的基石和底座，其重要性不言而喻。然而，网络不法分子越来越频繁地对关键基础设施发起攻击。这种破坏不仅影响了网络空间，还可能对物理空间造成巨大的损失。因此，保护关键基础设施已经迫在眉睫。

2021 年 8 月 17 日，我国发布了《关键信息基础设施安全保护条例》（以下简称《条例》），这是我国第一部专门针对关键基础设施安全保护工作的行政法规。它为开展关键基础设施安全保护工作提供了基本遵循，对维护国家安全、保障经济社会健康发展、维护公共利益和公民合法权益具有重大意义。《条例》是关键基础设施安全保护工作的一个很好的开始，但还有很多问题需要探究。实际上，国际关键基础设施保护工作已经进行了二十多年，有的问题被反复提出和研讨了很多次依然没有最终结论，但这些视角和观点已经为我们提供了很多启发。在国际研讨中，有三个问题被反复提及：第一，关键基础设施的范畴到底是什么？从国家安全、社会治理和军事领域的角度来看，答案可能会因不同国家和视角而异。第二，不同行业和场景中的关键基础设施有什么相同点和不同点？例如，电力、通信、交通、医疗、海事、民航等领域都具有独特的特点和环境。第三，哪些安全技术是更适合关键基础设施保护的共性技术，应该大力研发和推广？本书的结构也按照这三个问题进行划分，尝试从这几个方面探讨解决问题的思路。

第一个问题是，什么是关键基础设施？或者说，关键基础设施包括哪些内容？这个问题初看起来似乎非常简单——重要的系统不就应该是关键基础设施吗？但是仔细想一想就会发现，不同的社会角色对这个问题的答案及思考这个问题的角度都是不同的。行政官员需要从社会和政治影响的角度考虑问题，军人则会考虑这些系统是否可以成为攻击或防御的目标，企业经营者则看重成本和危险，普通居民则关心对日常生活的影响。正如俗话所说，"一千个人眼中有一千个哈姆雷特"。本书的第一部分名为"数字社会"，包括第 1 章到第 6 章，从不同的视角探讨了关键基础设施保护对于数字社会的意义、价值和影响，包括攻击、防御、法规、社会、心理、军事等方面。第 1 章从攻击者的角度切入，阐述了针对关键基础设施的网络安全威胁的动机、漏洞和攻击向量，并列举了不同行业遭遇的网络攻击真实案例。第 2 章介绍了在线网络安全演练，这是建立和提升网络安全防护能力最直接有效并被广泛采用的一种方式。第 3 章介绍了网络安全法律法规。第 4 章从将个人视为信息系统的一部分，探讨了数字化对人心理的正面和负面影响，以及当个体成为网络攻击受害者时如何增强抵抗的韧性。第 5 章探讨了占人群四分之一的存在某种精神障碍的个体，面对网络攻击时的不同反应。第 6 章从军事角度讨论了军队在战争中如何运用网络武器获得更大的军事价值。

第二个问题是，不同行业关键基础设施的差异是什么？每个行业的环境不同、需求不同，需要达成的安全目标，以及采用的安全方法也就不同。例如，医疗行业涉及大量患者的个人信息和健康信息，所以数据安全和隐私保护非常重要；电力行业的系统规模大、分布广、复杂度高，安全性和高可靠性就更受重视；海事部门要考虑船舶、港口和卫星之间的通信，且具有较高的连通性，所以需要更高的容错和弹性能力；民航领域的安全实施与落地，则需要达成共识的国际标准规划做指导。本书的第二部分名为"关键基础设施保护"，包括第 7 章到第 15 章，主要从行业角度论述了关键基础设施的保护需求、方法和思路。第 7 章将智慧城市的社会结构分为六部分，建立了相应的模型来讨论基础设施安全。第 8 章讲述了医疗保健系统中的网络安全。第 9 章讨论了电力系统中的网络安全。第 10 章讨论了全球海事系统（包括船只、港口及其他元素等）中的网络安全问题。第 11 章重点介绍了五种针对关键基础设施的比较新颖的攻击类型，以及对应的防御机制。第 12 章以芬兰为例，讨论了应对新冠病毒的国家网络威胁预防机制。第 13 章介绍了民航领域的信息安全治理。第 14 章探讨了智慧城市中与技术发展伴随产生的网络安全伦理问题。第 15 章探讨了数字版权保护这一特殊场景的网络安全问题，介绍了 TrulyProtect 团队在这一领域的技术探索。

第三个问题是，如何保障关键基础设施的安全？在此过程中，需要确定哪些技术方法可以被广泛采用，哪些方法适用于特定场景。随着物联网、软件定义网络、无线网络和移动网络等专用领域逐渐融入通用场景，各自的安全性会互相影响。恶意软件和检测软件之间的斗争可以说是安全领域中最古老、持续时间最长的技术对抗之一。本书第三部分名为"计算方法和应用"，包括第 16 章到第 21 章，介绍了几种用于关键基础设施领域的网络安全技术。第 16 章基于 Mosca 定理，提出了一种面向物联网协议安全的量子威胁风险管理模型。第 17 章基于零信任网络模型和软件定义网络及网络功能虚拟化技术，建立了一个智能防御框架原型。第 18 章探讨了固件和无线技术的不安全性，并着重分析了航空 ADS-B 系统、远程爆炸物和机器人武器的无线触发系统，以及物理安全应用的视频监控系统。第 19 章讨论了智能手机攻击向量的影响、危害和潜在攻击动机，提出了物理武器化技术的缓解措施。第 20 章讨论了现代计算机检测规避技术，特别是针对虚拟机管理程序的隐形恶意程序和对应检测程序之间的绕过和反绕过对抗。第 21 章从恶意软件的静态和动态分析技术角度，描述了恶意软件检测与规避检测两个技术研究阵营之间的军备竞赛的演进变化。

总之，关键基础设施的保护是国家安全的重要组成部分，必须引起足够的重视。

而要做好这项工作，需要一个长期的、持续的过程。随着内部因素和外部环境的不断变化，关键基础设施的内涵、外延、理论和方法都需要与时俱进，不断创新。本书为我们提供了很好的参考和借鉴，但是想要将其转化为适用于我国的积极有效的措施和方式，依然需要大量的探索工作。因此，希望网络安全行业的从业者和研究者能为此做出自己的贡献。只有大家共同努力，才能更好地保护我们国家的关键基础设施安全，确保国家安全和社会稳定。

冯登国

中国科学院院士

# 序　二

近年来，对于国际社会，关键基础设施承载着越来越多网络和物理世界的关键支点，已经成为各国政府关注的焦点。"没有网络安全就没有国家安全"，关键基础设施网络的安全性作为保障国家安全和经济发展的重要组成部分，其重要性毋庸置疑。因此，我国在关键基础设施保护方面，一方面，需要积极借鉴国际先进经验，减少不必要的曲折过程；另一方面，需要结合我国独特的国情，探索适合我国的体系、方法和路径。中美两国在关键基础设施保护方面的探索具有多个相似之处，经历了持续聚焦、不断迭代和不断完善的过程。这一过程大致可以划分为四个阶段：定目标、划范围、建体系和强制性。

以中美为例，政府都认识到关键基础设施保护的重要性，但在政治、经济和文化等方面存在巨大差异，关键基础设施的概念、范畴、视角也不尽相同。《网络安全：关键基础设施保护》对关键基础设施保护的概念范畴、行业特点和技术方法进行介绍，基于各国的经验，具有很好的借鉴意义，能够让读者更好地理解两国在网络安全领域面临的挑战和机遇。可以预见，无论是中国还是美国，关键基础设施保护工作都将在未来很多年持续不断地演进和发展，两国之间既有竞争又有合作。前人的努力为关键基础设施的安全保障奠定了基石和框架，但这只是一个起点。未来的道路仍然很漫长，希望我国的网络安全事业能够代代相传，继续创造辉煌。

何德全

中国工程院院士

# 序　三

　　欲筑室者，先治其基。关键基础设施关系国计民生、国家安全，是经济社会运行的神经中枢，也是网络安全防护的重中之重。随着新一代信息技术快速迭代，网络空间与现实社会紧密连接，数字世界与物理世界加速融合，关键基础设施安全成为以新安全格局保障新发展格局的重要一环，对加快建设网络强国、数字中国意义重大。

　　百年未有之大变局加速演进，深刻影响网络空间治理格局，网络安全泛在化、网络空间军事化态势加速。国家行为体成为威胁关键基础设施安全的"新主体"，黑客攻击、有组织网络犯罪、网络恐怖主义等非传统威胁与传统威胁相互渗透，定向攻击、勒索软件攻击、供应链攻击等网络攻击手段不断升级，关键基础设施面临的网络安全威胁和风险日益严峻。

　　聪者听于无声，明者见于未形。以人工智能、量子计算等为代表的新技术，在悄然改变游戏规则、引发产业变革的同时，成为可能颠覆网络安全态势的潜在推手。在此背景下，紧跟技术发展趋势，着力加强技术创新成为保障关键基础设施安全的重点。哪些新兴技术带来何种新安全风险，哪些技术方法可以适用于特定安全场景，成为化解关键基础设施安全风险的重要路径。

　　他山之石，可以攻玉。《网络安全：关键基础设施保护》一书阐述了关键基础设施保护的概念范畴、行业特点，探讨了移动互联网、物联网、无线通信和基于软件定义网络新兴场景下的关键基础设施网络安全问题，介绍了协议安全、零信任、虚拟化安全以及恶意软件检测等关键技术，为我们开展关键基础设施保护提供了很好的参考和借鉴。

　　当前，我国正从网络大国向网络强国阔步迈进。新征程上，构建大网络安全工作格局、筑牢国家网络安全屏障任重道远。我们要坚定不移地贯彻总体国家安全观，统筹发展，坚持创新驱动、自立自强，把握网络空间安全发展新趋势，加强关键基础设施安全领域技术创新，提升关键基础设施安全保障能力，以网络强国建设新成效为全面建设社会主义现代化国家、全面推进中华民族伟大复兴做出新贡献。

黄殿中

中国工程院院士

# 原　著　序

随着全球经济日益走向网络化，保障和确保网络上信息流的安全成为重中之重。目前，大多数网络都是依靠不断检索漏洞和部署补丁来维持安全的。然而，在通过补丁修复现有漏洞后，后续版本的发布还会带来新的漏洞，甚至补丁本身也会带来新的漏洞。本书拟定的网络防御组合主要通过各种方法来改变这一现状，如异质性、形式化证明方法、安全代码生成和自动化。探索网络攻击方法对于扩展和了解防御工作而言是至关重要的。

对国家和个人构成重大网络威胁的威胁源有很多。在过去数年，国家黑客组织的规模日益扩大，黑客技术不断发展，他们已渗透到防御良好的网络，同时窃取和破坏敏感数据。我们可预见的是，网络威胁可能会更加肆意蔓延。要想制定合理对策，第一步就是了解问题的性质，这也是编写本书的目的。

在过去的 50 年中，用于保障（关键）基础设施安全的标准方法，即所谓的"墙和门"，已经不再有效。我们不再有理由相信，在可信与不可信的组件之间建立阻断的系统以及基于政策的身份验证手段能够抵御未来的网络攻击。在安全方面，那些被广泛使用的基于规则的传统检测方法，如防火墙、基于签名/规则的入侵检测系统（IDS）和入侵防御系统（IPS）以及杀毒软件，已不再适用于检测新的且复杂的恶意软件。恶意软件会伪装成合法的数据流，并渗透市面上的每一款最先进的商业性防御产品。在当前数据快速增长的时代，抵御网络攻击/渗透变得更为关键，且需要更加精妙的方法。

阿米尔·阿弗布赫教授

特拉维夫大学　计算机科学学院

以色列特拉维夫

2021 年 7 月

# 前　言

在网络世界，关键基础设施（CI）面临着最为重大的威胁。关键基础设施中所包含的架构和功能，对社会的不间断运转而言至关重要。它们由实体设施和架构以及电子功能和服务组成。

当我们从战术、技术和程序（TTP）的角度探究行为体的行为时，我们会发现只有采用多学科的科学计算方法，才能制定网络攻击的现代化有效对策。战术是对行为的最广义描述，技术是在战术基础上对行为的更详细描述，而程序是在技术基础上对行为的最狭义、最详细描述。计算科学是解决网络安全挑战的一项重要工具。

在本书的编辑过程中，我们筛选了一些投稿人，他们从广泛的角度分享了对关键基础设施网络安全的看法。本书以关键基础设施保护为重点，包含了不同国家的研究人员和科学家所发现的最新研究成果。各章节描述了这些研究人员和科学家的重要贡献，他们对网络空间的问题和挑战进行了详细分析，并在各方面提供了新颖的解决方案。这些研究成果将促使网络安全界开展进一步研究。

本书的内容分为三部分。第一部分侧重于数字社会，其中介绍了关键基础设施和不同形式的数字化，如网络安全的战略重点、网络安全的法律问题、数字社会的公民以及网络安全培训。第二部分侧重于关键基础设施保护，其中探究了使用新技术来提高当前网络防御能力的可行性，并介绍了新技术带来的新挑战。第三部分侧重于网络环境中的计算方法和应用。

本书汇集了世界各国的学术研究人员，同时面向关键基础设施保护领域（包括关键基础设施环境和分析，以及医疗健康、电力系统、海事、航空和建筑环境等一些领域）的研究人员、技术专家和决策者的成果。本书还涉及某些社会观点，如信息影响和道德问题。本书从技术和计算方法的角度提出了网络安全解决方案。本书内的特邀文章均收集于各类网络安全和网络战争会议上提出的研究项目和论文。

作为编者，我们在此感谢助理研究员玛利亚·莱纳·兰塔莱宁在本书技术编辑方面的帮助。我们还要感谢米斯里·赛图女士，感谢瑞士施普林格自然股份公司的马亚拉·卡斯特罗女士在项目协调方面的努力，感谢 CIMNE 主管和"应用科学领域的计算方法"系列丛书主编欧亨尼奥·奥纳特教授在收集本书材料时的付出。

马蒂·莱赫托

佩卡·内塔安梅基

芬兰于韦斯屈莱

2021 年 7 月

# 目　　录

# 第1部分 数字社会

## 第1章 针对关键基础设施的网络攻击

**摘要**：在网络世界中，最大的威胁是针对关键基础设施的网络攻击。所谓关键基础设施（Critical Infrastructure，CI），是指支持社会正常运行的重要设施结构和功能服务，其中既包括信息类的电子功能和服务，也包括实体类的物理设施和结构。关键基础设施系统通常由各种动态的、交互的、非线性的元素异构组成。近年来，不法分子变得越来越专业，对关键基础设施、关键信息基础设施和互联网的攻击也变得更加频繁、复杂且具有针对性。通过侵入控制着各种物理过程的信息系统，破坏专用设备或扰乱关键的公共服务，攻击者不用进行物理攻击，就能干扰甚至摧毁物理基础设施。这些威胁变得错综复杂，难以应对。

**关键词**：关键基础设施；网络安全；系统中的系统（分散复杂系统）

## 1.1 引言

大多数国家对其关键基础设施都有详细的定义，包括对社会的重要性、相关的威胁、组成部分和涉及的行业，以及需要防护的范围。这些定义通常会公布在网络安全战略中。在大多数国家，这一定义经过多年演变，涵盖的基础设施范围也越来越广。各国定义基础设施的关键标准略有不同。大多数国家和机构使用跨领域标准的形式，涵盖对所有行业的所有基础设施的界定。

美国有 16 个关键基础设施部门[117]。美国将关键基础设施定义为：

国家关键基础设施是指对美国至关重要的物理系统、网络系统及资产，一旦瘫痪或遭到破坏就会对国家的物理安全、经济安全、公共健康和公共安全造成不利影响。美国的国家关键基础设施支撑着美国社会的基础服务[40]。

英国有 13 个关键基础设施部门。英国将关键基础设施定义为：

国家关键基础设施包括国家运行所必需的和日常生活所依赖的设施、系统、场所、信息、人员、网站和工序流程，还包括一些对维持基本服务来说并不重要的功能、场所和组织，但它们（如民用核设施与化工设施）在紧急情况下可能对公众构成潜在危险，所以需要进行保护[63]。

芬兰国家应急供应局将关键基础设施定义为：

关键基础设施包括对国家至关重要的设备、服务和信息技术系统，一旦瘫痪或遭到破坏就会危及国家安全、国民经济、公共健康和公共安全，以及中央政府的有效运作。芬兰确定了7个重要的社会职能和8个关键基础设施部门[82, 83]。

欧盟委员会绿皮书将关键基础设施定义为：

关键基础设施包括物质资源、服务、信息技术设施、网络和基础设施资产，一旦遭到破坏或摧毁，就会对公民健康、安全、经济和安全福祉，以及政府的有效运作产生严重影响[43]。

社会上的一部分关键基础设施，一旦遭到破坏或摧毁，将产生重大的跨领域影响。基础设施互联互通、相互依赖，从而产生跨领域、跨行业效应[50]。欧洲关键基础设施保护计划的目的是确保整个欧盟的关键基础设施具备充分的且同等水平的安全保护、最少的单点故障及快速可靠的恢复方案[44]。

一般来说，关键基础设施是指对国家至关重要的物理系统、网络系统和资产，一旦瘫痪或遭到破坏就会对国家的物理安全、经济安全、公共健康和公共安全造成严重影响。因此，国家关键基础设施支撑起社会的基本服务。图1.1说明了关键基础设施系统中存在的相互依赖关系，以及这些关系固有的潜在复杂性[103]。

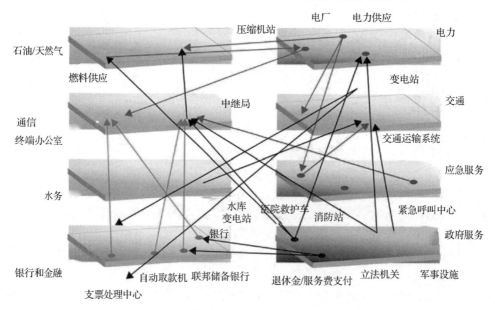

图 1.1 关键基础设施网络及其内在关系

保护关键基础设施有3个层面：政治、经济和技术。政治层面的保护来自不同国家在确保其关键基础设施系统和随之展开的合作方面的共同利益。政治层面的保护需要国家立法和国家安全的保障，以及围绕这两个话题展开的相关国际合作。国际合作致力于在一些需求相似的国家间寻求相似的解决办法。统一的安全立法和安全政策会促进技术合作，尤其是当几个国家共享基础设施时。经济层面的保护会影响那些所有受利益驱动的建造、持有、管理基础设施系统和装置的公司和企业。经济层面的保护也包括利益相关者之间公平分摊安全成本。技术层面的保护包括技术进步、技术应用，以及国家和企业在可能的中断期间为确保其关键基础设施运作而采用的所有实际解决方案和措施[72]。

在网络空间，关键国家基础设施的主要内容包括工业控制系统（Industrial Control System，ICS）、监控和数据采集（Supervisory Control and Data Acquisition，SCADA）系统、分布式控制系统（Distributed Control System，DCS）和运营技术（Operational Technology，OT），它们都是基础设施的主要组成部分。工业控制系统是监控和数据采集系统和分布式控制系统的总称。工业控制系统是虚拟命令在工业环境中产生物理现实的接口。监控和数据采集系统是这些工业控制系统的基础软件要素。工业控制系统及监控和数据采集系统为在整个系统中的传感器、工作站和其他网络设备之间提供实时的双向数据流。它们提供连续式和分布式的监测和控制。分布式控制系统是一种连接控制器、传感器、操作终端和执行器的过程控制系统。运营技术包括管理工业操作的计算机系统。通常为了提高效率和自动化水平，这些系统同样也支持业务过程中的人机界面和机对机界面。图 1.2 为工业控制系统（ICS）、数据采集与监控控制（SCADA）系统、分布式控制系统（DCS）和运营技术（OT）的所属关系[108,124]。

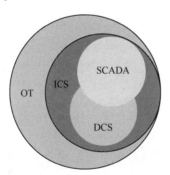

图 1.2　工业控制系统（ICS）、数据采集与监控控制（SCADA）系统、分布式控制系统（DCS）和运营技术（OT）的所属关系（由网络全公司 Securicon 于 2017 年制作）

## 1.2　针对关键基础设施的网络安全威胁

### 1.2.1　攻击者的动机

国际社会面对的网络攻击，规模不断扩大，日益复杂且成功率不断提高。随着电子信息数量和价值的增加，不法分子和其他破坏分子也变本加厉，他们把互联网当作一种更加隐匿、方便且有利可图的攻击方式。其中最需要关注的是有组织的网络攻击，因为这些攻击会对国家关键基础设施，对社会、经济及国家安全至关重要的功能造成削弱性破坏[84]。

我们很难界定网络空间的威胁，因为很难确定攻击来源及攻击动机，甚至在遭受攻击时很难预见攻击的进程。由于难以界定国家、国际、公共和私人利益的界限，识别网络威胁也变得更加复杂。由于网络空间中的威胁本质上是全球性的，且涉及快速发展的技术，因此应对它们的方式也在不断变化并愈加复杂[84]。

本节提出了一种基于攻击者动机的威胁模型。该模型中的所有威胁都适用于关键基础设施的资产。本节所提出的威胁分类方法主要包括针对信息与通信技术（Information and Communication Technology，ICT）系统、工业控制系统（ICS）和数据采集与监控控制（SCADA）系统资产的网络安全威胁。

最常见的一种威胁模型是基于动机因素的六级分类：

（1）网络破坏（Cyber Vandalism）；

（2）网络犯罪（Cyber Crime）；

（3）网络间谍活动（Cyber Espionage）；

（4）网络恐怖主义（Cyber Terrorism）；

（5）网络阴谋（Cyber Sabotage）；

（6）网络战（Cyber Warfare）。

按照分类学原则，以上威胁的动机可以从本质上简化为：

（1）利己主义；

（2）金钱；

（3）权力；

（4）瘫痪；

（5）摧毁。

该六级分类模型由邓恩·卡维尔蒂（Dunn Cavelty）的结构模型改编而来[4,42]。

**第1级：网络破坏**

网络破坏行为包括网络无政府主义、黑客攻击和黑客行动主义。黑客把干扰计算机系统视作一个愉快的挑战。而黑客行动主义者的攻击则是出于政治或意识形态动机。他们入侵他人计算机，破坏数据，将数据修改成那些侵略性的、令人尴尬的或荒谬的内容，而这种行为在某种程度上损害了受害者的权益。

**第2级：网络犯罪**

网络不法分子是指有意通过欺诈或出售有价值的信息来赚钱。欧洲共同体委员会将网络犯罪定义为："使用电子通信网络和信息系统或针对此类网络和系统实施的犯罪行为。"[45]

根据欧洲共同体委员会的定义，网络犯罪行为可分为以下三类。

（1）通过电子通信网络和信息系统实施的传统犯罪形式，如骚扰、威胁或欺诈。

（2）通过电子媒体发布非法内容，如儿童性虐待材料或煽动种族仇恨。

（3）电子网络所特有的犯罪行为，如网络攻击、拒绝服务攻击和黑客攻击。

网络犯罪是指将计算机或智能设备作为犯罪对象及（或）用于实施犯罪行为的犯罪。网络不法分子可能会利用某个设备访问用户的个人信息、机密商业信息、政府信息或使该设备瘫痪。

**第 3 级：网络间谍活动**

情报机构致力于为其公司、组织或国家获取经济、军事或政治利益。因此，网络间谍活动的定义是：一种通过在互联网、网络、程序或计算机上使用非法技术，旨在从个人、竞争对手、组织、政府和敌对方获得秘密信息（敏感信息、专有信息或机密信息），以获得政治、军事或经济利益的行为[87]。

**第 4 级：网络恐怖主义**

网络恐怖主义利用网络来攻击关键基础设施系统及其控制系统[6]。这类袭击的目的是造成破坏，引起公众的恐慌，并迫使政治领导层屈服于恐怖分子的要求。虽然网络恐怖袭击尚未发生，但"专门知识"水平的提高会让网络恐怖袭击越来越具备发生的可能性[115]。

**第 5 级：网络阴谋**

网络阴谋是指攻击者（国家行为人或受国家资助的团体）在战争开始前的行动或非战争军事行动（Military Operations Other Than War，MOOTW）。攻击旨在造成目标国家的动乱、测试己方网络进攻能力、准备混合行动或准备战争行动。"震网"（Stuxnet）行动就是一个例子。"震网"是一个恶意计算机蠕虫，专门攻击 SCADA 系统，曾对伊朗核电站造成了重大损失[116,128]。

**第 6 级：网络战**

网络战没有普遍认可的定义，它被用于描述国家行为者在网络空间的行动。网络战通常被定义为一种使用互联网技术对一个国家（民用或军用）数字基础设施进行攻击的战争行为。网络战本身需要国家之间处于战争状态，因为网络战争行动只是（海、陆、空、太空）军事行动的一部分。

在俄罗斯-格鲁吉亚战争期间，南奥塞梯、格鲁吉亚、俄罗斯和阿塞拜疆多家机构的众多网站遭到一连串网络攻击并因此瘫痪。这些攻击是在热战开始前三周展开的，被认为是历史上第一个与其他作战部门主要作战行动同步进行的协同网络空间领域攻击[71]。

网络威胁可以根据攻击者使用的技能进行以下分类[1]：

（1）由攻击技能较低或中等的个人使用容易获得的黑客工具形成的非组织性威胁；

（2）由了解系统漏洞且能够理解、开发并利用代码和脚本（网络武器）的人形成的组织化威胁。

## 1.2.2 漏洞

美国国土安全部称，影响关键基础设施的风险环境是复杂且不稳定的，因此，关键基础设施系统之间的相互依赖加深，尤其是对信息与通信技术的依赖加深，会增加网络威胁的潜在漏洞，以及基础系统或网络受侵害导致的潜在后果。世界互联日益紧密，关键基础设施也跨越国界，贯穿全球供应链，而随着这些相互依赖关系的加深，以及利用这种关系制造威胁能力的增强，其潜在影响也会增大[35]。

将基于 ICS/DCS/SCADA 的网络物理系统应用到关键基础设施中会带来一些好处，但同时会给系统运营商和社会带来一系列新的漏洞和风险。

网络世界中的威胁、漏洞和风险形成一个相互交织的整体。在现实世界中，那些有价值的实物、某些权限或其他非物质权利需要保护和保障。威胁是指一种可能发生的网络有害事件。威胁的程度表示其发生概率。漏洞可以定义为"系统、设备或其设计中可利用的弱点或缺陷，允许威胁代理或威胁行为人执行命令、访问未经授权的数据及（或）执行分布式拒绝服务（Distributed Denial of Service，DDoS）攻击"[8]。系统安全程序、软件应用程序、政策，以及合规性方面的弱点都有可能造成漏洞。漏洞是系统固有的弱点，它会使事件发生的概率增大或后果加剧。

漏洞可存在于[85]：

- 人们的行为中；
- 流程中；
- 技术中。

人们喜欢点击所有的链接。

网络安全威胁时常是由员工的错误造成的。卡巴斯基实验室的报告称，云环境中90%的数据泄露事件是由员工失误导致的，而员工往往是社会工程战术的受害者[69]。因此，人类行为通常是网络安全中最薄弱的一环。

流程是有效实施网络安全战略的关键。流程在规定怎样利用组织的活动、角色和文档来降低组织信息的风险上至关重要。除此之外，流程漏洞还包括缺乏书面的安全政策和监管政策、缺乏安全意识和培训、对安全政策的遵守不力、缺乏访问控制，以及没有灾难/应急预案。

网络安全流程的主要目标是保护组织信息资产的机密性、完整性和可用性[69]，但如果人们没有正确地遵守流程，它将形同虚设[52]。

技术解决方案可以防止网络漏洞导致的网络风险，但技术本身也包含漏洞（硬件方面和软件方面）。因此，技术漏洞也给系统带来了安全漏洞。

软件漏洞是指程序编码、配置或管理中的程序故障。程序可以是一个算法、应用程序、操作系统，或者浏览器和控制软件，如通信协议和设备驱动。黑客利用软件中的漏洞，迫使系统允许他们访问未经授权的数据，执行恶意代码，获得远程控制，或者导致系统扩散病毒，增大感染规模。卡内基梅隆大学的 CyLab 可持续计算机联盟估计，"商业软件中每 1000 行代码就有 20～30 个代码错误"[18]。Applied Visions 公司估计，每年有 1110 亿行新的软件代码，其中包含数十亿个漏洞[18]。

硬件漏洞是计算机系统中的一种可利用的缺陷，利用它可以通过远程或物理访问系统硬件的方式实施攻击。硬件漏洞很难识别出来。2018 年 1 月，两个名为"熔断"（Meltdown）和"幽灵"（Spectre）的处理器新漏洞的出现，使整个计算机行业都如临大敌，它们打破了分割内核内存和用户空间内存的基本操作系统安全边界。这些缺陷源于现代中央处理器的一个性能特性，即预测执行[21]。

硬件漏洞包括：

● 半导体掺杂，向硅基半导体中添加杂质以改变或控制其电特性；
● 制造用于恶意软件或其他渗透性目的的后门，包括嵌入式射频识别（RFID）芯片和存储器；
● 制造可绕过普通身份验证系统的后门；
● 在不打开其他硬件的情况下，通过访问受保护的存储器来进行窃听；
● 使用侵入性程序、设备或越狱软件来进行硬件修改；
● 假冒产品；
● 硬件旁路攻击。

由于网络中任何地方都可能出现漏洞，因此只部署一个单点解决方案会使系统面临大量的攻击威胁。能被集成且自动化部署到安全框架中为整个网络提供分布式保护的解决方案才是抵御攻击的最佳保护。

常规漏洞会影响所有信息与通信技术（ICT）系统（如个人隐私和个人数据，可公开访问的设备），还包括商用主流 IT 产品和系统中的漏洞。常规漏洞也存在于无线通信和蜂窝通信中。例如，安全协议不足、身份验证机制不足、能量限制、安全性差以及通信不可靠等[49]。

每个关键基础设施中都可能包含 ICS 和 SCADA 系统中的特定漏洞。造成 ICS 和 SCADA 系统漏洞的主要原因一般可分为三类：不安全的设计、人为因素及配置问题。不安全的设计方法没有考虑到这些系统运行环境所具有的竞争性、相互依存性和复杂性。不当或疏忽的设备配置会给攻击者提供破坏原本安全的系统的机会[124]。

## 1.2.3　攻击向量

在网络安全中，攻击向量（Attack Vector）是指攻击者可以用来获得计算机、网络或信息基础设施的未授权访问权限，以分发攻击负载或恶意输出的一种途径或手段。攻击向量使攻击者能够利用系统漏洞，安装不同类型的恶意软件并发起网络攻击。攻击者还可以有效利用更多的不同攻击向量获取 IT 基础设施的未授权访问权限[114]。

网络攻击主要有两种类型：非定向攻击和定向攻击。非定向攻击是指针对多种目标的网络攻击。例如，勒索软件活动和非定向恶意软件感染。在非定向攻击中，攻击者会无差别攻击尽可能多的设备、服务或用户。当发现机器或服务的漏洞时，他们不会在乎受害者是谁。为了达成这个目的，他们会使用各种技术来利用互联网的开放性，包括端口扫描、网络钓鱼、水坑攻击、勒索软件、扫描和其他恶意软件感染[64,80]。

定向攻击是指针对一个特定目标的网络攻击，且攻击活动需要综合运用多种资源，如技巧和时间等。这种类型的威胁通常被称为高级持续威胁（APT）。到目前为止，已知的定向攻击主要集中于间谍活动和网络阴谋活动中，并没有破坏任何基础设施。攻击技术的进步表明它正在发展进化，逐渐逼近以传统 IT 网络为目标的攻击技术。传统安全措施并不足以应对这些攻击，因为对手有时间也有技巧来绕过它们。但强大且多样的防御在面对攻击行动时，将会使定向攻击更加耗时，从而增加其在达成目标前被发现的概率[64,80]。

当黑客侵入一个管理着制造厂、石油管道、冶炼厂或发电站设备的计算机系统时，或者进入一个类似的可以控制设备操作从而破坏这些资产或其他财产的系统时，就会发生针对关键基础设施的网络攻击。这类网络攻击的目的可能是中断生产系统、引发意外停工、浪费生产成果及（或）破坏设备[107]。

网络威胁多种多样，但基本可归纳为以下几类攻击[115]。

① 操纵系统或数据，如恶意软件会利用关键基础设施运行所必需的计算机软件和硬件组件中的漏洞进行攻击；

② 关闭关键系统，如分布式拒绝服务（DDoS）攻击；

③ 限制访问关键系统或信息，如通过勒索软件攻击。

在定向攻击中，攻击一个组织的原因是攻击者会从中获利或攻击者受雇去攻击该组织。攻击的基础工作可能需要几个月的时间，以便他们能够找到将漏洞直接传递给系统（或用户）的最佳途径。定向攻击通常比非定向攻击更具有破坏力，因为它是专门针对各种组织、多个系统、各种流程和众多办公室员工或家庭成员发起的。定向攻击包括鱼叉式网络钓鱼（Spear-Phishing）、部署僵尸网络（Botnet）及破坏供应链[64]。

一般来说，攻击向量可以分为被动攻击和主动攻击。

● 被动攻击：尝试获取系统访问权限或利用系统中的信息但不影响系统资源，如 URL 劫持、网络钓鱼及其他社会工程攻击。

● 主动攻击：试图改变系统或影响其运行状态，如恶意软件（Malware）、利用未修补的漏洞、电子邮件欺骗（Email Spoofing）、中间人攻击（Man-in-the-middle Attacks），以及域名劫持（Domain Hijacking）和勒索软件（Ransomware）。

最常见的攻击向量有[114]：

● 遭到泄露的凭证；

● 被窃取的弱凭证；

● 利用恶意的内部人士；

● 未加密或弱加密；

● 错误配置；

● 勒索软件；

● 网络钓鱼和其他社会工程攻击；

- 利用未修补的漏洞；
- 暴力破解；
- 欺骗攻击；
- 分布式拒绝服务攻击；
- SQL 注入；
- 木马；
- 跨站脚本攻击（XSS）；
- 会话劫持；
- 中间人攻击；
- 第三方和第四方供应商。

一次典型的攻击包括这些步骤：首先，攻击者在他们想要入侵的组织的端点建立一个滩头阵地。在获得初始访问权限并建立持续的连接通道后，攻击者会提升权限以访问另一个系统，从而使他们离目标更近一步。其次，攻击者可以继续横向移动，直到到达目标处，进而窃取数据，中断操作，甚至完全接管目标。网络操作或攻击向量本身并不会显露攻击者的动机和目标。例如，所有 1～6 级的攻击者都可以利用黑客攻击和分布式拒绝服务攻击[97]。

示例 1：从 2016 年 3 月起，在一场被称为"蜻蜓"的协同恶意软件攻击行动中，攻击者使用了鱼叉式网络钓鱼攻击（附有恶意附件的高度针对性电子邮件）和水坑攻击（通过知名行业贸易出版物网站引入恶意软件）相结合的方式来收集用户凭证。攻击者能够在目标网络中建立立足点，进行网络侦察，横向移动并收集有关 ICS 的信息[20]。

示例 2：Hatman 也称为 Triton 和 Trisis 病毒。这个攻击平台的目标是一家大型国际工业控制系统（ICS）供应商生产的安全控制器。安全控制器在工业控制系统环境中扮演着至关重要的角色，其目的是确保操作设备的安全及预见性关机。Hatman 恶意软件是专门设计出来用于改变安全控制器的，从而减弱安全控制器的防御能力，以便最终关闭设备[20]。

## 1.3　针对行业及部门关键基础设施的网络攻击

蓄意的恐怖主义行动、自然灾害、人为疏忽、意外事故或计算机黑客、犯罪活动和恶意行为都可能毁坏、摧毁或扰乱关键基础设施[43]。国家关键基础设施可能成为敌对国家、网络不法分子、恐怖分子或不法分子的目标，目的是造成破坏、进行间谍活动及（或）获取经济利益。在本节中，关键基础设施分类法是基于美国分类法的，后来合并了政府设施行业和商业设施行业，新增了政府机构部门。

## 1.3.1 化工行业

化工行业制造、存储、使用和运输有潜在危险的化工品。化工行业的设施通常属于4个关键功能领域：制造厂、运输系统、仓储和储存系统，以及化学终端用户。大多数化工公司的过程控制系统都有一部分接入互联网的设备。

对化工行业来说，主要的网络安全问题包括定向攻击或非定向攻击（如高级持续性威胁、分布式拒绝服务或恶意软件和勒索软件）、云端服务中断，以及工业控制系统操纵对IT和运营技术（OT）系统及运营的影响。化工行业容易遭受的威胁是被恶意行为者物理或远程操纵其基于网络的、用于控制化学制造过程或过程安全的系统[20,36]。

示例3：2011年发生了一起引人注目的"Nitro"攻击，黑客使用了一种名为"PoisonIvy"的恶意软件从美国的几家化工公司窃取了敏感数据和信息[10]。

示例4：2017年，沙特阿拉伯的一家石油化工厂遭到了Hatman的攻击。这次攻击旨在破坏该工厂的运作，使安全控制系统瘫痪，进而引发爆炸。虽然这次攻击并没有成功引发爆炸或释放危险物质（多亏代码中有一个错误），但是这一事件表明，类似的网络攻击会给关键基础设施造成物理破坏[20]。

示例5：Hexion、Momentive和Norsk Hydro公司都遭到了勒索软件的网络攻击。一个名为LockerGoga的程序获得了系统访问权限，加密了文件，并中断了系统运行，使这些坐落于挪威和美国的化工制造公司沦为了这起勒索软件攻击的受害者。2019年3月19日，全球铝生产商挪威Hydro被迫关闭其工厂和其全球网络，原因是一个安全漏洞阻止了文件的访问，并更改了其旗下几个企业和生产控制系统的用户账户和密码。该恶意软件发布了一份赎金通知，称文件已被加密，并要求用比特币支付赎金以恢复数据访问权限[110]。

## 1.3.2 商业和政府设施行业

商业设施行业涉及各种各样的地点，它们吸引大量的人群去购物、做生意、娱乐或住宿。该行业的设施本着开放公众访问权限的原则经营，这意味着公众可以在没有显著的安全边界下自由聚集或行动。与此同时，大部分设施是私人拥有并经营的[36,39]。

政府设施行业包括各种各样的建筑。许多政府设施向公众开放，但也有一些设施是不向公众开放的。不向公众开放的政府设施包括通用办公大楼、特种军事设施、大使馆、法院大楼、国家实验室，以及可能存放着关键设备、系统、网络等的建筑物[36]。教育设施子行业包括（公立和私立的）幼儿教育设施、学前教育设施、基础教育设施、高中教育设施、职业教育设施和高等教育设施。

网络入侵自动化安全系统与监控和数据采集系统是有风险的。对自动化安全系统和自动化建筑管理系统的日益依赖很可能会增加漏洞和网络入侵的可能性，尤其是当前或以前的内部人员的蓄意破坏。网络入侵政府设施的安全系统会危及对设施、公务员和公众的保护，造成重大后果[36]。

高等教育机构常会收集和存储敏感的学生个人数据（包括身份证号码、健康状况、财务状况和教育数据）。对机构数据系统的破坏会影响有效展开基本业务的能力，也会导致学校暂时甚至长期关闭。尽管对教育设施的网络攻击不太可能对国家造成连锁影响，但它可以通过破坏个人数据、安全系统，以及依赖于网络或以电子方式存储应急管理数据的科研设施，从而给校园造成极大影响[36]。

示例 6：2011 年，西北太平洋国家实验室（PNNL）和位于弗吉尼亚州纽波特纽斯的托马斯·杰斐逊国家实验室遭到了网络攻击。这次网络攻击最终导致这两个实验室关闭了所有网络和网站访问权限长达几天[53]。

## 1.3.3　通信行业

通信行业是经济社会不可分割的组成部分，是所有商业、公众安全组织和政府运作的基础。通信行业由电信、网络、邮政服务和广播组成。该行业提供地面、卫星和无线传输系统服务。这些服务之间的传输交互变得极为紧密，卫星、无线和有线传输供应商互相依赖以传输和终止信息流，企业间也共享设备和技术以确保协同工作的能力和效率。私人部门拥有并经营着绝大多数的通信基础设施[36,63]。

无论是与企业还是与个人相关，通信行业提供联系沟通全球亿万人的各种服务，一直都是不可分割的一部分。近几年，随着网络技术的发展，该行业经历了一次基础性的转变。如今的威胁是，在全 IP 的 4G 网络中，融合了传统 IP 网络的威胁和 2/3G 移动通信系统遗留的网络安全问题。进入 5G 时代后，由于引入了新服务和新技术，威胁形势也随之加剧[66,81]。

通信行业建立并运营复杂的网络，存储了大量个人和公司的敏感数据。这就是为什么该行业对恶意行为者和黑客来说更加有利可图。多年来，通信设备的安全漏洞急剧增加，现在已经成为一个主要威胁[81]。

由于全球互联互通，通信系统的网络中断会带来独特的挑战。利用世界各地存在的漏洞可以在几分钟时间里就影响到关键通信组件。对通信运营商成功进行网络攻击可以中断为成千上万个客户提供的电话服务、为数百万个消费者提供的互联网服务，使企业瘫痪甚至关停政府运作。恶意行为者可能会造成许多风险，影响数据、网络和组件，进而造成组织财务损失，严重破坏组织运营[36,88]。

CrowdStrike 公司发布了其 2020 全球威胁报告[24]，该报告表明电信和政府部门是该网络安全公司所监控的威胁组织的最大目标。

分布式拒绝服务（DDoS）攻击是最常见的网络直接攻击类型之一，这种攻击暂时或无限期地中断主机连接到互联网的服务，造成预期用户无法使用机器或网络资源。电信行业遭受的 DDoS 攻击比其他任何行业都多。这些攻击会压缩网络容量、增加流量成本、中断服务使用，甚至会通过打击互联网服务提供商（ISP）破坏互联网访问能力[81]。

其他威胁包括利用网络和消费者设备中的漏洞攻击供应链、云服务和物联网环境，以及通过社会工程、网络钓鱼或恶意软件损害客户利益。现在有越来越多的攻击者把包括开放资源在内的来源不同的数据集整合起来，建立针对潜在目标的详细画像，以达到勒索敲诈和社会工程的目的。蜂窝服务提供商的内部人员主要提供数据访问权限，而互联网服务提供商的员工则选择提供网络映射，进行中间人攻击。此外，旧的协议也是一种重大的漏洞[66,76]。

示例 7：2016Dyn 网络攻击是指发生于 2016 年 10 月 21 日的一系列 DDoS 攻击，目标是域名系统（DNS）供应商 Dyn 所运营的系统。这次攻击导致欧洲和北美的大量用户无法使用主要的互联网平台和服务。Mirai 蠕虫影响了 10 万个英国邮局宽带客户和 90 万个德国电信客户，并被用于发起了一场 DDoS 攻击，进而导致了 Twitter、Spotify、Netflix、Paypal 和其他服务的断供（来自维基百科）。

示例 8：2018 年，黑客利用恶意软件感染了超过 50 万个路由器，中断了网络接口并窃取了登录凭证。黑客有能力同时摧毁这些设备并关闭大量用户的互联网连接。他们将一个名为 VPNFilter 的恶意软件安装在许多供应商的路由器上，这些供应商包括 Linksys、MikroTik、Netgear 和 TP-Link，它们都有公开的漏洞。此次攻击的受害者分布在 54 个国家，但大多数都在乌克兰[62]。

## 1.3.4  关键制造业

关键制造业对经济持续繁荣发展来说至关重要。该部门明确以下行业是该行业的核心[36]：

- 初级金属制造；
- 机械制造；
- 电气设备、电器和零部件制造；
- 运输设备制造。

针对制造业的网络威胁包括威胁现场或远程的 ICS 和 SCADA 系统。操作这些系统可以使单一设备或系统，甚至整个生产线瘫痪。由于对先进信息技术（IT）系统的日益依赖，供应链系统变得非常脆弱。受国家资助的攻击者或其他攻击者很可能通过网络入侵打败竞争对手及（或）获取有竞争力的秘密[36]。

示例 9：2012 年，SHAMOON 计算机病毒针对沙特阿拉伯石油公司（ARAMCO）发起攻击。该病毒在该公司网络中传播并影响了多达 3 万台计算机。由于无法支付费用，想要装油的油罐车不得不被拒之门外。供应全球 10%石油的沙特阿拉伯石油公司突然处于危险之中。除了给沙特阿拉伯石油公司造成影响，SHAMOON 病毒还传播到了一家名为 RasGas 的卡塔尔液化天然气公司的系统内部[5,98,99]。

示例 10：2014 年 11 月，在非法侵入一家德国钢厂时，攻击者使用"鱼叉式网络钓鱼"技术攻击了电子邮件，获得了登录信息，这些信息让他们进入到工厂的关键生产系统中，并造成了巨大的破坏[109]。

示例 11：2016 年 11 月，黑客摧毁了沙特阿拉伯 6 个组织的成千上万台计算机，行业涉及能源业、制造业和航空业。这次攻击的主要目的是窃取数据并植入病毒，还擦除了计算机磁盘以至于无法重启计算机。黑客使用了一种像定时炸弹一样运作的特定类型的网络武器[99]。

## 1.3.5　水坝部门

水坝部门包括大坝工程、水力发电设施、船闸、防洪堤、堤坝、飓风屏障、矿山、工业废物蓄水池等资产，以及其他类似的保水治水设备。这些水坝、船闸、泵站、运河和堤坝发挥着供水、水力发电、航运水路和防洪的作用，稳定独特的环境，并改善全国各地栖息地的环境[36-38]。

标准化工业控制系统技术的进步增加了该部门面对直接网络攻击和入侵的潜在脆弱性，这是针对整个大坝系统环境的持续潜在威胁。通过网络攻击打开闸门会造成严重破坏，如果水力调节器在网络攻击面前脆弱不堪，那么发电机和涡轮机就会在网络攻击中被摧毁。2016 年，美国工业控制系统网络应急小组（ICS-CERT）进行了 98 项评估，记录了 94 例控制系统边界保护薄弱的案例，这些案例可能引发未授权访问。控制系统上还有一些不必要的服务、设备和端口，以及身份识别和认证管理薄弱的问题[36,122]。

示例 12：2013 年，部分攻击者因入侵纽约一座大坝并从能源公司 Calpine 窃取信息而受到指控。这个小水坝并非为了能源生产而建造，而是为了控制水位。该系统直接连接到互联网，因此攻击者不必越过商业网络或非军事化区。控制闸门的自动化系统没有被激活，且不能被远程操作，因此无法评估对手控制系统的能力[2]。

示例 13：2016 年，黑客发起了针对美国纽约莱伊溪大坝的网络攻击。黑客入侵了大坝内的工业控制系统，但幸运的是，由于大坝定期维护，他们没能释放大坝储存的水，这原本会是一场只需要点击几下鼠标就会发生的灾难被化险为夷了[113]。

## 1.3.6　美国国防工业基地部门

美国国防工业基地（Defense Industrial Base，DIB）是全球性的工业综合体，进行军事武器系统、子系统、组件和零部件的研发、设计、生产、交付和维护。DIB 部门严重依赖 IT 基础设施，在信息驱动日益加强的环境中运营。DIB 部门的 IT 基础设施很容易遭受拒绝服务攻击、数据窃取和恶意信息修改。这些漏洞极大地增加了该部门的风险。外国机构和非国家行为者试图通过网络情报活动和网络间谍活动来获取敏感和机密的 DIB 部门的信息与技术[36]。

在网络攻击中，外国攻击者每天从 DIB 公司窃取大量敏感数据、商业机密和知识产权（IP）。这有很多种形式（如内部人员威胁、网络钓鱼）。DIB 部门面临的最大问题是如何落实信息安全，如应对系统用户不遵循程序或系统管理员不修复已知漏洞。DIB 部门依赖于商用现货（COTS）信息系统产品，这些产品在设计和使用中经常存在缺陷，因此为那些会利用漏洞的人提供了便利[9,32]。

以从公司非机密网络中窃取知识产权为目的的网络攻击有所增加。小公司尤其容易受到攻击，因为这些小公司很难负担昂贵的网络安全工具和雇佣经验丰富的专业人士来充分保护其网络。此外，由不同犯罪者发起的勒索软件攻击近来也有所增加，导致小公司和地方政府非机密网络上存储的数据被破坏[61]。

美国国防工业基地总是受到持续不断的勒索软件的攻击。这些攻击背后的恶意攻击者通常会封锁对政府敏感数据、知识产权甚至商业机密的访问，直到他们得到报酬。这可能会损害政府的军事能力和正常运作。DIB 部门网络承载着对国家安全至关重要的关键运营资产和数据。如果 DIB 部门的系统被破坏，国家安全也将受到损害[91]。

示例 14：略。

### 1.3.7 应急服务部门

应急服务部门（Emergency Services Sector，ESS）集合了应急人员、物理安全资源和网络安全资源，在日常运作和事故响应期间提供广泛的备灾和灾后重建服务。应急服务部门由以下各部分组成[36,89]。

- 法律实施：维护法律和秩序，保护公众不受伤害。
- 消防救援服务：在火灾、医疗事故以及其他所有危险事件期间预防事故并让生命财产损失降至最低。
- 紧急医疗服务：在传染病暴发期间，或作为有组织的紧急医疗服务系统的一部分，在将伤患者转移到治疗机构期间于事故现场提供紧急医疗评估和治疗。
- 应急管理：尽力减轻、预防、响应、恢复所有类型的跨司法辖区应急事故。应急管理越来越依赖计算机系统和通信系统来进行协调、沟通、信息收集、培训和规划。
- 公共事务：提供必要的应急功能，如评估建筑物、道路和桥梁的损坏情况，清理、清除和处置残骸垃圾，恢复公共事业服务以及管理应急交通。

应急服务部门的使命是，通过与公共和私营部门实体合作，挽救生命、保护财产和环境、帮助受（自然或人为）灾害影响的社区并援助展开紧急情况恢复工作[34,36]。

随着系统和网络变得更加紧密互联，以及 ESS 在日常运作中更加依赖信息技术，ESS 成为网络攻击目标的可能性也会增加。例如，在应急运转期间，通信系统、服务车辆的计算机网络或 GPS 的网络中断明显会极大干扰或迟滞对事件做出第一时间反应[36]。

许多 ESS 活动实际上都是伴随其他活动一同开展的，如应急行动通信、数据库管理、生物统计活动、电信以及电子系统（如安全系统）。这些活动很容易遭到网络攻击。此外，该行业还广泛将互联网应用于提供警报、警告和 ESS 相关威胁等信息[33,75]。

网络攻击可能会在应急服务部门引发以下风险和影响[34]：

- ESS 数据库受损会破坏执行任务的能力或损坏关键信息；
- 公众警报和预警系统传播不准确信息；
- 通信线路中断导致的通信能力受扰；
- 干扰或封锁闭路电视会扰乱监视能力；
- 通信线路的损失会导致 ESS 的通信能力中断；
- 对公共安全服务和应急服务通信网络的 DDoS 攻击可能会导致服务器瘫痪甚至人员伤亡。

示例 15：DDoS 攻击经常被用于进行抗议。2014 年，丹佛和阿尔布开克发生警察枪击事件后，匿名者组织的多个分支发起了 DDoS 攻击，关闭了两地警察部门的在线服务[101]。

示例 16：2016 年 12 月，达拉斯附近的一家执法机构，一名员工点击了一封似乎来自另一家执法机构的网络钓鱼邮件中的链接，因此遭到了勒索软件的攻击。该机构丢失了大量包括视频证据在内的数字文件[104]。

示例 17：2018 年 3 月 22 日，在一起勒索软件攻击中，亚特兰大市政府服务器上的数据被加密，影响了各类内部和客户的应用程序，包括亚特兰大警察局的应用程序在内。同月，马里兰州巴尔的摩市的调度系统由于遭到网络攻击不得不关闭超过 17 小时[104]。

## 1.3.8　能源部门

能源部门通常分为 3 个相互关联的部分：电力、石油和天然气。高度自动化的电力基础设施由依赖于复杂数字能源管理系统的公用事业公司和区域电网运营商控制。现代电网依赖于网络物理系统，这类工程系统基于并依赖于计算机算法和物理组件的无缝衔接。同样，高度自动化的石油和天然气基础设施由管道运营商、终端所有者和依赖于复杂数字能源管理系统的天然气公用事业公司控制[36,48,73]。

能源基础设施可以说是最复杂和关键的基础设施之一，因为其他部门也依靠它提供基本服务。知识产权密集型的能源产业拥有大量的知识产权。能源部门由参与能源生产、分配和运输过程的所有行业组成。ICS 控制着这些流程。能源基础设施已经转变成高度分布式系统，这就需要被积极保护[36,48,73]。

主要原因是它对网络不法分子和网络间谍活动来说是一个很有吸引力的目标。针对能源部门的网络间谍活动可能出于政治经济动机，攻击者可能有着具有技术优势的知识，从而对能源安全构成潜在威胁[90]。

同过去比，针对能源部门 ICS 的攻击如今更具针对性。攻击者更加了解如何攻击工业控制系统，他们使用特制的攻击工具来入侵并利用 ICS。此外，威胁主体（或攻击者）不仅密切关注攻击载荷，也密切关注载荷的分发途径，重点关注 ICS 的信任关系。

电力系统已经发展为一个由 ICS 使能的行业，也越来越依赖于使用双向通信的智能电子设备（IED）来执行操作。如果基础设施的工业控制系统直接或间接地连接到互联网，基础设施资产就很容易受到威胁。例如，工业控制系统网络可能与企业业务网络相连，而企业业务网络则连接到互联网。这些联系增加了网络面对直接网络攻击时的脆弱性，这些攻击可能会扰乱该行业的活动并增加风险[36,73]。

示例 18：2014 年，84 个国家的 1000 多家能源公司发现了"活力熊"（Energetic Bear）病毒。这种病毒用于进行工业间谍活动，由于其感染了设施中的工业控制系统，因此可被用来破坏这些设施，如风力涡轮机、战略性天然气管道加压和转运站、液化天然气（LNG）港口设施以及发电厂。有人认为这是国家支持的攻击者妄图扰乱国家范围内的天然气供应商[107]。

示例 19：2015 年 12 月 23 日，黑客入侵了乌克兰伊万诺-弗兰科夫斯克州三家能源分配公司的信息系统，暂时中断了对消费者的电力供应。这是一次多阶段多地点的攻击，切断了 7 个 110kV 的变电站，并关闭了 23 个 35kV 的变电站，大约 22.5 万人在 1～6 小时内失去电力供应[123]。

示例 20：对乌克兰的第二次攻击发生在 2016 年 12 月，停电损失约占基辅电力用量的 1/5。与 330kV 的"北方"变电站相连的工作站和 SCADA 系统也都遭到了破坏。在最近的一次攻击中，人们认为黑客行为在乌克兰的 IT 网络中隐藏了 6 个月之久而没有被发现，他们获得了访问系统的权限并且弄清楚了系统的工作原理，然后有条不紊地采取措施关闭电源[102]。

示例 21：2017 年 8 月，一场中间人攻击行动攻击了爱尔兰电力传输系统的运营商 EirGrid。这次攻击首先破坏了沃达丰的直接互联网接入（Direct Internet Access，DIA）服务，该服务为 EirGrid 在威尔士的互联网站点提供网络接入。攻击者在 EirGrid 使用的路由器中创建了一个通用路由封装（Generic Router Encapsulation，GRE）隧道，并拦截了所有通过 DIA 路由器的流量。人们发现北爱尔兰系统运营商（System Operator for Northern Ireland，SONI）的数据也被拦截了。沃达丰和国家网络安全中心将这次攻击归因于国家资助的攻击者，但并没有进一步说明[80]。

示例 22：2017 年 11 月中旬，攻击者利用 TRITON 这个复杂精密的攻击框架控制了关键基础设施设备的工业安全系统，并意外导致了进程终止。这个恶意软件专门针对 Triconex 应急关闭系统。在这起复杂的攻击中，攻击者使用了许多定制的攻击工具来获得并维持对目标 IT 网络和运营技术网络的访问权限[106]。

## 1.3.9　金融服务部门

金融服务部门是一个国家关键基础设施的重要组成部分。金融服务部门提供各种各样的产品，范围涵盖最大的金融机构到最小的社区银行和信用合作社。金融服务部门错综复杂地融入世界各地人们的日常生活中，是全球经济的核心。金融实体允许世界各地的公民和组织管理财务和业务，并以不同的方式运作[36,56]。

银行业受攻击的可能性是其他行业的 3 倍。2019 年，银行业受攻击最严重。自新冠疫情暴发以来，这些攻击急剧增加[57]。

威胁主体可以从针对任何一家金融机构的网络攻击中获得丰厚的收益。这种攻击不只适用于银行，也适用于交易所、资产管理公司、技术供应商、保险公司、清算结算所，以及这些机构的供应链。国家资助的攻击者和不法分子将金融服务部门视为目标的目的是[56]：

● 窃取个人数据；
● 监控特定客户的金融活动；
● 破坏或篡改关键操作；
● 窃取金钱。

攻击者使用进攻性技术，这是一种更加复杂精密的攻击类型，如分散注意力攻击、定向勒索软件攻击、供应链攻击和加密劫持。攻击者会根据其动机使用相应的工具，如计算机病毒、特洛伊木马、蠕虫、逻辑炸弹、窃听嗅探器，以及其他可以破坏、拦截数据，以及降低数据完整性或拒绝访问数据的工具。该行业面临的其他潜在威胁还包括机密泄露和身份泄露[36,56]。

示例 23：2015 年和 2016 年报道了一系列通过 SWIFT 银行网络发起的网络攻击，导致了数百万美元被盗。这些攻击是由一个名为 APT38 的黑客组织实施的。这些攻击利用了成员银行系统中的漏洞，攻击者因此能够获得银行的合法 SWIFT 凭证。之后，窃贼利用这些凭证向其他银行发送了 SWIFT 资金转移请求，而这些银行确认了请求信息的合法性，然后便将资金转移到了攻击者指定的账户中[22]。

示例 24：2017 年 5—7 月期间，美国信用局 Equifax 发生了数据泄露事件。1.479 亿个美国公民、1520 万个英国公民以及大约 1.9 万个加拿大公民的私人数据被盗，该起事件因此成为与身份窃取有关的最大的网络犯罪事件之一。Equifax 的数据泄露途径主要是第三方软件的漏洞，其实在数据泄露之前这个漏洞已经被修复，但 Equifax 并没有在其服务器上更新版本。Equifax 一直使用开源的 Apache Struts 作为其网站框架，用来处理消费者的信用纠纷。2017 年 3 月 7 日，Apache Struts 在发现一个安全漏洞后发布了一个关键的安全补丁，并敦促所有用户立即更新。安全专家发现一个未知黑客组织试图找出在 2017 年 3 月 10 日之后仍没有更新 Struts 的网站，以便找到一个可以利用的系统[55]。

示例 25：2020 年 9 月 6 日，智利唯一的公共银行，同时也是智利三大银行之一的 Banco Estado，因为黑客组织 REvil 发起的一起勒索软件网络攻击而不得不关闭其全国业务[16]。

示例 26：2020 年 10 月 23 日，一个软件缺陷导致了欧洲中央银行主要支付系统中断了近 11 小时[16]。

### 1.3.10　粮食和农业部门

农业对现代社会至关重要。几十年来，农业一直采用信息技术来管理大宗商品和食品的生产、加工、运输、分销和零售。粮食和农业部门由农场、餐馆，以及食品生产、加工和存储设施构成。它由复杂的生产、加工和交付系统组成，拥有大量的关键资产。由于该行业的规模、地理多样性和天然具有的竞争性，粮食和农业部门有着一个高效且灵活的食品供应链[36,63,92,96]。

在农业高度机械化的环境中，精准农业（Precision Agriculture，PA）和智能农业使用智能技术和远程管理模式创造出一个新的网络物理环境。在农业生产、食品加工、供应商行业、货物运输、监管监督、市场销售和与消费者沟通方面，网络技术和数据驱动解决方案的结合创造了一种范式转变。大型数据集的云端存储、开源或基于互联网/云计算的软件的使用，以及软件定制公司的企业管理，都增加了未授权用户访问数据的可能性[31,41]。

因为农业越来越依赖于计算机和联网服务，农业网络安全问题也因此更受关注。与许多行业一样，农业正经历一场大数据引发的数字革命。计算机、机器人、传感器和大数据分析推动决策制定，寻求更高更可持续的收益。农场正在推动精准农业的概念，这是一种优化作物生产的数据驱动方法。关键部门有土壤采样、产量监测绘图、GPS 制导系统、卫星成像和自动分区控制[23,94]。

无论是有线越野设备和机械、高科技食品和谷物加工、射频识别 ID 标记牲畜，还是全球定位系统跟踪，农业部门都依赖信息系统来维持并提高运营能力、竞争力和收益。农业生产和运营会增加对软件和硬件应用程序的依赖，而这些应用程序则很容易受到网络攻击[74]。

各种智能农业系统中的潜在攻击大多都与网络安全、数据完整性和数据丢失有关。粮食和农业部门存在的威胁有[31,92,96]：

- 机密农场数据泄露；
- 分配和存储系统可用性受损；
- 处理系统部分失效；
- 食品保障系统完整性受损；
- 农用车辆与电力资产相冲突；
- 发布可能会损害供应商利益的机密信息；
- 将流氓数据引入网络；
- 伪造数据以扰乱农作物和牲畜；
- 破坏导航、定位和时间系统；
- 中断通信网络。

2018 年，美国经济顾问委员会报告称，2016 年农业部门经历了 11 起网络事件。当年共有 42068 起网络事件[17]，与其他部门相比，农业部门经历的网络事件数量相对较少。

## 1.3.11　政府机构部门

欧洲会计系统中，一般政府机构部门的定义：非市场生产者机构单位，其产出只用于个人和集体消费，并由属于其他部门的单位强制付款提供资金，以及主要从事于国民收入和财富再分配的机构单位[47]。

一般政府机构部门有子部门，如中央政府、国家政府、地方政府以及社会保险基金管理机构。

部委是指由部长领导的高级政府组织，是旨在管理公共行政的特定部门。政府或国家机构是指政府机器中永久性或半永久性的组织，负责监督和管理特定职能，如行政管理（来自维基百科）。

一般政府机构的主要职能有[47]：

- 本着社会正义、提高效率的目的，或本着其他公民法律上认可的目的，组织或调整公司间、家庭间及公司与家庭之间资金、商品和服务或其他资产的流动；
- 提供满足家庭需求的商品和服务（如国家卫生保健）或总体满足全社会的需求（如国防、公共秩序和公共安全）。

许多政府机构的职能是尽可能快速有效地为公民提供新技术和服务，提供大量政府职能。政府实体经常频繁访问大量个人身份信息和其他类型的数据，如果攻击者掌握了这些数据就会造成灾难性的后果。

针对国家和地方政府机构的网络攻击急剧增加。2019 年，单拿美国来说，平均每三天就有 140 起勒索软件攻击，这些攻击以美国公共、州和地方政府以及医疗保健供应商为目标。这一数据比前一年增长了 65%[97]。

导致针对地方政府机构的攻击数量增加的一个关键因素是攻击技术的商品化。勒索软件并不新鲜，但黑客组织能够快速、轻松且高效地部署勒索软件攻击。黑客使用更加复杂精密的攻击手段，并随时准备和其他黑客分享他们的知识。勒索软件也越来越受欢迎，因为攻击者知道政府机构很有可能支付费用，所以他们认为从网络攻击中恢复而做的准备工作往往很薄弱，而拒绝提供政府服务的替代方案并不可取[77]。

网络安全测试服务公司 Synack 的信托报告[112]指出，政府机构部门是 2020 年全球抵御网络攻击最强硬的部门。研究发现，在抵御网络攻击和应对网络入侵方面，政府机构部门的得分比其他所有行业高出 15%。政府机构能够获得榜首的部分原因是其修复可利用漏洞的时间缩减了 73%。

示例 27：2012 年和 2015 年，美国人事管理办公室分别经历了两次网络攻击。黑客窃取了大约 2200 万份记录。这次攻击中窃取和泄露的信息包括个人身份信息，如社会保险号，以及姓名、出生日期、出生地以及地址。

示例 28：2013 年，一群黑客实施了对芬兰外交部的数据黑客攻击，这次攻击是针对近 50 个国家的广泛行动中的一部分。专家已经确认这次攻击是 Turla 组织发起的。卡巴斯基在恶意软件和服务器上发现了一些痕迹，这些痕迹表明攻击者都是说俄语的，并且他们似乎有很多用于网络间谍活动的资源[126]。

示例 29：2020 年秋季，芬兰国会经历了一场网络袭击。国会的几个电子邮件账户的安全性因为这次袭击遭到破坏，其中几个账户属于国会议员。芬兰国会内部的技术监控发现了这次攻击[127]。

示例 30：2020 年 9 月，挪威议会宣称遭受了一起重大的网络攻击，挪威工党的几名成员和工作人员的电子邮件账户因此失陷[95]。

示例 31：2020 年秋天，一个组织发起了一场重大的网络攻击，入侵了美国联邦政府的多个部门，导致了一系列的数据泄露。黑客组织 Cozy Bear（APT29）被确定为攻击者。据报道，由于目标的敏感性和高知名度，以及黑客潜入时长长达 8~9 个月，因此这次网络攻击和数据泄露成为美国有史以来遭受的最严重的网络间谍事件之一。攻击者利用了美国至少三家公司的软件：Microsoft、SolarWinds 及 VMware[59]。

## 1.3.12 卫生保健部门

卫生保健部门负责保护和维持公民的健康。卫生保健服务分为初级卫生保健和专业医疗护理。这一广泛且多样的部门包括急症护理医院、流动医疗保健系统、国家和地方的公共卫生系统、疾病监测系统，以及制造、分销和销售药物、生物制剂和医疗设备的私营部门[36]。

针对卫生保健部门的网络攻击尤其令人担忧，因为这些攻击不仅会直接威胁系统安全和信息安全，也会威胁患者的健康和人身安全。医院对网络攻击尤其敏感，因为任何操作的中断或患者个人信息泄露都会引发深远影响。

卫生保健部门是世界上最常受到破坏的行业之一。这个部门拥有大量的敏感数据和个人身份信息（Personal Identifiable Information，PII），卫生保健组织内部的黑客可能会利用它们。根据哥伦比亚广播公司（CBS）的报道，医疗记录在非法网站上的售价最高可达每条 1000 美元，而社会保险号和信用卡的售价分别是每条 1 美元和最高 110 美元[120]。数据泄露每年给卫生保健行业造成约 56 亿美元的损失。

对患者信息的大量需求和常常过时的系统是卫生保健部门成为现今网络攻击最大目标的 9 个原因之一[111]：

- 患者的私人信息对攻击者来说值一大笔钱；
- 医疗设备对攻击者来说是一个非常容易进入的入口；
- 员工需要远程访问数据的同时，也给攻击者提供了更多机会；
- 工作人员不想因为引入新技术而扰乱轻松的工作；
- 卫生保健人员并没有接受过网络风险方面的教育；
- 医院使用的设备数量之多很难让其保持高度安全的状态；

- 卫生保健信息需要开放共享；
- 在规模较小的卫生保健组织中，网络安全往往管理不善；
- 过时的技术意味着卫生保健行业在面对攻击时毫无准备。

针对卫生保健系统的威胁向量包括：电子邮件钓鱼攻击，勒索软件攻击，中间人攻击，医疗设备或数据 PII 数据丢失、被盗，内部人员、意外或故意导致的数据丢失，以及对相连医疗设备的攻击。

根据文献[120]的研究，较高风险和受每种风险影响的卫生保健组织的百分比为：

- 恶意网络流量，72%；
- 网络钓鱼，56%；
- 易受攻击的（旧版本）操作系统，48%；
- 中间人攻击，16%；
- 恶意软件，8%。

美国国家卫生与公众服务部（Department of Health and Human Services，HHS）的违规通报门户上可以看到有关受保护健康信息（Protected Health Information，PHI）的违规报告信息。根据 HHS 的违规通报门户，2019 年美国有 2700 万人遭受了数据泄露的影响。目前，HHS 的违规通报门户上依据受影响人数列出了前 10 起入侵事件，详见表 1.1[70]。

表 1.1　美国受影响人数最多的十大入侵事件

| 受影响实体 | 实体类型 | 受影响人数 | 入侵类型 | 数据泄露位置 | 年份 |
| --- | --- | --- | --- | --- | --- |
| 安森保险公司 | 医疗规划 | 78800000 | 黑客攻击/信息技术事件 | 网络服务器 | 2015 |
| 美国医疗募捐机构 | 商业相关 | 26059725 | 黑客攻击/信息技术事件 | 网络服务器 | 2019 |
| Optum360 有限责任公司 | 商业相关 | 11500000 | 黑客攻击/信息技术事件 | 网络服务器 | 2019 |
| Premera Blue Cross | 医疗规划 | 11000000 | 黑客攻击/信息技术事件 | 网络服务器 | 2015 |
| 实验室集团美国控股公司 | 医疗规划 | 10251784 | 黑客攻击/信息技术事件 | 网络服务器 | 2019 |
| Excellus Health Plan，Inc | 医疗规划 | 10000000 | Hacking/IT incident | 网络服务器 | 2015 |
| 社区卫生系统专业服务公司 | 卫生保健供应商 | 6121158 | 黑客攻击/信息技术事件 | 网络服务器 | 2014 |
| 科学应用国际公司 | 商业相关 | 4900000 | 丢失 | 其他 | 2011 |
| 社区卫生系统专业服务公司 | 商业相关 | 4500000 | 偷窃 | 网络服务器 | 2014 |
| 加州大学洛杉矶分校健康部 | 卫生保健供应商 | 4500000 | 黑客攻击/信息技术事件 | 网络服务器 | 2015 |

医疗设备包括所有用于患者护理的诊断、治疗和监测设备（包括硬件和软件）。这也延伸到医疗设备正常运作所需的且安置在临床网络上的辅助支撑设备，如外部磁盘存储器、数据库服务器及网关或中间件接口设备。与医疗设备相关的安全事件也会影响患者的安全，会对接入这些联网设备的患者造成重大伤害[28]。

医疗设备成为网络攻击的目标有很多原因，如越来越多的医疗设备联网、使用默认口令、缺少补丁、被远程访问及其他缺陷。因此，主要的漏洞是应用程序漏洞、未修补的软件及配置漏洞[28]。

示例 32：2017 年 5 月，WannaCry 恶意软件像蠕虫一样在网络中横向传播，以操控运行微软 Windows 操作系统的计算机为目标，通过加密数据实施勒索，并要求以比特币加密货币的形式支付赎金。它通过永恒之蓝（EternalBlue）的漏洞进行传播。其中一个被感染的组织是位于英格兰和苏格兰的国民保健服务机构（创建于 1948 年）的医院。包括计算机、核磁共振（MRI）扫描仪、血液存储冰箱和手术室设备在内的多达 7 万台设备受到了影响。救护车被迫转移，手术中断。但是患者数据没有受到影响，黑客也没有获得处方或治疗病史。大约有 150 个国家的 20 万台机器受到了这次事件的影响（来自维基百科）。

示例 33：2020 年 9 月 10 日，杜塞尔多夫的一家医院发生了一起勒索软件攻击事件。这次网络攻击导致网络中断，迫使诊所将需要紧急护理的患者重新安排到其他地方。一名患有动脉瘤需要立即治疗的 78 岁妇女在被送往另一个城市后死亡。此案仍在调查之中[67]。

示例 34：2020 年秋季，卫生保健行业发现了来自 3 个国家的攻击者发起的网络攻击，他们将目标锁定在 7 所直接参与研究 COVID-19 疫苗和治疗方案的知名公司。目标包括加拿大、法国、印度、韩国和美国的领先制药公司及疫苗研究人员。

## 1.3.13 信息技术部门

由于商界、政府、学术界和普通公民都越来越依赖信息技术部门的功能，因此信息技术部门现在成为国家安全、经济、公共健康和公共安全的核心。这些虚拟的分布式职能部门生产并提供硬件、软件、信息技术系统和服务，以及互联网服务[36]。

IT 部门高度关注网络威胁，尤其是那些会损害该部门关键功能机密性、完整性或可用性的网络威胁。根据其规模，一次网络攻击将可能会削弱 IT 行业高度相互依赖的关键基础设施。网络威胁包括无意行为（如互联网内容服务的意外中断）和故意行为（如 IT 供应链漏洞或攻击导致的系统间互操作性丧失）[36]。

针对信息技术部门的网络攻击越来越多。信息技术部门首次成为受攻击最严重的行业，占所有攻击总数的（从 17%增长至）25%。针对该部门的攻击中，有超过一半是针对应用程序的攻击（31%）和 DoS/DDoS 攻击（25%），与此同时，物联网攻击的武器化程度也提高了[125]。

高科技行业和信息技术行业的组织面临着来自以下攻击者的网络威胁[54]。

● 高级持续威胁（APT）团伙试图窃取经济和技术情报，以便通过降低研发成本或提供竞争优势来支持其国内企业的发展。

● 出于破坏性的动机，黑客行动主义者和网络破坏者可能会把目标锁定为互联网服务提供商，以获得人们对其事业的关注。

IT 部门和高科技部门的一些部门可以提供一条进入其他部门的攻击路径，因为 IT 产品是各类组织中的关键基础设施组件。网络攻击的目标往往是云存储供应商、云计算服务、网络安全软件开发人员或文件共享方案提供商。与政府或军事实体的合作关系也可能会使公司处于危险之中，因为外国支持的攻击者很可能会把这类公司视作目标对象[54,100]。

新技术的发展很可能会引发针对该行业的威胁活动。高科技公司面临的最大威胁之一就是知识产权失窃。在进行多年的投资后，知识产权的丢失或被盗会极大降低一个组织的竞争优势。一些技术熟练的人想要恶意使用高科技公司创造的产品。而 IT 工具就可以用于实施黑客攻击和进行网络情报工作[30]。

## 1.3.14　核部门

核部门涵盖了民用核基础设施的大多数方面：从向公民提供电力的电力反应堆，到用于治疗癌症患者的医疗同位素。核部门包括核电站、研究和实验反应堆、燃料循环设施、放射性废物管理、退役反应堆，以及用于医疗、工业和学术机构的核及放射性材料，还有核材料运输[36]。

核安全和保障方面最值得关注的一个问题是核电站的漏洞会引发蓄意攻击。恐怖分子、极端分子或外国攻击者对核部门基础设施和资产发动的网络攻击以 ICS 或 SCADA 系统为目标。攻击可能会对该部门构成重大威胁，使恶意行为者能够操纵或利用核设施。对核电站的网络攻击可能会产生物理影响，尤其是正在运行的控制核反应堆的机器和软件的网络遭到破坏。这将有利于实施蓄意破坏、盗窃核材料，或者造成最坏的情况——核反应堆熔化[27,36]。

示例 35：2010 年，"震网"蠕虫影响了伊朗的核发展。"震网"是专门针对可编程逻辑控制器（PLC）的，它可以实现机电流程的自动化，如那些用于控制机械和工业过程的设备，包括用于分离核材料的气体离心机。"震网"造成了操作员难以发现的故障，因为控制室的 SCADA 系统屏幕上显示一切运行正常[51]。

示例 36：2014 年 12 月，韩国核能和水力发电公司（Korea Hydro and Nuclear Power，KHNP）遭到黑客攻击。黑客窃取并在网上发布了两个核反应堆的计划和说明书，以及 1 万名员工的信息。

示例 37：2016 年 4 月，德国贡德雷明根（Gundremmingen）核动力设施发现用于监控工厂燃料棒的计算机系统已经被植入了恶意软件，包括远程访问的木马和窃取文件的恶意软件。幸运的是，这些计算机并没有连接到互联网上，恶意软件也因此永远无法被激活[58]。

示例 38：2019 年 9 月，印度核能有限公司（Nuclear Power Corporation of India Limited，NPCIL）报告称，Kudankulam 核电站（Kudankulam Nuclear Power Plant，KKNPP）遭到了网络攻击。该核电站的管理网络在这次攻击中遭到破坏，但没有造成重大破坏[27]。

## 1.3.15　交通系统部门

交通系统部门由公路、航空、铁路和海事部门组成。大多数运输都以商业为主，所有人和运营商弹性工作。交通系统部门在国内和海外之间运输人和货物。运输网络对维持公民健康、安全、防卫以及社会经济福祉至关重要[36,49,63]。

航空部门是国内和国际商业、贸易和旅游业的基石，这意味着即使是一个孤立事件也可能引发对整个行业的信心危机。航空部门包括机场、空中交通管制设施和空中导航设施[49,86]。

无论是运输货物、乘客还是车辆，海事部门都是全球经济的重要组成部分。船舶越来越复杂，并且在其整个运行生命周期中愈加依赖数字和通信技术的广泛使用。海事运输系统是一个在地理和物理上复杂多样的系统，它由水路、港口和陆地多式联运组成[36,86]。

交通系统的网络安全风险形势正在从曾经的被认为不太可能存在风险，向着规律性发生风险的方向发展。运输网络的中断对公民的日常生活、国防、安全和国家重要职能都有重大影响。交通系统部门面临的一个挑战是，一些传统的交通系统现在开始与用于票务和调度的公共应用程序相连接，并依赖网络设备进行路由、定位、跟踪和导航。这给黑客提供了许多潜在的入口[36,78,86]。

针对交通系统的威胁向量包括[49]：

- 分布式拒绝服务（DDoS）攻击；
- 操纵硬件或软件；
- 恶意软件和病毒；
- 回调及（或）更改数据，包括插入信息；
- 攻击无线连接的资产；
- 身份窃取；
- 利用软件缺陷；
- 滥用授权；
- 滥用信息泄露；
- 电子邮件钓鱼攻击；
- 勒索软件攻击；
- 中间人攻击；
- 内部人员、意外或故意的数据丢失（数据泄露）。

民航愈加关注网络安全，因为民航组织运营的关键部分越来越依赖于电子系统，包括关键安全功能。不管是勒索软件攻击还是数据泄露，交通系统部门都无法免受来自恶意黑客的攻击。对任何航空子系统和网络的协调一致、精心策划的攻击，都可能对整个部门造成相当大的破坏[36,86]。

海运行业极其容易遭受网络攻击。不会直接攻击船舶，但可以通过公司岸基信息技术系统实现对船舶的攻击，并且可以很容易地渗透船上的关键船载操作技术系统。这些系统的用途包括访问控制、导航、交通监控和信息传输等。虽然网络系统的互联性和便利性促进了运输业的发展，但是它们也为漏洞利用提供了机会，给海事系统带来了风险[36,86]。

针对交通系统部门的网络攻击有几个原因：由于贸易对运输行业的依赖，网络攻击会影响一般贸易，甚至是针对某种特定商品及其可用性；由于各种运输基础设施之间的相互依赖，影响贸易的目标也是多种多样，如铁路或公路会成为阻止货物到达港口的目标，扰乱港口也会阻碍进出口；机场也会成为影响旅游、材料运输或商务旅行的目标，同样，扰乱运转也可能会延误军事部署或军事行动；网络攻击可能会被视为现代版的海上封锁，运输机构的最大担忧是，关键基础设施的中断可能会引发事故、大规模的混乱，甚至人员伤亡[119]。

示例 39：2015 年，波兰 LOT 航空公司的 IT 网络遭到攻击，导致至少 10 架航班停飞。这是首次报道一起黑客攻击导致航班取消的示例。因为该起网络攻击，LOT 无法编制飞行计划，从华沙出发的出境航班也无法起飞。这次袭击导致从华沙出发的一系列旅程被迫终止，目的地包括慕尼黑、汉堡、哥本哈根、斯德哥尔摩等地。据说多达 1500 名乘客受到了影响[12]。

示例 40：2018 年 7 月 24 日，网络入侵影响了中国中远在美国长滩的运营，影响了该巨头企业的日常运作。公司网络崩溃，一些电子通信设施因此无法使用[105]。

示例 41：2017 年 6 月，Petya 恶意软件变异影响了世界上最大的航运公司 Maersk 的 IT 系统，该公司拥有 600 艘集装箱船，经手全球 15%的海运贸易。该故障影响了 Maersk 所有的业务部门，包括集装箱航运、港口和拖船业务、石油和天然气生产、钻井服务和油轮。Maersk 报告称损失高达 3 亿美元[65]。

示例 42：2016 年，旧金山的轻轨系统遭到黑客攻击，导致无法访问机构电子邮件和计算机系统。黑客要求支付 100 比特币来解锁被攻击的计算机系统，但被拒绝。这次袭击并没有关闭网络，只是导致机器关闭，乘客因此可以免费乘车[13]。

示例 43：美国国土安全小组的一个专家小组远程入侵了一架波音 757。这次攻击并不是在实验室进行的，而是在停在大西洋城机场的 757 飞机上进行的。该团队于 2016 年 9 月 19 获得了这架飞机的访问权限，两天后，一名专家成功完成了一次远程非合作形式的渗透[25]。

## 1.3.16　给排水系统部门

给排水系统部门向公民提供饮用水，这是保护公众健康和所有人类活动的先决条件。适当处理废水对预防疾病和保护环境来说至关重要。给排水系统由公共饮用水系统（包括社区供水和非社区供水，如学校、工厂和其他商业或政府设施）和废水处理设施组成。水利设施包括水源、净化设备、泵站、蓄水点，以及大量的分配、收集和监控系统[36]。

世界各地的水利设施都很容易受到攻击，因为通常其规模小，且工作人员几乎不具备网络安全专业知识[14]。恐怖分子、极端分子或外国攻击者对给排水系统部门基础设施和资产的网络攻击都是针对 ICS 或 SCADA 系统进行的。针对供水部分的网络攻击复杂且精密，它们通常是由国家支持的机构精心策划的，其目标在于破坏一个国家的经济稳定[7]。

我们对水的依赖，如消费、卫生、农业、工业或能源生产，为攻击者提供了一个诱人的环境。网络安全攻击对关键水利部门运营的影响可能会对公共健康和公共安全造成毁灭性的伤害，威胁国家安全，并导致为解决系统问题和数据丢失而进行代价高昂的恢复和补救工作[36,60]。

示例 44：2018 年，北卡罗来纳州的一个供水部门遭到了一起使用勒索软件的网络攻击。自 10 月 4 日开始，该系统被实施 Emotet 攻击，这是一种先进的模块化的银行木马，主要功能是作为另一个银行木马的下载器或释放器。IT 部门的工作人员未能阻止勒索软件传播感染，因此加密病毒沿着网络快速传播，并对数据库和文件进行了加密。但该供水部门并没有支付赎金[26]。

示例 45：2020 年，以色列的供水系统遭到了两次网络攻击。第一次攻击发生在 4 月，当时黑客试图修改水中的氯含量。第一次网络攻击袭击了加利利上部区的一个农业水泵站，而第二次网络攻击袭击了位于中部地区的马蒂耶胡达省的一个水泵站。这两次攻击都没有成功[19]。

# 1.4 关键基础设施保护

攻击工业控制系统需要大量的知识和策划工作。因为对手必须深入了解这些系统，所以发起对 ICS 的攻击需要很长时间。ICS 不但具有数字性，而且具有模拟性和机械性。通常，关键基础设施系统在工业环境中有各种不同组件的组合，包括编程执行任务的数字 PLC，以及 DCS 和 SCADA 系统[14]。

建设网络安全关键基础设施项目需要时间、周密规划，以及政治领导层、州一级机构及监督关键基础设施的公共和私营实体的持续支持。要先帮助政府的关键角色了解不同类型网络威胁的严重性、紧迫性和潜在影响，以及立即采取行动的必要性[29]。

实施旨在确保关键基础设施系统安全的保护措施需要经过深思熟虑，并有一个全面方案，因为在建立和维持服务安全性、功能性与系统可用性之间的平衡时会涉及许多变量。国家基础设施安全态势图的一个关键部分是关键基础设施系统的持续可用性[121]。

在欧盟看来，强大的网络恢复能力需要一套综合且广泛适用的方法。这就要求针对成员国以及欧盟自身机构、机关和团体中的网络攻击建立更健全、有效的组织结构，以促进网络安全。它还需要一种更全面、跨政策的方法来建立网络恢复能力和战略自主权，也需要强大的欧洲单一市场，欧盟技术的重大进步，以及大量的技术专家。其核心是人们广泛认可网络安全是一个普遍存在的社会挑战，因此需要政府、经济实体和社会的多层次参与[46]。

为管理物理及网络关键基础设施的重大威胁和危害的风险，需要在这个多样化的社会采取一个综合全面的方法。美国国家基础设施保护计划（NIPP）的目标是识别、阻止、检测、扰乱和准备应对国家关键基础设施的威胁和危害，减少关键资产、系统和网络的漏洞，减轻已经发生的关键基础设施事件或不良事件的潜在后果[35]。

每个关键基础设施组织都应该考虑到以下控制措施[68]：

（1）基础控制措施，如清查和控制硬件/软件资产、持续管理漏洞、限制使用管理权限；

（2）根本控制措施，如保护电子邮件和网络浏览器、防御恶意软件，以及防火墙、路由器和交换机的安全配置；

（3）组织控制措施，如培训安全意识、实施培训计划，以及事件响应和管理、渗透测试、红队演练。

美国总统的国家基础设施咨询委员会（NIAC）[93]建议遵从以下明确的网络安全行动措施。

（1）为最关键的网络专门建设独立、安全的通信网络，包括用于关键控制系统流量的"暗光纤"网络和紧急情况下应急通信的预留频谱。

（2）确定最佳扫描工具和评估实践，并与最关键的网络的所有者和运营商合作，在自愿的基础上扫描和清理他们的系统。

（3）通过赞助公私专家交流项目，加强当今网络从业者的能力。

（4）建立一套限定时间且结果导向的市场激励措施，鼓励所有者和运营商升级网络基础设施，投资最先进的技术，并满足行业标准或最佳实践。

（5）建立明确的协议，迅速解密网络威胁信息，并主动与关键基础设施所有者和运营商共享，他们的行动可能是美国抵御重大网络攻击的第一线。

# 1.5　总结

在智能信息通信技术（ICT）及物联网（IoT）和自动化一体化的基础上，全球持续和快速数字化成为一种趋势，深刻改变了许多市场部门，并为全球经济和多个社会部门创造了机会。智能信息通信技术和物联网因此成为第四次工业革命的支柱，也是关键基础设施的基本要素[31]。

第四次工业革命中，网络安全问题持续对关键基础设施产生重大影响。由于ICS、SCADA、DCS、OT和其他过程控制网络都是互联互通的，因此它们的关键服务也暴露在网络攻击之下。诸如 Duqu 和 Stuxnet 蠕虫，这些极其复杂的网络攻击都展示了如何有效地对关键基础设施发起攻击。

　　针对关键基础设施组织的网络攻击可以以多种形式进行，可能是单一行为或是分布式步骤的组合。这种行为可能利用复杂编码，或者简单利用社会工程来揭露或获取机密信息。一旦目标系统被攻破，入侵者就会安装"后门"或隐形代码，以便在不被发现的情况下监控或删除信息。也可以安装"Kill Switches"，它可以在特定时间或在特定条件下被激活。攻击者可以利用控制系统让一个系统瘫痪甚至彻底摧毁它[3]。

　　现代高度网络化的关键基础设施系统的结构和运行根本上依赖于网络化的信息系统。不幸的是，只有部分信息系统能够充分抵御网络攻击。这些漏洞还使关键基础设施系统极易受到国家和非国家攻击者混合作战战术的攻击。这些网络系统相互作用的复杂性放大了每个主要系统中存在的威胁和漏洞，以及其他相关系统的风险。

　　对电力、天然气、水电站及运输控制系统等关键基础设施的重大攻击已成为战争的新形式。2019年10月，黑客攻击了乔治亚州的2000多个网站。

　　区分网络破坏行为和混合作战活动将会越来越困难。事态的发展可能会引发世界各地的严重危机。许多安全官员已经被警示"会出现网络海啸或另一种形式的9·11事件"，这可能会引发一场网络战，从而引发无法控制的后果。

## 原著参考文献

# 第2章　在线网络安全演练的关键要素

**摘要**：网络安全演练出现的时间并不长，但已经经历了广泛的演变过程。网络安全演练从基于个人技术技能的培训甚至竞赛，转变为基于团队的组织学习实践，不同的工作角色都能在网络安全演练中得到提升和锻炼。现如今对网络安全演练的时代要求是：不同培训平台之间的协作和学习者的在线远程参与。在网络安全领域，最宝贵的资产就是专业技能和专业知识，因此，对个人和机构而言，开展网络安全演练的根本目标是学习。本章的主要内容是在线远程网络安全演练中的学习经验。本章以 NIST NICE 网络安全框架为基础，对所使用的知识类别进行问卷调查。对在线网络安全演练的结果进行分析，并对未来的研究课题进行展望。

**关键词**：网络竞技场；网络安全；网络安全演练；学习；在线培训

## 2.1　引言

当前的数字化浪潮给网络领域带来了新的威胁。这种转变反映在对网络安全演练的学习需求上。数字生态行为的改变，一方面来源于技术的进步，另一方面来源于新冠疫情在全球大流行[25]引起的转型。越来越多的远程居家办公，从网络安全的角度引发了新的顾虑。欧盟网络安全局（European Union Agency for Cybersecurity, ENISA）称，"新冠疫情的暴发给我们的生活方式带来了巨大的变化"[3]。ENISA 在疫情期间发布了包括网络安全指南在内的多篇文章。

新的远程办公规范对开展网络安全演练提出的重要要求包括：网络安全演练要具备远程在线能力，学习者要能够居家远程参加演练。也就是说，这对演练平台及控制演练的过程提出了新的技术要求。进行网络安全演练的技术平台一般被称为网络靶场。然而，网络靶场五花八门，连术语名称也不一致。在现代网络安全演练中，应模拟全球复杂的网络领域，并用"网络竞技场"一词来描述这种具有现代在线能力的整体平台[9]。

参与网络安全演练的各个团队有着不同的任务和职能。根据演练目标、演练类别、人员和其他可获得的资源来组建和分配团队。蓝队（Blue Team，BT）由网络安全演练中的学习者组成，他们根据特定组织的事件响应程序对网络安全事件进行处置，保护重要资产免受网络威胁。传统意义上讲，蓝队是根据真实的组织结构进行建模的，在网络安全演练中可能会有一个到几个蓝队。红队（Red Team，RT）是演练中的攻击者。红队根据演练剧本以及被称为白队（White Team，WT）的演习控制小组的指示，对蓝队的 IT 资产实施真实（或模拟）的网络攻击和入侵。白队负责控制演练，通过观察和收集的数据保持对演练态势的感知。与此同时，白队也在评估蓝队中各个学习者的表现[1,13,17,22,26]。

网络安全演练的生命周期可以看作一个过程，该过程包含 3 个阶段：①制订计划；②实施/执行演练；③反馈/演练复盘[13,26]。自 2011 年以来，于韦斯屈莱应用科学大学（the JAMK University of Applied Sciences）信息技术学院为国家安全部门、关键基础设施的私营企业及大学生组织了多次网络安全演练。总而言之，在这些年里，有近 2000 人成为网络安全演练的目标受众。本章内容是在网络安全专业的本科生及研究生的网络安全演练专业课基础上编写的。

在早期的出版物[10]中，我们基于国家网络安全教育计划（National Initiative for Cyber security Education，NICE）网络空间安全人才框架（NICE Framework）[20]设计并发放了调查问卷，对网络安全演练的学习成果展开研究。当时的研究基于现场演练，在线演练能力只是多了新的要求，我们对在线网络安全演练的学习者进行了同样的问卷调查，这样就可以与之前分析现场演练学习成果一样，分析在线演练成果。

本研究的结构如下：在第 2.2 节中，利用相关理论和框架对网络安全演练期间的学习情况进行讨论；之后，在第 2.3 和 2.4 节展示了问卷调查的分析结果；最后，第 2.5 节对发现的未来研究主题进行了总结。

## 2.2　教学框架

从理论框架角度来看，网络安全演练构成了一个多维度的理论框架。这是成年人进行学习的要素之一，因此，学习的基本原理必须在成人教育理论框架[14]中去理解。根据成人教育学理论，大多数成年人通常进行自主学习，而且他们能够运用之前的知识来学习新事物。在网络安全演练中，学习者的操作环境应是一种尽可能符合最真实操作的环境，学习者作为团队的一部分，可以进行独立的监控和行动。根据真实性学习理论[5]，一个足够真实的学习环境可以刺激学习动力，便于学习成果向工作环境迁移。为了使学习环境能够支持现代数字化操作领域的能力需求，学习环境应该是 Karjalainen 和 Kokkonen[9]论文中所描述的全面的网络竞技场，从而能够将现实生活中可能遇到的复杂情况充分表现出来。当学习环境接近真实环境时，就可以说真实学习环境理论包含了经验学习理论[15]的思想，其中除了经验，操作者之间互相交流也是必要的。交流与互动的重要性不容忽视，因为通过学生的反思来进行学习可以加深学习印象，并且可以将所学知识与现有能力相结合。在一项研究[17]中，Maennel 提出了一个用于网络安全演练生命周期的学习分析参考模型。

网络安全演练中的关键因素是学习者成为团队的一部分，因此，合作学习理论也必须作为一项学习方法[21]加以应用。在一个虚构组织的 IT 基础设施维护团队中，学生扮演特定角色。因此，学生的团队工作能力、沟通能力、在操作环境中构建总体态势图的能力，以及促进学习的方式，都是至关重要的[16]。网络安全演练作为一种教学方法，最适合已经具备基本网络安全技能的学习者。基于这些已有的技能和知识，学习者可以在演练过程中构建一个由逼真的模拟环境提供的新课程。在网络安全演练中，学生的入门级别应处于米勒金字塔的最高级别[19]。

在本研究中，我们考查了网络安全演练的在线学习形式。根据 Kersley 的说法，对学生而言，在线学习可以具有同现场学习一样的社交效果[11]。在线练习课程实施的关键要素是课程内容的规划、课程参与者之间互动过程的构建[24]，特别是在设计网络安全演练课程时，学生、教师和组成的练习团队之间的互动是实现课程学习目标的关键。其中一个关键因素是教学人员在教学环境（网络竞技场）和所需交互框架[12]之间建立必要互动的能力。在构建一个在线网络安全演练时，必须特别注意学生和团队之间的合作，这是演练的核心，研究发现这样有助于提高课程的质量[2]。然而，除了这些质量方面的因素，还必须特别注意课程的安全执行。在课程中处理实际的网络威胁向量时，要特别注意环境隔离和数据处理指南。

在线网络安全演练通信交流基础设施如图 2.1 所示。

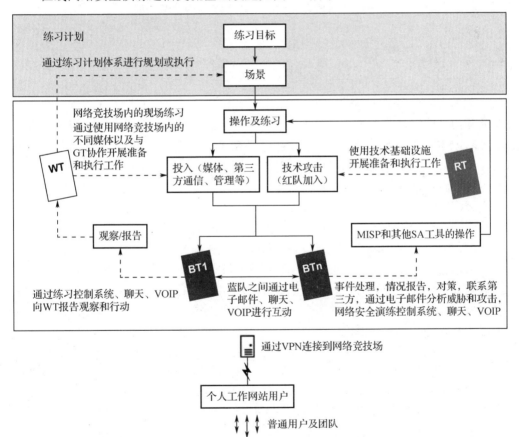

图 2.1　在线网络安全演练通信交流基础设施

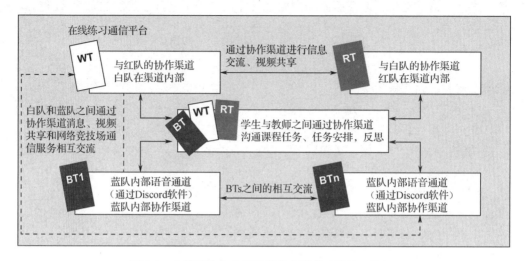

图 2.1　在线网络安全演练通信交流基础设施（续）

## 2.3　方法及数据

前面我们从培训平台[9]的功能需求出发，研究了网络安全学习环境的需求。这里还使用之前研究[10]中使用过的针对现场网络安全演练设计的问卷，该问卷使用的是 NIST NICE 框架基本问题组[20]。最初的研究计划是通过收集新的答案集和进行定性访谈来补充 2019 年的调查样本，以加深对数据的解读。2020 年 3 月，就在课程开始时，新冠疫情肆虐，迫使我们将传统教学模式转移为在线模式教学。因此，网络安全演练课程[7-8]通过在线模式施行。学生通过 VPN 访问学校的网络竞技场，所以整个网络安全演练是通过在线模式来规划和实施的。

通过使用各种协作工具，形成虚拟协作小组和虚拟房间。这种工具在课程计划过程早期也使用过。通过使用内置的培训环境和协作工具，培训于 2020 年 6 月以在线模式开展。培训是按照计划的场景进行的，包括为期两天的演练。原计划的研究设置发生了变化，但变化后的研究设置允许研究在线演练安排，以及分析在线演练期间的学习情况。

根据课程安排，学生要参与演练活动的策划，并构建将要使用的 IT 基础设施及其网络安全架构。在之前的课程中，学生已经学习了各种网络安全控制措施的构建、配置和管理方法。环境脆弱性分析和审计方法也是构成课程的一个先决条件，并且该部分内容已对学生进行讲授。当本科生和硕士生都参与到演练中时，两者的角色被做了划分。其中，硕士生更多地负责组织实体、架构级功能，以及事件管理过程中的第 2 级和第 3 级的分析与调查任务。相应地，本科生主要负责监控安全控制措施以及事件管理过程中的第 1 级和第 2 级的故障排除工作。

在 2019 年的样本调查中，学生都自愿参与问卷调查。然而，我们发现，很多受访者并没有填写问卷。所以我们改变了课程要求，学生必须回答问卷才能完成课程。因此，2020 年的调查样本包含了参加课程的 33 名学生。

与之前的研究类似，为了评估课程学习情况，我们选择了 5 个问题来检查演练前后的知识水平：

（1）（某专题）是否在演习中（是/否）；

（2）在演习中自己是否遇到过（某专题）（是/否）；

（3）我是否通过演练增长了某专题的相关知识（是/否）；

（4）做演练之前我的知识等级（1～10）；

（5）做演练之后我的知识等级（1～10）。

与此类似，我们在 NICE 框架中选择了 44 个相关知识的问题进行问卷调查：

（1）网络威胁与漏洞；

（2）组织的企业信息安全和架构；

（3）弹性和冗余；

（4）主机/网络访问控制机制；

（5）网络安全及隐私原则；

（6）漏洞信息传播来源；

（7）事件类别、事件响应和响应时间；

（8）事件响应和处理方法；

（9）内部威胁调查、报告、调查工具和法律/法规；

（10）黑客方法论；

（11）网络层常见的攻击向量；

（12）不同类型的攻击；

（13）攻击者；

（14）机密性、完整性及可用性要求和原则；

（15）入侵检测系统（IDS）/入侵防御系统（IPS）工具及应用程序；

（16）网络流量分析（工具、方法、过程）；

（17）攻击方法及技术［分布式拒绝服务攻击（DDoS）、蛮力攻击、欺骗等］；

（18）常见的计算机/网络感染（病毒、木马等）和感染方法（端口、附件等）；

（19）恶意软件；

（20）软件配置的安全影响；

（21）计算机网络概念和协议，以及网络安全方法；

（22）与网络安全和隐私有关的法律、法规、政策和道德规范；

（23）风险管理过程（如评估和减轻风险的方法）；

（24）网络安全及隐私原则；

（25）网络安全过失的具体运营影响；

（26）认证、授权和访问控制方法；

（27）应用程序漏洞；

（28）支持网络基础设施的通信方法、原则和概念；

（29）业务连续性和灾难恢复连续性；

（30）局域网和广域网连接；

（31）基于主机或网络入侵的检测方法和技术；

（32）信息技术安全的原则和方法（如防火墙、隔离区、加密）；

（33）了解系统和应用程序的安全威胁及漏洞；

（34）网络流量分析方法；

（35）服务器和客户端操作系统；

（36）企业信息技术架构；

（37）了解组织信息技术（IT）用户安全策略（如创建账户、密码规则、访问控制）；

（38）系统管理、网络和操作系统加固技术；

（39）风险/威胁评估；

（40）了解已识别安全风险的应对措施。确定安全系统应该如何工作（包括其弹性能力和可靠性能力），以及条件、操作或环境的变化将如何影响这些结果；

（41）使用合适的工具进行网络包分析（如 Wireshark、TCPDump）；

（42）黑客方法论；

（43）网络协议，如 TCP/IP、动态主机配置、域名系统（DNS）和目录服务；

（44）用于探测各种漏洞的方法和技术。

除上述学习调查之外，我们还对课程主讲教师进行了采访，了解在线演练环境规划与建设的关键要素，以及主讲教师提出的改进建议。我们还想就学生在在线演练中的学习结果询问教师的经验和观点。由于新冠疫情，在 2020 年秋季通过视频会议系统进行了面对面在线采访。

数据由三次半结构化访谈组成。本文的第三作者是课程的一名教师，为了排除他对材料先入为主的看法，并未向该教师进行访谈。访谈一开始是关于教师在课程中的角色和任务的基本问题。然后，要求教师描述为在线演练构建的交流环境，课程中使用了怎样的学习环境，以及如何使用它们。除此之外，还要求受访者详细描述学生和教师如何进行交流，在什么平台上交流，以及教师在上述论坛上的知名度如何。还要求教师从学习环境的技术性安排和学生学习的成功程度方面对演习安排的成功程度进行定性评估。访谈持续时间从 22 分钟到 42 分钟不等，其过程被记录和转录。访谈由第一作者进行。

数据分析首先将描述培训安排的部分，以及处理学生学习和在线安排改进建议的部分从数据中区分开来。在分析中，我们使用了传统的定性分析方法，将数据结构化、分类并合并到更高层次的主题[6]中。在分析中，我们结合了归纳和溯因分析[4]的方法，致力于了解与更普遍的在线教学理论相关的网络安全演练的具体要求。

## 2.4　调查结果

通过对调查数据进行全面审查，分析并计算出在线演练前后每项知识掌握情况的平均值、中位数和标准差。除分析统计数据的重要性以外，在网络安全演练中没有学习的零假设情况下，计算并分析了每种知识的 $p$ 值。每种知识的 $p$ 值计算结果如表 2.1 所示。一般以 $p < 0.05$ 为显著，$p<0.01$ 为非常显著。如果我们以这些常用的假定值为基础进行分析，那么可以看到，除一项知识是显著的以外，几乎所有的知识领域都是非常显著的。在统计学上，学习效果不显著的具体知识是"使用合适的工具进行网络包分析（第 41 个问题）"，这可以解释为只有有限的一部分学生（一个蓝队）使用抓包和分析软件工具，其余的学生并未在繁忙的演练中进行深度的数据包分析。

表 2.1　每种知识调查结果的 $p$ 值

| 知　识 | $p$ 值 | 知　识 | $p$ 值 |
|---|---|---|---|
| 1 | 0.000000015 | 23 | 0.001277018 |
| 2 | 0.000079831 | 24 | 0.001534458 |
| 3 | 0.001048385 | 25 | 0.000421841 |
| 4 | 0.001472250 | 26 | 0.002135130 |
| 3 | 0.001254890 | 27 | 0.000067056 |
| 6 | 0.000016276 | 28 | 0.001534458 |
| 2 | 0.000008653 | 29 | 0.011447886 |
| 8 | 0.000176480 | 30 | 0.006124649 |
| 9 | 0.000803151 | 31 | 0.008672679 |
| 10 | 0.000377142 | 32 | 0.000107062 |
| 11 | 0.000004378 | 33 | 0.000435434 |
| 12 | 0.000003624 | 34 | 0.000501850 |
| 13 | 0.002590328 | 35 | 0.000226935 |
| 14 | 0.036821182 | 36 | 0.006124649 |
| 15 | 0.004182652 | 37 | 0.001762796 |
| 16 | 0.000057269 | 38 | 0.004789459 |
| 17 | 0.000012334 | 39 | 0.000939544 |
| 18 | 0.000028078 | 40 | 0.001534458 |
| 19 | 0.005926692 | 41 | 0.152397681 |
| 20 | 0.000698501 | 42 | 0.000004218 |
| 21 | 0.001230732 | 43 | 0.000008632 |
| 22 | 0.031610717 | 44 | 0.001393172 |

为了使在线和现场演练期间的学习趋势可视化，特此制作了箱形图。图 2.2 展示了包含不同年份答案的四分位差（Inter Quartile Ranges，IQR）的箱线图统计。浅色（左）箱线图表示演练前的知识水平，深色（右）箱线图表示演练后的知识水平。答案的中线绘制在箱线图内部。异常值的答案以方框图之外的项目符号表示。

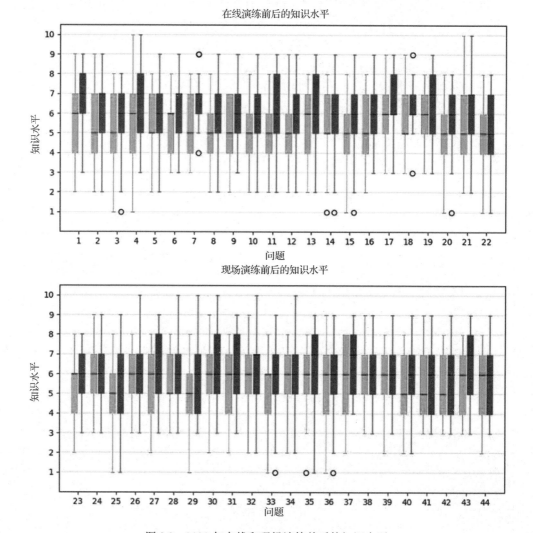

图 2.2　2020 年在线和现场演练前后的知识水平

从数值可以看出，在涵盖所有选定知识领域的演练中，知识有所增加。在此之前，即使在线演练对学生而言更加复杂且缺乏面对面的交流，在线演练期间的学习量也很可观。这是基于数值估计的最显著的观察结果。

因为样本数量有限（参加课程的学生数量），所以我们也做了定性分析（主要是针对课程主讲教师进行访谈），目的是了解在线演练的基本结构和功能。本次访谈还试图了解教师对学生在线演练学习情况的看法和经验。所有的教师都在这个特殊的练习课程方面有多年的经验。受访者认为他们自己更多的是扮演一个顾问的角色，确保设定的学习目标能够实现，并通过回答学生的问题来帮助学生。教师以前没有进行在线网络安全演练的经验，因此实施课程设计的本质属于实验性课程，并采用了其他在线活动的最佳实践。

教师的角色是指导如何从蓝队/白队/红队的角度构建这样的演练。也就是说，需要考虑什么，应该如何构建威胁活动，以便其他参与者进行学习。教师所扮演的角色是导师，而不是教师，对学生而言，他们有很大的自学需求，而教师要做的就是帮助学生解决遇到的问题。

课程的第一次接触是通过传统的课堂教学方式来进行的，而在那之后，情况迅速发生了改变，因此，教师需要开始规划执行在线课程教学。由于日程紧迫，于是决定采用学生和教师熟悉的通信系统来打造必要的交流平台和渠道。因此，他们决定使用 Microsoft Teams 协作平台，因为时间不允许在网络竞技场内部构建一个定制的平台。使用 GitLab 平台来分发和保存该课程通用资料。学生通过 VPN 从自己的工作站访问 VMware Cloud Director，从而登录到网络竞技场中。网络竞技场内置了一个额外的聊天服务，因此在训练环境中也可以进行交流。

一个重要的问题是决定在哪个系统上装载信息，以及是否构建与网络竞技场环境中的学习或演练指导相关的系统，或者是否使用网络竞技场之外的系统或通信渠道，如 Microsoft Teams。在这一点上，学生和教师得出的结论是主要采用 Microsoft Teams 来交流和共享信息，因为它具有多通道技术和屏幕共享技术等优势。学生内部会议及文件共享通过 Microsoft Teams 来进行。在网络竞技场环境中，使用了真实的技术系统、防御目标和攻击计算机。演练可以通过这种外挂的解决方案来规划和实施，另一个实现方法是在训练系统内构建。对此，学生们觉得使用 Microsoft Teams 更容易上手，因为他们在日常生活或其他的学习及交流中也经常使用这些工具。

除此之外，蓝队还使用 Discord 系统进行团队内部通信，该系统主要通过语音方式进行沟通。白队/红队使用了 Rocket Chat 服务，用于团队内部相互之间通信。通信与信息共享平台的实现如图 2.1 所示。

教师可以访问所有已建立的交流频道，他们能够在不干扰讨论内容的情况下监控现有论坛中的事件和讨论。此外还有一种操作模式，当学生或团队在演练过程中遇到问题或产生歧义时，他们能够邀请教师进入交流频道。教师发现，这种方法甚至比传统现场演练时进入学生教室的方式更有效。因为设施之间的转换很快，当出现问题时，学生邀请教师进入交流频道，教师能够很容易地加入对话。所有教师均表示，在线演练的技术编排可以很平滑地进行。即便与网络竞技场有所不同，实施条件也能够与演练无缝衔接。教师认为在线演练是一次鼓舞人心的良好体验，让学生有更深刻的认识，相信通过在线网络安全演练能让同学们感到这是一次有趣的经历。最有趣的是，学生在在线演练中学习得很好。这表明，至少对我自己来说，当周围没有现场演练条件时，我怀疑一个人的学习能力会有多强。至少这项调查显示，在线演练中学习的效果甚至比现场演练的效果更好，无论是因为一个人的初始水平较低，还是因为他对自己的技能进行了仔细的评估，之后感觉效果逐渐变好，我无法对其进行解释。这是一次鼓舞人心的极佳体验，使我确信这项工作应该继续以这种方式进行。通过进一步发展，这肯定会成为组织在线演练的好方法。

由于发展需要，教师确实需要在网络竞技场内搭建整个交流平台。之所以指出这一点，是因为存在培训内容与 Microsoft Teams 平台中的其他内容纠缠在一起的风险。当 Microsoft Teams 平台还用于其他学习任务或工作时，平台上其他的通信就会干扰到演练。教师也发现很难在演练中监控每个学生的表现。因此，结果就是简化了演练评估，放弃了数值评估方法。开发评价及其分析工具也是未来的发展任务。还应通过在演习中引入新的情景感知工具来提高学生在演练中活动的情景意识。未来，教师也将更精确地定义学生使用的交流渠道。一些教师也表示有必要简化在网络竞技场模拟的网络环境，因为在网上演练模式中，学生会更消极地提问，因此可能会导致他们对一些威胁活动不采取任何行动。

总而言之，从定性分析和定量分析的结果来看，网络安全演练是一次有意义的学习。网络安全演练对了解复杂的网络事件以及网络事件的意外行为和依赖关系极为有效。与现场演练相比，在线演练的不足在于缺乏面对面的交流，从而减少了对场景的分析。然而这种不足可以通过采用支持在线演练需求的通信基础设施的成熟技术来解决。

# 2.5  总结

本研究采用 NIST NICE 框架的调查问卷，对在线练习中的学习进行了研究。本研究结果印证了之前研究[10]所收集数据的分析，认为网络安全演练是一个优秀的教学平台，是一个多角度教授网络安全内容的工具。在线演练的实际效果也表明，其很好地实现了设定的学习目标。由学生进行的自我评估，即在网络安全演练前后评估自己的能力水平，显示出问卷的 44 个内容领域中有 43 个领域具有统计学意义的学习效果。该结果与前一个样本有很好的相关性，这有助于消除前一个样本中受访者的流失所带来的结果不确定性。

定性研究部分检索了有关组织在线网络安全演练各方面的信息，这些使得演练的组织方式可以反映个人和团队之间必要的协作学习元素，以及解决问题和学习的情况。作为核心结果，建立一个合适的协作平台是必要的。在处于审视下的演练中，合作平台建立在所谓的非游戏风格之上，即并非实际的网络竞技场。这一安排在技术意义上是成功的，但是任课教师也强调了应该发展的领域。随着事情的发展，教师看到了网络竞技场内协作平台的建设。这样既避免了安全风险又减少了与其他活动相关的一般协作论坛可能会影响注意力的缺点。教师对判定出的学习结果感到非常惊讶，这对课程未来发展过渡到永久在线形式有很大的帮助。教师发现对学生进行个人评估很困难，因为快速构建的协作平台不允许对每个学生的行为进行足够详细的监控。对个人评估，更好地了解学生的表现被认为是很有必要的。

结果表明，参加过在线课程的学生与参加过现场课程的学生在知识水平上存在差异。然而，所收集的数据并不能提供足够的信息来分析学习结果水平差异的原因。未来的研究应该探寻在线教学和现场教学知识水平差异的原因。

　　**致谢**　作者要感谢 Tuula Kotikoski 女士对手稿的校对以及 Heli Sutinen 女士对图 2.1 的定稿。本研究由芬兰中部地区委员会/坦佩雷地区委员会和欧洲地区发展基金资助，是于韦斯屈来应用科学大学信息技术应用科学研究所网络安全保护范围（HCCR）项目的一部分。

## 原著参考文献

# 第3章 网络安全法律法规

**摘要**：攻击者越来越多，人们对网络间谍、网络犯罪和网络战争的担忧也随之增加。这引起了政府、私企和决策者的注意，互联网领域急需出台法律法规。当涉及国际社会时，仅仅了解自己国家的法律已经不够了。当科技不断发展，尤其是人工智能（Artificial Intelligence，AI）、机器人流程自动化（Robotic Process Automation，RPA）、物联网（Internet of Things，IoT）、云计算和自主机器不断发展，且影响到国家政府、企业和个人隐私时，世界各地的法庭和议会必须完善法律。法律法规不可能涵盖所有治理网络空间，所以本章重点从分布、跨国、地区和国家的角度集中概述网络监管现状和网络监管机构。

**关键词**：网络法律；治理；法规；计算机操作

## 3.1 引言

全球网络安全法律法规的原则和总体结构来自数十年来由国际组织制定的法律，包括《联合国宪章》、北约的《北大西洋公约》，法庭判决、习惯法、法规和条例，以及最近的风险策略、政策和标准。网络安全法律法规作为一个国际法律体系来说，它的发展是复杂的，并且对与网络相关的合同法，以及管辖财产权和人身伤害的侵权法、隐私法、网络犯罪起诉、执法、民事诉讼和知识产权保护都形成了挑战。

互联网对人们的日常生活产生了深刻的影响，近来的网络入侵活动给全球数百万人造成了严重的社会和经济危害，这凸显了一个现实：网络空间不是私人空间或受保护的空间。因此为了保护基本人权，包括隐私权、言论自由、被公平对待的权利，以及财产和声誉安全，我们需要关注在互联网领域如何利用法规来提供更好的保护。对网络安全问题的高度关切和认识，催生了一系列监管措施的出台，并推动世界各国制定和实施国家网络安全战略。除政府和监管机构以外，网络安全问题同样也引起了其他利益相关者的关注。例如，行业私营部门已提出了网络方面的倡议。

网络安全开始演变为世界范围内的一项法律义务。虽然勒索软件、网络霸凌、身份窃取或其他罪行能给一个人带来很大伤害，但是由于法律的模糊性、条款归属不明确、缺乏证据，很难将案件递交法院。世界各地判决过的案件表明，网络或互联网相关行为受外国政府和原告管辖，并且原告在世界上任何一个地方都能起诉被告。由于世界联系的稳定性和全球边界缩小的趋势，网络安全法律法规变得更加复杂。

对全球稳定性的担忧引发了一个问题：谁负责治理网络空间，当出现问题时该由谁来负责。为了了解网络安全法律法规，下面将围绕每个维度的特征和框架来探讨网络治理的 4 个维度：分布性、跨国主义、区域主义和民族主义。

# 3.2　互联网和网络空间治理

在当前实践中，网络空间包括互联网但并不与其等同[28]。美国政府将网络空间定义为"相互依存的信息技术基础设施网络"，其中包含"互联网、电信网络、计算机系统和关键行业的嵌入式处理器和控制器"[65]。《牛津英语词典》对网络空间的定义类似于"虚拟现实空间；因电子通信（尤其是互联网）而产生的抽象环境"[47]。美国国防部参谋长联席会议将网络空间定义为 5 个相互依存的领域之一，其余 4 个领域是陆地、空中、海洋和太空[13]。

虽然人们对互联网有共同的理解，但对网络空间治理还没有形成共识。各国用不同的方式定义"网络空间治理"这个词，反映出各自不同的文化、政治、法律和经济利益。众所周知，在美国，联邦政府、私营部门和军事行动中，为了保护各部门的自身利益，对网络空间治理的定义各有不同。关键的挑战是满足至关重要的国家安全利益，同时实现和平、安全和经济技术进步等重要因素之间相互关联的目标。起源于美国的互联网的兴起被学者描述为"围绕通信和信息政策形成的国际关系体系中的破坏性事件"[41]。

表 3.1 阐述了网络空间常见的网络治理、特征和组织/框架。这些治理模式差别非常大，这些差异来源于各种网络力量，这些网络力量相互作用、重叠，其中包括分布式、全球化/跨国主义、区域主义、民族主义。

表 3.1　网络治理、特征和框架

| 网络治理 | 特　征 | 组织/框架 |
| --- | --- | --- |
| 分布式 | 自我调节：法规、体系和市场、去中心化 | 开放源代码社区/世界知识产权组织/Linux/软件代码、社会准则 |
| 全球化/跨国主义 | 条约、准则、解决问题的合作方式、多方利益相关者、软实力、网络、相互关联的治理体系、多边主义、双边主义 | 互联网名称与数字地址分配机构（ICANN）、互联网协会、万维网联盟、北约网络卓越中心、网络犯罪公约、联合国宪章、欧洲安全与合作组织、欧洲理事会、经济合作与发展组织、世贸组织、国际刑警组织 |
| 区域主义 | 地理毗邻，民主，共同监管，共同的价值观文化，互动，共同的政治制度、军事互动、与解决冲突相关的准则 | 区域协定，如上海合作协议、阿拉伯打击信息技术犯罪公约、非洲联盟网络安全公约、美洲国家组织、美国数字安全战略、独立国家联合体成员国合作协定、欧洲委员会《网络犯罪公约》 |
| 民族主义 | 地理范围、单一政府、以国家为中心的法律、自上而下的决策、历史文化和语言凝聚力 | 多个国家和国际网络安全战略、隐私政策、法律法规，网络犯罪法的实施，多个标准框架（美国国家标准与技术研究院 NIST）（国际标准化组织 ISO）、信息共享 |

### 3.2.1　分布式治理

分布式治理以多种形式存在于互联网，其灵感来源于开放式治理运动[63]的理论与实践。分布式治理促进了参与者和组织之间的合作，摆脱了由单一机构制定议程的自上而下的官僚体系，从而在决策中实现了更大的灵活性、流动性和创造性。约翰·佩里·巴洛（John Perry Barlow）是一位互联网智者、电子边界基金会（EFF）的联合创始人，曾是哈佛法学院伯克曼互联网与社会研究中心（Harvard's Berkman Center for the Internet and Society）研究员。1996 年，他发表了《网络空间独立宣言》[1]，成为网络乌托邦的代言人。巴洛声称网络合法性来自全世界互联网用户的同意，并不来自政府的权力与掌控。哈佛教授劳伦斯·莱西格（Lawrence Lessig）支持这一说法，但是他认为网络空间的监管者应该是代码，即构成网络空间的软件和硬件[37]。这些代码或架构限制或约束了网络空间的体验感。例如，这些代码能为人们提供获取知识的途径，限制人们的隐私，它还能用来审查言辞。互联网的架构能够塑造法律途径，但是它同样也可以被强国间的利益及它们之间的矛盾所破坏或掌控[28]。

### 3.2.2　全球化/跨国治理

近几年，多利益主体主义的演变代表了越来越多的全球化/跨国治理。随着各个国家对以美国为中心的治理结构表达担忧，多利益主体主义的概念及其包含的灵活的互联网治理愿景也开始由最初的结构逐渐演变。例如，2016 年 10 月，美国商务部将互联网名称与数字地址分配机构（ICANN）的一些技术职能转移到"多利益主体者团体"。这代表着域名服务器协调与管理私有化的计划执行到了最终阶段。欧洲理事会（CoE）在《互联网治理策略（2016—2019 年）》中致力于与互联网治理领域的多位主要参与者共同进行多利益主体治理，其中包括相关国际组织、私营企业和民间团体[8]。

"通常来说，非政府利益相关者承认多利益相关者的合作与协助是制定有效的网络安全政策的最好方式，这些政策尊重互联网基本的全球性、开放性和互通性[45]"。正如芬兰网络安全策略所阐述的——"国际合作基于现存的国际法、国际条约并且也尊重网络环境中的人权"[23]。2020 年 12 月 16 日，欧盟委员会和欧盟外交与安全政策高级代表提出了新的《欧盟网络安全战略》。该战略涵盖医院、电网和铁路等基本服务，以及我们的家庭、办公室和工厂中越来越多的互联对象的安全，建立共同应对主要网络攻击的能力，并且和全世界的伙伴合作，共同确保网络空间的安全与稳定。该战略的目标之一是促成一个更全球化、更开放的网络环境[15]。

全球化/跨国治理成为国家安全的关键，并且以多种形式体现出来。跨国区域协定的制定凸显了全球跨国治理的重要性，并对网络空间产生了深远的影响。正如克林伯格[34]在《国家网络安全框架手册》中所描述的——北大西洋公约组织旨在成为一个政治军事联盟，其利益主要集中在打击犯罪、情报与反情报、关键基础设施保护与国家危机管理，以及 30 个同盟国之间的外交与互联网治理。

随着间谍与监视活动逐渐增多，政府的法律义务已成为网络环境中的核心问题。习惯法规定的国家对违反国际法所负的责任，及其归属法主要来自国际法委员会的长期工作和《国家对国际法不法行为的责任条款草案》[32]。国际法委员会的规定虽然不是一项条约，但在 2001 年的联合国大会上还是被推荐给了成员国，并且已成为国际网络公法的权威指南。法院、法庭和其他机构反复引用这些规定。根据国际法委员会的规则，网络环境中的临界点指的是"一个国家要对归属于本国并构成违反国际法律义务的网络相关行为承担国际责任"[55]。

### 3.2.3　区域治理

区域主义已被视为特定区域内的社会一体化发展，其中包括民族国家之间社会和经济互动的不定向过程[20]，如世贸组织管理的区域贸易协定（Regional Trade Agreements，RTA）通常具有广泛的地缘政治目标、发展目标、宏观经济目标、社会目标及环境目标，远不止是贸易政策[19]。

区域主义在网络战略中越来越重要，尤其是涉及国家安全时。当它与网络安全相关时，区域化最先进的一点是执行国际刑法。网络威胁很广泛，包括网络战争、间谍活动、蓄意破坏等活动，国际法没有清晰地将其归为犯罪行为、战争行为或间谍行为[52]。为了消除这些担忧，一些国家制定了国家间协定，授予各国际法庭对国际网络犯罪的管辖权。一些学者认为国际执法区域化将带来许多存在于其内在冲突中的利弊，也为平衡国家与国家间执法的利弊提供了方法[4]。

如表 3.1 所示，当前全球有六种关于治理网络犯罪的主要协定，代表着世界每个区域的情况，其中最大的区域组织欧洲委员会制定了《网络犯罪公约》。该公约也称为《布达佩斯公约》，其在打击网络犯罪、引渡、互助和执法等方面的强制性规定，在许多层面上都成为重要的治理工具[7]。然而，许多人认为《网络犯罪公约》之所以陷入僵局，是由于那些将网络犯罪作为政治工具的国家的反对，以及一些新兴势力拒绝签署一个他们没有协商过的条约。区域性组织必须制定各种方法惩罚那些不支持和协助预防、威慑和起诉网络犯罪的人。截至 2020 年，有 64 个国家成为《网络犯罪公约》成员国。虽然巴西现在还不是其中一员，但是欧洲委员会已邀请其加入[9]。

### 3.2.4　国家体系治理

如果我们把网络空间看作单独的体系，那么国家体系治理远远超出现有的网络空间法律法规。从英国公投脱欧到美国禁止移民与自由贸易，民族主义的趋势正在使得世界各地的政治权力发生重大转变。民族国家在互联网治理中的作用一直是国际社会讨论的话题。各国政府持续致力于制定风险战略、政策和标准，以保护关键基础设施。国家和国际网络安全战略旨在促进公共部门和私营部门及民族国家之间形成更好的关系。

国家网络安全包括许多监管领域。本章对一些最重要的内容进行了讨论，包括国家刑法、数据隐私法规、安全漏洞通知，合理的网络安全实践、标准和风险管理，以及网络中立性法规。

最近，人们关注的焦点是国家网络安全法，该法规定了政府对"关键信息基础设施"的严格控制。

在美国，国家安全和执法机构的高级政府官员认为有必要扩大监视权力，尤其是考虑到美国民主进程受到的威胁。美国《联邦刑事诉讼规则》第四十一条修正案扩大了执法机构的黑客攻击权力，赋予美国法官对其辖区内外的个人或其财产签发搜查令的能力。

## 3.3　网络行动

### 3.3.1　网络战争

对国家安全战略、国家"网络安全"战略、军事或国防网络战略的研究表明，各国对武装网络攻击[30]并没有形成共识。网络攻击、网络战、网络犯罪和网络间谍有着不同且相互冲突的含义。网络战不仅改变了现代战争的"武器装备"，还代表着"战时战场"性质的根本转变。这需要我们重构对常规动能战和网络战的新领域的理解。为了制定网络战的框架，各国首先必须就何为网络攻击达成协议。这需要就何时发生网络攻击、破坏程度达到什么程度才能构成网络攻击达成协议。《塔林手册2.0》（*The Tallinn Manual 2.0*）并没有讨论武装冲突阈值以下禁止干预的界限。因此，如何合理应对网络攻击这个问题仍未得到解决。根据《联合国宪章》第 51 条，官方原则保留对网络攻击采取任何必要和适当手段的权利。

2019 年年末，保护关键技术工作组（Protecting Critical Technology Task Force，PCTTF）主任托马斯·墨菲（Thomas Murphy）少将确认，外国每年从美国窃取了价值数十亿美元的技术与知识产权[38]，PCTTF 是五角大楼为保护工业安全而成立的特别工作组。如今，如何更好地保护国防雇员的信息安全仍然非常紧迫。还有一种针对基础设施和工业运营的攻击，其目的不是窃取数据而是破坏数据或主机系统，损坏或彻底破坏那些通过计算机指令或网络连接操作的物理资产的效用和安全。这种"网络物理"攻击的一个著名例子是发生于 2017 年的 Not Petya 恶意软件攻击，这次攻击使马士基航运陷入瘫痪、给制药巨头默克公司的运营带来巨大损失。这只是欧洲及世界各地的公司所遭受的重大损失之一[29]。

## 3.3.2　网络间谍

网络攻击的定义非常广泛。例如，在美国，间谍活动并不属于网络攻击，因为美国有 1917 年 6 月 15 日颁布的《间谍法》（*Espionage Act of 1917*）。但是在德国，网络攻击和探测或间谍活动并没有区别[26]。然而，国际法对间谍活动的允许程度在很大程度上仍未得到确认；针对这种重要的国家活动[50]，并没有全球性的法规。各国一方面认为本国的间谍活动是合法的，对国家安全来说至关重要，另一方面又积极打击外国间谍活动，这让间谍活动的矛盾显而易见。"因此间谍法的独特之处在于它是由一项（领土完整）准则组成的，违反该准则可能会受到被侵害国家的惩罚。然而各国一直在违反该准则"[56]。没有禁止间谍活动的国际公约，"因为所有国家都需要从这种活动中获益"[56]。

虽然在国际法中，国家是否在一般情况下具有监视其他国家的合法权利尚不明确，但是间谍活动中不允许的行为却很明确[50]。许多国家的法院认定参与间谍活动和使用酷刑获取消息是违法的[24]。2013 年，包括美国和中国在内的 15 个国家一致认为国际法尤其是《联合国宪章》适用于网络空间，并明确强调需要制定建立信任措施和国家责任行为的准则、规则或原则[61]。

## 3.3.3　网络犯罪

虽然已有 154 个国家（79%）进行了网络犯罪立法，但每个国家的情况有所不同。欧洲采纳率最高（93%），亚洲及太平洋地区最低（55%）[62]。不断变化的网络犯罪形式及其造成的技术差距，对执法机构和检察官来说是主要挑战，尤其是跨国执法时。

联合国毒品和犯罪问题办公室（The UN Office on Drugs and Crime，UNODC）认定在绝大多数国家里，通常有 14 种行为构成网络犯罪，其相关法律可归纳为三大类：

（1）违反计算机数据或系统的保密性、完整性和可用性，非法访问、拦截或获取计算机数据，违反隐私或数据保护措施的行为。

（2）与计算机相关的个人或经济利益攫取、身份犯罪、知识产权犯罪及教唆或引诱儿童的行为。

（3）与计算机内容相关的仇恨言论、色情内容以及支持恐怖主义犯罪的行为。

以上内容并不全面，有些国家认定的犯罪行为在其他国家可能不属于犯罪行为。

# 3.4　计算机犯罪法

## 3.4.1　美国的计算机犯罪法

1984 年，美国《计算机欺诈与滥用法》（*The Computer Fraud and Abuse Act,*

CFAA）仍是塑造美国网络安全格局最相关、最适用的法律。特别是 2008 年修订的 CFAA，将"未经授权访问"计算机或"未经授权传输"恶意软件、DDoS 攻击、身份窃取、电子盗窃，以及损坏受保护的计算机或网络、获取或售卖私人信息、影响计算机的使用（如使用计算机形成僵尸网络）等行为定为刑事犯罪。违反者可能面临最高 20 年的监禁、赔偿、没收财产（可能）和/或罚款。此外，在特定情况下，CFAA 允许计算机犯罪的受害者针对违法者提出私人民事诉讼，以求获得补偿性损害赔偿、禁令或其他平等的救济。

除一部全面的联邦法规之外，1978 年，亚利桑那州和佛罗里达州成为第一个颁布计算机犯罪法规的州。如今，根据全国州立法者会议，美国 50 个州都有某种形式的计算机特定刑事立法[43]。虽然详细研究涉及 50 个州的法律超出了本文范围，但是一个简单的对比分析表明，协调这些法律和制定统一的方法来对付计算机犯罪仍是一个挑战。

一些州的法律与联邦法律有所重复；但其他法律针对的计算机具体问题包括网络骚扰、垃圾邮件、间谍软件、数据隐私、网络霸凌[12]。一些州的法律还直接针对其他特定类型的计算机犯罪，如间谍软件、网络钓鱼、拒绝服务型攻击和勒索软件[43]。一些州的法规还惩罚越界行为，并在不法行为发生的所有司法管辖区内追究赔偿责任。例如，佛罗里达州的《计算机相关刑事法规》第 815 条规定，"任何人从一个管辖区，以任何方法进入另一个管辖区的计算机、计算机系统、计算机网络或电子设备，均被认定为在两个管辖区都对计算机、计算机系统、计算机网络或计算机设备进行了个人访问"。近年来，已有法令被颁布，用来针对在互联网上以未成年为目标投放广告或有其他非法目的的违法者（加州大学商业和职业法典、特拉华州法典第 1204 节）。

## 3.4.2　其他国家计算机犯罪法

英国在 1990 年颁布的《计算机滥用法》（*Computer Misuse Act*，CMA）从许多方面反映了 1984 年的美国《计算机欺诈与滥用法》（CFAA）的发展。这两项法规颁布的时间都在万维网普及之前；两者都以"未经授权访问"为管理概念，并且都对计算机系统提供了广泛的保护。虽然 CFAA 依赖于"受保护的计算机"这个宽泛的定义，但是 CMA 没有对"计算机"进行明确的定义，由法院对定义的模糊性做出决断。在美国国会引入 CFAA 后不久，加拿大于 1985 年通过了《刑法》的相关条款。包括德国和英国在内的七国集团其他成员都于 20 世纪 90 年代通过了相关法律，而直到 21 世纪，法国、意大利和日本才对网络行为进行监管。在澳大利亚新南威尔士州，未经授权访问计算机系统被州和联邦立法认定为刑事犯罪，即《1900 年犯罪法案》（新南威尔士州）（简称"犯罪法案"）和《联邦刑法典》（简称"法典"）。由于该法案在澳大利亚所有州及地区普遍适用，最常见的情况是涉嫌参与网络犯罪的人将根据"法典"受到指控。

多部法律从颁布到现在，许多条文都进行了更新、修订，或是有其他法律做补充，反映出了技术的变化和网络环境的需求。例如，英国的《严重犯罪法》（*Serious Crime Act*）（2015 年）修正了 1990 年《计算机滥用法》，以确保对攻击计算机系统行为的判决能够充分反映出其造成的损失。该法案包含了一个新章节（3ZA），该章节针对未授权行为添加了一个新类别，即一个人对计算机进行的未授权行为导致的以下后果：在任何地点对人民利益造成严重损害或风险；对任何地方的环境造成破坏；对任何国家的经济造成损失；损害任何国家的国家安全。根据法案中的定义，对人民生活造成损失，引发人类疾病或使人民受到伤害；造成货币、食品、水、能源或燃料短缺；致使通信系统中断；导致运输设施受到破坏；扰乱公共医疗服务，这些后果都属于对人民利益造成损害。如果对人民利益造成损害，则任何犯罪行为一经公诉程序定罪，犯罪者可判处 14 年以下有期徒刑或罚款，或两者并处。然而，一旦犯人所犯罪行如本节所述，对人民利益造成严重损害或重大风险，或严重损害国家安全，则一经公诉定罪，犯人将被判处终身监禁或罚款，或两者并处。

在《中华人民共和国刑法》中，对网络犯罪的规定集中在第六章第一节"扰乱公共秩序罪"。第 285～287 条是直接与网络犯罪相关的 3 个主要条款。针对违反这些条款的处罚包括拘役、拘留和罚款。例如，从计算机信息系统中非法获取信息，情节严重的犯罪者最高可被判处七年有期徒刑。

在新加坡，黑客行为将受到严厉处罚。在公诉人诉 Lim Siong Khee [2001] 1 SLR（R）631 一案中，不法分子被指控通过正确答出提示问题，进而成功破解密码，获得了未授权的访问权限，从而入侵了受害者的电子邮箱账户。他被处以 12 个月的监禁。2016 年 10 月，英国信息专员办公室（ICO）给电信公司 TalkTalk 签发了 40 万英镑的罚款，这一数额在当时是创纪录的。因其安全漏洞允许攻击者获取客户数据。ICO 调查发现，此次攻击正是利用了 TalkTalk 系统中的一个技术漏洞，而如果该公司采取"基线措施"保护客户数据，那么此次攻击本不该发生。

跨国层面也意识到了采取更严厉的刑事处罚是必要的。2013 年，欧洲议会和理事会针对信息系统的攻击出台了欧盟指令（2013），取代了欧盟理事会 2005/222/JHA 号框架工作决议。该指令明确了攻击信息系统领域刑事犯罪的定义，及其判决的最低标准。该指令旨在促进对此类攻击的预防并改善司法部门与其他部门间的合作。

# 3.5　网络空间相关法规

## 3.5.1　国家和跨国数据隐私法规

随着越来越多的社会与经济活动在网上开展，人们越来越意识到隐私与数据保护的重要性[64]。同样值得关注的是在未告知消费者或未经消费者同意的情况下，擅自收集、使用和向第三方分享个人信息。值得注意的是，194 个国家中有 132 个已经制定了保护数据和隐私的法律。非洲和亚洲的立法程度相似，55%的国家通过了类似法案，其中 23 个为最不发达国家[62]。

隐私保护设计（Privacy by Design，PbD）已被证明是既受欢迎又具可塑性的概念[48]。"'隐私保护设计'已成为隐私社区中的民粹主义术语，但对不同的人来说它有不同的含义"[40]。对微软来说，隐私保护设计意味着对隐私的内在尊重，并以成熟且全面的隐私政策和保护措施为后盾。Google、Twitter、Mozilla 都因实现了 PbD 风格的策略而受到赞扬，其中包括最著名的默认加密。

在欧盟，《通用数据保护条例》（GDPR）是一部全面的隐私和数据安全法，于2012 年首次提出，于 2015 年末正式通过。条例第 23 条要求欧盟公民数据的控制者"实施机制以确保在默认情况下，只处理出于特定目的所必需的个人数据，特别是不得收集或留存超出最小必要限度的个人数据"[25]。

与之相似的是美国联邦贸易委员会对隐私保护设计的定义，其定义与欧盟法规类似（在方法上甚至实质上）。这一定义是为了实际贯彻上述原则而制定的。此外，美国国家标准与技术研究院（NIST）是美国商务部的一个机构，其发布了一份关于隐私工程和风险管理的内部报告，该报告包括了一个隐私风险模型和在工程系统处理个人数据时实现隐私要求的方法[3]。

另一个重要的隐私立法是美国/欧盟的《隐私盾协议》（*Privacy Shield Agreement*）[49]，它受到了欧洲法院其他成员国的质疑，该法律旨在确保跨大西洋公司的数据传输能够获得与欧洲相同的保护等级。这使得美国企业要花费极其昂贵的成本去保护从世界上其他国家转移而来的公民数据。2020 年 7 月，欧洲法院（CJEU）判决《隐私盾协议》无效，该协议是为了保护欧盟-美国不受限制的数据流，理由是无法保证传输和存储到美国云中的个人数据能得到与《通用数据保护条例》相当程度的数据保护。该判决结果意味着当数据从欧盟传输到美国时，欧盟-美国隐私保护框架不再是符合欧盟数据保护要求的有效机制。然而，该决定并不能免除欧盟-美国隐私盾的成员在欧盟-美国隐私盾框架下的义务。澳大利亚在 2017 年修订的《信息隐私法》更进一步要求所有控制澳大利亚国民数据的公司强制披露数据泄露事件。

随着《通用数据保护条例》（GDPR）的颁布，巴西也加入了源自欧洲的全球趋势，颁布了自己的综合法案来管理个人数据的使用，即《通用数据保护法》（*Lei Geral de Proteção de Dados*，LGPD）或称为《隐私保护通用法》。与欧盟的《通用数据保护条例》和美国加利福尼亚州的《消费者隐私法案》（*California's Consumer Privacy Act*，CCPA）相似，《通用数据保护法》旨在规范个人数据处理，适用于处理巴西人民个人数据的任何自然人或法人实体，其中包括政府，即使处理数据的实体位于巴西之外。

在美国，隐私保护主要由州级政府执行。许多州有自己的法律法规，对所覆盖的组织实施网络安全、数据保护或通知要求。例如，2017 年，纽约州金融服务部实施了《网络安全条例》，该条例要求银行、保险公司和其他受保护实体共同建立并维护一个网络安全计划，其目的是保护消费者并确保纽约州金融服务行业的安全和稳定。与之相似的是，2018 年科罗拉多州政府也进行了隐私和网络安全立法，要求所覆盖的实体实施并维持关于保护和维护机密信息的"合理程序"。

其中一项全面的法规是《马萨诸塞州网络安全法规》（第 201 号法规 CMR 17），该法规要求维护网络安全计划的公司至少应在技术可行的程度内具备以下条件：

（1）安全认证协议；

（2）安全访问控制措施；

（3）对传输的所有包含个人信息的记录进行加密；

（4）合理监控未经授权使用的系统；

（5）加密笔记本电脑上的所有信息；

（6）最新的防火墙保护策略和安全补丁；

（7）恶意软件防护和病毒定义；

（8）对员工进行网络系统各个方面的教育与培训。

美国有两项特别的联邦级别监管隐私规定：《格雷姆-里奇-比利雷法》（*The Gramm-Leach-Bliley Act*，GLBA），也可称为 1999 年《金融服务现代化法案》（*Financial Services Modernization Act*），要求金融机构为客户解释其信息共享的做法，并保护客户的私人信息；1996 年《健康保险流通与责任法案》（*the Health Insurance Portability and Accountability Act*，HIPAA），该法案要求美国卫生与公众服务部（HHS）部长牵头建立个人可识别健康信息的隐私与安全法规，可识别健康信息也可称为受保护的健康信息（Protected Health Information，PHI）。PHI 包括"个人可识别的健康信息"，如一个人过去、现在或将来的身体或精神的健康状况。HIPAA 违规通知规则要求涉及 HIPAA 的实体与业务伙伴在发生影响 PHI 的事件时提供通知。

## 3.5.2　违规通知法令

尽管许多国家，包括欠发达国家，都有强制要求数据泄露通知的法令（如菲律宾《2012 年数据隐私法》；卡塔尔《2016 年关于个人数据保护的第 13 号法律》；印度尼西亚关于电子系统和交易的规定及其实施的 2012 年第 82 号法规，关于保护电子系统中个人数据的 2016 年第 20 号法规）。但是数据泄露通知在大多数国家并不是强制性的，并且对其他国家私营部门而非公共部门是强制性的，或者仅对社会中的某些部门来说是强制性的（如安哥拉和塞尔维亚）。在阿根廷，虽然不要求数据泄露通知，但要求机构保留数据泄露的相关记录，以满足调查或审计的需要[62]。

虽然美国没有关于数据泄露通知的通用联邦法律，只有一些特定的行业法规，但是美国 50 个州和 4 个地区都通过了具有不同要求的数据泄露通知法规[42]。通常情况下，违规通知法规要求将通知发送给那些看到了数据泄露事件中被窃取的电子个人信息（如其中所定义的）的个人，尽管有些州要求仅基于针对此类信息的访问进行通知。个人身份包括社保号和驾照号，然而，各州也越来越多地将个人信息、健康状况和生物特征信息，以及访问网络账户的用户名和密码等添加到其定义中。

2017 年，美国证券交易委员会宣布在其执法部门内成立了一个网络部门，专门关注与网络相关的不当行为。2018 年 2 月，美国证券交易委员会发布了一份关于上市公司网络安全披露的解释性声明和指导意见，对之前的指导意见进行了拓展，并强调接受监管的公司有义务披露重大网络安全风险和事件，并且不允许公司披露正在接受调查的事件[57]。2018 年 4 月，美国证券交易委员会指控前 Altaba 公司（雅虎核心业务出售给 Verizon 后更改的新名字）没有披露重大网络安全违规行为。该公司同意支付 3500 万美元的民事罚款，与美国证券交易委员会达成和解[58]。

### 3.5.3 网络安全法规：合理性标准

许多监管机构预计，考虑到受保护数据的敏感性等因素，受监管的公司已实施了"合理"的安全措施。鉴于标准的扩散，许多公司依赖于综合网络安全框架，如 NIST 网络安全框架[44]，该框架建议公司采取措施来识别和评估可预见重大风险（包括供应商的风险），设计和实施策略与控制措施，从而根据这些风险保护组织，监控和检测异常情况与已察觉的风险，并对事件做出及时、充分的响应，然后从异常事件中恢复。

乌克兰是通过新的网络安全法律的国家之一，其网络安全法旨在降低网络攻击的可能性，并加快受攻击后的恢复过程。借鉴欧盟主要国家和美国在网络空间保护问题上的做法，乌克兰于 2017 年 10 月 5 日通过了《乌克兰网络安全基本原则法》。该法律第 1 条，将网络保护的概念定义为一套组织、法律、工程和技术措施，以及信息加密和技术保护措施。该法律旨在预防网络事件，检测和防范网络攻击，消除其后果，并恢复通信技术系统功能的可持续性和可靠性。

在美国，在没有联邦法律的情况下，一家公司或组织是否采取了"合理"的网络安全做法的问题一直属于联邦贸易委员会管辖范围。例如，2013 年 8 月，美国联邦贸易委员会（Federal Trade Commission）对佐治亚州亚特兰大市一家鲜为人知的小型医疗检测公司 LabMD 提起行政诉讼，指控其在 2008 年和 2012 年违反了该法案的安全规定，指控 LabMD 的法律依据是他们未能采取"合理和适当的措施"保护消费者信息，这构成了《联邦贸易委员会法案》第 5 节内容下的"不公平"行为或做法[35]。该决定被第十一巡回上诉法院推翻，该法院认为 LabMD 的同意指令因缺乏明确性而无效[36]。

### 3.5.4 网络安全法规的标准

在缺乏规范网络安全实践法规的情况下，网络安全法规的标准在改善不同地理位置和社会群体的网络防御和网络安全方面发挥着关键作用。近年来，标准开发组织与已发布的信息安全标准的数量都有所增加，这给各国带来了重大挑战。各国正在使用这一标准来实现一系列目标，在某些情况下，强加的标准相互冲突、相互矛盾，甚至有的标准限制过多且不具可操作性。还有的标准对已在其领域占据主导地位的公司来说是有利的。欧盟在网络安全局的支持下，已开始将多个标准纳入其战略和政策中，但仍有许多工作要做，这需要公共部门和私营部门的共同参与[51]。

2009 年起，欧盟网络安全局一直在梳理和细化标准化机构（如国际标准化组织、欧洲电信标准化协会、国际电信联盟、欧洲标准化委员会、欧洲（电工）标准化委员会）在其相关领域中所完成的工作。第一批可交付成果之一是多个总结和提出的发现，包括在标准化背景下正确定义弹性的重要性、标准制定组织（Standards Developing Organizations，SDO）在安全方面开展的主要活动的识别和展示，以及未来工作中必要关键领域的确定[17]。

欧盟委员会于 2020 年 12 月发布了一项新的标准制定法——《数字服务法案》（Digital Services Act，DSA），以征求意见。该法案以电子商务指令规则为基础，并解决了围绕网络中间商所出现的问题。欧盟成员国对这些服务进行了不同程度的监管，为在欧盟寻求扩张和扩大规模的小型企业设置了障碍，并导致对欧洲公民的保护水平参差不齐[14]。尽管《通用数据保护条例》统一并提升了数据保护标准，但 DSA 旨在为欧洲数字服务运营建立一个全面的框架，来处理非法内容和社会危害等因素[2]。

美国国家标准与技术研究院（NIST）网络安全框架[44]最能体现自下而上的监管框架的转变，该框架旨在通过非强制性标准来改善私营部门的网络安全。该框架集成了行业标准和最佳实践，以帮助组织管理其网络安全风险。它提供了一种通用语言，允许组织内各级别员工和供应链上各节点员工对其网络安全风险达成共识。NIST 与私营部门和政府专家合作创建了该框架。这项工作进行得非常顺利，因此国会在《2014 年度网络安全增强法案》（Cybersecurity Enhancement Act of 2014）中将其作为 NIST 的职责予以批准。

全世界的很多公司都开始使用该框架，包括摩根大通、微软、波音、英特尔、英格兰银行、日本电信电话公社和安大略省能源局。类似地，联邦金融机构检查评议会（the Federal Financial Institutions Examination Council，FFIEC）为金融机构提供了一个“可重复且可度量的过程，以供金融机构衡量其网络安全准备情况”。与美国国家标准与技术研究院的风险管理框架一样，FFIEC 网络安全评估工具（Cybersecurity Assessment Tool，CAT）提出了核心原则和目标，但其依赖于公司自身的风险管理评估和战略[22]。

### 3.5.5　网络中立法规

近年来，网络中立成为网络安全中一个重要的法律问题。网络中立是核心原则，它要求互联网服务提供商和政府平等对待网上所有数据，并禁止价格歧视或套利。美国联邦通信委员会拥有对州与州之间的，以及美国国内与国外的无线或有线通信的管辖权。当宽带供应商根据用户财富或经济状况进行断网或降低网速时，这种中立性就会受到威胁。除监管问题之外，网络中立性还涉及互联网用户访问与表达方面的问题。美国联邦通信委员会采取了 3 种基本原则来促进网络中立性：①透明化，要求公开互联网管理实践；②无屏蔽，禁止屏蔽合法内容；③合法传输网络流量时，不得存在不合理的歧视[21]。

2015 年，欧盟出台了强有力的规定，要求提供互联网接入服务的公司平等对待所有流量，当网络设备运行容量达到最大时，可以灵活地限制流量[16]。欧盟的条款同样也允许通过流量限制来保护网络安全和处理紧急情况。2016 年，欧盟电子通信监管机构详细列出了电信公司和内容提供商之间的协议中存在的潜在问题。他们解释说虽然服务质量可能会不同，但是不应该歧视任何具体的应用。2017 年，欧洲强调了他们主动监测网络中立规则遵守情况的重要性，而不是等到违规行为发生后才做出反应。与美国居民相比，该条例为欧洲居民提供了更好的消费者保护。2021 年 6 月 4 日，荷兰成为在智利之后的欧洲第一个、世界第二个实施网络中立性法律的国家。任何国家再怎么强调网络中立性条款的重要性都不过分，然而在一个国家的网络安全监管制度中如何优先考虑这个问题还有待观察。

## 3.6  总结

网络空间生态系统是全球性的、复杂的，监管网络空间生态系统是一项挑战。对什么样的治理结构符合所有参与者的最大利益这个问题，没有一套单一的规则，也没有一个单一的定义。包括隐私和言论自由在内的新兴网络人权领域必须纳入网络治理结构，并不断评估其有效性、可持续性，以及与全球行为准则的一致性。在保护网络空间的过程中，应对治理模式的效能进行评估，以适应其生态系统不断变化的需求，并进行变革，这样不仅能解决不断变化的技术问题，还能解决不断发展的实践问题，这些实践得益于参与推进可持续发展与合法网络空间的多个利益相关者的观点。

由于国际主体和非政府组织坚持将民族国家纳入治理体系和 ICANN 等多方利益相关者组织，民族国家与全球化之间的紧张关系仍将继续。正如我们所看到的那样，许多国家都关注关键基础设施保护、打击网络犯罪和促进互联网开放等共同问题，但即使是那些主张将以国家为中心作为处理网络安全的方法的国家，也注意到了国际社会和国际法在加强网络安全方面发挥的重要作用[59]。民族国家可以通过区域主义和全球化得到加强，然而，对国家安全的重视可能导致全球化的衰退。这体现在国家越来越重视维护国家利益、建立公私伙伴关系，以及国家网络安全战略和法律框架中保护主义的加剧。

展望未来，所有国家在制定国家网络安全战略时都需要应对这些挑战。这需要与私营部门就网络安全和互联网治理进行协商谈判，以彰显在全球范围内对不遵守国际网络安全法律的国家实施制裁的必要性，平衡国家安全需求，同时保护世界范围内的网络空间用户的隐私和公民自身利益。

# 原著参考文献

# 第4章 弹性应对数字化的负面影响

**摘要：**像所有事物一样，社会数字化同时具有积极和消极的两面性。通过网络，数字化可以对人们产生影响。尽管影响的方式可能是一样的，但影响的后果取决于信息作战的幕后推手及其作战目标。在本章中，我们将讨论当个人作为信息系统的一部分时，会受到什么影响，这些影响建立在什么基础上、有哪些类型，以及我们如何避免受到影响。虽然我们关注的是军事问题，但研究结果也适用于整个社会大众。

**关键词：**数字化；网络安全；人类韧性

## 4.1 引言

根据牛津词典[1]中的定义，数字化是指"将文字、图片或声音转换为可由计算机处理的数字形式"，这使得信息和服务更贴近用户。当我们生活在高度数字化的社会中时，如斯堪的纳维亚半岛，不难发现，各类服务、职业和爱好无不受益于信息数字化。在高度数字化的社会中，几乎每个人都有手机，所有的信息和服务都触手可及。

数字化和其他事物一样，既有积极的一面也有消极的一面。例如，人们都能连接共享信息系统，这使每个人都能更平等地获得服务，可以说，在不同的用户群体中创造了更多的平等，但是这种连接给网络攻击带来了便利。近几年，北欧国家受到媒体关注的网络攻击案件包括：2016年芬兰住宅区供暖系统被关闭[2]；2018年挪威东南部地区的医疗卫生机构遭到入侵，导致所有医疗数据泄露事件[3]；2019年，挪威海德鲁（Hydro）公司遭到勒索软件攻击，影响到其全球生产线[4]。这些攻击都利用了物联网设备的漏洞。连通性还可能在相互依赖的服务之间产生多米诺效应，对社会造成更严重的影响。

在用户层面上，网络物理攻击对服务造成的后果各不相同，从无法使用在线服务的轻微影响，到诸如水和电力供应被长期破坏时的生命威胁。个人几乎无法阻止其所使用的服务遭受网络物理攻击。用户大多可以通过积极主动的应对以及准备备用资源，来减轻他们所面临的影响。

但是，网络物理攻击并不是数字社会中唯一的担忧。如前所述，数字化使得信息可以被广泛获取，这当然是有益的一面。但不利的一面是，这也使恶意的信息行动成为可能，在军事中，这就是信息作战"可见的"部分。后者还包括对信息环境的分析、规划过程，以及信息行动的同步、整合和协调[5]。这种信息行动的效果应该与整体任务的目的和目标保持一致。然而，信息作战不仅由武装部队开展，其他主体也会使用类似的技术来影响人们的思想、价值观和态度[6]。

在本章中，我们将探讨使个人容易成为信息作战受害者的因素。还将以军事相关的研究为重点，讨论如何利用教育来使人们对信息作战和整个数字社会的负面影响更具韧性。本文论据是我们在国际军事科学学会 2020 年会议上的演讲（依据 "CC BY-SA 4.0" 许可证进行授权[7]）。

## 4.2　人类——信息系统的一部分

任何个人都是信息系统的一部分[8]。作为个体，我们收集、分析、储存、编辑和分享信息。信息不仅是语言的、口头的和书面的。我们通过感官系统及其 5 种感官——视觉器官、听觉器官、嗅觉器官、味觉器官和触觉器官，从我们周遭的环境收集信息[9]。此外，无论承认与否，收集到的每条信息都会对我们产生影响[10]。

企业利用感官系统的这些特点，试图让我们购买商品和服务。感官营销[11-12]的基础正是感官的感知能力，以及不同的信号对我们产生的影响。

例如，视觉在感知中具有最重要的作用[11-12]。在感官营销中，色彩、色彩亮度、产品的设计和图案及商店的照明条件有 4 个功能：吸引注意力、给人们留下深刻印象、便捷地传递信息、满足顾客的期望[11]。当这 4 种功能都对顾客产生积极影响时，预期结果以及最有可能的结果就是顾客购买更多的产品。

声音能产生感情和情绪，对心情和认知有影响[11]。这种影响因节奏、旋律的氛围和分贝的高低而不同。例如，有节奏的音乐能使人充满活力[11]；适度的噪声能提高创造性工作的表现[13]，而较大的噪声则会降低创造力[13]。

有趣的是，在现实世界中，气味比影像和声音更能影响人们的感受[11-12]。味觉与嗅觉密切相关，它们共同创造了味道的感觉并能唤起记忆[11]。但是，这种关联是因人而异的，其影响也是各不相同的。无论是在现实世界还是在网络空间，感官系统的这些特征对大多数人来说都不是秘密。然而，在网络空间中，嗅觉、味觉和触觉的影响远不及视觉和听觉的影响。

互联网扩展了认知记忆的环境[14]，就像储存在社交平台上的记忆[16]，这也意味着我们几乎可以在网上即时获得其他记忆和体验。以文字、数字和视频的形式，用记忆和故事实现情绪感染[17]。情绪感染是指将情绪从一个人转移到另一个人[18]，这在面对面交流中很常见。一项对 Facebook 帖子及其评论的研究[17]表明，在没有面对面交流的互联网上，也会发生情绪感染。

## 4.3　影响类型

感官营销和情感唤起的方法，旨在通过以对信息发送者有利的方式传达信息来影响目标群体[19-20]。这时，"对目标群体的了解是至关重要的，因为人们倾向于接受取悦他们的信息，愿意为挑动了受众的欲望、偏见和忠诚的故事买单"[21]。本节将讨论个人日常受到的不同类型的影响。

## 4.3.1 信息作战

如前所述，信息作战是军事行动的一部分。而且，这个概念可以扩大到包括所有利用信息来影响他人行为的行动。同样的工具，尽管其背后的行动者可能有不同的目标，但都经常被用来影响个人。图 4.1 中，除了网瘾和技术压力，其他几项都可以是个人经常经历的信息作战的例子。图 4.1 所示的各类别之间的界限是模糊的，如下所述。

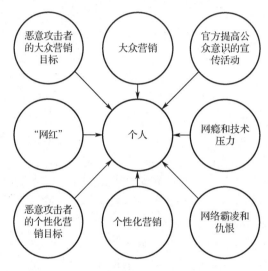

图 4.1　日常生活中对个人产生影响的因素

### 1. 带着特定目标针对不知名群体

作为社会大众的一部分，个人可能会被间接地作为目标。图 4.1 中的大众营销、官方提高公众意识的宣传活动，以及恶意攻击者的大众营销目标就是向大量人口广泛传播通用信息的例子。电子营销、数字营销和社交媒体营销都属于在线电子平台上的大众营销。可以用人口统计方法来选择潜在的目标群体。在电子营销案例中，广告活动是预先计划好的，目标也很明确，那便是销售产品。

然而，同样的技术可以用于其他目的，例如，由国家开展的信息安全意识宣传活动和当前与 COVID-19 有关的手部卫生宣传活动。这些例子的目的都是在民众中传播正确的信息，从而给社会带来积极的影响。网络领域中臭名昭著的工具"钓鱼邮件"也属于这一类。

钓鱼邮件有几种恶意目的。它们试图让人们透露访问凭证提供机密数据，用恶意软件感染计算机，或者打开受病毒感染网站的链接[8,22]。其目的可能是利用凭证立即兑现，进一步出售它们，或者在网络领域的物理层或逻辑层的进一步网络攻击中使用它们。钓鱼邮件通常包含视听媒体内容（感官营销），以此吸引注意力，激发让人做出行动的情绪（让人激动想要去赢得某物，或者使人气恼以至于匆忙做出决定）。

### 2. 针对成为特定目标的个人

在定制化的信息作战中，个人是更直接的目标。一般的电子营销会根据客户所属的人群（年龄、性别、种族等）对其进行画像描述，而数字化信息作战则更进一步，会根据客户的特定行为对其进行画像描述。心理统计是人们活动、兴趣和观点的集合，用来理解驱动人们行为的认知因素。心理统计是人口统计的子集，因此更适合针对个人目标[23]。

与此相同，比网络钓鱼邮件更有针对性的是鱼叉式网络钓鱼信息。这些信息看起来是合法的，发自雇主、同事、朋友或其他合法的发件人[8,22]。网络交友诈骗专门玩弄人们的情感，网络交友诈骗是约会网站和同侪团体（寡妇团体）聊天室中的一种鱼叉式网络钓鱼，利用视觉上有吸引力的简介和情感上有吸引力的故事来吸引受害者[24-26]。另一个更加个性化的目标定位的例子是，在可以进行讨论的数字通信平台上发起挑衅的帖子。众所周知，这种帖子会采用适当的情感内容来激起公众的情绪，并通过不断地挑起争论、批评他人或以他人为代价的抱怨来强化态度[27]。研究表明，人们在情绪激动的时候（如感到焦虑或高兴时）比没有情绪的时候更愿意分享信息[28]。自我意识的丧失和匿名性，加上外部情绪的影响等侧面因素，可能会让一个自认为是正常守法公民的普通人被煽动（操纵）成为"喷子"[27,29]。

### 3. 针对特定的人

发送包含网络欺凌和仇恨言论的电子邮件是对一个人进行更加个性化的直接攻击的例子。网络欺凌有不同的形式，包括煽风点火、骚扰、网络跟踪、诋毁、伪装、曝光和排挤[30-31]。仇恨言论与网络欺凌有相似的方面，但更加极端。在大多数情况下，网络欺凌的目的是羞辱和伤害一个人，而不会做出肢体行为，而仇恨言论的目的是煽动对一个人实施身体暴力行为。

### 4. "网红"

"网红"（Influencer）是指对他人和事物有影响的个人或组织[32]。"网红"一直存在，之前讨论的所有案例都涉及一个人或一个团体，他们的目标是使他人以某种特定的方式行事。然而，在今天的数字世界里，"网红"这个词一般指的是在 YouTube、Twitter、Facebook、Snapchat、TikTok 等社交媒体上拥有公众号且颇受欢迎的人。这种影响力通常基于某个领域的专业知识，但也可以基于"网红"的认知、地位或权威。

由于拥有大量的"粉丝"，"网红"通常以宣传产品和为品牌代言为生[33]，但代言也可以成为组织战略传播的一部分。一般来说，"网红"的意见可以对公众舆论产生很大的影响。常见的例子如在选举中对候选人的支持，但"网红"也会支持更普遍的话题，如投票本身[35]和公共卫生宣传活动[36]。就连经济学也不能置身事外。据说，凯莉•詹娜（Kylie Jenner）的推文导致 Snapchat 市值缩水了 13 亿美元[37]。有几项经济学研究调查了推文对股市的影响。最近的一项研究[38]结果显示，从 Twitter 中衍生的情绪和情感等因素可以预测股市的走势。

另外，在今天这个数字化的世界里，不为人知的无名之辈也能成为"网红"。有很多人利用网络为某项事业进行大量宣传。曼宁和斯诺登就是两个例子，他们通过社交媒体平台泄露信息，对公众辩论产生重大影响，也可能对美国国家安全产生影响。另一个例子是摄影记者尼鲁佛•迪米尔（Nilüfer Demir），她在 2015 年拍摄的叙利亚偷渡遇难幼童艾伦•库尔迪（Alan Kurdi）的照片，改变了欧洲人对叙利亚难民危机的讨论[39]。此外，还有拉哈夫•穆罕默德•库农（Rahaf Mohammed al-Qunun），这位沙特女孩，利用 Twitter 发信息获得了加拿大的政治庇护[40]。

当我们收集周围所有的信息并受其影响时，我们也通过自己在现实和网络中的大量网络活动影响他人。尤其是后者，因为网络具有广泛的连通性。然而，"网红"一词通常仅限于有意利用网络中这些特征的行为主体。

## 4.3.2　网瘾和技术压力

最后，同样重要的是，我们要正确应对数字化本身，因为它也会对人产生影响。技术压力和网瘾是数字化的一些消极影响。

网瘾[41]的特点是能导致过度损害或痛苦或不加控制地对计算机使用和互联网访问的沉迷、冲动等行为。与其他成瘾现象类似，网瘾对学习成绩、工作、健康、经济状况和人际关系都有负面影响[42]。智能手机成瘾与互联网成瘾相似，因为智能手机是使用互联网和在线服务的设备。研究表明，无法做到自律是导致网瘾的原因[43-44]。

数字社会和快速发展的技术以其速度和要求影响着我们，这就是所谓的技术压力。塞尔伯格（Sellberg）和苏西（Susi）[45]认为，技术压力是"一种持续的高认知需求和生理唤醒的状态。可以在一些人身上观察到这种情况，随着时间的推移，他们理解、学习并掌控信息和工作流程的可能性会降低。这种情况源于这些人与缺乏可用性的技术的交互，以及（或）不适合其使用的组织需求和条件"。

导致技术压力的原因有很多，包括工作节奏的高要求、频繁的干扰、多任务处理（技术过载）、工人感到无法掌握的高度复杂的数字技术（技术复杂性）、日新月异的技术带来的持续不确定性（技术不确定性）、担忧被数字技术或更高素质的人选取代而丢掉工作（技术不安全性），以及工作和业余时间界限不清（技术入侵）[45-46]。此外，由于技术错误和低可用性（技术不可靠性）而产生的挫折感，以及由于机器行为的不可预测性（人机互动的压力）而产生的烦躁感，也会增加技术压力[46]。另外，技术性的工作场所监控也会增加技术压力[46]。

# 4.4 获得个人韧性

鉴于上述情况，我们要思考个人怎样才能对信息作战和数字社会的负面影响变得更加有韧性。在前面讨论的所有案例中，我们的情绪都受到了影响。情绪激动和压力过大可能会刺激我们采取与自身利益相悖的行动，我们应该注意数字媒体中的个性化和情绪化内容，并在行动前仔细考虑我们的应对选择。因此，批判性思维和自我调节对正确行动至关重要，这也是巴克尔（Bakir）和麦克斯塔伊（McStay）[47]的建议。

在个人层面上，抵制信息作战影响的关键是要意识到它们的存在。此外，我们需要学习如何让自己冷静下来，更好地了解情况后再决定如何应对。我们还可以增强探索应对方案的能力。

获得态势感知、把握"大局"是常规的军事行动，并且一直是军事行动的一部分，包括网络作战。不过，这同样适用于日常生活，更重要的是，可以通过培训习得。这种培训是军事教育的重要组成部分，在挪威国防网络学院（Norwegian Defense Cyber Academy，NDCA）也是如此，学员每学年有一两次演习。近年来，在挪威国防网络学院的演习场景中越来越多地加入了代码和人为因素的网络内容，并且研究了学员在演习中的表现。他们是以下章节中讨论的大多数研究的参与者。

## 4.4.1 处理压力

从丢失手机或在观众面前演讲，到遭遇事故或斗殴，几乎每个人都感受过压力，或曾处于紧张的状况。使用应对策略是减少压力和提高行动能力的一种方式。挪威国防网络学院研究了其学员对应对策略的使用情况，应对策略是学员军事教育的一部分。其中有一个学期，学员自我报告了他们在不同的军事和课堂环境下使用应对策略的情况[48]。结果表明，"有控制力"是在军事和课堂环境中表现良好的主要因素。学员发现，同样的应对策略，出于同样的原因，在网络领域也很有用[49]。

要想获得控制权，首先要了解自己所处的境地。在上文中提到的对技术压力的研究发现，采用应对策略和自我调节也是缓解技术压力的工具[46]。用户教育、技术支持和有计划的技术实施减少了由技术复杂性、不确定性、不可靠性和人机交互带来的压力。然而，为了克服技术过载和技术入侵的压力，我们需要经常运用应对策略和自我调节。

在引文所述的圆桌会议上还讨论了压力因素[50]，从 5 个方面对军事准备和备战的韧性进行了点对点的讨论：生理与心理韧性、性别差异、有氧和力量训练的贡献、热耐受性及先天因素与后天因素的作用。该作者总结说，这 5 个方面的相互关联性要从跨学科的角度来建立韧性。他们论证了心理和生理韧性的重要性。研究发现，生理韧性强的士兵能在压力大的情况下做出良好的决定。另外，心理上的韧性对身体和认知的表现以及健康都有影响。适应性韧性以生理和心理韧性为基础，即使韧性被认为是一种个人特质，它也可以通过基于现实场景的训练得到增强[50]。尽管圆桌会议的讨论主要集中在现实世界的战争，但有些观点也适用于网络领域，包括他们对发生在不稳定、不确定、复杂、模糊环境下的现代军事行动的描述，这种环境对参战的士兵造成了体力消耗、认知过载、睡眠限制和热量剥夺。这对身处数字化时代的民众来说并不陌生，因为数字化社会也是复杂的和充满不确定性的。即使网络中的民众首先遇到的不是体力消耗和热量摄入不足，但认知过载和睡眠限制却很容易与网络联系在一起。

## 4.4.2　批判性思维、自我调节和教育方法

在文献[51]～[53]中，研究人员研究了军事环境中网络操作员的表现。这些研究是在挪威国防网络学院中进行的，将在最后一年参加网络防御演习的学员作为测试组。

这项演习是在一个封闭的网络虚拟系统中进行的，其中可以建立、操作、使用不同的信息系统，进行攻击和防御演练。演习基于现实生活中的场景，从人类的角度出发，例如，将恶意的大众营销和个性化营销作为进入系统的一种方式。我们通过媒体报道和人工智能合成的有关示威和政治骚乱来影响学员，让学员与公众沟通。一个重要的问题是，学员们要对其小组的行为和工作方式负责。每个小组都有一名导师提供与实际网络防御有关的指导，但学员们负责解决内部和演习相关的问题。

研究发现，自我管理和认知能力是提高网络操作员表现和处理网络力量能力的重要素质。这些认知技能既适用于网络进攻，也适用于网络防御。此外，管理网络力量需要以下能力：非结构化的问题解决方式、批判性思维、学习和推理[54]。同时，建立一个心理模型有助于增强态势感知[52]。这些技能不仅对网络操作员有益，对民众也很有价值，因为民众也可能是信息作战的目标，或者在我们的数字化社会中，受到信息作战的间接影响。

事件的背景总是一个重要的因素。为了获得良好的态势感知，不仅要了解事件本身，还要了解其发生的背景。保罗（Paul）等[55]在描述信息的关键消费者时，考虑了文化和社会相关因素。他认为，信息的批判性消费者知道在每个特定的社会或文化中，主流观点在媒体中被赋予特权地位。因此，该消费者会从独立于文化或意识形态的知识标准来了解信息的其他方面。作为一个批判性的信息消费者，在一个规模更大、信息量更大的环境中锻炼批判性思维。

信息的批判性消费者和生产者会问"是什么""为什么""怎么样"等问题，这都是批判性思维的过程。例如，对每个案例，批判性思维是要考虑不同的观点，并分析概念、理论和背后的解释[55]。这是一个认识问题、探究其含义和后果的认知过

程。此外，这也会把概念运用到新的环境中。保罗和埃尔德（Elder）[55]将批判性思维分为两种形式：适用于所有领域的一般能力，以及适用于特定领域的特殊能力。为了学习这些内容，人们需要学会提出正确问题的系统方法。

学会提出正确的问题能让人学会自我调节。鲍迈斯特（Baumeister）、希瑟顿（Heatherton）和泰斯（Tice）[56]认为，自我调节是指一个人控制自己的思想、情绪和行动的能力。根据新墨西哥大学酗酒、药物滥用和成瘾中心（Center on Alcoholism、Substance Abuse and Addictions，CASAA）的自我调节调查问卷（Self-Regulation Questionnaire，SRQ）[57]（在测量挪威国防网络学院学员的自我调节时也使用了该问卷），行为上的自我调节能力包括：接收相关信息；评估信息并将其与规范对比；触发改变；搜索选项；制订计划；实施计划；评估计划有效性。根据这种观点，要想改善自我调节能力，应该致力于提高这 7 种能力。克利里（Cleary）和齐默曼（Zimmerman）[58]提出了自我调节能力增强计划（Self-Regulation Empowerment Program，SREP），该计划能够提高青少年学生的学习能力，并以教学和循环反馈为基础。这表明，使用辅导和持续反馈的军事教育，很适合发展这种自我调节能力。

为了培养批判性思维和自我调节能力，挪威国防网络学院采用了我们所说的"慢教育"。这种教育方法为思考过程、交流和再利用不同背景的知识，以及鼓励个人想法提供了空间和时间。在军事演习中，学员们要面对多领域环境下的工作。我们通过辅导来指导学员了解和使用不同的问题解决策略。在适当的时候，我们也鼓励学员从自己的错误中学习。在一项关于军事网络防御场景下认知表现的研究中[53]，我们发现这种慢教育可能有助于提高网络操作者在网络空间操作和利用网络力量方面的自我管理。

# 4.5 讨论与结论

在本章中，我们试图阐明个人作为信息系统中的一种资产是如何通过网络域受到信息行动影响的。在此情景中，信息的呈现形式包括文字、颜色、数字、声音、灯光、音乐、电影等，我们则重点关注信息所触发的情绪。从归因的角度来看，信息作战和信息行动实际上的执行者可以是任何人，包括我、你、网络霸凌者、不法分子、恐怖分子、公司或国家。任何能够使用数字手段发布信息的人都可以在数字现实中影响他人。

因此，我们作为个人应该始终意识到人类的一个基本特征，那就是：在现实世界和网络空间，不管我们是否愿意，我们都无时无刻不被信息包围着。换句话说，我们一直受到他人的影响，也总在影响他人。但是，其程度是我们可以控制的。

通过获得我们个人与哪些人有数字连接，以及我们属于哪些信息系统的态势感知，从而可以发展我们的个人韧性。我们可以建立关键的心理模型来研究我们之间的实际联系，以及我们的行为如何影响这些系统。批判性思维、自我调节、适应性和自我状况控制增强了我们的韧性，因此，这些技能既能防止我们轻易成为信息作战的受害者，又能帮助我们减轻后果。此外，这些技能可以防止上瘾和技术压力。

　　虽然这里讨论的是与军事相关的研究和演习，但对平民教育机构来说，研究中使用的反映特殊行业应用的信息系统的真实培训课程的概念也同样重要。我们引入了一些教育方法，可以提高学生的思维过程和反思技能，以培养批判性思维、自我调节和适应能力，从而控制自己。这些方法不只适用于高级网络教育。例如，可以将这些使用实物和有形的因果示例的方法引入小学教育中。渐渐地，老师可以帮助学生将这些技能运用到网络环境中。这些工作可以以不同的方式帮助学生来应对我们日益数字化的社会的负面影响，并培养对信息作战的韧性。

## 原著参考文献

# 第 5 章　精神障碍对网络安全的影响

摘要：互联网和信息通信技术已经成为人们日常生活不可分割的一部分。网络世界为全球数十亿用户带来了许多好处。然而它也带来了风险，不法分子很容易利用互联网对受害者施暴。很多用户为了方便和实用，会无视风险行为并进行操作。世界上大约有 25%的人经历过精神或神经障碍，因此了解用户的精神病理在网络安全环境中的表现方式是十分重要的。本章回顾了几种精神障碍患者的症状，同时考虑到网络的好处和风险，这些症状已应用于评估用户在面对网络犯罪和网络安全实践时的脆弱性。调查结果揭示了每种精神障碍的复杂性如何影响用户热衷上网的程度和易受网络犯罪的程度，以及这些疾病如何在不同程度上，针对性地影响各种不同的网络安全行为。

关键词：网络安全行为；精神机能障碍；精神障碍；网络犯罪；网络收益；网络风险；用户心理；网络心理

## 5.1　引言

在过去的几十年里，数字化改变了我们的社会。今天，数字技术几乎是我们生活中不可或缺的一部分[1]。平时在家，从我们醒来的那一刻起，我们打开的灯，用来煮咖啡的电，这一切都来自数字化系统，或者由数字化管理的系统。大多数人在日常生活中都使用手机和智能设备。几乎所有工作场所都有数字系统环境——我们甚至不需要在办公室即可使用计算机办公。从农业到制造业，以及许多其他与机械互动的行业都拥有数字化系统[2]。平时，我们也主要在网上交流，很多平台和服务应运而生。我们做银行交易、购物和娱乐都是在网上进行的。随着技术的发展，越来越多的服务和设备，包括许多基础设施，将变得智能。此外，我们的个人身份也出现在网络上。因此，随着如此多的数字服务、系统以及个人和组织信息上线，我们可以认为，网络安全和资产保护与资产本身一样重要[3-4]。

新闻或社交媒体上经常报道某些网络攻击[5]。尽管网络安全已经取得了巨大的发展并正在不断演进，但网络犯罪仍在增长，不法分子总能"魔高一丈"。网络安全专业人员已经开发了许多复杂的协议，如果使用得当，这些协议可以提供强大的防御[6]。但如果用户使用其宠物的名字创建口令，或者使用可预测的方式修改其他账户口令，这种不安全的行为最终将葬送已经做出的所有安全努力[7-8]。

为了尽力改进用户的安全实践，用户（隶属某个组织或个体）会得到数字安全指导和威胁提示，并被施加强制性的技术限制[9]。尽管如此，为了方便和可用性，许多用户仍然会规避安全策略和安全协议[10-11]。用户的这种不安全行为会产生灾难性的后果，由于安全漏洞，全球损失数百万欧元，更严重的情况是不法分子成功入侵，窃取用户的信息和记录，从而对公共安全造成威胁[12]。

我们认为用户采取不安全实践有几方面的原因，包括缺乏对安全威胁的认识，缺乏对自己行为后果的考虑，以及不了解安全实践实际发生作用的方式。许多用户没有意识到安全漏洞有多严重，也不知道这些漏洞会如何影响他们和周围人的生活[13-15]。许多人甚至没有意识到他们是多么容易受到潜在安全威胁的影响，也不知道这些潜在威胁可能会造成多么大的损害[16]。然而，当一个人思考是什么产生了安全意识、对行为后果的认知，以及用户如何考虑、处理、储存和行动时，每个用户都会对过程中的各部分带来个人因素产生的诸多影响。通过了解用户的个体差异，网络安全专业人士了解了为什么用户是"在安全中最薄弱的环节"[8,17-18]。因此，人们逐渐认识到，网络安全专业人员不仅需要具有计算机科学与工程专业的背景，还需要具有人类学、行为学和认知科学的背景来理解用户及其安全行为[6,17]。

由于数字技术的广泛使用，任何人都可能是数字用户，包括儿童、老人、残疾人和精神障碍者。全球大约有 43 亿互联网用户。然而，2001 年，世界卫生组织[20]估计，每 4 个人中就有 1 个（25%）患有精神障碍（Mental Disorder）或神经系统疾病（Neurological Disorder），全球约有 4.5 亿人有精神类疾病。随着人口的增长，这一数字多年来一直在上升[20]。这意味着全球大约有 25%的数字用户（略低于 11 亿）患有某种形式的精神障碍。因此，我们要考虑这些用户与数字技术和网络世界的互动方式，特别要考虑他们与网络安全互动的方式。

多年来，都是计算机科学家、数学家和工程师在研究数字技术的使用情况，直到最近，具有人文科学背景的研究人员才开始研究用户和社会如何与数字技术互动[21]。这使得网络心理学成为一门应用心理学学科而出现[22]。该学科的研究领域包括对精神病理学和异常行为的研究，以及与互联网和数字技术的互动如何影响用户的精神和心理状态。例如，对互联网、社交媒体、互联网滥用和网络游戏成瘾等现象的研究[23-25]。然而，很少有人研究用户的精神障碍如何影响他们的在线互动，几乎没有人研究考虑用户的精神障碍如何影响他们与网络安全互动的方式。为了填补这一空白，本章将讨论常见的精神障碍和在线互动。我们将考察特定精神障碍的特征，以及在线的好处、风险和安全问题给这些用户带来了什么。我们将检视每种障碍的网络收益和风险，包括其面对网络犯罪时的脆弱性，并考虑精神障碍对用户与网络安全互动的影响，从而尝试保护他们的数字生活。

## 5.2 精神病理学与异常心理学

有许多心理学领域研究人类的不同方面，包括社会心理学、行为心理学、认知心理学、生理心理学和神经心理学等。临床心理学是一种以研究为基础的实践，它涉及检查、诊断，并为表现出大量异常行为和心理疾病的个人提供护理[26-27]。

异常心理学研究异常或非典型的行为、思想和情绪，这些都是精神、行为或神经疾病的症状。一种异常行为的评判标准是，它们是否严重到足以对个体的生活产生负面影响，并对个体如何与社会互动产生负面影响（在一定程度上）[24,27]。临床心理学家采用不同的方法来治疗异常行为，主要有 4 个流派：心理动力学派、人文主义学派、行为和认知-行为学派，以及系统/家庭学派。这些学派检查和治疗个体，经常观察个体行为，思考生物学基础以及精神障碍患者的内在思维过程[27-28]。许多临床医生会结合不同的治疗方法，为不同的疾病实施治疗。然而，在治疗异常行为和精神机能障碍之前，首先需要进行诊断。

## 5.2.1　精神病理学分类

诊断对心理学和精神病理学的实践至关重要。心理健康从业人员和临床医生需要多年时间才能学会诊断并成为诊断方面的专家。诊断手册为精神障碍的诊断提供指导、症状描述和标准。这些手册为从业者提供了标准化的语言和解释，以提高诊断的可靠性，同时减少对从业者偏见的易感性[30]。《国际疾病和相关健康问题统计分类》（*International Statistical Classification of Diseases and Related Health Problems*，ICD）[31]和《精神障碍诊断和统计手册》（*Diagnostic and Statistical Manual of Mental Disorders*，DSM）[29]是两本主要的对异常行为进行分类的诊断手册。ICD 是一个更广泛的标准化工具，涵盖所有健康问题。ICD 有一章专门讨论"精神和行为疾病"[31]。这两本手册都通过个体与特定标准的符合情况，将异常行为的症状归类为各种障碍。人们普遍认为 ICD 在欧洲使用频率更高，DSM 在美国使用频率更高。其实，两者都在全球范围内使用。为了本章的研究，我们将使用 DSM 来研究心理机能障碍及其对网络安全环境的影响。

DSM 最早由美国精神病学协会（APA）于 1952 年出版，随着临床心理学的与时俱进，又进行了多次修订。最新版本 DSM-5 于 2013 年出版，在全球范围内广泛被心理健康工作人员和研究人员使用。该手册是在脑成像技术、神经科学和遗传学等科学进步下发展起来的，它是围绕心理-生理关系，而非仅仅针对常见症状，进行的重新编排。根据这种分类方法，主要有 19 大类，100 多种具体疾病。最新版本的 DSM 也进行了修改，使其与 ICD-11（最新版本）更加"统一"[29]。尽管这两本手册（DSM 和 ICD）已被证明是有用的，但多年来，由于文化及政治偏见、社会规范的影响，人们对这两本手册也颇有争议。对给个人贴标签的问题，一直存在更多的争议。许多人认为，一旦一个人被诊断为具有精神障碍，那么这个人就会被诊断结果或"标签"所束缚。如果一个人被贴上一种或另一种标签，那么别人就有理由认为这个人特殊的行为方式是由该标签决定的而非他的个体独特性[24,28,30]。然而相反的观点则强调诊断的必要性，如果没有诊断就无法提供正确的治疗方法[27]。

## 5.2.2　精神障碍

DSM-5 对精神障碍的总体定义为：精神障碍是一种综合症状，其特征表现为个体的认知、情绪调节或行为方面有临床意义的功能紊乱，它反映了精神功能潜在的心理、生理或发展过程中的异常。精神障碍通常与社交、职业或其他重要活动中显著的痛苦或伤残有关。对常见的压力源或损失（如亲人的死亡）的预期或文化上认可的反应不是精神障碍。异常的社会行为（如政治、宗教或性）和主要表现为个体与社会之间的冲突也并非精神障碍，除非这种异常或冲突是上述个体功能失调的结果[29]。

这个定义并不包括每种具体精神障碍的所有特征。但是，每种精神障碍都会在手册中的每类下进行详细的表征和描述。每种精神障碍都可以是多样的，具有广泛的特征。这些多样化的特征以及这些特征的严重性会影响用户与互联网和数字技术的互动方式。

# 5.3　上网的益处、风险和安全行为

在大规模数字化和互联网出现之前，患有精神障碍的人会发现自己很孤独，与世隔绝。这是由于与社会互动的唯一形式通常是面对面的接触，而社交对于很多人来说是有困难的。如今，虽然人们通过与网络世界的接触带来了很多益处和机会，但也会带来风险，且对每种精神障碍的风险都会有所不同。除了这些风险，还存在潜在的网络犯罪漏洞，以及用户为了保护自己而采取的网络安全行为中存在的漏洞。

## 5.3.1　在线互动的益处

使用数字技术并参与在线互动对患有精神障碍的用户有许多益处。借助这种方便的媒介，他们能更多地获得融入社会、贡献社会、得到社会支持的机会。他们的职业、教育、交流、发展、娱乐、购物、创意、公民参与、社会交往和联系的机会也都会增加[32-34]。以往的研究已经明确了使用信息与通信技术和互联网对用户（也包括智力障碍用户）的诸多益处[35]。这些益处可归类为社会效用、获取信息、个人身份、职业和享受等主题。这些主题基于用户和满足框架（Gratifications Framework）[36-37]。

在本章中，我们将考察使用互联网和 ICT（信息与通信技术）对不同精神障碍患者的益处，并将这些益处按照社交、沟通、认知、职业和独立性等临床疾病（DSM-5）的主题进行组织。由于互联网和信息通信技术对精神障碍患者（示例见表 5.1）的支持性效益，"支持"作为一个附加主题也被纳入其中。这些主题中有几个由于性质相似，可以相互重叠。例如，参加在线教育机构不仅对职业发展有益处，还能通过学习获得认知上的提升，并在与同伴的交流中取得社交上的收获。

表 5.1  使用互联网和信息与通信技术带来益处的主题示例

| 社交 | 在社交媒体和其他平台上与他人交流<br>发展和维护友谊及浪漫关系<br>与家人、朋友的团结<br>融入社会 |
|---|---|
| 认知 | 培养社会学习技巧<br>了解自己、他人及其他事务<br>表达情绪和态度 |
| 职业 | 就业<br>教育 |
| 独立 | 网上购物<br>网络银行<br>娱乐 |
| 支持 | 支持小组及在线讨论板块<br>（精神）健康信息<br>网络疗法 |

之所以增加"支持"这一主题，是因为对许多精神障碍患者来说，与互联网和数字世界的互动相关的服务，给那些本来就难以寻求或受到帮助的人带来了很多益处[38]。例如，通过在线留言或讨论板的交互可以帮助这些患者减少压力[39]。此外，许多参与在线支援团体的人通过表达自己及其情感、增进他们的知识以及维持家人和朋友的关系，从而获得了很大的益处[40-41]。

## 5.3.2  在线交互的风险

参与网络交流有很多益处，但是，也有一些随之而来的风险。网络交往可以给精神障碍患者带来两类风险：①疾病症状加重的风险；②成为网络犯罪受害者的风险。

任何用户在网络犯罪面前都是脆弱的，然而，精神障碍患者的症状会加重用户的脆弱性吗？为了理解这一点，我们将简要讨论面对哪些网络犯罪时用户是脆弱的。

关于网络犯罪有许多定义，在本章中，我们将使用纳斯针对个人网络犯罪的定义和分类（2019 年），因为纳斯的定义是从对研究、实践和现实案例的"全面和系统审查"中得出的。文献[42]定义了"任何可以通过使用数字技术实施的犯罪（传统的或新的）"。该文献将针对个人的网络犯罪分为 5 种主要类型。

（1）社会工程和欺骗。

（2）网络骚扰。

（3）与身份相关的犯罪。

（4）黑客入侵。

（5）拒绝服务和信息隔绝。

社会工程和欺骗包括网络欺骗和鲶鱼欺诈。例如，通过网络钓鱼，不法分子旨在窃取用户的机密信息，如认证凭证（用户名和口令）和/或网上银行交易细节[13]。当个人过度分享有关自己和他人的个人信息，和/或愿意信任发送者，并在沟通中满足他们的要求（如经济帮助）时，这种犯罪就会发生。不法分子往往会利用技术来获取自己想要的东西，声称自己的问题是重要而紧迫的，并以官方的身份出现，如他们会宣称自己是一个组织或一个值得信任的人，就像一个潜在的伙伴。他们常常在受害者高度紧张的情况下，利用受害者的焦虑使他们做出非理性的决策[43]。

当用户过于信任他人的个人信息或网络身份时，网络骚扰就会发生。通过泄露用户的信息，不法分子可以利用这种信息来引导人们对用户的愤怒和仇恨。这种类型的犯罪包括网络欺凌、跟踪和挑衅[44]。不法分子利用互联网的匿名性这一特点，随心所欲地骚扰和操纵被害人[45]。

与身份有关的犯罪主要是指身份窃取。这种案件之所以发生是因为网上有大量可以获取的个人信息。另外，受害人在网上分享的个人信息，也有可能在匿名环境中被不法分子利用，以获得其想要的东西，从而导致身份信息被窃取。不法分子还可以利用被害人的信息从事进一步的犯罪活动[42]。

黑客攻击可以包括破坏数字信息和计算系统，这属于破坏机密性和完整性的网络安全原则[11]。黑客攻击会导致机密信息的泄露，或者信息的篡改和删除。黑客可以通过恶意软件（如间谍软件）或利用不安全的口令管理行为（如口令重用）对账号进行攻击。不法分子常常利用用户薄弱的安全意识和隐私保护意识，以及自身糟糕的安全防护行为，如为了方便使用和记忆而设置弱口令，并在多个账号重复使用或变化后使用[46-47]。

拒绝服务（Denial-of-Service，DoS）攻击和信息隔绝是指不法分子利用网站流量"轰炸"对象组织，从而导致真正的用户无法访问服务或信息[11]。另一种类型的犯罪包括勒索软件，不法分子会使用恶意软件加密个人（或组织）的信息，然后要求支付恢复信息的费用。不法分子会利用个人的焦虑情绪，尽快操纵受害者得到自己想要的东西。这些犯罪形式的目的是破坏网络安全的可用性[42]。

### 5.3.3 网络安全行为

如前文所述，在网络与信息通信技术互动中，存在诸多风险。网络不法分子攻击个人和组织，目标直指破坏网络安全的基本原则（机密性、完整性和可用性）[17]。人们已经制定了一些技术协议，目的是防止或降低用户受到攻击的可能性，如病毒扫描软件。然而，用户仍然需要落实网络安全活动/安全行为，以确保他们（作为脆弱因素）不是安全保卫活动中最薄弱的环节。

个人可以进行的安全行为有很多，包括[48-49]：

● 用良好的口令管理来保障设备、系统和服务的安全；
● 注意隐私保护（不能过度分享）；
● 存档和备份信息；

- 病毒扫描；
- 更新应用程序和软件；
- 安装和更新安全补丁；
- 不要打开可疑邮件和网站；
- 不插入可疑的 U 盘等。

我们将在本节讨论上述一些主要安全行为。

那些"良好的或安全的口令管理"始于创建强口令。很多用户认为，如果口令很强就很难被记住，但事实并不一定如此。只要用户愿意花精力去记忆，他就能记住口令。用户可以使用记忆技巧，如助记法，来帮助自己创建强口令，并记住它[46,47,50]。然而，创建一个安全的口令并不仅是使其强壮并满足口令安全策略的最低要求[51-52]。如果用户对多个账号使用同一个口令，那么（长且字符复杂的）强口令也有可能被破解出来，因为在这些系统中有的安全级别并不强。或者，如果个人使用可预测的模式（如"Cappuccino1!"和"Cappuccino2!"）为多个账号修改口令，那么就会被黑客所利用[53]。其他不安全的口令行为包括在不安全的（或不加密的）文档或便利贴中记录口令，以及共享口令。许多用户采用这些行为的原因主要有两个：方便和减轻记忆负担。用户不愿意花费时间和精力去创建强口令，当一个人有很多账号时，他需要创建、记忆并回忆如此多的口令，会感觉特别麻烦。因此，他们采用了不安全的口令行为，破坏了认证机制[14]。

"过度分享和暴露个人信息"以及对隐私保护的粗心大意，都可能导致个人容易受到很多网络犯罪的伤害。并且在这个过程中，曝光的不仅是个人的详细信息，还有周围的其他人，以及组织的信息。例如，在一个案例中，人们使用健身跟踪器来跟踪自己的运动模式，当他们将结果发布到一个在线应用时，无意中透露了一个军事基地的细节 [54]。用户对网络的信任以及个人信息的分享，会无意中暴露一些细节，从而给不法分子以可乘之机去操纵个人做他们想做的事情。

积极的安全行为包括病毒扫描、更新应用程序和软件、安装和更新补丁，这些行为并不会花费个人太多精力，数字技术已经为个人提供了便利[55]。每个人需要做的是定期启动这些动作（通常是在提示时），并给系统时间来完成这个过程。有些用户不会执行这些操作，原因是这个过程需要花费一些时间，不是很方便，或者是因为更新可能会将应用程序更改为对用户不友好的版本，或者是因为用户不知道放弃这些操作的风险[56]。研究发现，表现出冒险行为的用户不太可能采取这些积极的安全行为[57]。

备份数据和信息：丢失数据在个人和组织中普遍存在，然而，使用备份这一解决方案可以预防丢失数据的风险[58]。备份方案包括云解决方案、外置硬盘和 USB 存储设备等。如果数据没有备份，那么在发生事故后就不可能恢复。定期备份数据可以减轻意外删除数据、恶意软件故意删除数据、硬盘崩溃、电源故障或自然灾害[59]导致的数据丢失负担。正如我们看到的更新病毒软件、应用程序和补丁一样，备份数据并不需要太多的努力，然而，用户在意的是感受到便利，而不是感受到威胁[58]。

不要打开可疑电子邮件、点击可疑链接或访问可疑网站：通过鼓励用户采用这些方法，可以使他们避免遭受通过钓鱼邮件等手段实施的社会工程学攻击。用户收到诈骗邮件并被邀请访问欺诈网站，就是一个典型的例子。不法分子会创建一个看起来像官方合法网站的网站，并要求用户为一个他们可能用过的服务输入身份验证凭证。然后，不法分子就可以利用窃取的身份凭证访问受害人的账号，可能还可以访问其他账号（如果用户的多个账号重复使用一个口令），此外还能将用户这些详细信息用于其他犯罪活动[13,42,53]。

在组织内部使用个人 USB 设备时，倘若个人的 USB 设备不安全，就会给组织或其他人带来一系列的安全威胁。很多用户在家里使用不安全的网络时并没有实施严格的网络安全措施。用户在家里的计算机上插上自己的 USB 设备时，就可能会感染病毒，然后带着它去工作场所时，就会传播病毒。另一个严重问题来自免费赠送给用户的 USB 设备（有时作为营销推广赠送给用户的），或者用户自己捡到的 USB 设备。不法分子会把 USB 设备故意留给那些想要用并且真的会用这些 USB 设备的人，而这些 USB 设备往往充满了恶意软件，使不法分子能够远程访问安全系统[11,60]。

多年来，人们认识到，在用户采取安全及防护措施方面，心理学发挥了作用。然而，很少有人研究考虑到精神病理学在用户安全行为及网络安全交互中所起的作用。

# 5.4　了解用户的精神障碍

本节参照 DSM-5[29]，描述精神障碍的一些主要类别。对 19 大类中的 8 类进行了回顾。之所以选择这 8 类，是因为它们在社会上的普遍程度以及与在线互动的相关性。本章不会讨论物质相关障碍和成瘾类障碍。因为我们认识到，基于互联网的障碍（目前被称为网络游戏障碍）代表了过度的互联网滥用[24,29]，我们将这类障碍单独归为一大类。由于互联网而引发的障碍日益增多，所以需要单独一章对其进行全面回顾。

因此，我们将从这 8 类精神障碍的特征出发，考虑在线互动对用户的益处和风险。我们会将这些特征应用于网络安全这一背景，以反映具有这些障碍的人面临网络犯罪时的脆弱性以及他们的障碍特征如何影响其网络安全行为。最后，我们对精神障碍进行总结。

## 5.4.1　神经发育障碍

神经发育障碍是发生在发育阶段的一组疾病。它们的特征是发育障碍，这种障碍既包括在学习能力和控制注意力能力方面的障碍，也包括智力和社交技能方面的更普遍的障碍。这些障碍通常表现在发育的早期阶段，通常在孩子上学之前。由于发病较早，这些具有各种缺陷的障碍通常会限制个人、社交或学业的表现。神经发育障碍包括智力障碍（Intellectual Disability）、沟通障碍（Communication Disorder）、自闭症谱系障碍（Autism Spectrum Disorder）、注意缺陷多动障碍（Attention Deficit and Hyperactivity Disorder，ADHD）和特异性学习障碍[29]。

智力障碍的特点是智力严重受损，常规心理能力缺陷，以及日常适应行为障碍。沟通障碍的特点是言语、语言和沟通困难。我们并不认为这些疾病都是精神障碍。然而，这些疾病会给生活造成困扰和限制某些功能，因此现在也被认为是障碍。自闭症谱系障碍被描述为一种障碍，其症状是在共享或共同的社会交流中持续存在缺陷。伴随而来的是用于社会互动的非语言交际行为，在发展、管理和理解关系方面的障碍，以及受限的、重复的行为、兴趣或活动模式。注意缺陷多动障碍又分为注意力不集中和/或过度活跃与冲动[61]，这些与个体年龄不符的活跃与冲动会干扰发育和机能运转。特异性学习障碍的特点是学习困难，难以像同龄人一样准确或迅速地应用学业技能。这种障碍常被称为阅读障碍，如阅读困难和计算困难。

我们可以对这些障碍进行归类并给予描述。然而，它们会在许多损害和严重程度上有所不同。例如，一些人能够在社会中互动和发挥作用，然而，另一些人受到诸如无法批判性思考、缺乏远见或对所有信息处理反应迟缓等症状的影响，这使得他们在社会互动上变得异常困难（McHale，2010）。此外，还会经常出现不止一种神经发育障碍。例如，患有自闭症谱系障碍的人通常会有智力障碍，许多患有 ADHD 的人也会有特异性学习障碍[29,30,62]。

通过与网络世界互动，可以给人们带来很多益处，同时会给患有神经发育障碍的人带来风险。网络世界提供了一个环境，每个人都可以参与进来并发展自己的人际关系，学习和发展自己的社会技能，了解自己和他人。网络使无数人之间进行交流成为可能，借助网络这个平台，用户可以更容易地鼓励自己进行自我表达，这种便利往往体现在匿名或用户间较远的距离[63]。与互联网和信息通信技术接触，除了带来社会和认知益处，还可以提供职业和支持性益处，如提供就业和教育、在线健康（和心理健康）信息、在线治疗和支持性团体。对许多人来说进行社交活动具有挑战性，因此也具有很多益处。此外，信息通信技术还可以使许多人变得更加独立，为他们提供娱乐、各种服务、网上购物和银行服务的访问，并在必要时提供辅助技术[35,64-66]。

然而，无论互联网和信息通信技术给用户带来什么益处，对神经发育障碍的人来说存在很多风险。由于批判性思维和判断能力的问题，患有这些障碍的人可能会出现对互联网的不当使用[23]。患有神经发育障碍的人也可能容易受到网络犯罪的影响，这取决于障碍的紊乱程度和严重程度。这些影响可能包括受到网络欺凌和骚扰[35,67]，易于遭受骗子、社会工程、隐私泄露风险，以及由于判断和/或阅读错误或误解而受到的账号黑客攻击。

患有神经发育障碍的人在落实网络安全行为方面可能面临重大挑战。在创建强口令时，需要用户的智力、注意力和学习技能。智力障碍者、特异性学习障碍者、注意缺陷多动障碍者可能会在创建和学习强口令方面特别困难，因此，这些人可能会采取重复使用口令等不安全口令行为。自闭症谱系障碍患者也可能因自身思维模式不灵活而难以满足不同口令强度政策要求，从而可能导致自身有挫折感和压力。如果一个人没有批判性思维、批判意识和判断力，那么他在泄露和分享信息与个人细节，以及打开可疑的电子邮件和网站时，很可能遭遇网络犯罪。智力障碍和自闭症谱系障碍的个体常带有这些特征。

病毒扫描、安装和更新应用程序、软件和安全补丁，以及备份数据往往不需要费什么精力。然而，那些缺乏判断力和意识的人，可能会忽略任何执行这些动作的暗示。具有特异性学习障碍（阅读障碍）的人在阅读文本时往往会犯错误。因此，这些人在阅读诈骗邮件时也可能犯错误，这会导致他们点击可疑链接，从而泄露个人信息。这些错误行为使他们在面对黑客攻击和身份窃取等犯罪行为时更加脆弱。他们也可能由于担心出现阅读错误，会对更新应用程序和软件感到恐惧和焦虑。

## 5.4.2 精神分裂症谱系疾病及其他精神病性障碍

精神分裂症谱系疾病及其他精神病性障碍包括精神分裂症（Schizophrenia）、分裂型（人格）障碍等。2000多万人受此疾病的影响[68]，该疾病的特征包括阳性和阴性两类症状①。

阳性症状包括以下一个或多个方面的异常：妄想、幻觉、思维（言语）紊乱、运动行为紊乱或异常。妄想是一种固定的信念，即便面对相反的证据，个体不愿意改变。这些信念包括以下几种。

（1）个人会以某种方式受到任何人或任何事的伤害。

（2）个人具有特殊能力或很有名。

（3）另一个人对他们有阳性或阴性的情绪，如爱。

（4）对重大事件的关切。

（5）关注自己的健康。

他们常被人们认为是怪异或离奇的，因为在大多数人的生活中，患者的行为显然是无法想象的。幻觉是个体在没有任何外部刺激的情况下感知到的体验。幻觉包括所有感官，但是听力幻觉是最常见的，如会听到声音。患者混乱的思想通常表现在谈话中，在一次谈话中，由于自己杂乱无章的联想，患者会从一个话题切换到另一个话题。患者运动行为紊乱的表现从类儿童行为到不可预测的躁动，再到紧张。阴性症状表现为情绪和行为的缺失，如变得孤僻、缺乏动力或反应迟钝[29]。这些疾病患者将经历阳性和阴性症状的阶段，这些阶段可以持续不同的时间。

---

① 也称为正性（积极）症状（Positive Symptoms）和负性（消极）症状（Negative Symptoms）。

　　这些障碍是很严重的，可以让患者与现实脱节，并造成其他潜在的威胁。当患者对自己或他人构成威胁时，自己一定要住院治疗[69]。这些障碍的发生率因性别和经济状况等因素而异[70]。尽管有遗传因素，但往往是环境因素触发了疾病，使其发作，如压力、吸毒和酗酒。

　　由于精神分裂症谱系疾病和其他精神病性障碍的严重影响，许多人很难以积极的方式与网络世界互动。然而，通过运用互联网和信息通信技术，患者也会获得一些益处，如社交和沟通、获得支持，以及可能的独立性（取决于严重程度）。对有些患者来说，尤其是在经历阴性症状发作时（如果他们没有处于紧张状态），他们可能通过社交媒体和聊天室与他人沟通和互动。他们还可能通过使用网上购物和娱乐等服务，获得某种程度的独立性。患者也可以从网上获得支持性服务，包括支持小组、健康信息和治疗方法。

　　当考虑到这些障碍的阳性症状（如果他们能够进行互动）时，患者在线互动的风险就出现了。当一个人出现阳性症状时，根据他们是否被认为对自己或他人有威胁，来评估其是否要住院治疗。如果他们要参与技术互动，这些阳性症状就可以转移到网络世界中。因此，与互联网接触会对他们自己构成威胁，他们也会通过网络环境对他人构成威胁。与网络世界的互动如何对他们造成风险，我们可以找到一些例子，包含找到某些信息（真实或虚假）以助长其妄想，如阴谋论[28]。拥有智能手机或智能手表等数字技术产品，会导致个体的偏执和被监控的妄想，以及隐私被侵犯的错觉。此外，来自信息通信技术和互联网提供的更多刺激，也可能会增加妄想的可能性，在这种情况下，个人可能会相信某个博客在谈论自己，或者直接针对自己。此外，由于思维障碍和妄想，患有精神分裂症谱系疾病和其他精神病性障碍的人更容易受到网络犯罪的影响，包括欺凌和骚扰、社会工程和诈骗、身份窃取及黑客攻击。这些障碍可以通过不良的行为表现出来，患者会表现出强烈和不可预测的情绪，包括焦虑、攻击性，甚至可能导致暴力，成为他人的威胁[29]。如果个人运用信息通信技术和网络世界互动，他们也可能成为他人的风险。这或许包括在网上制造假新闻，发布针对所有人或针对特定人的攻击性或不能接受的信息，参与网络骚扰，甚至网络跟踪，以及煽动他人的仇恨，这些都是妄想的结果。

　　对于那些患有精神分裂症谱系疾病和其他精神病性障碍的人来说，参与网络安全可能是困难的。在阳性症状下，如果患者能够在网上进行互动，在患者有其他目标的情况下，创建和学习强口令可能并不令人担忧。混乱的思想会阻止个人参与任何类型的口令管理，这可能会妨碍他们获得在线服务和账号。另外，在出现阳性症状时无法记住口令，可能会导致他们在清醒的状态下创建弱口令，或者把口令写下来。由于思维混乱和判断力下降，这些人可能会在网上泄露自己和他人的个人信息，更愿意插入不明设备，更容易被胁迫点击可疑链接和访问可疑网站，这些都增加了他们成为网络犯罪受害者的风险。在经历阴性症状时，他们可能不愿意或忘记更新软件、应用程序和补丁，这再次使他们及其技术产品暴露在攻击之下。

### 5.4.3 双相情感障碍及相关疾病

双相情感障碍及相关疾病（Bipolar and Related Disorders）跨越了精神分裂症谱系主要类别以及其他精神障碍与抑郁症，同时存在这两类症状。它们包括一系列与双相相关的障碍，如双相Ⅰ型障碍、双相Ⅱ型障碍，以及由物质、药物或医疗条件诱发的其他双相障碍[29]。

双相Ⅰ型障碍是指许多人都知道的典型躁狂抑郁症，而双相Ⅱ型相比于双向Ⅰ型较为温和。这些疾病的特征是患者情绪极度高涨、躁狂症状和精神病到严重抑郁发作。当躁狂症状发作时，患者有情绪高涨、精力充沛和食欲增加等表现。患者往往会觉得自己不需要睡眠，可能会有暴饮暴食、酗酒、吸毒和疯狂性行为，以及从事其他危险行为。当抑郁症状发作时，患者会表现出严重抑郁、绝望和内疚、有自杀念头及睡眠增加等症状[30]。不同的阶段可以持续数周，患者会发现自己很难管理极端的情绪，因此对他们的生活产生重大影响。

在双相障碍的不同阶段，个体与网络世界互动的方式会有所不同。网络互动对双相患者的益处是在患者躁狂阶段和抑郁阶段[71]，为其提供社会交往和沟通、支持、健康信息以及独立性。在抑郁阶段，社会交往和沟通可以帮助这些患者创建一个支持网络，以帮助那些离开互联网就很难与他人互动的患者。在线治疗、支持团队，也可以帮助处于躁狂阶段[71]的患者。此外，网络购物等服务的便利性也可以为用户提供一定程度的独立性。

问题主要发生在躁狂阶段，此时上网将变得有害，就像精神分裂症和其他精神性疾病一样，患者的不适应行为会转移到网络世界。正在经历躁狂阶段的患者往往表现出冒险行为，他们完全没有意识到可能会把自己置于危险之中。危险的网络行为可能包括过度的网络购物、网络赌博和从事网络性行为（如发送色情短信、与陌生人在线交往、访问可疑的性爱网站等），这些行为可能导致危险的后果[28]。由于躁狂阶段的患者往往难以入睡，7天×24小时可用的网络就为一些网络风险的出现提供了完美的环境，特别是当个体缺乏自我控制时。虽然在躁狂阶段可以看到大多数网络互动的风险，但也有一些风险发生在抑郁阶段。许多患者在通过网上观看社交平台信息却未参与其中时，可能会感到更加严重的孤立。此外，如果患者受到网络欺凌或成为其他网络不法分子的目标，就可能会增加他们的绝望情绪，产生自杀念头。

在双相障碍的不同阶段，患者所采取的自我保护的网络安全行为方式也会受到影响。在经历躁狂阶段时，个体可能不会花心思去创建并学习一个强口令，例如，当他们的目标只是访问网站，如访问一个在线赌博网站时。由于他们的躁狂无序的思想，他们在回忆口令时也可能会出现问题。此外，在患者经历抑郁阶段时，他们执行安全口令行为的动机可能会受到影响，并导致自己忘记口令。这些问题可能导致个体在口令管理时，更多考虑的是方便而非安全。经历躁狂阶段的患者也可能更愿意分享私人信息，因此更容易被不法分子操纵，从而暴露更多信息，并同意不法分子的要求。这些症状还可能导致患者点击可疑的电子邮件链接和网站，使用可疑的 USB 设备。这些患者的共同特征是采取冒险行为，因此，他们执行积极安全行为的可能性较小，如病毒软件更新[57]，而且他们会有很大概率去规避安全策略和协议，从而增加了自己成为网络犯罪受害者的风险。

### 5.4.4　抑郁症

抑郁症是最常见的心理障碍类型之一。全世界约有 2.64 亿人遭受抑郁症的影响，其中，女性多于男性。抑郁症有很多种，其中最常见的是重度抑郁症（Major Depressive Disorder，MDD）。患者最常见的症状是悲伤、空虚、烦躁、丧失愉悦感和兴趣爱好、反应迟钝、社交回避、食欲减退和体重增加，以及其他很多症状。抑郁症患者可伴有身体症状及认知障碍。身体症状包括身体疼痛，而认知障碍包括注意力不集中及学习和记忆障碍。这些症状发作的强度和持续时间可能不同，并且会显著影响个人的正常机能，从而妨碍社交和职业能力[29]。

对抑郁症患者来说，使用网络和数字技术有很多益处。很多抑郁症患者经常封闭自己不愿与他人接触。因此，网络世界为他们提供了一个平台，使他们能在社会活动和社会交往中与他人互动。然而，由于症状过于严重，这些患者可能仍不选择与他人互动。不过，如果他们愿意[72]，他们还是可以通过在线心理健康信息获得支持，参与支持小组并接受治疗的。由于抑郁症的症状，患者可能仍然不愿意参与支持性的在线互动，因为患者不相信这些互动会对自己有用[73-74]。他们也能借助网络继续保持独立。例如，当一个人感到无法离开自己的房子时，他们可以继续在网上进行购物、处理银行业务，甚至在网上工作和接受教育，保持自己的独立性。

抑郁症患者上网面临的风险与双相障碍抑郁阶段面临的风险相同。通过信息通信技术的视角看世界，会增加孤独感，这会进一步加重他们的症状[75]。同样，如果患者成为网络骚扰的对象，也会加重症状，并可能导致自杀。此外，由于他们的认知能力下降，可能导致自己犯一些错误，从而使自己更容易成为其他网络犯罪受害者，如黑客攻击和身份被窃取。

抑郁症患者往往因自身症状而分心和消耗自己，并伴随着认知过程的减缓[30]。这可能导致许多患者不考虑网络安全，从而被动地面对任何犯罪活动或攻击。此外，由于记忆障碍，个体可能会发现口令难以记忆，因此采取不安全的口令行为（口令重用、写下口令等），以继续访问系统、设备和服务。认知过程的缓慢可能导致决策能力受损，致使个体点击可疑链接、访问可疑网站，以及糟糕的行为安全性评价[76]。此外，记忆障碍还可能导致用户在软件、应用程序和安全补丁更新方面不积极，这些都导致他们更容易受到网络伤害。

## 5.4.5 焦虑症

焦虑症（Anxiety Disorders）是最常见的精神障碍之一，全球有超过 2.84 亿人遭受焦虑症的影响。与抑郁症一样，大多数人在生活中某一段时间内，会感到有点焦虑。然而，"有点"与"失调"的区别是由严重程度决定的——看它是否严重到足以扰乱一个人的日常生活和身体机能。焦虑症有多种类型，如广泛性焦虑症（Generalized Anxiety Disorder，GAD）、分离性焦虑症、社交焦虑症、恐慌症、物质/药物诱发的焦虑症等。它们的共同特征是患者会过度恐惧、焦虑及伴有相关的行为障碍。DSM-5 将恐惧定义为"对现实或感知到的迫在眉睫威胁的情绪反应"，而将焦虑定义为"对未来威胁的预期"[29]。虽然两者相似，但也存在一些差异。例如，恐惧经常激活战斗或逃跑的自主保卫机制，包括对即时危险的思考和决策，以及由此产生的逃跑行为。焦虑往往导致警觉，为将来的威胁做准备，导致肌肉紧张、谨慎，甚至逃避。

作为对恐惧的一种特定反应，许多人都经历过因焦虑症引起的恐慌发作。然而，恐慌症不仅发作在那些有焦虑症患者身上，也会出现在其他精神障碍患者身上。像许多精神障碍一样，恐慌症的产生有一些遗传因素，通常由环境因素（如压力）所触发。

广泛性焦虑症是最常见的焦虑症之一，其特征是频繁、持续、过度和无法控制的焦虑，这些担忧和焦虑往往是非理性的，或者超出了对担忧对象应有的恐慌和焦虑程度[30]。许多人也会经历恐慌、偏执的情绪，如出现麻痹、刺激、口吃、头脑空白和回避等情况。个人也可能经历抑郁发作[29]。许多从未经历过焦虑的人可能会问，"你为什么会感到焦虑，是什么引发的?"然而，有时最初的诱因可能发生在几年前，从那时起，焦虑就会在没有事件或原因的情况下持续发生，且发作之前没有任何预警。在许多情况下，这种焦虑和担忧往往会严重到足以妨碍个人的社交和职业能力。

通过与信息通信技术和网络环境的互动，广泛性焦虑症患者可以获得极大的帮助。当广泛性焦虑症患者可能因社交焦虑症而退出社会时，网络环境提供了一种与社会接触、通过社交媒体平台与人交流的方式。它使得这些人在表达自我的同时仍然能够与社会保持一定距离[77]。然而，对许多患者来说，出门购物、上班/上学或接受心理治疗也许很困难，而在网上获得这些服务可以提高他们的生活质量[72]。不管怎样，通过线上世界而不是线下世界来体验生活，可以使个体避免现实问题的发生。此外，即使患者可以在线互动，症状也不会消失。这表示他们的思想和行为可以在网上传递。许多患者可能会因为缺乏个人或视觉上的互动而感到焦虑[77]。他们可能会对别人谈话内容的理解存在与预期目标的偏差，从而加剧自己的症状。他们可能会对大量的沟通交流感到不知所措，一边想回避重要的沟通，一边又担心自己不能及时回复。有些人可能对数字技术产生恐惧心理，对技术监控和侵犯隐私产生偏执。有些人可能会很偏执，担心自己错过什么机会，但当看到社会在自己没有参与而继续发展时，又会感到沮丧[78]。当他们想要做的只是退缩和恢复，但又害怕参与互动的时候，其他人与他们的过多接触也会使其自身的症状被触发或加重。患有广泛性焦虑症的人也容易受到几种网络犯罪的影响，如社会工程[79]和 DoS 勒索软件攻击，不法分子利用他们的不安全感和焦虑来操纵他们。他们还可能受到网络欺凌和骚扰的严重影响，这些都会加剧他们的症状[75]。

在许多方面，网络安全行为都受到焦虑症特征的影响，其影响程度取决于症状的类型和严重程度。如果个体比较焦虑，这些人可能会对自己的安全及隐私更加谨慎。这也许是一些人的情况，但是，因为对网络犯罪和攻击的担忧和恐惧，而使自己成为受害者时，就会适得其反。例如，对记忆口令较为焦虑的个体，这些人往往会采取口令重用等不安全的行为来补偿自己感知记忆能力的不足[80]。一些焦虑症患者由于担心自己的网络安全，可能会安装多个防病毒软件程序（只是以防万一），这些程序往往会相互对抗，导致个人计算机反而容易受到攻击。此外，由于缺乏安全性，同时运行这些程序还会降低计算机的运行速度，并在需要更新时使计算机过载。这将进一步增加数据损失的潜在风险。更为严重的是，患有广泛性焦虑症的人通常会全神贯注于自身的痛苦（如抑郁症），而很少考虑网络安全的问题，从而使自己做出诸多判断错误行为，如点击电子邮件中的可疑链接等。频繁与他人接触，需要处理大量、复杂的信息时也会让人变得不知所措，从而导致很多患者放弃沟通，并采取回避行为。个体可能由于不知所措和回避行为，无法辨识来自网络安全受到威胁的警告或提示（如安全警告或消息更新补丁），并可能在保护自身及其系统方面变得不积极。

## 5.4.6　强迫症及相关障碍

强迫症及相关障碍的类别包括强迫症（Obsessive Compulsive Disorder，OCD）、身体畸形症、囤积症、毛发性闪烁症、拔毛癖（拔毛症）、瘙痒（抓皮）症、物质/药物诱发的强迫症及相关症等。强迫症比许多人认为的更加常见，约占全球人口的2%，被认为是导致残疾的首要原因之一[20]。痴迷和强迫是强迫症的共同特点。DSM-5将痴迷定义为"反复出现且持续存在的，有侵入性且不受欢迎的想法、冲动或画面"。然而，DSM-5 将强迫定义为"个体受到某种驱使，为回应一种执念，或遵从某种必须遵从的规则，而产生的重复行为或心理行为"[29]。其他强迫症也可表现出过度专注的症状，以及为回应过度专注而做出的重复的身体行为或心理行为。有些强迫症的特征是反复出现以身体为中心的重复行为，如揪头发、抓皮肤等，并反复尝试减少或停止这些行为[29]。

对强迫症，每个人的强迫观念和强迫行为可能会有所不同。然而，强迫症也有许多共同的特点，如痴迷于洁净、禁忌思想（如性、暴力等）、对称、伤害、死亡等。伴随痴迷而来的强烈焦虑、重复不断的想法是非常痛苦的，经常导致个体的强迫性重复行为[30]。这些想法有时是理性的。例如，去过公共场合后不洗手，可能会潜在地导致自己感染病毒，进而导致死亡。然而，有时有些想法是非理性的，即便个人可能明白自己的想法是非理性的，但对这个想法带来的结果的强烈恐惧，会使患者无法应对。例如，患者可能有这个念头，担心五次不开灯、关灯会导致自己失业。他们可能知道自己不会因此丢掉工作，但为了以防万一，依然会重复开关灯这个行为。在非常极端的情况下，这种行为会导致频繁洗手，做出危险行为，如走在汽车前面；或者采取保护行为，如用多种形式备份保存数据，以及从不扔掉任何东西。与大多数心理障碍一样，强迫症也是基于基因的，但需要环境来触发。触发因素包括儿童时期经历的虐待，或者由虐待、欺凌、死亡而引发的创伤，或者受到的某种难以接受的损失。

与网络世界的互动能够给强迫症患者带来很多益处。与焦虑症患者一样，个体一般可以通过社交媒体和各种平台与他人和社会进行交流或互动。他们可以获得各种服务，如浏览新闻、在线购物、办理银行业务、接受教育和工作。许多患者还能以互联网为媒介匿名地表达自己的想法，在网络世界，他们可能会感到更舒服。这样，他们就能从支持团队或治疗中获得帮助[81]。

不过，网络世界给患者带来益处的同时也带来了风险。与焦虑症一样，个人通过网络实现许多生活功能的能力，可能导致其忽视自身存在的问题，而不去寻求帮助或治疗。使用互联网和信息通信技术也会使这些疾病恶化，通过过滤气泡和个性化的互联网搜索，让个人看到自己想看到的东西，即使是假新闻，这会给他们带来一种不平衡的，存在潜在危险的偏见[82]。如果强迫症患者担心自己的健康，个性化的搜索结果会加剧这种担忧。假新闻、隐私侵犯及对技术监控的担忧也会加重个体的病情。强迫症患者可能成为网络犯罪（网络欺骗、黑客攻击和社会工程）的受害者。由于患者行为的动机来自强迫性，这使得网络不法分子通过利用患者的焦虑，及其完成某种行为的执着，进而能够操纵他们。

当强迫症发作时，许多患者都会感到自己被迫采取某种不顾后果和不计代价的行为来平息自己的强迫性想法。作为对潜在危害威胁的回应，卫生/清洁和保护就成为强迫症患者中常见的两个主题[29]。这两个主题可能导致更积极的安全行为[43]。然而，这些行为最终会变得更加极端，最后会产生反作用。例如，患者可能在打开电子邮件和未知链接时，变得极为小心，他们会对身边的事物缺乏信任，担心过度。又如，狂热而理性的防护思想会导致网络安全问题，如同焦虑症患者那样——因为过度补偿而导致的不同杀毒软件间的相互冲突。此外，某些不理智的想法，例如，如果自己不卸载杀毒软件，朋友可能会被"杀掉"，这种想法也会带来安全漏洞。同样，所有网络安全行为都可能以相同的方式受到潜在影响，与焦虑症一样，这取决于个人所面临的问题的严重程度和类型，这些问题将决定患者如何与网络安全进行互动。强迫症患者可能在管理口令方面存在潜在的安全问题。对他们来说，选择什么样的口令可能成为一个问题，因为相比于保护自己的账号，他们所做的选择更会受到强迫性思维的影响。例如，选择"1"或"2"（或其他结果）会导致死亡吗？他们可能会执着于某个特定的口令无法自拔，并将该口令重复用于多个账号中。然而，当口令策略需要执行其他特定标准时，他们就可能会感到沮丧、愤怒和焦虑。这些问题都在于行为背后的动机——即使主题是保护，但这些行为也是由强迫性而不是保护本身驱动的。因此，强迫症患者可能会让自己暴露在各种网络犯罪的攻击和操纵之下。

## 5.4.7　神经认知障碍

神经认知障碍（Neuro Cognitive Disorders，NCD）有很多种类型，但可归纳为 3 种子类型，即谵妄（Delirium）、重度神经认知障碍和轻度神经认知障碍。谵妄是指意识和注意力显著下降。重度神经认知障碍和轻度神经认知障碍是指由阿尔茨海默病、帕金森病、亨廷顿病、艾滋病和创伤性脑损伤等引起的神经认知障碍。神经认知障碍是大脑结构、功能或化学变化产生的症状[30]。尽管许多精神障碍包括认知障碍（如抑郁症中的记忆障碍），但神经认知障碍是以认知障碍为主要特征的疾病。此外，这些疾病在小孩出生的时候不存在，因此，这些疾病是人类"正常"功能的下降。神经认知障碍包括认知障碍，如复杂/分散的注意力（在一个存在许多刺激的环境中集中注意力，如同时进行观看电视和进行谈话两个行为），计划或决策，非逻辑思维、学习和回忆，使用语言和社会认知（如知道如何在不同的环境中表现）。当认知能力下降时，不仅会影响个人的社交、职业和日常生活，还会令人感到恐惧和沮丧[29]。此外，由于无法进行日常活动，个体往往需要来自家庭、朋友和专业人员的细心照顾。

接触数字技术和互联网可以为神经认知障碍患者提供多方面的益处，如社会交流和沟通、认知、职业、支持和独立等，这具体取决于患者的严重程度[83-84]。个人可以利用社交媒体在网上建立和维持社会关系。当他们忘记了一些特殊的信息时，也可以在网上找到相关信息。如果自己愿意，他们也可以在网上进行工作和接受教育。信息通信技术和互联网在为患者提供支持和独立性方面能发挥最大作用[85]。通过更多地控制他们的生活，以及为他们提供包括银行和购物在内的在线服务，从而可以增强神经认知障碍患者的能力，而在以前，这些事情是由特定的看护人员帮助患者完成的[83]。如果患者处于需要照顾者看护的发病阶段，那么其个人显然无法充分接触网络世界，因此也就无法享受网络带来的所有益处。然而，信息通信技术和互联网可以帮助照顾者更好地扮演自身的角色[86]。神经认知障碍患者可以通过远程医疗或远程健康获取帮助[87]，远程医疗可为患者提供护理、治疗和支持团队。神经认知障碍患者可以相互交流有关症状，这对患者本身很有帮助[88]。此外，随着科技的发展，很多患者在各种辅助技术的帮助下实现了居家独立生活。具体来说，辅助技术是一个概括术语，是指允许个人执行他们原本无法执行的任务或增加执行任务的简易性和安全性的任何设备或系统[89]。移动设备上的个人助理可以帮助那些有记忆障碍的人处理他们的联系人、待办事项和日程安排[90]。此外，认知代理是一种人工智能，它能解决个人与技术交互时可能遇到的问题，如当个人有注意力障碍时，可以重新格式化屏幕和增强相关信息。

通过信息通信技术和互联网互动，神经认知障碍患者会获得很多益处，但如果患者没有亲密的家人或朋友是互联网用户，就会出现问题。这个问题是当他们与网络世界互动时，如何获得自己所需的帮助和指导。直到最近，安全风险通常通过规避来缓解，即通过一个指定人员（家庭成员或照顾者）将代表患者与他的账户和服务进行在线交互。然而，如今有了辅助技术，越来越多的神经认知障碍患者上网，因此他们也将面临更大的黑客利用和安全漏洞风险。患有这些疾病的人是潜在的网络犯罪受害者，如社会工程、身份窃取和隐私风险，这是由于他们存在注意力和记忆力障碍，不知道该信任谁和信任什么，以及缺乏逻辑思考的能力。

神经认知障碍患者可能会发现自己难以管理口令认证，因为与注意力和记忆力有关的认知障碍使得他们极难创建、学习和回忆复杂的强口令。这可能导致许多人采用不安全的口令行为，因此容易受到黑客攻击。由于不知道该信任谁，或者可能不知道正在与谁交谈或互动，神经认知障碍患者往往会出现过度分享个人信息、打开可疑的电子邮件、点击可疑的链接和网站等问题。这将使他们特别容易受到社会工程和诈骗的伤害。患有神经认知障碍的人可能会被各种安全消息和采取行动的提示所迷惑，继而忘记执行诸如病毒扫描、软件更新等积极安全行为。这些因素都有可能导致自己被攻击。

## 5.4.8　人格障碍

人格障碍有一个一般定义，以及一个适用标准，用于具体判断是 10 种特定人格障碍中的哪种。《精神疾病诊断与统计手册（第 5 版）》（DSM-5）将人格障碍定义为"一种持久的内心体验和行为模式，明显偏离个体文化背景预期，普遍存在且难以控制，在青春期或成年早期发病，随着时间的推移而稳定，并导致痛苦或损害"[29]。行为、认知和内心体验的适应不良的特征和模式存在于个人生活的许多情境中。特征的多样性导致了对不同疾病的定义。尽管它们在某些方面可能有所不同，但在某些方面是相似的。

这些相似之处使得疾病分为以下三类。

A 组：偏执型、分裂样和分裂型人格障碍。患有这些障碍的个体对其他人来说会显得怪异。

B 组：反社会型、边缘型、表演型和自恋型人格障碍。患有这些障碍的个体会表现出情绪不稳定、戏剧性或情绪性。

C 组：回避型、依赖型和强迫型人格障碍。有上述两种人格障碍的个体可能表现为恐惧或焦虑。

每种人格障碍的详细情况如表 5.2 所示。一个人患有哪种类型的人格障碍，取决于他们受影响的方式，以及对他们生活的影响。例如，偏执型人格障碍的个体可能会因为不信任和怀疑他人而难以在社会中拥有或保持职业或功能。

表 5.2　DSM-5[29]人格障碍简述

| | | |
|---|---|---|
| A 组 | 偏执型人格障碍 | 不信任和猜疑模式，把别人的动机解释为恶意 |
| | 分裂样人格障碍 | 社会关系脱离和情感表达范围受限的模式 |
| | 分裂型人格障碍 | 亲密关系感的强烈不舒服模式，认知或感知扭曲和行为古怪 |
| B 组 | 反社会型人格障碍 | 漠视和侵犯他人权利的模式 |
| | 边缘型人格障碍 | 人际关系、自我形象和情感的不稳定，以及显著冲动的模式 |
| | 表演型人格障碍 | 过度情绪化和寻求他人关注的模式 |
| | 自恋型人格障碍 | 浮夸，需要赞美且缺乏同理心的模式 |
| C 组 | 回避型人格障碍 | 社交抑制、自感能力不足和对消极评价极其敏感的模式 |
| | 依赖型人格障碍 | 一种过度需要他人照顾，以致产生顺从和依附行为的模式 |
| | 强迫型人格障碍 | 沉湎于秩序、完美主义和控制的模式 |

许多有人格障碍患者甚至可能不知道自己有这种疾病，他们也可能不知道自己的思想和行为如何影响自己的生活或周围人的生活。这一点与强迫症相比，强迫症人格障碍表现得更为明显。强迫症患者会反复出现焦虑，直到即使强迫或采取行为也无法缓解焦虑。患有强迫型人格障碍的个体会有强迫性行为，但并不一定会对自己的想法产生焦虑，只有在不能完成任务时才会感到沮丧。许多人格障碍患者并不知道自己的思想和行为在他人看来是"不正常的"。许多患者发现自己周围的人并没有按照自己期望的方式对他们所说的话或他们的行为做出回应。然而，他们并不明白这是为什么，但这不一定会让他们质疑自己的异常行为或不当行为。

患有人格障碍的人（不管是何种类型）在与网络世界的互动中，将获得不同程度益处。这包括社交——个人将能够通过社交媒体进行交流，与社会接触，并能够与朋友和家人互动。认知上的益处可以通过个体向他人表达自己的情感来体现，如果个体想感觉更舒适，则可能会在互动中匿名。被人格障碍影响日常功能的人，可通过网上就业和教育互动，获得职业上的增益。同样，网络购物和网上银行也能让这些人独自生活。另外，网络世界还可以为人格障碍患者提供支持，提供健康信息、支持团体和在线治疗。

人格障碍的类型和严重程度将影响网络参与行为对患者个人构成的风险，也会影响个人对网络世界构成的风险。与网络安全的互动也是如此，个人可能采取有风险的安全行为，因而容易受到攻击。然而，与此同时，他们也可能采取可能侵犯他人网络安全的行为。这些将按人格障碍类型进行讨论。

### 1. 偏执型人格障碍

患有这种障碍的人不太可能成为网络犯罪的受害者。由于他们多疑的本性及对他人的不信任，使他们更容易对环境保持高度警觉[30,43]，更不容易因过度分享个人信息而增加遭受社会工程、黑客攻击、身份窃取或骚扰的机会。然而，许多人因为自己的偏执思想，而变得充满敌意和具有攻击性，并到处寻找阴谋论来支持自己的偏执。这可能导致患者变成一个网络不法分子，向整个社会或特定个人发布或发送攻击性信息，对他人进行网络跟踪，炮制假新闻，以及反复分享假新闻。如果患者拥有专业技术，他们就可以入侵账号和系统，寻找相关信息来证实他们的偏执信念。在网络安全行为方面，偏执型人格障碍患者由于偏执和过度警惕，可能会采取更安全的口令行为。它们还可能执行积极的安全行为，如病毒软件更新、备份文件和数据，以及更新应用程序。

### 2. 分裂样人格障碍

患有这种障碍的人不太可能成为一些网络犯罪的受害者，如社会工程和骚扰。这可能是因为他们往往是孤独的，没有很多的亲密关系，因此很难形成有意义的关系[29]。他们往往没有强烈的情感体验，因此，他们没有必要去表达自己。这意味着患有这种类型人格障碍的个体可能在社交媒体网站上较少出现（或根本不出现），也不会在网上分享自己的意见或看法，从而降低了成为这些特定网络犯罪受害者的可能性。如果该障碍患者经历网络欺凌，那么因为他们对批评漠不关心，所以可能也不会对这种类型的犯罪感到那么痛苦。尽管如此，他们可能仍然容易受到其他网络犯罪的侵害，如身份窃取、黑客攻击和拒绝服务等，尤其是当他们采取了糟糕的安全措施时。然而，这些人在情感上受到限制，天生不喜欢冒险，因此，他们可能会采取积极的安全行为，不轻易点击可疑链接，做好个人信息备份[57]，因为不会被情绪左右而做出决策，所以做到了良好的口令管理。

### 3. 分裂型人格障碍

患有这种障碍的人由于其独特的行为、奇怪的言语（或语言的使用）和思维以及不寻常的感知经验[30]，可能容易受到网络欺凌、骚扰和社会工程等网络犯罪的侵害。这些人可能会觉得自己有特殊的能力，如心灵感应，或者对他人有魔法控制。许多人认为这些症状很奇怪，但不会把他认为是精神病患者[29]。然而，这类患者可能并不像某些人那样容易受到犯罪的侵害，因为如果他们表现出这些症状，就会发现人际关系和社交很困难并引发焦虑。这意味着他们可能会减少出现在社交媒体平台上的频率，减少在线社交活动，因此不太可能受到这些风险的影响。患有这种障碍的人也可能是多疑和偏执的，这可能会降低不安全行为的可能性，如打开陌生发件人的电子邮件，点击链接和网站，使用可疑的 USB 设备等，因此他们更有可能执行积极的网络安全活动来保护自己。然而，由于患者存在偏执、对异常现象的执着和魔幻思维，互联网上的一些信息可能会加重他们的症状，如假新闻等。

### 4．反社会型人格障碍

这种人格障碍广为人知，被称为精神心理变态或社会病态。患者有可能成为网络犯罪的受害者，但更有可能是犯罪者。这是因为欺骗和操纵是该障碍的核心特征，该障碍患者具有较差的社会从众性且易冲动。他们责任意识淡薄，能够从事犯罪活动而毫无悔意。这种人格障碍患者可能会参与社会工程，因为他们可以利用自己的操纵特质，反复撒谎，使用假名，欺骗他人以获得个人的利益或乐趣。此类患者往往具有攻击性和暴力倾向，可能导致网络暴力、网络骚扰和网络跟踪[91-93]。已经有报告显示这类患者参与了违法违规的犯罪活动，如盗窃和从事非法职业等。因此，这些行为可以通过黑客攻击、身份窃取、制造病毒和赎金等形式向网络世界转移，甚至成为组织的内部威胁[94]。这类患者可能对他人的愿望、权利或感情毫不在乎，对自己造成的伤害漠不关心。他们还可能认为受害者是"罪有应得"，责怪他们愚蠢或无知，对自己犯罪行为的受害者鲜有同情心甚至根本没有同情心。反过来看，在网络安全方面，他们可能因为自身的行为而更加警惕网络犯罪，并采取积极的网络安全行为。他们也可能不太容易受到其他社会工程攻击者的欺骗，不相信可疑的电子邮件，不会点击任何链接。但是，由于缺乏同理心、易冲动性、极度不负责任、不顾自身和他人的安全，他们也可能采取危险的行为，如不安全的口令管理实践，不参与积极的安全实践，如更新病毒软件、应用程序或补丁，或者备份自己的数据，从而增加了自己成为网络犯罪受害者的可能性[57]。

### 5．边缘型人格障碍

患有这种障碍的人可能很容易受到社会工程的伤害，因为他们非常害怕被遗弃，他们很容易受到贪图私利的不法分子所操纵。但是，他们也可能会自己实施网络犯罪，因为他们对被遗弃的强烈恐惧[29]，使他们可以变得异常愤怒，并通过网络欺凌和骚扰来表达这种愤怒。他们还可能由于缺乏控制和冲动行为而容易遭受其他网络犯罪的侵害，如黑客攻击、身份窃取[61]，因为他们可能过度分享个人信息，而不采取安全防护措施。

### 6．表演型人格障碍

表演型人格障碍患者会表现出寻求关注的行为，特别关注自己的外表以寻求他人注意[30]。由于需要使自己成为关注的中心，这类患者可能会过度信任他人、行为开放且举止轻浮，从而更容易遭受网络犯罪的侵害，如社会工程，特别是鲶鱼欺诈和黑客攻击。相比之下，他们也可能有较强的控制性，既虚荣又苛刻，因此，当他们没有得到他们所需要的关注时，就会变得咄咄逼人，从而产生网络骚扰和欺凌行为。此外，患有这种障碍的人可能相信他们与其他人的关系比实际更密切、更深刻[29]，这也可能导致网络骚扰和网络跟踪等行为。更重要的是，由于他们需要社会参与和人们的积极反馈，当他们受到任何批评（特别是关于他们的外表）时，就会感到非常痛苦。因此，随着发布到网上的自拍被过多的点评，出现负面评价的概率也大大增加，而这种批评则会导致他们进入抑郁状态，并可能出现自杀的想法和行为[29]。在网络安全行为方面，由于这种类型患者的轻信和开放，他们可能会过度分享个人信息和周围人的信息[43]。这可能导致自己受到黑客攻击和身份窃取。他们可能不太关心保护自己的信息，因为他们还有其他更迫切关心的问题，如获得关注和赞美。因此，在需要访问在线账号时，创建强口令可能会显得不便，他们会为此采取不安全的口令行为，如重复使用口令，这对他们似乎更有吸引力。与口令管理一样，更新病毒软件、补丁和应用程序，或者备份信息等也不能优先于他们的其他更重要的目标。但是，如果他们意识到安全事件会带来不便和网络访问的问题，就有可能更有动力保持良好的安全行为，以确保其继续与网络世界互动。

## 7. 自恋型人格障碍

由于爱出风头和需要得到赞赏，患有这种障碍的人可能会因过度分享信息、观点和过度发帖而面临社会工程、黑客攻击、勒索软件和网络欺凌的风险。如果他们相信对自己不利的信息会被泄露出来，就有可能被不法分子操纵。这些人往往忽视自己通过伤害性评论和言语对他人造成的伤害[29]，这些言语和评论可能体现在网络欺凌和网络骚扰中，并可能与网络跟踪有关[92-93]。另外，他们的自尊极其脆弱，这意味着他们自己对评论和批评非常敏感[29]。因此，他们会在攻击、愤怒、反击中过度爆发，或者变得孤独和情绪低落。在线互动中获得的正面或负面的评论和交流会加剧这些症状。网络安全行为可以通过他们对威胁的意识来体现——如果他们意识到不安全网络行为可能破坏自己宏大的网络形象，就可能会更有动力去保护它。由于相信自己是特殊的、值得拥有最好的[30]，就可能会购买最好的杀毒软件，并为自己的积极网络安全行为感到自豪。同时，如果别人不采取同样积极的行为，他们会认为别人不如自己。至于口令安全行为，就像其他网络安全行为一样，也是基于他们的意识，如果他们相信自己创造了"最佳"口令，无论其强度如何，他们都将继续感到安全。然而，如果他们知道其口令行为并不像他们想象的那么安全，则可能会伤害他们的自尊心，加剧其症状。

## 8. 回避型人格障碍

由于在参与新的活动和社会活动方面犹豫不决，患有这种障碍的人可能在某种程度上更不容易受到网络不法分子的伤害。许多患有这种障碍的人对自己在社会上受到何种评价感到焦虑[29]。虽然互联网可以提供匿名社交参与的益处[77]，但是如果这种障碍足够严重，匿名就不会对焦虑水平产生足够的影响。这也意味着，如果个人要参与在线交往和活动，则任何负面评论或交流都有可能恶化他们的状况。这些人也不太可能因为害怕尴尬而冒险，为了使自己的生活更加安全，他们更有可能将正常的情况评价视为潜在危险[29]。对危险环境的过高估计可能导致许多人对网络风险和网络犯罪产生过度警觉，并导致许多人采取积极主动的网络安全行为，不太可能分享个人信息[57]。然而，与焦虑症一样，回避型人格障碍可能走向另一个方向。为减轻自己的焦虑，这种恐惧可能会驱使他们安装许多防病毒软件或程序。此外，他们这种过度保护的心态可能会导致其对在网上保护好自己感到无助，进而采取回避行为，忽视安全警示。

### 9. 依赖型人格障碍

患有这种障碍的人很容易遭受网络犯罪，如黑客攻击、网络骚扰、社会工程等。因为过度需要他人的情感支持和决策，以及对失去认同的极端恐惧，将使得他们很容易被不法分子操纵。因为这类患者把批评和反对作为自己没有价值的证据，所以通过与网络世界互动来恶化他们的处境，也可以视为另一种网络风险行为[30]。患有这种人格障碍的人可能会打开可疑的电子邮件，遵循其中的请求，并使用不法分子给他们的 USB 设备，以试图助人为乐。他们可能会觉得自己无力在任何网络安全风险面前保护自己。他们还可能依赖他人来实施积极的安全行为，甚至为他们选择口令。然而，他们对自身保护能力不足的感觉和信念会促使其在面临安全威胁时感到无助，并影响他们保护自己的动机。

### 10. 强迫型人格障碍

患有这种障碍的人可能会面临所有网络犯罪的风险，但他们并不一定比没有这种障碍的人更容易受到危险的侵害。患有这种障碍的人往往有条不紊，对细节专注，需要掌控自己的环境，这就会影响其人际交往和社会功能 [30]。然而，如果他们不遵从或同意自己固执的想法和信念，就会发现自己很容易在网上欺凌他人。他们是规则、程序的追随者，并表现出遵从行为。这些特点可以促成良好的网络安全行为，降低他们成为网络犯罪受害者的风险。但是，如果不完全了解正确的安全实践和策略，他们可能会很难适应其现有的行为。此外，由于他们的完美主义和高标准，一旦自己成为网络犯罪的受害者，可能会对他们的处境产生毁灭性的影响，因为他们会对自己的错误进行无情的自我批评[29]。

## 5.4.9　精神障碍总结

表 5.3 对各类精神障碍进行了归纳，总结了在线互动、网络安全行为的益处和风险。该表对每类精神障碍都有一个简短的描述。表中"在线互动的益处"列总结了互联网和数字技术应用的各种有益主题，并针对每个精神障碍类型提供了实例。"参与网络的风险"列罗列了每种精神障碍的当前风险，并阐明用户是否可能成为这些风险的受害者和/或实施者。"网络安全行为"是指具有特定心理障碍的人是否会采取安全或不安全的行为。

表 5.3 精神障碍概述、参与上网的益处及风险、网络安全行为

| 精神障碍 | 简述 | 在线互动的益处：主题和实力 | 参与网络的风险：受害者或犯罪者 | 网络安全行为：采用安全或不安全的行为 |
|---|---|---|---|---|
| 神经发育障碍 包括智力障碍、沟通障碍自闭症谱系障碍、注意缺陷多动障碍（ADHD）、特异性学习障碍 | 发育性障碍：从学习和控制制注意力方面的特定症制，到智力和社交技能方面更普遍的障碍 | 社交与沟通：发展和保持友谊<br>认知：发展社会技能<br>职业：教育<br>独立：网络游戏<br>支持：健康信息 | 社会工程：受害者<br>网上骚扰：受害者<br>身份相关犯罪：受害者<br>黑客：受害者<br>DoS：受害者 | 口令管理：安全/不安全<br>过度分享信息：安全/不安全<br>积极安全行为：安全/不安全<br>备份信息：安全/不安全<br>可疑邮件、链接、网站、USB：安全/不安全 |
| 精神分裂症谱系疾病和其他精神病性障碍 | 阳性症状：妄想、幻觉、思维（言语）紊乱、运动行为紊乱或异常。阴性症状：缺失情绪和行为 | 社交与沟通：与他人交流<br>认知：压抑情感与态度<br>独立：网络购物<br>支持：支持群体 | 社会工程：受害者/犯罪者<br>网上骚扰：受害者/犯罪者<br>身份相关犯罪：受害者<br>黑客：受害者<br>DoS：受害者 | 口令管理：不安全<br>过度分享信息：不安全<br>积极安全行为：不安全<br>备份信息：不安全<br>可疑邮件、链接、网站、USB：不安全 |
| 双相情感障碍 | 躁狂阶段：情绪兴奋、精力旺盛、有风险行为（暴饮暴食、酗酒和性欲旺盛）。抑郁阶段：无望与内疚、自杀意念、睡眠增加 | 社交与沟通：发展和保持友谊<br>认知：发展社会技能<br>职业：教育<br>独立：网络游戏<br>支持：健康信息 | 社会工程：受害者/犯罪者<br>网上骚扰：受害者<br>身份相关犯罪：受害者<br>黑客：受害者<br>DoS：受害者 | 口令管理：不安全<br>过度分享信息：不安全<br>积极安全行为：不安全<br>备份信息：不安全<br>可疑邮件、链接、网站、USB：不安全 |
| 抑郁症 包括重度抑郁症（MDD） | 感到悲伤、空虚、烦躁的情绪。愉快感丧失、身体缓慢，丧失社交能力，食欲减退，体重增加 | 认知：情感表达<br>职业：工作<br>独立：网上购物<br>支持：支持团体、网上治疗 | 网上骚扰：受害者/犯罪者<br>社会工程：受害者/犯罪者<br>身份相关犯罪：受害者<br>黑客：受害者<br>DoS：受害者 | 口令管理：不安全<br>过度分享信息：不安全<br>积极安全行为：不安全<br>备份信息：不安全<br>可疑邮件、链接、网站、USB：不安全 |

续表

| 精神障碍 | 简 述 | 在线互动的益处：主题和实力 | 参与网络的风险：受害者或犯罪者 | 网络安全行为：采用安全或不安全的行为 |
|---|---|---|---|---|
| 焦虑症 包括广泛性焦虑症（GAD） | 过度恐惧和焦虑。忧虑、恐慌、偏执、心智茫然、采取回避行为、抑郁 | 社交与沟通：与他人交流、表达情感 认知： 职业：工作/教育 独立：网上购物、网上银行 支持：健康信息、在线疗法 | 社会工程：受害者 网上骚扰：受害者 身份相关犯罪：受害者 黑客：受害者 DoS：受害者 | 口令管理：不安全 过度分享信息：安全/不安全 积极安全行为：不安全 备份信息：不安全 可疑邮件、链接、网站、USB：安全/不安全 |
| 强迫症 | 痴迷或强迫，关注重复的想法和行为。主题（如洁净、禁忌思想、暴力等）、对称、伤害和死亡 | 社交与沟通：与社会接触 认知：表达情感与态度 职业：工作/教育 独立：网上购物 支持：健康信息、支持性团体 | 社会工程：受害者 网上骚扰：受害者 身份相关犯罪：受害者 黑客：受害者 DoS：受害者 | 口令管理：安全/不安全 过度分享信息：安全/不安全 积极安全行为：安全/不安全 备份信息：安全/不安全 可疑邮件、链接、网站、USB：安全/不安全 |
| 神经认知障碍 包括痴呆 | 认知障碍：注意力分散、思维不符合逻辑、学习和回忆、使用语言和社会认知 | 社交与沟通：与家人、朋友交流 认知：表达情感 职业：辅助技术 独立： 支持：支持照顾人（在更严重的情况下） | 社会工程：受害者 网上骚扰：受害者 身份相关犯罪：受害者 黑客：受害者 DoS：受害者 | 口令管理：不安全 过度分享信息：不安全 积极安全行为：不安全 备份信息：不安全 可疑邮件、链接、网站、USB：不安全 |
| 偏执型人格障碍 | 不信任和猜疑模式，把别人的动机和解释为恶意 | 社交与沟通：发展和保持友谊、与社会接触 认知：表达态度 职业：工作/教育 独立：网上银行、网上购物 支持：健康信息、支持性团体、治疗 | 网上骚扰：犯罪者 | 口令管理：不安全 过度分享信息：安全 积极安全行为：安全 备份信息：安全 可疑邮件、链接、网站、USB：安全 |

续表

| 精神障碍 | 简述 | 在线互动的益处：主题和实力 | 参与网络的风险：受害者或犯罪者 | 网络安全行为：采用安全或不安全的行为 |
|---|---|---|---|---|
| 分裂样人格障碍 | 社会关系脱离和情感表达范围受限的模式 | 认知：学习<br>职业：工作/教育<br>独立：网络游戏<br>支持：健康信息 | 身份相关犯罪：受害者<br>黑客：受害者<br>DoS：受害者 | 口令管理：安全<br>过度分享信息：安全<br>积极安全行为：安全<br>备份信息：安全<br>可疑邮件、链接、网站、USB：安全 |
| 分裂型人格障碍 | 亲密关系中强烈不舒服，认知或感知扭曲和行为古怪 | 认知：表达情感和态度<br>职业：工作/教育<br>独立：网络游戏<br>支持：健康信息、支持性团体、治疗 | 网上骚扰：受害者<br>黑客：受害者<br>DoS：受害者 | 口令管理：安全<br>过度分享信息：安全<br>积极安全行为：安全<br>备份信息：安全<br>可疑邮件、链接、网站、USB：安全 |
| 反社会型人格障碍 | 漠视和侵犯他人权利的模式 | 社交与沟通：与他人交流<br>认知：表达态度<br>独立：网上银行、网上购物<br>支持：健康信息、支持团队 | 社会工程：受害者/犯罪者<br>网上骚扰：受害者/犯罪者<br>身份相关犯罪：受害者/犯罪者<br>黑客：受害者/犯罪者<br>DoS：受害者/犯罪者 | 口令管理：安全/不安全<br>过度分享信息：安全/不安全<br>积极安全行为：安全/不安全<br>备份信息：安全/不安全<br>可疑邮件、链接、网站、USB：安全/不安全 |
| 边缘型人格障碍 | 人际关系、自我形象和情感的不稳定，以及显著冲动的模式 | 社交与沟通：发展和维持人际关系<br>认知：表达情感和态度<br>职业：工作/教育<br>独立：网上银行、购物<br>支持：健康信息、支持性团体、治疗 | 社会工程：受害者<br>网上骚扰：受害者/犯罪者<br>身份相关犯罪：受害者<br>黑客：受害者<br>DoS：受害者 | 口令管理：不安全<br>过度分享信息：不安全<br>积极安全行为：不安全<br>备份信息：不安全<br>可疑邮件、链接、网站、USB：不安全 |
| 表演型人格障碍 | 过度情绪化和寻求他人关注的模式 | 社交与沟通：发展和保持友谊、与社会接触<br>认知：表达情感和态度<br>职业：工作/教育<br>独立：网上购物<br>支持：健康信息、支持团体、治疗 | 社会工程：受害者<br>网上骚扰：受害者/犯罪者<br>身份相关犯罪：受害者<br>黑客：受害者<br>DoS：受害者 | 口令管理：不安全<br>过度分享信息：不安全<br>积极安全行为：不安全<br>备份信息：不安全<br>可疑邮件、链接、网站、USB：不安全 |

续表

| 精神障碍 | 简述 | 在线互动的益处：主题和实力 | 参与网络的风险：受害者或犯罪者 | 网络安全行为：采用安全或不安全的行为 |
|---|---|---|---|---|
| 自恋型人格障碍 | 浮夸，需要赞美且缺乏同理心的模式 | 社交与沟通：发展和保持友谊，与社会接触<br>认知：表达情感和态度<br>职业：工作教育<br>独立：网上购物<br>支持：健康信息，支持团体，治疗 | 社会工程：受害者<br>网上骚扰：受害者/犯罪者<br>身份相关犯罪：受害者<br>黑客：受害者/犯罪者<br>DoS：受害者 | 口令管理：安全/不安全<br>过度分享信息：安全/不安全<br>积极安全行为：安全/不安全<br>备份信息：安全/不安全<br>可疑邮件、链接、网站、USB：安全/不安全 |
| 回避型人格障碍 | 社交抑制，自我能力不足和对消极评价极其敏感的模式 | 认知：学习<br>职业：工作/教育<br>独立：网上银行、购物<br>支持：健康信息，支持性团体，治疗 | 网上骚扰：受害者<br>黑客：受害者<br>DoS：受害者 | 口令管理：安全<br>过度分享信息：安全<br>积极安全行为：安全/不安全<br>备份信息：安全<br>可疑邮件、链接、网站、USB：安全/不安全 |
| 依赖型人格障碍 | 一种过度需要他人照顾，以致产生顺从和依附行为的模式 | 社交与沟通：发展和保持友谊，与社会接触<br>认知：表达情感和态度<br>职业：工作/教育<br>独立：网上银行、购物<br>支持：健康信息，治疗 | 社会工程：受害者<br>网上骚扰：受害者<br>身份相关犯罪：受害者<br>黑客：受害者<br>DoS：受害者 | 口令管理：不安全<br>过度分享信息：不安全<br>积极安全行为：不安全<br>备份信息：不安全<br>可疑邮件、链接、网站、USB：不安全 |
| 强迫型人格障碍 | 沉湎于秩序、完美主义和控制的模式 | 社交与沟通：发展和保持友谊，与社会接触<br>认知：表达情感和态度<br>职业：工作/教育<br>独立：网上银行、购物<br>支持：健康信息，支持团体 | 社会工程：受害者<br>网上骚扰：受害者/犯罪者<br>身份相关犯罪：受害者<br>黑客：受害者<br>DoS：受害者 | 口令管理：安全/不安全<br>过度分享信息：安全<br>积极安全行为：安全<br>备份信息：安全<br>可疑邮件、链接、网站、USB：安全 |

## 5.5　总结

在 43 亿在线用户中[19]，约 25%的用户会出现精神或神经方面的障碍[20]，因此，在审查用户的网络安全行为时需要考虑这些障碍。本章从不同的精神障碍角度出发，概述了用户的精神病理如何影响网络安全行为和在线互动，揭示了精神障碍特征如何影响用户在与网络世界接触时的体验的复杂性，包括获得支持、面临网络犯罪的风险，以及自身参与网络犯罪。

对精神病学的检查显示，在每一大类精神障碍中，都有许多子障碍类型，具有许多症状。其中包括社交、认知和行为障碍，这些障碍阻碍了个体的日常功能和独立性。有证据表明，虽然通过与网络世界和数字技术的接触获得的益处能够缓解这些疾病的临床损害，但同时也存在加剧用户症状的危险。相反，通过普遍的在线行为及特定的网络安全行为，他们的症状也能反过来加剧其成为网络犯罪的受害者的风险。有几种精神障碍的症状，如思想混乱、缺乏判断力、过度信任和容易被操纵，会增加用户成为各种网络犯罪的受害者的可能性。然而，有许多障碍会导致用户成为网络犯罪行为的实施者。一方面，一些障碍通过表现出安全/保护行为、过度警惕和不信任，呈现出可能增加用户网络安全的特征。另一方面，由于受到心理疾病的驱使，这些行为实际上可能产生相反的效果，增加用户成为网络犯罪的受害者的可能性。

直到最近才开始研究与互联网和信息通信技术[8,20,28,36,66]互动的精神病理学和异常行为。关于网络安全，先前已经研究了网络犯罪如何影响用户的心理[5]。还有一些研究考察了认知属性如何影响安全遵从性和安全意识[15,76]并考察了与网络犯罪敏感性有关的人格特质，如开放、自恋、冲动和信任[42,43,48,57]。尽管如此，很少有人研究考察用户的心理病理学如何影响他们在网上的互动，同样，也没有人研究考察特定的精神障碍和面对网络犯罪时的脆弱性，以及网络安全行为[35,66,79]。

本章通过回顾各种精神障碍并将其特征应用到网络安全领域，来弥补这一研究领域的空白。虽然考察人格特质和认知因素可以对患有精神障碍的个体如何实施（或不实施）网络安全行为提供一些参考意见，但检查特定的孤立症状并不能全面而准确地反映出这些相互作用的症状的复杂性如何影响用户的网络安全行为。而且，特征和症状在"非临床"时也是极其不同的。精神障碍的标准由症状的严重程度和持续时间决定[29]。因此，观察焦虑的影响与观察由焦虑和偏执带来的无休止、麻痹性痛苦的影响是非常不同的。同样，考察一个"有点特殊"的用户，也不同于考察一个因为重复的干扰性想法而经历极度需要执行某种动作（即使知道这种动作是不正常的）的痛苦的用户。然而，大量用户都经历过这些症状，因此，在考察用户面对网络犯罪的脆弱性以及他们在网络世界中为保障自身安全而采取的防护行动时，需要考虑这些症状。

　　**致谢**　感谢 Rebekah Rousi 副教授和 Juuli Lumivalo 博士在撰写本章时给予的鼓励和反馈；感谢 Miika Luhtala 的耐心，他在作者撰写本章时给予了技术支持，帮助修复作者的笔记本电脑（很多次）；也感谢 Janne Kohvakka 的持续支持。

## 原著参考文献

# 第6章  网络军事影响力行动

**摘要：** 技术发展将我们周围的信息环境变成了地球村，这为普通人带来了诸多机会，但也使图谋不轨之人有可乘之机影响网络世界。军队也不例外，需要面对与时俱进的新需求。一直以来，新技术的最先使用者同时也是最大受益者。因此，从某种意义上说，为了争夺全球主导权，各国军队都在竞相使用能产生巨大影响力的新武器。通信技术的快速变化，导致了各国军队在适应能力上的差异，也导致了各国军队就军事环境下利用影响力作战的行动规则给出了不同诠释。这一差异也造成了在目标对象选择上的不对称，包括影响哪些对象、保护哪些对象。为了帮助军队找到自身在现代军事影响力作战行动网络中的准确定位，作者提出了一种关于军事影响力作战行动的过程本体论方法。该方法可以找到现代军事影响力作战行动的关键连接元素，有助于简化军事意义建构（Sense-making）过程。

**关键词：** 影响力；信息；过程；根茎蔓延

## 6.1  引言

……但是假设我们是（可能是）一种影响、一种想法，一种无形的、无懈可击的、没有正面和背面、像空气一样飘荡的东西呢？

我们可能是一团蒸汽，在我们所列队的地方吹着。

每个人的心中都装着国家；我们不追求物质，因此也不惧怕任何杀戮。

——《智慧的七大支柱：胜利》，托马斯·爱德华·劳伦斯（T.E. Lawrence），1935 年。

军事影响力实践有诸多代名词，但其共同点在于会影响个体或群体的行为，也就是影响通常所说的目标受众。同样重要的是，军队必须以防御性手段，辨别出敌方军事欺骗行为及假情报。军队并非唯一的行为体，他们在现代信息环境中也没有信息主权。此外，在当前的安全环境下，军队常与其他政府机构合作，以实施或抵御综合性军事行动，这些行动中会包括各类影响力手段。

对军事指挥官来说，要在现代信息环境中进行军事指挥，同时兼顾与多个政府性等伙伴单位的协作，必定会感到筋疲力尽，若流程、相应权限和法律管辖权不明确，则更是让人疲惫不堪。因此，军事指挥官可能会出现越权或犹豫不决的情况。尤其是当军队对抗外国的敌对性影响力作战行动时，较为切实可行的做法是在达成共识并形成一致的模型或框架的基础上，讨论军事行动。

在本文中，作者提出了一种过程本体论方法，用以处理信息时代下军事影响力的基本要素，其目的是强调这一过程组织方法可为不断变化的信息环境中的挑战提供新的见解，从而有助于重新审视武装部队内外"信息行为体"的组织形态，同时揭示相关实体的当前组织形态和责任。

作者将军事背景下的"影响力"定义为"以间接或无形方式造成影响的权力或能力"[28]，以表达军队受人类认知程度的影响。这里我们使用"军事影响力作战行动"这一术语来描述军事背景下实施影响力的各种方式。在与源术语有关的情境下，我们也使用了其他相关术语。

## 6.2　现代影响力环境

数据技术发展已成为事实，因为在日常生活中再也无法避开或摆脱线上数字化解决方案。如今，信息不只是一种工具，还是环境力量的集合，日益影响着我们自身，影响着日常生活中的社交方式，也影响着我们如何运用这一概念来认知现实世界与虚拟世界。

作为现代社会的一部分，我们彼此相连，我们所做的一切都会产生数据。我们几乎不可能弄清我们到底使用和生成了多少数据——数据无处不在。与其他新技术一样，数据分析也为数据利用和滥用创造了机会。[42,5]

现代战场正变得越来越数字化；因此往往需要通过技术方案来应对。然而，即便想要挑战技术最先进的军队，也并不需要特别先进的网络能力。只需通过公开数据，即可收集情报，甚至定位军事单位；只需通过社交媒体，而不需要特别复杂的系统，即可对目标施加影响[6]。同样，现代技术的高超能力时不时会在特定任务中失效，如"专门用于检测种族主义和仇恨言论的人工智能算法，在遇到互联网中关于黑白棋子的讨论时，就可能会发生错乱"[10]。

社交媒体上的新信息越多，虚假信息也就越多。

令人惊讶的是，有报告指出，Instagram 的操纵成本比 Facebook 低 1/10，TikTok 几乎没有自我监管的防御措施，即使在选举期间，依然可轻易操纵美国参议员的账户。[13]

因此，与以往相比，我们似乎不得不提高对虚假信息的容忍度，且越来越能够抵御"信息回旋效应"带来的冲击。

然而，其他平台同样无力打击信息操纵行为。在 337768 个水军虚假互动中，98%以上在 4 周后仍然保持在线和有效，甚至即便不考虑虚假浏览量，剩下的 14566 个虚假互动中仍有超过 80%在一个月后保持活跃。[5,3]

网络用户逐渐看到和意识到有关 COVID-19 的虚假信息，其中制造虚假信息的常用技术包括过度情绪化的语言、伪专家和阴谋论。[15]

COVID-19 在全世界范围都引发了混乱和虚假信息，而在社交媒体更甚。此外，各种阴谋论也呈指数级传播[39]。随着 COVID-19[21,27]呈根茎式蔓延，其不仅成为现代历史上最致命、最不受控制的流行病之一，而且也成为全球各国信息竞争的主要爆发点，而竞争路径主要体现在相互冲突的政治体系。与 COVID-19 本身一样，信息也会发生变异和进化；我们会看到信息的"超级传播事件"，也就是说，有影响力的人使用数字媒体和传统媒体来放大谣言，使其快速被那些毫无戒备心的公众"捕捉到"。与流行病一样，我们也可通过实行数字卫生手段来缓解"信息疫情"，此类手段包括采取怀疑态度、核实信息来源等。相反，如果有影响力的人和公众不试图遏制周围的谣言，则"信息疫情"就可能会失控。[4]

当我们阅读政治文件及其关于信息发展的建议时，可在其中找到几乎相同的结论和建议，即信息技术已使我们的环境变得更具危险性、复杂性、变化性和网络依赖性。总体来说，有关安全的问题变得愈加难以回答，"在某种意义上，一个人的存在和安全变得自相矛盾了，因为事情总是向反面发展"[1]。这意味着我们不能再像交通信号灯系统那样，构建完全受控的安全系统了。

关于生存安全的这种令人不安的逻辑，使得行为体更愿意采取冒险的方式[1,292]。

生存中的不安全感意味着我们的存在会有变数。关键问题是我们如何控制对知识不足的恐惧，因为我们的知识总与未知有关。

我们被网络化，并不断与数字领域产生联系，却无法控制自身同时连接到真实（物质）和数字（虚拟）世界领域。因此，我们需要一种新的认知和模型来弄懂现实生活，这一点可通过人工智能和机器学习来实现。这些技术正在日益趋于有效。

几天前，谷歌发布了一篇新的长篇论文，提出了一种新方法，可显著增加参数数量，同时保持每秒浮点运算的数量（ML 计算成本标准指标）。[18]

不久后，我们不得不面临这样一个问题：我们应该在什么情况下接受机器并认为其与人类具有同等生命？在现代生活中，人、机器和自然之间的界限越来越模糊[32]。最终将不再有清晰的结构和界限，取而代之的是模糊和混合的维度。

一个人可以从乐高房子中取出一块砖而无伤大雅，并且通常不会影响整体的结构完整性。但对于水彩画，情况则有所不同。水彩颜料混合在一起后，就像理所应当一样，颜色之间只有模糊的边界，因此没有精确或简单的方法将一种颜色与另一种颜色区分开来。随着时间的流逝（只要有足够的水），颜色会继续进一步混合，从而增强了各种颜色之间的这种相互联系。希望水彩画的类比能够让我们明白，在时间的长河中，不同的存在是如何相互作用的，因此如果不过分简化，就不可能将一种存在与其他存在区分开来。[34-35]

## 6.3　现代影响力实践的心理学

军事影响力（Military Influence）实践有诸多代名词，通常被称为心理行动、心理影响力作战行动（Psychological Influence Operations）或心理战（Psychological Warfare）。使用"心理学"这个词是有原因的，因为这些实践的成功源于将我们的心理学和社会学特征及属性变为弱点。在现代影响力课程中，有几个名字会被经常提及。

第一个是罗伯特·恰尔蒂尼（Robert Cialdini），他研究并提出了著名的六大说服原则[8]：

（1）互惠；

（2）稀缺性；

（3）权威；

（4）一致性；

（5）喜爱；

（6）社会认同。

第二个和第三个是诺贝尔奖获得者丹尼尔·卡尼曼（Daniel Kahneman）和亚当·特维斯基（Adam Tversky），他们在理解人类决策方面的开拓性工作，解释了人们习惯的日常思维方式，为什么使人反而做出错误决策[20,41]。恰尔蒂尼的说服原则，以及认知捷径理论，解释了我们容易受到那些意在施加影响力的企图和假新闻影响的原因，以及基于理性论证或直接反驳这些假新闻的对策经常失败的原因。

假新闻是当前信息时代的一大祸害。我们无法辨别真假的一个原因是党派之争和出于政治动机的推理。然而，潘尼库克（Pennycook）和兰德（Rand）[31]的大量文献综述质疑了这种常见的描述。根据他们的报告，缺乏缜密的推理和相关知识，以及使用熟悉度和其他捷径进行判断，是我们陷入假新闻的主要原因[31]。潘尼库克和兰德发现了几种使我们倾向于相信假新闻的认知捷径，包括熟悉度（重复）、来源（是否来自我认为可信的来源）、情感性（而非冷酷事实）。

通常，情感因素还包括社交背景，其被视为首要因素[38]。在情感因素中，还包括一些为了弄清我们的弱点而需考虑的其他方面和因素。

恩兹利（Endsley）[12]还总结了一些相关的认知因素和认知捷径，如注意力、锚定偏见和确认偏误。假新闻通常以吸引我们注意力的方式构建，即"标题党"。假新闻会针对信息创建一个"锚点"，其在很大程度上决定了读者之后会关注或相信哪些信息。与更深入的真实新闻相比，假新闻很容易且更快炮制出来，从而锚定我们的决策。确认偏误会使我们更倾向于只追寻和承认我们先前假设的信息，从而可能强化以前的错误假设。

随着社交媒体在过去十年的发展、互联网的普及以及用户数据收集方法的日益复杂化（大数据），人们获得了施加个性化影响力的机会。现在，我们可以将目标群体和焦点群体从年龄、性别和种族扩展到个性、动机和情感。例如，先收集用户数据，然后基于该数据创建用户的个性档案，最后使用该信息来精准施加影响力。先前的研究表明，不同的个性特质让我们倾向于不同的影响力原则[29,46]。这些从社交媒体数据中提取的性格特征远非完美，准确度为 0.3～0.4[3]。尽管如此，计算机从社交媒体内容中预测个性的能力已经超过了人类的预测能力[16]。

即使精度有限，这些新方法还是提供了施加影响力的更准确的路径。以市场营销为例，与非个性化广告相比，基于个性定制的广告可以将点击率提高40%，将购买率提高50%[26]。这些基于用户行为的信息收集方法不仅限于社交媒体。事实证明，我们使用手机的方式也可被用于预测我们的个性。例如，来自我们手机加速度传感器的数据可用于预测我们的行为和个性[14]。

在现代影响力实践中，那些我们在日常生活中有效发挥作用的认知捷径，已转而变得对我们不利。鉴于这些认知因素是众所周知的，因此，收集用户特定信息的现代化方式更有可能成为具体和个性化的攻击向量。目前，我们面临的挑战在于如何提高对抗和识别这些意在施加影响力的企图的能力，以及如何教育公民对抗这些手段或使其免疫。不幸的是，这并不是一件容易的事，因为许多认知捷径是在利用我们的潜意识。

## 6.4　战争中的影响力

西方军队许多理论上的解决方案源于美国。冷战之后，美国主要是通过涉及指挥和控制战争或信息作战等概念理论，来传播影响力方面的军事方法。军事影响力不仅通过网络战和电子战等技术领域实施，还通过心理战实施，或者借助于军事欺骗和作战安全来完成。上述领域和（军事）公共事务之间通常有明确的界限。就政治引导力和影响力而言，公共外交（或者更具体地说是战略沟通）也会影响美国武装部队，但这并非美国武装部队的直接任务。

这种系统的、基于理论的方法虽然可提供社会合法性，但可能并不是解决现代战争复杂性和提供持久解决方案的最佳方式[30,36]。最近有人提出了一种新概念，即信息环境中作战的联合概念[19]，其方法是"将信息纳入作战艺术，利用信息和军事活动的信息内容，设计作战行动，实现持久的战略成果"。这可以看作是形成对信息环境及其对作战行动影响更加全面理解的一种尝试。

俄罗斯的影响力作战方法更为全面，包括国家之间持续的信息斗争。信息战的主要目标在于"确保国家在信息心理领域的利益不受侵犯，最终确保国家的信息心理安全"。更实际地说，军事行动的"标准信息战"和"战略信息战"并不一样，对社会不同层次的非对称攻击可以通过不同的认知领域攻击同一个人，从而使识别攻击变得困难。尽管目前尚无可识别的俄罗斯信息心理作战模型，但值得注意的是，它们极有可能是针对冲突区及其外围的目标个体和大众的意识水平[33]。

在当代俄罗斯军事思想中，存在着一种新型永久战争的概念，其不区分军事手段与和平手段。在真正的冲突中，如果对抗不可避免，则俄罗斯可能会先发制人，并在战争初期形成信息和态势优势，从而获得主动权。但是，就俄罗斯军事思想而言，应承认的一点是，试图用"混合战争"等西方概念来理解俄罗斯的军事思想，有可能导致镜像思维，从而无法意识到军事思想实际上是被纳入俄罗斯军队的作战设计中的[40]。

从上述例子中我们可以得出结论，信息正以各种方式与现代军事思想交织在一起，而这些方式不是立即可比较的。此外，不纳入社会因素，就无法有效地讨论战争。那么，武装部队在以整个社会为目标的冲突中的作用究竟是什么呢？从影响力作战的角度来看，军事和非军事之间的区别在实践中是（而且很可能一直是）模糊的。所有士兵也是公民，因此对军队施加影响力时，也会影响作为公民的士兵，反之亦然。COVID-19 疫情就是一个很好的例子，"信息疫情"在影响公民时根本不会考虑他/她的组织背景是什么。另外，针对军队的影响力作战行动通常也会波及意外成为信息接收者的第三方，这一点在数字信息环境下尤为明显。这些事件可能会导致不可预知的后果，武装部队应做好应对的准备。

全面的影响力作战行动在一定程度上与针对整个社会的军事行动差不多，并非属于新的现象。我们可运用本体安全的概念，来理解这类作战行动对社会造成的大规模影响，此类行动包括为了影响政策、削弱社会凝聚力、助长焦虑而扭曲信息形势[7]。这类影响力作战行动不一定将军队作为首要目标，但军队作为大社会的一部分也难免受到影响。借用前述比喻，我们可以说，由于数字信息环境无处不在，军民之间的区别越来越像是一幅水彩画，尽管许多组织似乎仍在使用乐高积木的方法来处理这一复杂现象。引用托马斯·爱德华·劳伦斯（T.E.Lawrence）的话，可以这样说："虽然军队通常都做好了识别和反击作战行动的准备，但其对抗影响力的能力尚不完备。"

## 6.5　军事影响力作战行动

在当今时代，军队在影响力领域是否取得了成功，以及从军事角度来看，应如何采取影响力作战行动呢？拉森（Larson）等[23]指出，伊拉克战争和阿富汗战争的经验表明，能否在现代信息战场上取得成功，取决于指挥官如何解读现代作战空间，以及他们在多大程度上成功利用自己的能力来影响所预期的最终状态结果。指挥官对信息作战与其他能力整合的兴趣度和投入度，也是成功与否的决定因素之一。因此，成功的指挥官不仅对影响信息作战空间的各项因素以及影响这些因素的资源具有清晰认识，而且他们会为某个明确的最终状态而努力。如果在考虑众多因素或使用资源来应对日常危机的同时，没有牢记最终状态，那么也将无法获得成功。

在指挥官决策过程中，法律因素发挥着重要的作用，但如果指挥官的权威角色不够明确，那么法律因素还会增加不确定性。在当今信息环境下，军队需直面的多种复杂情况中，存在着多种模棱两可的情况，导致各方会对此类法律事件给出不同的解读。如果管辖权问题未得到有效解决，那么指挥官在决策时就会犹豫不决，因为相关法律及指挥官对此类法律的解读会发生重叠，即使采用冲突法，也无法解决现代战争的所有情况[17]。

信息时代环境的特征之一就是通信速度，以及随之导致的情况不断变化的速度，这既会影响目标受众，也会影响信息的有效性。随着通信速度的不断提高，全球化的进程也在不断加剧[47]。在军事背景下，指挥官要与话语速度作斗争，并提高战略远见以应对不断发展的信息环境，这便带来了很多挑战。我们可能难以确定军事影响力作战行动的组成元素，尤其是在快速变化的环境中难度就更大了。作战行动很少针对单一实体，而可能以个人、团体、网络、领导层和公众组成的群体为目标[22]。因此，领导者不仅要意识到信息正在高速传输以及这些作战行动可能马上会对人们产生心理影响，还必须迅速做出响应。

另一个关键挑战在于信息环境下可用数据的海量性。作为人类，我们处理大量非结构化数据的能力是有限的。因此，我们需要借助程序和算法，将可用数据处理和归类为易于我们理解的形式，这一过程通常被称为人工智能（Artificial Intelligence，AI）。在未来的影响力实践中，人工智能将发挥越来越重要的作用。在商业世界，社交媒体广告商通过长期分析我们的在线行为和偏好（如我们点赞的内容、访问的页面等），实现了广告的自动匹配及投放，随着其对用户在线行为的加深理解（如通过社交媒体对我们个性的进一步描绘），人工智能的未来发展和应用将远不止于此。自然语言处理技术的最近进展也提高了我们分析和自动解读社交媒体帖子，以及描述不同个性、情绪和价值观的能力。与此同时，基于人工智能算法的深度伪造技术带来了更为惊人的影响。我们看到网络上已经出现了不少令人信服但也令人不安的领导人深度伪造视频[35]。这些视频正变得越来越逼真，甚至在信息有限的情况下，也能相对容易地制作出来[48]。正如 Sample 在《卫报》的一篇文章中指出的那样：

深度伪造以及其他合成媒体和假新闻正在不知不觉中创建一个"零信任"社会，在这样的社会里，人们无法区分真假，或者说不再费心区分真假。而一旦信任遭到侵蚀，人们就会更容易对特定事件产生怀疑[35]。

如前文所述，信息影响力作战行动可能涉及众多目标受众，且随着时间的推移，可能会经常变换目标受众[36]。根茎蔓延概念很好地取代以前的线性过程概念，因为在这个过程中，元素可能会不断变化，有时会在修订和完善的循环中来回变化[9]。有人建议，与其仅仅知道什么会影响目标受众以及如何影响，更有价值的做法是了解最终过程，并进行反向追溯以识别目标受众和根茎蔓延的影响。任何想法的存在和部署都不是孤立的。一旦进行某种描述或开展某种影响力作战行动，就会与已存在的描述或想法发生联系，并可能与一些想法契合，或者改变另一些想法，迅速发展成比最初的描述或想法更强大的东西。如果我们不再将其视为一个线性过程，而是将其视为一个不断发展的且与其他过程并行的存在体，就能更好地理解军事影响力作战行动的本质。

## 6.6　过程本体论方法

作为社会的一部分，军队可通过多种方式应对现代信息战场的复杂性，以及在意义构建及影响过程方面对个人和组织造成的影响。由于概念和定义过多，我们很难在对抗多方位混合型作战行动时就权力或责任分配达成共识，特别是当所造成的影响被攻击向量的复杂性掩盖时，难度就更大了。此外，除了主动型影响力和反影响力作战行动，还有所有其他全球流动的信息，这些信息也会对友好性和敌对性作战行动的成功与否造成影响。我们不应忽视这些影响，甚至应该在适当的情况下利用它们，并可以将这些影响概念化为影响力管理活动[37]。那么，在不断变化的技术信息环境下，军队如何才能弄清楚影响力作战行动的要求呢？

为了解决这一问题，作者提出了一种过程本体论方法。让军队规划者找出所有影响军队的基本要素和信息流，将有助于他们更好地解读当代和未来军事影响力作战行动的要求。这种方法有什么要求呢？在错综复杂的现代信息战空间中，明确性是第一要求。此外，该模型不仅应识别现代通信的全球范围以及快速把握时机的影响，还应认识到现代根茎环境的特点，以便各元素随着环境因素的影响而涌现和变化。该框架还应是"与平台和渠道无关"的，以便在不断变化的数字信息环境中发挥作用。

就军事领域而言，与军事影响力作战行动相关的本体论示例包括开发的态势感知核心本体论[25]与改进军事情报分析[11]而开发的 ONTO-CIF。再举一个更具体的本体论示例，那就是以无人驾驶飞机系统的语义结构模型为基础而开发的军事信息本体论（Military Information Ontology）[45]。通过上述示例，我们可了解本体论方法的用途，这些本体论方法提供了逻辑一致的模型，以便于人们全面理解相关主题。

按照美国的定义[44]，作为军事过程之一的心理作战行动被分为如下几个核心任务：

- 开发；
- 设计；
- 生产；
- 分发；
- 传播；
- 评估。

这些活动均针对敌方，且除了与信息作战行动的当代融合外，并未直接把军事机构作为一个负责对抗社会面混合型作战行动的政府机构来对待。作为单一过程的示例，目标受众分析是指对影响力作战行动的目标、信息和渠道进行识别和分析[43]。作者意欲寻找类似的描述性理论过程，并就那些构成军事影响力（和反影响力）作战行动的要素，制定一个本体论模型。

## 6.7 结论

作为当代背景下相互关联的个体，我们所做的一切都会产生数据，而这些数据可能会被那些经我们允许或未经我们允许的人所分析和使用。在当今时代，影响力施加方会通过更具体、更个性化的攻击向量，利用我们在日常生活中有效的认知捷径，使我们受到不利影响。如同面对其他新技术一样，军队也正在运用不同方法和不同能力来适应现代影响力作战空间。

军事影响力作战行动是一道难题，一部分原因在于现代信息环境如同根茎般蔓延，而另一部分原因在于不同安全机构被下达了不同命令。军队使用影响力作战规则方式的多样性，造成了他们在做出选择、施加影响和保护目标受众的做法上的不对称性。

过程本体论方法提供了一种在源于组织传统的预先假设和限制之余，从另一个角度看待影响力作战行动的方法。这种方法旨在关注过程本身，并弄清这一过程对军队能力所提出的一系列要求。使用概念性模型将有助于厘清军事意义构建过程，并为进一步讨论该主题提供一个基点。

目前，作者正着手为当代军事影响力作战行动创建一种过程本体论方法。通过本文，作者向读者解释了为什么要创建这样一种本体论，以及这种本体论可带来的益处。

## 原著参考文献

# 第2部分 关键基础设施保护

## 第7章 智慧社会网络环境的基础设施安全

**摘要：** 我们每天都会听到新服务和应用软件的消息，世界各地的人们可以实时使用它们来实现不同的目标，满足不同的需求。信息社会中使用的信息系统在软件和应用程序上的数字创新推动了其快速发展。与此同时，新终端、智能设备和传感器技术的快速发展，使得开发并提供新服务成为可能。在未来的数字化智能社会中，服务开发人员、管理员、负责机构和利益相关者也需要各种服务，用来维护和开发智能社会及其相关服务的基础设施。尽管数字世界的发展是一件积极的事情，但这件事情也有另一面，这个环境中也存在许多安全威胁。操作环境面临的最新挑战是异构远程通信网络，其中的新设备和系统可以无缝连接。这些系统正在接入智能家居、智能建筑、市场、智能医院、船舶码头、机场、火车站、开放区域、汽车、火车以及各种控制和能源系统。本文描述了一个所有重要职能通过数字网络相互作用的社会。本文为开发者和设计者提供了智慧城市基础设施的技术展望和企业架构级设想。

**关键词：** 智慧城市；网络；社会；无线；架构

## 7.1 引言

我们所处的社会及其所有结构正在经历着重大变化，这些变化在许多方面影响着人们的日常生活。本文将智慧城市环境依据其提供的服务划分为不同部分，这是因为在未来社会和智慧城市中每天都将使用这些服务。同时，有责任的服务运营商需要对这些服务的安全性和其他特性进行端到端分析与验证。因此，使用这些服务的环境必须是安全可靠的。

本文的研究目的是描述未来智慧城市的架构，评估和分析对未来社会、智慧城市和人们日常生活产生影响的服务、网络威胁和风险。此外，本文还旨在进行风险和威胁分析，以识别信息对社会的威胁，并确定它们对日常生活的影响。为此，我们必须首先描述未来的运营环境并确定影响其功能的关键要素和结构。

本文采用了一种全新的方法来划分社会结构，将其分为6部分（图7.1）：

（1）基础设施；

（2）能源；

（3）出行服务；

（4）建筑物和住宅；

（5）公共服务；

（6）通信和物联网服务。

这种方式区别于国际电工委员会（IEC）提出的智慧城市架构和服务的方式[2]。

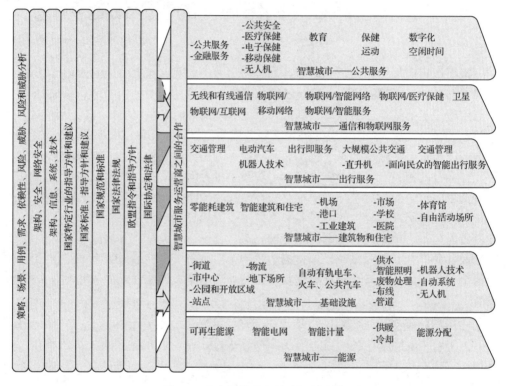

图 7.1 未来智慧城市的功能环境[1]

国际电工委员会将未来的成熟城市环境分为5部分：

（1）能源；

（2）出行；

（3）建筑物及房屋；

（4）公共服务；

（5）供水。

智慧城市理事会（Smart Cities Council）[3]描述了另一种建设智慧城市的方式，但是这种方式也与本文中使用的方法不同，因为它并没有在总体架构中提出必要的原则。

毕勤（Beecham）研究中心的行业地图可以作为一种划分方式，其将社会划分为 9 个具有不同功能背景的实体[4]。在本文中，这些部分以一种更适合体系结构运作的新方式进行分组。本文将智慧城市和智能社会划分为 6 部分，以便清晰了解智慧城市的架构和服务。本文采用了企业架构框架方法（Enterprise Architecture Framework）[5]和质量功能展开（Quality Function Deployment，QFD）模型[6]来定义不同服务和职能之间的依赖关系。

未来社会将会产生大量数字形式的信息。无论何时何地，每个人都能实时接收到他们需要的信息[7]。社会结构的变化非常迅速，如社交媒体。它们还会影响社会架构的实现方式和运营模式、结构，以及人们的日常生活和工作环境。目前正在使用的解决方案很可能几年后就过时了。当下强大的数字化趋势扩大了所提供的服务范围，并且使用起来也更简单了。这些发展也对提供服务的服务链产生了极大影响，包括分包链、硬件解决方案、服务提供商及服务链上每部分的运营模式。由于上述智能社会的发展，人们和系统都产生了大量需要处理和存储的信息。智能社交网络提供的服务需要整合在一起，这样无论在什么地方，我们都能在需要时实时获得这些服务。这意味着所有服务都通过整合相互连接在一起，未来的智慧社会和智慧城市也是如此。

然而，新服务环境的技术解决方案还不完全符合国际标准，如物联网设备和传感器。它们没有与电信和服务网络的安全接口，并且同时使用了基于过时技术解决方案的服务和基于新技术的服务。未来的信息通信系统的设计必须适应这种安全威胁和网络威胁无处不在的极具挑战性的环境。我们需要为人们创建一种新型的安全数字建筑（Secure Digital Building，SDB），因为我们必须考虑生活环境中的网络安全问题，以便我们能够每天安全地使用那些提供给我们的服务（图 7.2）。安全数字建筑被划分为不同的部分，这样我们就可以将这些服务彼此划分为不同的安全区域或安全等级了。图 7.1 和图 7.2 很好地展示了未来运营环境中的系统、已经投入使用的现代智能城市环境系统和人们的家庭与生活环境系统是如何相互连接的。

这样形成了一个国家和全球的实体，其中每个系统都间接或直接影响其他系统（图 7.3）。在为公共服务制定信息安全和网络安全解决方案时，仅仅关注系统自身的安全已经不够了，还需要着眼于更大的整体，包括其中所涉及的依赖关系，由此引发的风险和威胁，以及它们对解决方案的影响。

例如，在信息系统和数据存储方面，我们的系统早已无缝连接到世界各地的智能网络。黑客和攻击者可以轻易利用这些无处不在的互联网络和信息系统环境，就像人们用它们来管理日常事务那样。攻击者会不停地寻找系统中的漏洞和缺陷，以便立即利用它们来实现自己的目标。一个攻击者潜入事件例子发生在美国，该事件中的攻击者获得了访问 Windows 操作系统软件源代码的权限，从而控制了系统[9,10]。因为操作系统的更新是在全球范围内进行的，所以一次攻击就可能危害世界各地的智能设备。当世界各地的数据中心都用来存储数据时，这类攻击就可能给系统造成完全无法预估的后果。

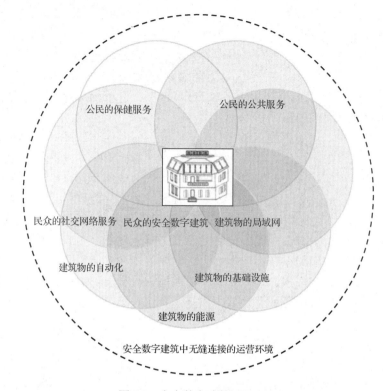

图 7.2  安全数字建筑（SDB）

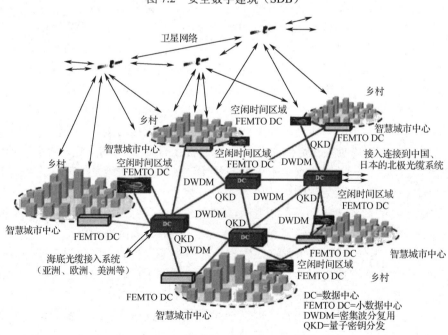

图 7.3  互联世界[8]

智慧社会发展规划中应考虑影响未来社会发展的变量，如图 7.4 所示。芬兰财政部的专家和研究北极地区的拉兰普大学专家已经就这些变量展开过讨论。但随着时间的推移，事情会发生变化，也会有新的补充。因此，如此广泛的调查也需要对影响社会的变化因素以及其对我们现代社会结构和服务的影响进行更加广泛的研究。

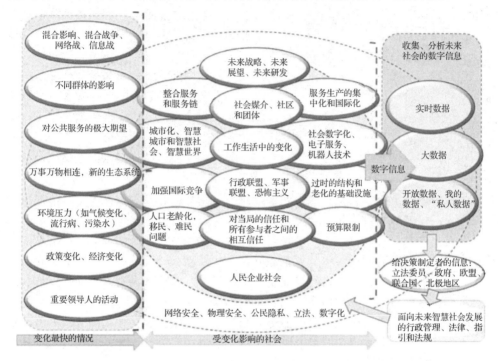

图 7.4　影响未来社会发展的变量[1]

在制定和起草法律时，网络和服务设计者以及当局都必须考虑这些会影响未来社会发展的变量。我们所使用的系统产生了大量的数据。这类数据类型的例子包括"大数据""开放数据""我的数据""私人数据"等。我们可以获得数字化、民众、基础设施老化、人口老龄化、全球竞争（全球化）、城市化、污染、环境压力、政治、利益集团、难民问题、气候变化等方面的实时信息。信息社会不断产生大量信息，如果没有监测社会发展所需的工具和方法，或者如果信息在用户、决策者、生产者和政治家等不同参与者之间流动得不够顺畅，那么这些信息就很难传输到正确的地方。如果我们只在一个竖井里运作，其后果对于未来的智慧社会可能就是灾难性的（如我们思考针对社会功能的网络攻击时）。在许多情况下，由于各种风险因素造成的中断，关键基础设施可能会被有意或无意破坏甚至无法运行。

本文的研究主题仅限于关注未来社会和智慧城市中的关键要素。一个智慧城市的活动可以划分为不同的服务部门。这些部门在许多方面都受到监督。国家和国际上都制定了很多的建议、法律、标准和指南。除此之外，我们还需要具备发展智慧城市基础设施和服务的愿景、场景和架构[1]。

从策略和愿景中，我们可以找到用例，并得出智慧城市提供服务的发展需求。根据用户群体，每组操作都有自己的服务和通信需求。这些用户群体包括普通民众、规划和维护人员、财务人员、电信运营商、服务运营商、虚拟服务提供商和运营商、管理人员、其他公共机构等。每个用户群体在自己的服务部门中横向运行。一个智慧城市要想正常运行，并且为民众提供他们所需的数字服务，不同服务部门的信息系统就必须能够横向和纵向协同工作。这些信息系统还必须能够相互交换信息，以便智慧城市服务能够灵活高效地展开。

然而，不同服务部门或其内部的较小单位所使用的各个信息系统往往处于其生命周期的不同阶段。因此，由于技术原因，它们之间的整合可能无法实现。在这种情况下，数据模型、操作系统、管理系统和应用程序接口就无法很好地协同工作，通过集成环境进行协调和信息交换也很困难。由不同的供应商提供的平台解决方案也不相同，并且这些供应商有他们自己的实际标准，而这些标准与其他供应商的设备和系统并不兼容。此时可能就需要引入某些类型的开放信息与通信技术（ICT）系统平台，以保证在系统更新之前能够维持一些功能的正常运行。在平台生命周期即将结束，硬件或软件面临更新时，这种方案是非常划算的。

针对多个系统和服务的安全解决方案也是不同的，甚至有的部分是不合适的。这就导致了实际中的问题。例如，把不同的系统连接在一起从而使不同的服务兼容几乎是不可能的。考虑到未来智慧城市的运行环境，我们还需要考虑地下结构和地上结构。未来的城市可以建成多层结构，包括摩天大楼、地下设施和服务、街道交通服务、交通安排、基于无人机的服务、空中出租车安排和其他新型交通服务，以方便人们的出行。未来智慧城市中所有的 ICT 服务都必须使用新的无线虚拟移动网络技术来实现自适应和动态服务[11,12]。

在这种多层的智慧城市结构中，我们还必须考虑攻击者和黑客攻击我们系统的可能性。在这个高度复杂而又无处不在的多维环境中，有许多系统，如信息系统和物理系统并不一定有能保护它们免受网络攻击的安全机制。这些多层互联的通信网络是多维的，因为我们在同一空间使用了越来越多的无线技术，甚至使用相同的频带，所以经常在那里形成一个网状（Mesh）网络。

## 7.2　智慧城市通信基础设施

智慧城市 ICT 解决方案越来越多地使用各种无线技术解决方案，而这些解决方案极易受到网络攻击，并且攻击者可以借此攻击智能社会的关键基础设施和服务。信息安全是一开始在设计技术解决方案时就必须考虑到的关键问题之一，以便信息安全解决方案和安全结构能够考虑到图 7.5 和图 7.6 所示的问题和依赖关系。我们需要对连接和整合的系统有一个清晰的认识。然后我们才可以更好地认识到依赖关系、评估风险和网络威胁，根据现实情况识别风险和威胁，以及其他双重风险和威胁。

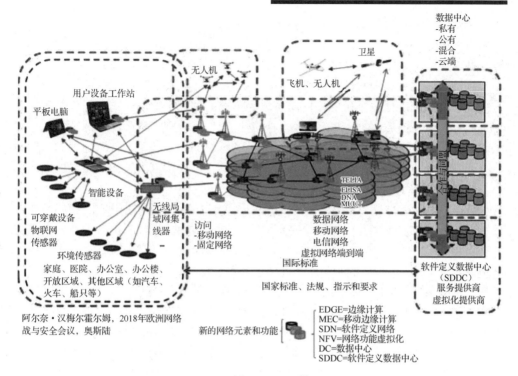

图 7.5 网络架构[1]

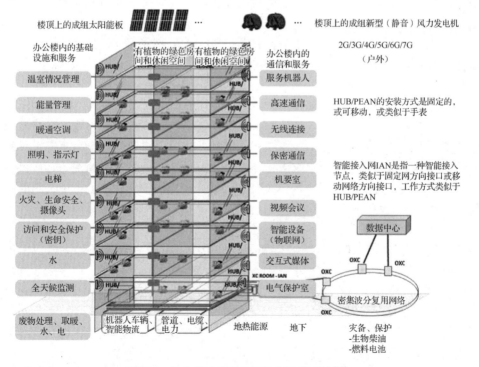

图 7.6 办公楼及其基础设施和通信系统[13]

智慧城市还有很多地下设施，如购物中心的地下商店、休闲设施、体育设施和音乐会设施等。这些设施在城市中形成了一个地下设施网络，提供所有必要的服务。智慧城市的地下设施及其功能的设计也必须能够确保没有空间或设备可被用来准备和实施针对城市系统和服务的网络攻击。

地下空间可以根据提供的不同服务分为不同的部分，如单独的楼层或走廊，购物中心里的地下商店，地下运动和休闲设施，音乐会、剧院和休闲设施，暖气、水和电力管道，废物处理和运输，机器人物流/智能物流，自动无人驾驶地铁和火车系统，智慧城市中心的其他公共交通系统，空调系统，使用可再生能源所需的系统，出口走廊，服务走廊。

为了整合运营环境，灵活高效地进行智慧城市的运作，我们需要在不同的建筑、建筑内部、街道环境和地下空间之间提供不同类型的通信解决方案，以便为这些地方的民众提供服务。图 7.5 说明了电信系统和服务如何在未来智慧城市中的虚拟化操作环境下运行，即通过不同的服务运营商一起或单独运行，使电信网络和数据中心的资源能够在网络和服务用户之间共享。这些虚拟化系统可以在无线或有线网络上运行。每个智慧城市的服务和基础设施部门都需要电信网络连接，以提供必要的服务，这些服务既可以为自己所用，也可以为民众、合作组织的开发和管理提供便利。

在考虑到未来的基础设施，如建筑、住宅、医院、休闲设施等时，我们需要多方面确保通信布置（图 7.6），包括节能结构解决方案和零能耗建筑[14]。在这些建筑中，我们会面临无线通信布置方面的挑战，因为建筑中的墙壁和窗户的解决方案可能会减弱进出的无线信号。可再生能源可用于建筑中，如太阳能电池或风力发电机产生的可再生能源。这些建筑有许多不同类型的服务，它们在相同的局域网上运行，并且使用相同的网络资源。在大楼内部，我们可以看到同一局域网和无线网络上运行着不同的服务，所有民众的智能设备也会使用相同的在线资源，还有一些放着鲜花和小树的绿色休息室供人们使用。

在这些未来的虚拟化通信环境中，我们还需要考虑网络安全问题。智慧城市边缘还有单户或多户的独立住宅（图 7.7），那里的居民也需要现代电信服务来灵活可靠地使用智慧城市服务。新建筑应该在一开始就设计可再生能源解决方案，以便我们能够按照欧盟委员会能源效率指令[14]的要求，在自己的环境中进行可再生能源的生产和使用。例如，郊区的单户住宅会在屋顶上安装太阳能电池板和新型安静的风力发电机，以及空气源热泵和地热能的混合系统。

当我们生活在未来的智慧城市和智慧社会中，并使用公共服务、通信和出行服务时，我们就能得到大量关于基础设施的信息，如建筑、住宅、休闲场所和公园等（图 7.8）。所有系统在这样的通信环境下都会和彼此无缝连接。

为了确保整个智慧城市互联环境中的隐私、安全和网络安全[15,16]，我们在信息系统协同工作上面临着巨大的挑战，因为它们往往处于生命周期的不同阶段，可能与所用的操作系统和软件并不兼容，而且采用的安全解决方案也可能不够充分或不是最新的。此外，向民众提供的服务在可用性、适用性和机密性方面也存在差异，而由于存在时间差异，关键服务往往也存在差异。另外，服务需求也因服务部门和服务可用性而存在差异。

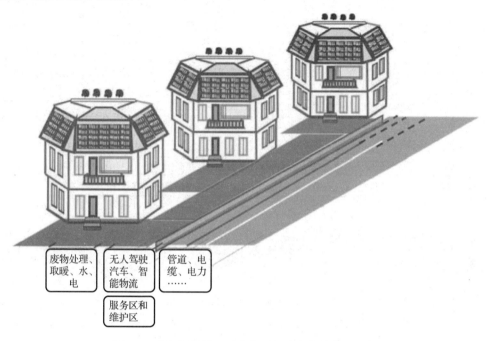

废物处理、取暖、水、电

无人驾驶汽车、智能物流

管道、电缆、电力……

服务区和维护区

图 7.7　在郊区使用可再生能源解决方案的独立住宅

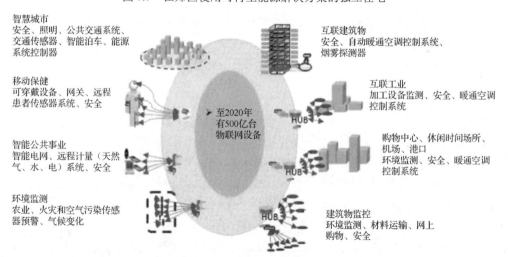

智慧城市
安全、照明、公共交通系统、交通传感器、智能泊车、能源系统控制器

移动保健
可穿戴设备、网关、远程患者传感器系统、安全

智能公共事业
智能电网、远程计量（天然气、水、电）系统、安全

环境监测
农业、火灾和空气污染传感器预警、气候变化

至2020年有500亿台物联网设备

互联建筑物
安全、自动暖通空调控制系统、烟雾探测器

互联工业
加工设备监测、安全、暖通空调控制系统

购物中心、休闲时间场所、机场、港口
环境监测、安全、暖通空调控制系统

建筑物监控
环境监测、材料运输、网上购物、安全

图 7.8　建筑物和操作环境中的物联网设备、传感器和执行器

这意味着，未来的环境将需要各种各样的安全区域、网关、服务接口和集成，以便尽可能灵活地提供服务。因此，在虚拟网络环境中管理服务、用户、用户访问、共享服务、基础设施服务、关键服务和服务群组是很有必要的（图 7.9）。

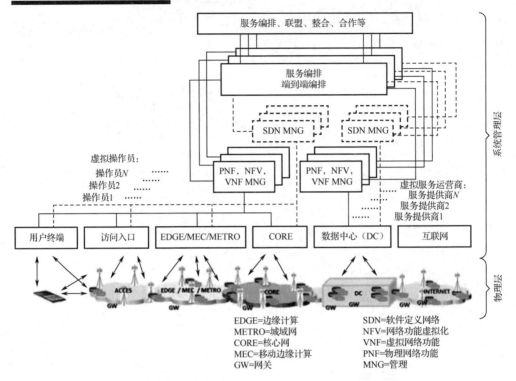

图 7.9　通信和服务提供商基础设施各层的通信特征[17]

我们还可以根据用户群组和需求将服务划分为不同的群组（图 7.10）：

- 移动宽带；
- 医疗保健；
- 物联网；
- 物理基础设施。

然后，我们可以将每个群组从内部划分为不同的虚拟专用网络（Virtual Private Network，VPN）组，并使用不同的加密密钥来区分不同的用户组。

虚拟网络环境中有数百个系统需要进行虚拟化。除虚拟化外，我们还需要通过使用最新的技术，如网络功能虚拟化（Network Functions Virtualization，NFV），软件定义网络（Software Defined Network，SDN）和软件定义数据中心（Software Defined Date Center，SDDC），来减少数据中心和电信网络的功耗。

尽管数据平台已经实现了虚拟化，但 ICT 系统的能源消耗仍呈指数级增长。根据系统和服务的实际使用情况，分析设备的使用情况和系统使用情况非常必要，以避免不必要的能源消耗。在执行虚拟化计算和分析时，我们需要考虑每天的工作时间，因为我们通常只会在工作时间使用终端，工作结束时就会关闭系统。数据中心的情况通常是不同的。服务器和存储系统一直在运行，而且很可能是满负荷运行。当我们谈论起新的 5G、6G 和 7G 无线技术带来的每用户特定服务容量增加时，完全忘记了这种容量的增加是如何实现的。基站中并没有关于基础无线电技术使用的报告。随着无线网络容量的增加，基站间需要安置得更近，蜂窝小区范围则变小（香农定理）。这意味着能源消耗进一步增加。

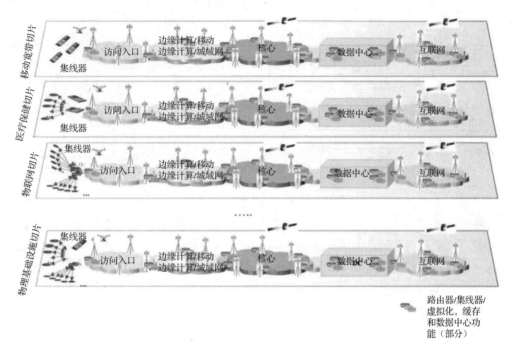

图 7.10　通信系统切片[17]

　　这将导致能源需求的增加，并且需要在基站和数据中心接入点之间建立光纤连接来满足传输的需求。因此，我们需要计算使用的能量规模，考虑基站的数量、小区中的设备数量、使用的容量以及每个虚拟化切片网络的能源消耗。我们可以从服务的能源消耗中计算出其在使用过程中产生的二氧化碳量。这代表着数据流从智能设备流向数据中心以及反向流量的碳足迹。当我们了解了服务的能源消耗和由此产生的二氧化碳排放量时，就可以比较我们使用的服务的碳足迹[18]了。

　　智慧城市中的移动网络同时使用多种不同类型的蜂窝结构、解决方案和相同的频带。基站的覆盖率取决于移动网络服务的用户数量、基站的位置（如在办公楼或购物中心，或者作为独立建筑）、网络休闲服务，以及我们是否同时使用局域网和移动网络等（表 7.1）。

表 7.1　智慧城市环境中使用的移动网络和无线网络的基本情况

| 无线基站类型 | 基站半径/m | 安装位置 |
| --- | --- | --- |
| 家庭基站 | 10~15 | 室内、车内 |
| 微微蜂窝基站 | 100~250 | 室内 |

续表

| 无线基站类型 | 基站半径/m | 安装位置 |
|---|---|---|
| 微蜂窝基站 | 500～2500 | 不同的智慧城市区域 |
| 宏基站 | 基站半径大于微基站的半径 | 户外，输出功率通常为几瓦 |
| 无线局域网 | 50～100 | 室内和室外 |

在研究不同层次的服务提供商的通信时，我们需要全面考虑每个层次和每个服务提供商系统中的网络安全问题，以便在这种互联环境下，攻击者无法攻击服务提供商的管理系统和数据库。

# 7.3 未来智慧城市网络环境中的网络威胁和风险

当需要服务，或者有必要检查情况以及预约一个保健等社区服务时，民众都会随时随地地使用智慧城市网络提供的服务。当民众在所有服务中使用相同的智能设备时，他们的设备可能得不到保护，因为它们是没有安全和监控机制的商业设备。从安全角度来看，这类设备是有问题的，因为它们很容易被网络攻击接管，并用于攻击民众使用的系统，如世界各地的医疗保健系统或其他系统（图 7.11）。

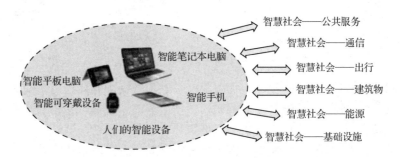

图 7.11　民众使用的智能终端及其通过接入网与各种服务建立的连接

与此同时，多个感测器（物联网传感器、家庭监控传感器）和其他状态监测设备可以连接到家庭环境中的众多设备。众所周知，这些设备和执行器有许多漏洞。它们的安全性并不好，甚至根本就没有安全措施，这使得它们很容易成为攻击者用来攻击网络系统的有利目标。民众的智能设备在家庭环境下的连接情况如图 7.12 所示。

无线物联网中使用的标准包括 Bluetooth、6LoWPAN（基于 IPv6 的低速无线个域网）、Wi-Fi、WiGig（无线千兆比特）、ZigBee（无线个域网）、RFID（射频识别技术）和 NFC（近场通信）。各公司正在开发符合这些无线标准的产品。其想法是开发一款物联网产品，以实现以下关键功能：

- 无线标准的互操作性；

- 安全保证;
- 防止干扰和故障。

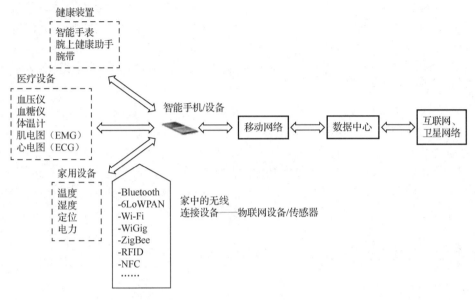

图 7.12    民众的智能设备在家庭环境下的连接情况

如上所述,由于无线设备都是基于各种无线标准进行设计和开发的,因此最大的挑战是这些设备在物联网上的互操作性。另一个挑战是,当这些设备在相同或附近的频带中工作时,它们彼此造成干扰。辐射功率也是需要考虑的一个关键因素[19]。表 7.2 显示了不同的运行环境下的安全系统。

表 7.2    不同的运行环境下的安全系统

| 运行环境 | 设备(来自图 7.12) | 通信系统类型 | 接入侧的控制 | 数据中心的控制 | 物联网/传感器设备的漏洞 | 接入的漏洞 | 攻击概率 |
|---|---|---|---|---|---|---|---|
| 医疗 | 无线连接的设备(传感器和物联网设备) | WBAN,WPAN,WLAN LTE,3G,4G,5G | ID 代码、安全VPN,或无 | 防火墙 | 通常是不安全的解决方案 | 脆弱的无线连接 | 非常高 |
| 健康 | | WBAN,WPAN,WLAN | ID 代码、安全VPN,或无 | 防火墙 | 通常是不安全的解决方案 | 脆弱的无线连接 | 非常高 |
| 家庭 | 无线连接的设备(传感器和物联网设备) | WBAN,WLAN | ID 代码、安全VPN,或无 | 本地或远程(防火墙) | 通常是不安全的解决方案 | 脆弱的无线连接 | 非常高 |

表 7.2 中的缩写解释如下。

- WBAN:无线体域网(1~2m)。
- WPAN:无线个域网(10~100m)。
- WLAN:无线局域网(50~100m,有特定的解决方案,在特定的情况下甚至会有更长的距离）。

- LTE，3G、4G、5G：移动网络技术。

这些服务在未来将主要通过无线网络来使用。人们乘坐交通工具，如汽车、火车、有轨电车或船舶，从一个地方移动到另一个地方，同时会使用这些交通工具为他们提供服务。由于使用这种服务，攻击者可以更频繁地访问系统和服务。因为终端设备或无线网络不会一直处在安全的网络环境中，所以攻击者就有机会利用它们中的漏洞。一旦攻击者进入系统，他/她就可以在没有人注意到或没有时间启动应对措施的情况下执行他/她想要的操作。办公楼、住宅、购物中心、剧院、航站楼、娱乐建筑区、电信和信息技术系统等物理结构的安全级别也必须考虑。用户可以通过智能设备连接到社会中的任何服务，但不需要知道服务是在什么样运行环境中生产和交付的（图 7.13）。与福利有关的服务增加了挑战性，因为这是我们社会中关键的服务。人们还可以在家、市区、商店和超市、火车或其他交通工具上使用这些服务。连接到用户智能设备上的传感器和物联网设备，通过相同频率且免费使用的无线局域网，与其他用户的设备形成了一个网状网络。在这种情况下，使用不同频率的信号之间会发生干扰。此外，这些技术中还有许多网络安全方面的漏洞。

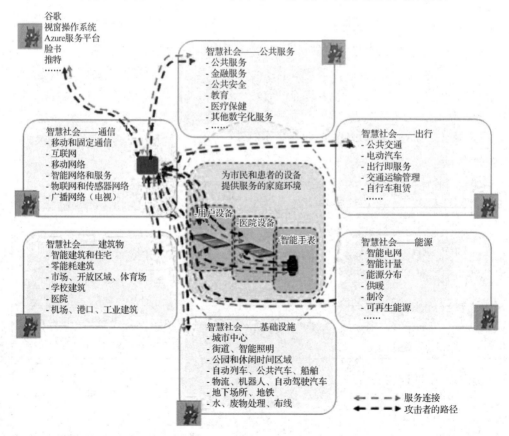

图 7.13　智慧城市服务和基础设施、市民设备和攻击者的路径

在这样的运行环境中，一个真正关键的功能就是把患者自己的智能设备和福利设备中的数据转移到医院信息系统中。而攻击这种功能，对黑客和攻击者来说是轻而易举的，如为了经济利益或制造社会混乱而发起的攻击。

这些日益增加的网络安全挑战将对未来系统、设备和服务的设计与开发产生重大影响。例如，一直以来我们都需要加固患者和护理人员的智能设备，以及医疗保健中使用的信息系统。那么就出现一个问题，在这样一个全连接的世界中，这种加固是否足够？[20]如果患者的设备是标准的智能手机，其应用程序是直接从运营商或设备制造商的商店中购买的，那么它们通常不具备医疗保健环境中所需的保护和加固功能[21]。因此，与用户数据相关的信息安全和网络安全可能没有达到足够的水准。最重要的是，我们的智能设备还与全球的通信系统和服务相连。图 7.14 说明了当我们使用智能设备作为生态系统中的活跃节点时，智能社会信息系统中的信息流会变得极其复杂。不同层次的信息通过同一个通信网络传输，形成了相当复杂的生态系统。

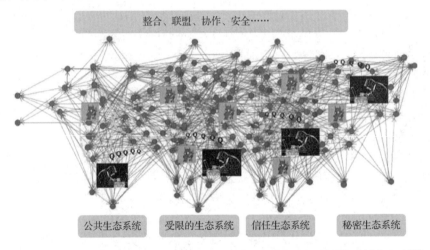

图 7.14　生态系统中的活跃节点，以及智慧社会中服务和社交媒体群的信息流[17]

如上所述，这意味着我们的智能设备让我们可以轻易访问世界各地的各种服务，但我们不知道这些服务是否能够免受攻击者的攻击。未来虚拟化通信环境也将提供这些服务。这意味着会有更多的安全挑战。就像我们使用世界各地的服务一样，攻击者也可以利用这些服务来寻找服务、数据表单、应用程序和信息系统中的漏洞。因为全世界的互联互通，所以攻击者也可以轻易通过使用广泛的电信网络和卫星系统来误导和掩盖他们的踪迹[22]。斯蒂芬·塔纳斯（Stefan Tanase）关于卫星 Turla 网络描述如下。

为了攻击基于卫星的互联网链接，这些链接的合法用户以及攻击者自己的卫星天线都指向正在广播流量的特定卫星。攻击者利用了数据包未加密的事实。一旦确定了通过卫星下游链路路由的 IP 地址，攻击者就开始监听从互联网到这个特定 IP

地址的数据包。当识别到数据包时，如 TCP/IP 协议的 SYN 包，他们会确定源地址并伪造一个应答包（如 SYN ACK 包），然后通过传统互联网线路回传至该源地址。与此同时，链接的合法用户在数据包进入其他未开放的端口时忽略数据包，如 80 端口或 10080 端口。这里有一个很重要的观察结论：通常，如果一个数据包到达了一个关闭的端口，则对方会返回一个 RST（连接重置）或 FIN（关闭连接）包，以表明这个数据包不可达。但是对于慢速连接，防火墙通常被建议且习惯于简单地将发往已关闭端口的数据包直接丢弃。这就给滥用这种机制提供了机会[23]。斯蒂芬·塔纳斯写道，攻击者通过卫星网络对我们的系统进行攻击。[23]

当世界各地的研究人员使用社交媒体相互交流时，他们会同时使用洲际海底电缆网络和卫星网络。图 7.13 和图 7.14 所示的情况符合现实。社交媒体上有不同的群体，如通信、协作和多媒体[24]。攻击者也都意识到了研究人员会使用社交媒体进行交流。他们可以利用信息网络分析工具来分析社交媒体网络上的网络流量，获取用户相关信息，并获取研究人员出于自身目的发送的相关的和有价值的信息。

社交网络为攻击者提供了很多机会，因为这些网络和它们提供的服务往往并没有得到充分的保护以防御来自攻击者的攻击。为了设计和实施未来智慧社会的信息和网络安全架构，并定义和分析依赖关系、风险和威胁，我们需要从顶级服务需求开始了解大型实体。然后，我们可以对系统和依赖关系进行描述，以找出针对我们社会系统的多层次威胁。

在虚拟化 ICT 环境中，有许多不同类型的 ICT 提供商和移动网络运营商。他们所使用的系统必须集成、互联和相互协作，以便系统在如此复杂的集成环境中能够很好地工作。这意味着不同的服务提供商之间要进行大量的协作。此外，我们还需要做大量的企业架构工作，制定策略、概述未来场景、找出用例、尝试找到依赖关系，然后分析所使用的系统和服务会面临的风险及威胁。图 7.15 展示了一个复杂的医院运营环境。我们可以从图中了解与服务功能相关的挑战，以及网络安全等问题。

在医疗保健环境中，我们需要智能信息管理系统（Intelligent Information Management Systems，IIMS），该系统允许我们跟踪数据流以确认是否有人在攻击系统或确认是否有人访问了未经授权的数据。医院的环境及其提供的服务是最为关键的环境，因此必须尽可能地加以保护。这种环境中应该使用人工智能、机器学习和深度学习来找出系统中的漏洞或检测对系统的攻击。它们还应该用于实时监控和分析不同的网关（Gate Way，GW）点，以便分析网络威胁和管理系统的安全性。如果我们能在智慧城市的服务中使用智能信息管理系统，那么就可以更有效地管理城市的基础设施。

2017 年，吉莉安·莫妮（Gillian Mohney）写道，勒索软件攻击预计将会增加，医院仍是其主要目标[25]。此后，针对医院和医疗保健系统的勒索软件攻击果然增长得相当快。针对医疗设备的网络攻击很可能会危机患者安全[26]。黑客们也越来越多地出于经济动机发起针对医疗保健组织的网络攻击，以获取患者数据[27]。芬兰经历的最近一起黑客攻击是 Vastaamo 案，该心理医院大量的患者数据被泄露到互联网上。世界各地不断有新闻报道称，攻击者攻击了医院系统，并获得了数百万欧元的赎金。

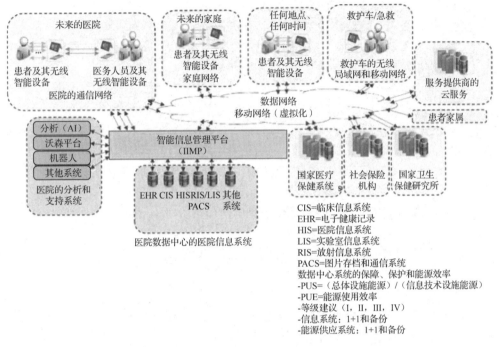

图 7.15   电子保健和移动保健医院的运营环境[8]

# 7.4   网络威胁风险和质量功能展开模型

当前强大的数字化趋势增加了服务提供的范围，使得这些服务更易于使用。这样的发展也对提供服务的服务链、服务提供商、硬件解决方案和服务链上各部分的运营模式产生了重大影响。

多个服务形成了端到端的服务链。服务链的起点是模拟数据在物联网服务和传感器中的数字化传输。大量的信息来自这样的源头，这对于网络和安全分析师来说是一项极具挑战性的工作。这种数字信号通过无线技术从物联网设备传送到用户的智能设备上。由于物联网传感器和用户智能设备之间没有足够好的加密系统，因此无线技术领域的安全性相当脆弱。我们需要在信号产生后立即检查服务链，因为此时物联网设备会产生（如电子健康数据等）重要数据。

一般来说，健康网络（无线/固定）中的网络安全威胁和攻击向量主要包括以下内容[8,28]。

（1）监测和窃听患者的生命体征。

（2）传输过程中对信息造成的威胁。

（3）网络中的威胁路由。

（4）位置威胁和活动监测。

（5）分布式拒绝服务（DDoS）威胁。

（6）干扰或阻止物联网设备和传感器的无线电通信。

（7）利用漏洞获取卫生保健服务。

（8）攻击医院的健康信息系统。

（9）干扰或阻止医院的无线通信以及干扰医院的日常运作。

（10）中断治疗或服务（包括导致死亡的可能）。

（11）恶意软件和网络钓鱼：在计算机上安装恶意脚本或窃取凭证的复杂恶意软件及网络钓鱼程序。

（12）利用网络钓鱼邮件或虚假网站欺骗工作人员来实现登录或安装恶意软件。

（13）无意或故意的内部威胁。

（14）丢失患者数据，尤其是受保护的电子保健信息（ePHI）。

（15）数据泄露、数据过滤和资产损失。

（16）勒索敲诈以及使用过滤后的敏感信息。

（17）知识产权（IP）盗窃。

企业架构（Enterprise Architecture，EA）一直到现在都用于帮助了解社会中的信息系统。利益相关者企业架构可以通过数据分析和实时的基于数据的概念计划、路线图、图表和策划书，在一个数字协作平台上对战略、目标、变更、项目和创新进行可视化、测量、分析和改进的操作[5]。

Dragon1-open 是一个企业架构开发平台示例，我们可以用它来创建未来智慧城市架构（图 7.16）。Dragon1-open 集成了流程、应用程序、工具及分析。使用 Dragon1-open 可以引导数字化转型、物联网、区块链、人工智能、机器学习、微服务、网络安全、移动互联、云计算、自动化、数据湖，以及机器人流程自动化的优先级排序、实施和管理[5]。

作为一个决策支持系统，Dragon1-open 企业架构开发平台上的 AI 聊天机器人可以导入、改进和重用来自 Excel 的数据，以便提高和改善用户体验、客户参与、供应链和数字生态系统[5]。推荐的 Dragon1 企业架构型工具为基于人工智能、机器学习和深度学习开发未来的现代智慧城市架构提供了一个机会，因为未来这些系统将产生海量的数据。智慧城市平台和系统，以及所有的连接，形成了一个庞大的实体，因此我们需要新的工具来识别这些系统中所有潜在的攻击向量，以便能保护系统免受网络攻击。

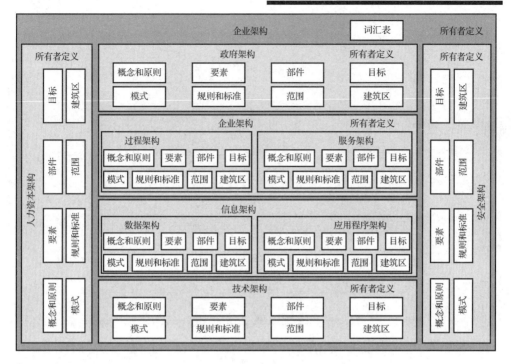

图 7.16　企业架构（EA）开发平台示例[5]

当下的开发工具无法支撑我们完成这项工作。我们还需要一个框架来弄明白自己生活在什么类型的信息环境中以及使用什么样的系统。质量功能展开（Quality Function Deployment，QFD）模型是使用此类分析的一种可能的选择（图 7.17）。有了这些工具，我们就可以在这个包含无线网络和固定数据网络的极其复杂的技术环境中进行观察，如架构和技术、量子加密，以及其他端到端服务链的演进。

质量功能展开模型可以让我们轻易看到环境中信息系统的依赖关系和异常情况、系统与应用程序间的依赖情况、它们在系统中的效率和权重、对运营的重要性，以及风险和威胁的级别。质量功能展开模型使我们能够在不同的情况下，获取所需的未来智慧城市环境的信息，并同时能自上至下看到整个环境。在自上至下分析通信与信息系统时，我们通常使用七层开放系统互连（OSI）模型（用于通信标准）：

（1）物理层；

（2）数据链路层；

（3）网络层；

（4）传输层；

（5）会话层；

（6）表示层；

（7）应用层。

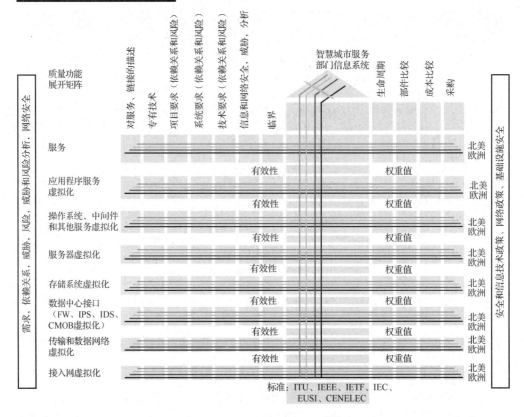

图 7.17　质量功能展开模型[6,1]

攻击者可以攻击七层开放互连模型的所有层。我们需要更多与系统相关的信息，这样才能更好地保护它们免受攻击者的攻击。考虑到攻击者攻击系统的可能性，我们还需要新的网络世界层次模型来分析我们的环境（图 7.18）。当我们生活在虚拟化的环境中时，仅仅考虑一个系统而不考虑对其他系统的依赖性是不够的。我们需要用多层分析方法来分析我们的系统。图 7.18 给出了这个问题的附加答案和信息。

　　在未来，智慧城市电信网络将使用虚拟化、分段和切片网络解决方案，这些在设计服务、定义和分析网络安全威胁时必须予以考虑。欧盟构建 2020 年信息社会的无 线 通 信 关 键 技 术 （Mobile and Wireless Communications Enablers for the Twenty-twenty Information Society，METIS）项目根据不同的场景，提出了未来 5G 移动网络解决方案的主要要求，如图 7.19 所示[12,30]。

　　在研究和分析智慧城市服务和基础设施的不同领域的依赖关系、风险和网络威胁时，我们还需要考虑到新的移动网络技术。图 7.20 显示了未来通信网络及其接入接口的顶级架构描述。而图 7.21 则从另一方面展示了智慧城市通信网络基础设施的服务器接口，同时也考虑了人工智能、深度学习和机器学习的问题，以及 5G 和 6G 实施的场景和用例。

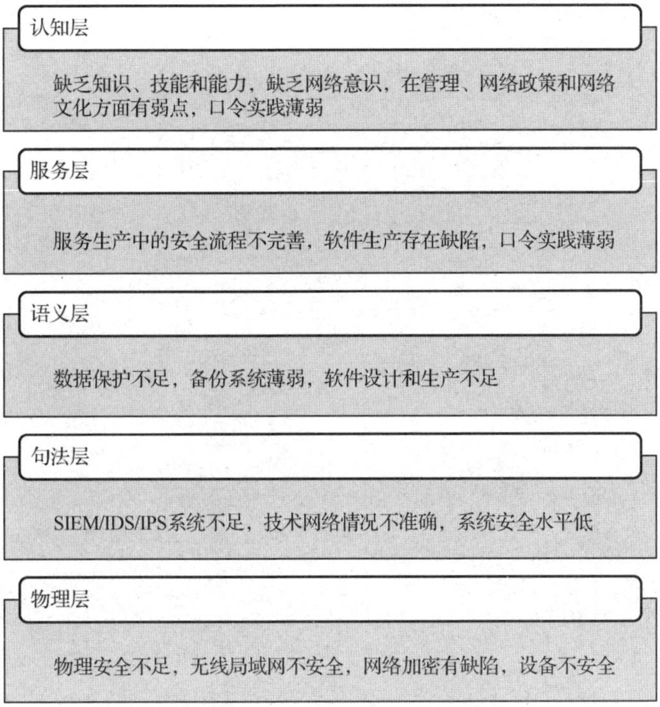

认知层
缺乏知识、技能和能力，缺乏网络意识，在管理、网络政策和网络文化方面有弱点，口令实践薄弱
服务层
服务生产中的安全流程不完善，软件生产存在缺陷，口令实践薄弱
语义层
数据保护不足，备份系统薄弱，软件设计和生产不足
句法层
SIEM/IDS/IPS系统不足，技术网络情况不准确，系统安全水平低
物理层
物理安全不足，无线局域网不安全，网络加密有缺陷，设备不安全

图 7.18 医院视角下的网络世界层次模型[29]

超低能耗（电池寿命10年以上）
深度覆盖以到达最具挑战性的位置
强安全保障，如健康、政府、金融安全可信
超高可靠性（亿分之一丢包率）
大规模物联网
关键任务控制
超低复杂度（每秒几十比特）
超低延迟（低至1ms）
超高密度（每平方千米100万个节点）
极端的用户出行或根本没有出行
增强型移动宽带
极高容量（10Tbps/km²）
深层感知、发现和优化
极高数据速率（每秒数千兆比特）
xMMB=极速移动宽带
uMTC=超可靠机器通信
mMMT=海量机器通信

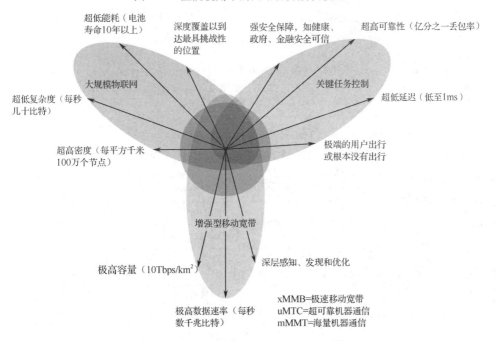

图 7.19 移动网络的未来场景和用例[17]

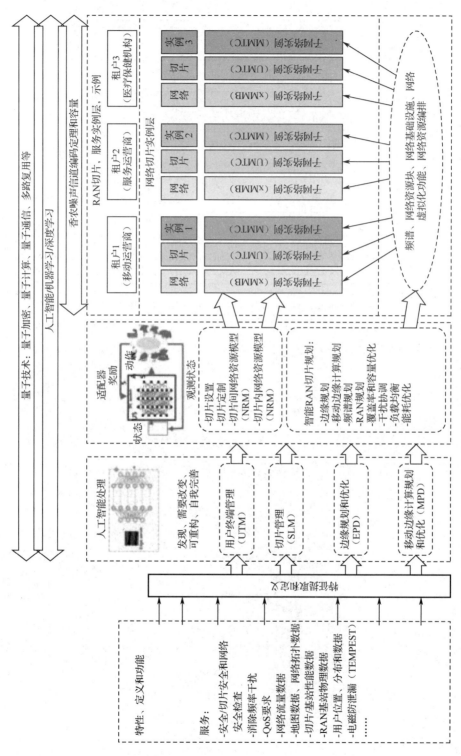

图 7.20 人工智能深度学习/机器学习在虚拟化和切片智慧城市通信网络基础设施中的应用，访问接口一侧[31-32]

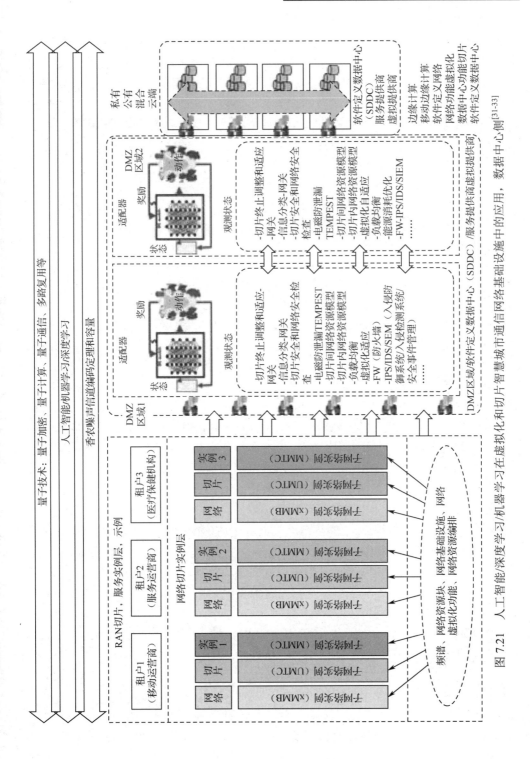

图 7.21　人工智能深度学习机器学习在虚拟化和切片智慧城市通信网络基础设施中的应用，数据中心侧[31-33]

由于网络虚拟化、分段和切片，新的移动网络技术就需要扩展并深化体系架构描述。为了提供足够的抵御网络攻击的保护，还必须考虑无线网络的新量子加密技术及其对用户接口解决方案的影响。实施从物联网和传感器设备到数据中心服务的量子加密是很有挑战性的，因为量子加密技术会消耗大量能源，而传感器设备内部可能没有足够的能量来使用这种技术加密传感器数据。我们也经常忘记香农关于噪声信道中信号传播的定理、而在智慧城市环境中设计具有巨大数据传输容量的新电信系统时，需要考虑到这一点。这样一来，我们就能降低系统被攻击者攻击的可能性了。

## 7.5  执行和建模威胁分析

对整个未来社会展开威胁分析，或对作为未来智慧社会一部分的服务领域展开威胁分析，都是一项极具挑战性的任务。这就是整个环境会划分为各个部门、多个服务环节或更小部分的原因。

服务环节提供服务所需的电信业务部署也分为不同的部分。通信套件包括接入、核心、无人机、卫星和数据中心网络。对涵盖许多不同传感器和物联网设备的接入网进行威胁分析后，图 7.22 所示的情况会发生重大变化。首先，来自物联网设备和连接到智能手机的传感器中的数据会传输至智能手机，以便进一步传输。其次，智能手机又连接到集线器（HUB）家庭系统，该系统通过边缘路由器（Edge Router）或直接连接多接入边缘（Muti-access Edge Computing，MEC）路由器。边缘路由器和多接入边缘践由器都是虚拟化的，包含一些用于某些服务的切片。此外，集成器系统可能具备一些防火墙功能。

那么威胁分析就可以使用攻击树模型来完成了[34]。在这种情况下，我们需要描述系统中可能的目标点，以获得整个服务链的足够清晰的图像，为此，我们需要对攻击进行概率计算。图 7.22 中接入网架构的攻击树模型如图 7.23 所示。图 7.23 中的符号说明如表 7.3 所示。

针对家庭中设备 $x$ 的攻击成功概率按以下公式计算：

$$P_A(t)=P_A(1-P_D(t))(1-P_M(t))$$

攻击成功的概率的计算方法如下：

- $P(Ax_1)$occurs if $B_1$ or $B_2$ or $B_3,\cdots,B_n$ occur
- $P(Ax_2)$occurs if $C_1$ or $C_2$ or $C_3,\cdots,C_n$ occur
- $P(Ax_6)$occurs if $A_1$ or $A_2$ or $A_3,\cdots,A_n$ occur

民众的智能设备连接到网络上的什么设备，取决于他/她的通信系统是什么，他/她使用什么服务及提供什么服务。他们也可以连接到各种各样的网络切片上。网络切片有不同的服务分段，用户有权限使用这些服务：

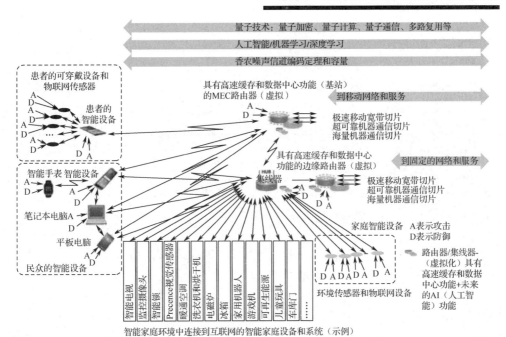

图 7.22　家庭环境中的接入网架构[17]

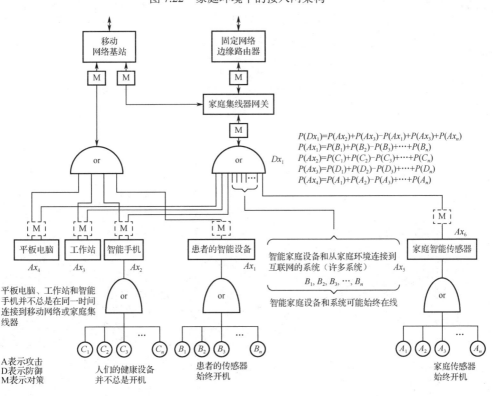

图 7.23　利用攻击树模型计算概率的接入网目标架构

表 7.3　图 7.23 中的符号说明

| 动　作 | 示　例 | 符　号 |
|---|---|---|
| 攻击 | 嗅探、枚举、扫描等 | A |
| 防御 | 端口扫描、信息扫描等 | D |
| 对策 | 漏洞分析、安保措施到位 | M |

● 卫生保健切片；

● 移动宽带切片；

● 物联网切片；

● 物理基础设施切片。

……

当我们在智能设备上使用不同的服务时，还需要检查所用应用程序中的漏洞和安全问题。如果设备出了问题，保护系统也没有更新，那么这些设备会将其可能含有的恶意软件和病毒广泛传播到社会的在线服务中，从而感染其他用户的设备和服务。智能设备内部的位置和移动信息系统需要进行检查，并保护其免受攻击者的攻击。

贝叶斯概率计算方法也可以用于计算针对系统的攻击概率。通过表 7.4，我们可以更容易地看到结果。接下来我们即可使用企业架构开发工具来计算依赖关系、风险和威胁，从而计算残余风险和威胁。从表 7.4 中，我们可以直接看到系统的真实情况和安全状况，以及为了进一步保护它需要做些什么[5]。

表 7.4　威胁和风险表[1]

| Ref id | Org | 功能 | 类别 | 威胁/方法 | 威胁/风险 | 现有控制 | 威胁/风险级别 | | | 接受/减少 | 推荐的控制措施 | 残余威胁/风险 | | | 检查点 |
|---|---|---|---|---|---|---|---|---|---|---|---|---|---|---|---|
| | | | | | | | L 可能性 | C 结果 | R 风险 | | | L 可能性 | C 结果 | R 风险 | |
| 1-AM | MC | 识别 | 访问管理 | 3D打印食品 | -信息收集 -目标地址范围 -名称空间获取 -网络拓扑结构 | 编制实物资产清单，已安装防火墙、IDS 和 IPS 等防御系统，已安装 VPN 和安全设备 | 3 | 3 | 8 | 减少 | 取决于接入网络及其服务的安全级别 -公共的 -受限的 -机密的 -秘密的 -绝密的 欧盟指令和国家建议 | 2 | 2 | 3 | xx |

注：AM，Asset Management（资产管理）。

## 7.6　总结和未来的工作

### 7.6.1　总结

对智慧城市的基础设施和服务及时进行分析，考虑所有需求并描绘未来前景，是一项极具挑战性的任务。这是因为智慧城市的环境和结构庞大且复杂，并为人们、组织和政府实时提供广泛多样的服务。因此，本文根据活动将智慧城市基础设施分享给不同部门，以便更好地满足网络安全指引的新要求。但是，要获得物联网设备、传感器和执行器的技术规格也非常困难。其中的技术信息可用来检查设备的加密解决方案，并决定设备信息需要传输到哪些数据中心。

在许多智慧城市中，各部门的开发工作是在自己的竖井里进行的，而不是与其他部门合作。这样就很难获得足够的信息，如建筑物内部的通信和信息系统，以及它们的开发计划、建筑物内部的网络及安全保障机制等。因此，进行分析和检查来更好地满足网络安全指引的新要求是很有挑战性的。

许多物联网设备、传感器或执行器都与现有设备，以及我们使用的大量智能设备一起接入到系统中。它们也许存在漏洞、安全机制有缺陷或安全解决方案不够完善等问题。黑客和攻击者可以通过智能设备、传感器和物联网设备攻击智慧城市服务系统。当我们将智能设备用于电子健康的目的时，安全问题在医疗健康通信环境中就显得更为关键了。

### 7.6.2　未来的工作

我们需要对智慧城市的环境有一个清晰的了解，一方面威胁分析很难进行，另一方面连接到智慧城市电信网络的物联网设备和传感器的数量正以惊人的速度增长。技术进步正在加速推进，因此需要公开探讨分析单个组件的重要性。虽然在某些领域可以进行足够全面的依赖关系和威胁评估分析，但在计算机程序和人工智能的支持下，对未来社会服务进行威胁评估和分析也是至关重要的。

为实现更加准确的分析，我们需要开发并测试一个高级架构描述模型。例如，我们可以通过企业架构（Enterprise Architecture，EA）根据服务和影响因素来描述智慧城市的不同部分[5]。如果将 OSI 七层的漏洞和与在用协议关联的漏洞都加入该实体中，那么就会增加需要验证的问题数量。此外，需要对加密解决方案和加密网络解决方案的固有缺陷和漏洞进行分析，还需要在不同的攻击情景中研究虚拟接入网服务的功能和使用这项服务的终端，尤其是对远程医疗保健、救援、安全和其他关键系统的研究。人工智能也需要进行调查和测试，然后才能用于各种物联网设备和传感器，尤其是用在电子健康系统中，这样我们才能更好地保护这些设备免受网络攻击和恶意软件攻击。

最关键的是卫生保健系统，因为它漏洞多，面临的安全挑战大。我们需要定义架构，并为医疗设备和系统制定一个符合安全要求的解决方案，以便患者和医疗保健专业人员能够在未来智慧城市的医疗保健环境中安全地使用它们。

当人体中被植入物联网设备，人体也因此成为通信网络的一部分时，我们还必须处理好伦理和道德问题。一项研究课题是测量和测试智慧城市、办公室、家庭和医院等环境中的各种频率感应干扰，并检查这些干扰是否对民众使用的设备和服务造成影响。无线电频率也会实时影响人体，因此还必须分析辐射量，努力找出合适的辐射范围，以防止患者受到辐射伤害。

研究智慧城市环境、通信系统、数据中心、通信环境下的智能设备和智能服务中的能源效率非常重要。量子加密系统是一个需要考虑的研究领域，它将用于未来无线网络和服务。

使用人工智能来提高工作效率，并帮助快速识别和修复漏洞，也是一个重要的研究课题。因此，可以迅速在正确的位置实施安全措施，以防止潜在的网络和服务渗透，从而最小化攻击的影响。此外，还有一个人工智能使用的研究课题，是将人工智能用于不同网关节点的实时追踪和分析，以分析智慧城市安全和管理系统中的网络威胁。

此外，我们花费数百万欧元来支付黑客和攻击者要求的赎金，为什么不为医院、家庭或其他关键环境开发和建立不同的安全区域，以保护敏感系统免受无线电干扰和窃听？因为如果没有安全区域，这些攻击就很容易实施。毕竟射频干扰可以在没有任何物理连接的情况下，阻止整个运营环境的运行，当然，这取决于攻击者所在的位置。

## 原著参考文献

# 第8章　医疗保健系统中的网络安全

**摘要**：医疗保健系统是一个很好的例子，随着技术和数字化广泛、快速的发展，医疗保健系统的架构变得越来越复杂。这种数字化发展使医疗保健系统可以以新的方式和更大的规模提供服务，特别是通过信息网络。今天，医疗保健信息环境是一个开放系统结构的网络实体，由各种 ICT 系统（信息、通信和技术系统）、医疗设备和临床系统组成。数字化功能和服务在社会福利及医疗保健中越来越普遍，因此必须保障其在严重事件和紧急情况下的可靠性。虽然数字世界为改善医疗保健系统和加强对疾病的分析提供了良好的机会，但是我们需要对此进行更深入的研究。由于设备和信息系统可能无法很好地协同工作，并且在人员、流程和技术方面存在漏洞，因此医疗保健网络安全需要一种综合全面的方法。

**关键词**：医疗保健；网络安全；医院；信息系统

## 8.1 引言

保障医疗保健系统的功能是保证社会关键基础设施和供应安全的一部分，而其中的应急准备工作则发挥了关键的作用。应急准备是指确保所有活动和任务可以在最小中断程度的情况下继续进行，并确保在正常情况和突发情况下发生中断时能够执行必要的应急措施。在任何情况下，都必须确保对社会运作至关重要的职能可以正常运行。

应急准备的出发点是必须确保必要的客户和患者医疗信息在任何情况下都是可用的。必须确保医疗诊断及其他客户和患者医疗数据与数字服务的数据传输，以及社会福利和医疗保健设备的网络安全，使它们免受网络攻击。随着越来越多的社会福利和医疗服务作为家庭护理服务，该行业面临的威胁也逐渐扩散到医院和医疗保健中心之外，医疗保健服务提供商在应对混合行动和不同类型的网络威胁的应急准备计划中必须考虑这一点[1]。

过去的 20 年，信息技术已广泛应用于医疗保健领域。电子健康档案（EHR）、生物医学数据库和公共卫生等不仅在可用性和可追溯性方面得到了发展，而且在数据流动性方面也得到了提升。随着医疗保健相关数据的不断增多，数据管理、存储和处理面临以下挑战[2]。

（1）大规模：随着医疗信息化的提高，特别是随着医院信息系统的发展，医疗数据的数量也在增加，可穿戴健康设备也使医疗资料数量激增。

（2）快速产生：大多数医疗设备，尤其是可穿戴设备，都在不断收集数据。我们需要迅速处理快速收集到的数据，以立即应对紧急情况。

（3）系统结构多样：临床检查、治疗、监测和其他医疗保健设备所产生的复杂和异构的数据（如文本、图像、音频或视频），是结构化、半结构化或非结构化的。

（4）深层价值：隐藏在孤立数据源中的数值是有限的。然而，通过将 EHR（电子健康档案）和电子病历（EMR）结合在一起，我们就可以最大限度地发挥医疗保健数据的深层价值，如个人健康咨询和公共健康警报。

数字化转型对医疗保健产生了积极影响。医疗保健数字化转型的具体例子很多，如远程医疗、人工智能医疗设备、大数据分析、虚拟现实病患护理、可穿戴医疗设备和区块链电子健康记录。我们与医疗专业人员如何互动、数据提供者之间如何共享数据，医疗计划和健康结果如何决定，这些问题都已完全改变[3]。

现代化医院有成百上千的员工使用笔记本电脑、计算机、智能手机和其他智能设备，这些设备易于遭受安全破坏、数据失窃和勒索软件攻击。医院保存的医疗记录是关于个人的最敏感的数据之一。许多医院的电子设备帮助患者维持生命、监测生命体征、供给药物，甚至为处于最危急状态下的患者维持呼吸和输送血液[4]。

不法分子对此感兴趣的原因是，患者的数据在黑市上有利可图；典型的患者数据包括信用卡号、电子邮件地址、医疗保险号码、雇主信息和病史信息。这些对不法分子来说很有价值，因为它们往往数年内都会保持不变。不法分子可以利用这些信息进行网络钓鱼攻击、欺诈和身份窃取。

在医疗保健行业，对数据处理有非常特殊的要求。患者数据的完整性和可用性对患者的安全护理至关重要。另外，必须保护数据的机密性，不仅要确保患者隐私得到保护，还要防止个人数据被非法使用。整个医院环境的功能对患者护理至关重要。在这种情况下，必须考虑医院中与互联网相连接的数字系统和设备环境。一个涉及广泛的例子就是网络安全在医院楼宇自动化中的重要作用[6]。

## 8.2　医院即网络空间

医疗保健是一个庞大而多样的行业，提供对国民健康、安全和福祉必不可少的各种商品和服务。该领域的关键职能包括但不限于：

（1）初级卫生保健、专科医院和门诊卫生保健，包括医生、护士和职业卫生从业人员；

（2）医疗中心和急救服务；

（3）健康规划组织、商业伙伴和健康保险公司；

（4）殡葬机构；

（5）生产、分销、销售药品、生物制品及医疗器械的企业；

（6）生物样本库和基因组中心；

（7）国家、地区和地方各级卫生机构提供的基于人口的护理和监测。

数字医疗保健工具在提高诊断准确率、治病能力及增强个人医疗保健服务交付方面具有巨大潜力。数字工具通过访问数据让患者对自己的健康有更多的控制权，使数据提供者从更全面的角度了解患者状况。数字医疗为改善医疗结果和提高效率提供了真正的机会。

不同的报告显示，勒索软件、数据泄露和其他网络攻击的情况与日俱增，并且医疗保健是最大的攻击目标之一。医疗保健行业也越来越依赖互联网连接：从病历和实验室结果到放射设备，都接入了互联网。

## 8.2.1　医院和网络世界层

马丁·C. 利比基（Martin C. Libicki）创建了网络世界的结构，其思想基于开放系统互连（OSI）参考模型。OSI 参考模型将通信协议分为 7 层。每层都服务于它的上一层，下一层再服务于它。利比基网络世界模型有 4 个层次：物理层、语法层、语义层和语用层[7-9]。

我们该模型修改为 5 层：

（1）物理层；（2）语法层；（3）语义层；（4）服务层；（5）认知层。

物理层包含通信网络（固定和无线）和医疗设备的物理元素。语法层由各种系统控制和管理软件以及促进联网设备之间交互的功能组成。这一层包括为物理设备提供操作命令的软件。语义层包含用户计算机、医院服务器或云服务环境中的信息和数据集，以及各种用户管理功能。服务层包含所有在线可用的公共、商业服务等。认知层是医院员工的认知环境：这是一个对信息进行解释，并且建立信息上下文理解的世界。从更大的角度来看，可以将它看作精神层，包括用户的认知和情感意识。

医院网络空间不仅包括硬件、软件、数据、医疗设备和信息系统，还包括这些网络和整个基础设施中的人员与社交活动。图 8.1 从医院的角度展示了网络世界的各个层次。

国际电信联盟是这样描述的：网络安全是指工具、政策、指导方针、风险管理方法、措施、培训、最佳实践、保障和技术的集合，能够用来保护与政府、私人组织和民众相关的互联基础设施中资产的可用性、完整性和机密性；这些资产包括相连的计算设备、人员、基础设施、应用程序、服务、电信系统和网络环境中的数据。[10]

ISO/IEC（国际标准化组织）/（国际电工委员会）27032 定义为：网络空间安全是指保护网络空间中数据信息的机密性、完整性和可访问性。因此，网络空间被公认为是人、软件和全球技术服务的交互空间。[11]

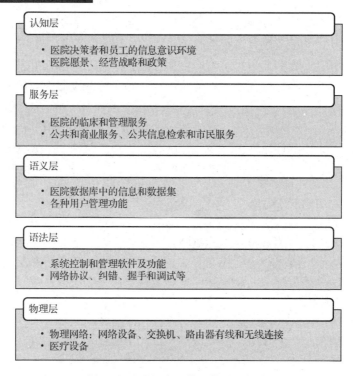

图 8.1　医院视角下的网络世界层次

## 8.2.2　医院信息系统

医院信息系统（Hospital Information System，HIS）是一个综合信息系统，旨在对所有医院运营进行全面管理，如医疗、行政、财务和法律问题，以及处理相应的服务。医院环境需要使用几种不同的信息和自动化系统。至少在 4 个不同的过程中都需要：

（1）行政信息系统；

（2）医院临床信息系统；

（3）楼宇自动化系统（供暖、通风和空调调节，HVAC）；

（4）物理安全和安保信息系统。

图 8.2 展示了通用医院信息系统。

病历系统是医院信息系统的一部分。它是一种临床信息系统，专门用于收集、存储、使用、提供与患者护理相关的临床信息。一份病历是关于一个患者的信息库。这些信息是由医疗保健专业人员与患者或对患者个人有了解的人（或两者都有）进行交互后直接产生的。

健康信息系统是指用于管理医疗数据的系统。这包括收集、处理、存储、管理、报告和传输患者电子病历（Electronic Medical Record，EMR）、医院运营管理或支持医疗政策决策的系统。卫生信息系统还包括处理与医疗机构和卫生组织活动相关的数据的系统。电子病历/电子健康档案数据库通过联系方式、检测结果、治疗史等数据维护患者记录。它的信息可以共享给另一个电子病历/电子健康档案系统，以便在使用兼容的数据模型情况下，不同的医护人员都可以访问患者的数据系统[13,14]。

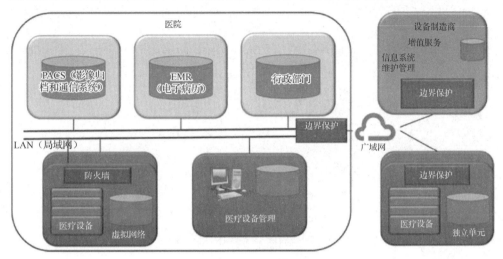

图 8.2　通用医院信息系统[12]

医院信息系统必须严格反映组织的实际情况、内部构成、护理流程、医疗技术手段、法律和监管环境以及计费程序。健康信息系统由以下 6 个关键部分[14]组成。

（1）资源：系统运作所需的立法、监管和规划框架，包括人员、资金、后勤支援、ICT。

（2）指标：一套完整的指标和相关目标，包括投入、产出、成果、健康决定因素和健康状况指标。

（3）数据来源：包括基于人口和机构的数据来源。

（4）数据管理：收集、存储、质量保证、处理、信息流动、编辑和分析。

（5）信息产品：经过分析并以运营信息形式呈现的数据。

（6）传播和使用：向决策者提供数据并促进数据使用的过程。

健康信息系统是管理健康数据的复杂系统，包括许多类型[13,15,16]。

（1）电子健康记录（EHR）或电子病历（EMR）：收集、存储和共享与患者健康状况相关的数据。

（2）实践管理系统：管理实践的日常操作，如调度和计费。

（3）主患者索引：将多个数据库中的单独患者记录合并。

（4）患者数据仓库：用于患者数据系统，实现患者电子数据的集中归档以及数据的积极使用和存储。

（5）药房管理系统：包含所有与患者处方相关的数据，可以在多种药房环境中找到，包括零售、医院和长期护理。

（6）患者门户网站：使患者能够访问自己的健康数据，包括药物和实验室结果

（MyData），也可用于与医生沟通和跟踪预约。

（7）临床决策支持（CDS）：分析来自临床和管理系统的数据，为医生提供做出最佳临床决策的机会。

（8）医疗证书共享系统：以电子方式将医疗专业人员签发的证书和报告传输给相关人员。

受保护的健康信息（PHI）由医疗保健提供者、健康计划、雇主、医疗保健信息交换所或其他实体机构收集或创建。根据定义标准，如果有合理理由相信信息可用于识别个人特征，则患者医疗记录中包含的数据可视为 PHI。可识别数据元素的示例包括[17]：

- 姓名、地址（包括邮政编码）、电话和传真号码；
- 电子邮件地址；
- 医疗保险或社会保障/国家保险号码；
- 身份证号码；
- 指定受益人信息；
- 任何（财务或其他）账号、执照、车辆或证书编号；
- 医疗或其他重要设备或序列号；
- 任何相关的 IP 地址或 URL/URI；
- 所有生物特征数据（如指纹、视网膜或声纹和/或 DNA）；
- 具有独特可识别其特征的全脸照片或图像；
- X 射线和其他诊断图像。

医院越来越依赖医院信息系统的功能来帮助诊断、管理和教育，以获得更好的、改善的服务和实践。独立的系统在病患护理链运作中负责收集研究结果和程序数据，其中最重要的是实验室系统，通过这些系统可以订购必要的测试，录入测试结果，并将结果转交给申请机构。

医院信息系统包括：

- 放射信息系统（RIS）；
- 图片归档通信系统（PACS）；
- 电子健康记录（EHR）；
- 电子病历（EMR）；
- 实验室信息系统（LIS）；
- 临床信息系统（CIS）；
- 病理信息系统；
- 药房信息系统；
- 重症监护系统；
- 血库系统；
- 麻醉信息系统；
- 手术控制；

- 远程患者监测（RPM）；
- 成像系统；
- 产科病房信息系统；
- 护理信息系统（护士呼叫系统）；
- 中央控制系统；
- 财务信息系统；
- 企业资源计划（ERP）系统；
- 安全系统。

一个人一生中能产生 1100TB 的医疗数据、6TB 的基因组数据和 0.4TB 的临床数据。这些数据分散在各处，难以共享或分析。图 8.3 对医院中最重要的数据源进行了举例说明[18]。

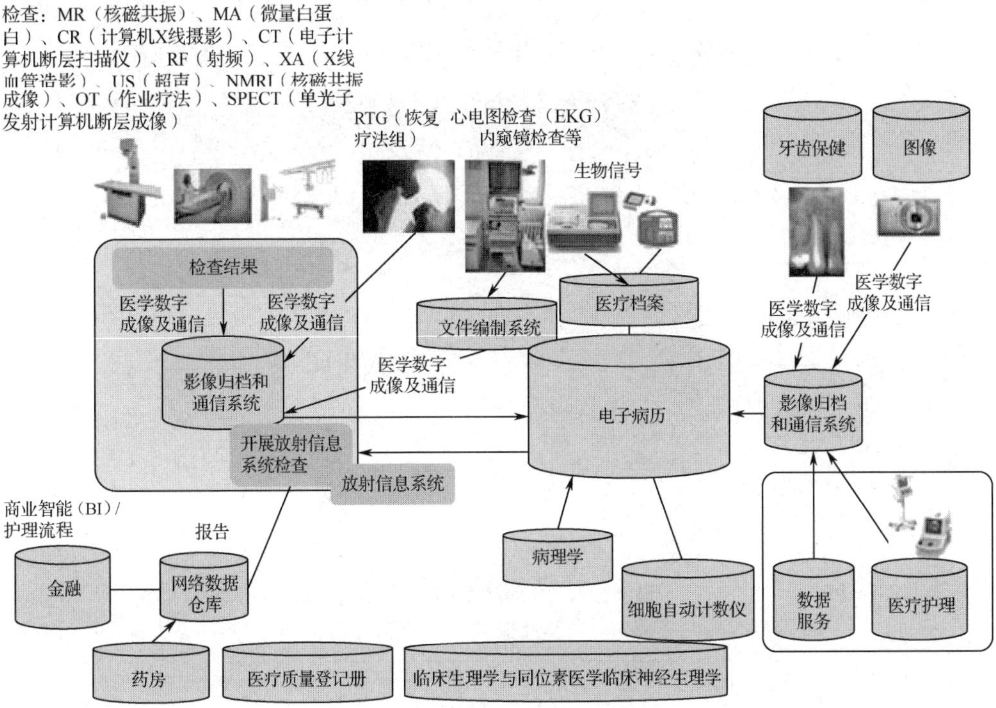

检查：MR（核磁共振）、MA（微量白蛋白）、CR（计算机X线摄影）、CT（电子计算机断层扫描仪）、RF（射频）、XA（X线血管造影）、US（超声）、NMRI（核磁共振成像）、OT（作业疗法）、SPECT（单光子发射计算机断层成像）

图 8.3　通用医院数据源示例

## 8.2.3　医疗设备

智能设备连接到固网或移动网络，将患者的生物信号数据传输到医院系统。在医院系统中对信息进行分析，护理人员根据分析结果做出必要的决定，并向患者提供管理措施的信息[4]。

医疗设备是一种仪器、器械、器具、工具、机器、装置、植入物、体外试剂或其他类似或相关的物品，包括用于疾病或其他状况诊断和/或治疗目的，或用于治愈、减轻、治疗、预防疾病的部件及附件[19,20,21]。

（1）放射设备、放射治疗、核医学、手术室或重症监护设备、手术机器人、电子医疗设备、输液泵、肺活量计、医用激光、内窥镜设备。

（2）患者可植入设备（外壳、起搏器、胰岛素泵、耳蜗植入物、脑刺激器、心脏除颤器、胃刺激器等）或可穿戴设备（外部心电图或压力外壳、血糖监测仪等）。

（3）医疗设备用于：

● 诊断、预防、监测、治疗或减轻人类疾病；

● 诊断、监测、治疗、减轻或代替人身伤害或残疾；

● 人体解剖或生理过程的研究、替代或修正；

● 控制人类受精；

● 人类治疗。

图 8.4 显示了从网络安全角度来看医疗设备架构和关键组件的通用模型。

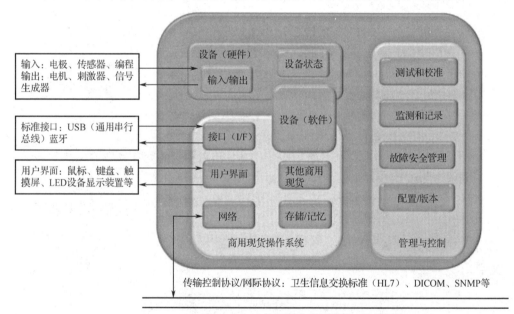

图 8.4　通用医疗设备架构和关键组件

## 8.3　与医院系统相关的网络安全风险

根据医疗保健网络安全统计数据，医疗保健行业在 2019 年遭受的网络攻击比其他行业所遭受的网络攻击平均多 2～3 倍。2017—2010 年间，医疗机构所遭受的勒索软件攻击次数增加了 4 倍，到 2021 年增加到 5 倍。HIMSS 网络安全调查表明，美国近 60% 的医院和医疗 IT 专业人员认为电子邮件是最常见的信息泄露点。HIPAA 杂志称，医疗保健电子邮件欺诈攻击在两年内增加了 473%。在过去的 3 年中，超过 93% 的医疗机构都发生过数据泄露。Gartner 预测，医疗服务机构中超过 25% 的网络攻击将涉及物联网（IoT），这意味着无线连接和数字监控的植入式医疗设备（IMD），如心脏除颤器（ICD）、起搏器、深部脑神经刺激器、胰岛素泵、耳管等都有可能面临网络攻击。每个医疗设备平均有 6.2 个漏洞；60% 的医疗设备处于生命周期末期，已没有可用的补丁或升级版本[22]。

## 8.3.1　医院系统的数据泄露

文献[23]指出，2020 年，医疗数据泄露的数量同比增长 25%。2020 年报告了 619 起重大破坏事件，其中 415 起被报告为黑客事件，近 2880 万人受到影响。据报道，约有 246 起事件与同一个商业伙伴相关。在黑客事件之后，第二大报告数量的破坏类型涉及未经授权的访问/披露。此类事件大约有 134 起。另外 28 起破坏事件涉及丢失或被盗的未经加密的计算设备。表 8.1 按美国受影响人数列出了 2020 年十大破坏事件[23,24]。

表 8.1　2020 年美国十大破坏事件[23]

| 受 害 实 体 | 受影响人数 | 覆盖实体类型 | 破　　坏 |
|---|---|---|---|
| 千美健康顾问集团 | 330 万 | 业务助理 | 黑客/IT 事件 |
| 麦德纳斯服务 | 130 万 | 业务助理 | 黑客/IT 事件 |
| Inova 医疗系统 | 105 万 | 医疗保健提供者 | 黑客/IT 事件 |
| 麦哲伦健康公司 | 110 万 | 健康计划 | 黑客/IT 事件 |
| 牙科护理联盟 | 100 万 | 业务助理 | 黑客/IT 事件 |
| 美国陆逊梯卡 | 83 万 | 业务助理 | 黑客/IT 事件 |
| 北方之光① | 65.7 万 | 业务助理 | 黑客/IT 事件 |
| 俄勒冈州健康计划 | 65.4 万 | 健康计划 | 窃取 |
| 佛罗里达骨科研究所 | 64 万 | 医疗保健提供者 | 黑客/IT 事件 |
| Elkhart 急诊医师 | 55 万 | 医疗保健提供者 | 处置不当 |

注：① 布莱克波特受到勒索软件攻击。

就泄露的医疗记录的数量而言，2020 年是较糟糕的一年。据报告，2020 年有 29298012 份记录被披露或未授权披露。自 2009 年 10 月以来，外泄的医疗保健记录达 2.6678 亿份，其中 3705 个数据泄露事件报告中泄露的数据达到或超过 500 份。图 8.5 所示的记录说明了这一增长趋势。

这些威胁有各种不同的来源，包括对抗性、客观性（包括系统复杂性、人为错误、事故和设备故障）和自然灾害。敌对团体或多个个体拥有各种能力、动机和资源[25]。

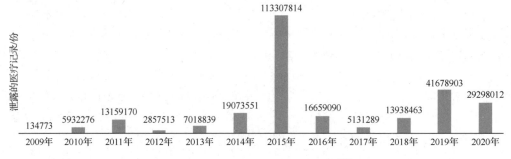

图 8.5　美国医疗保健数据泄露记录[23]

威胁、脆弱性和风险构成网络世界中一个相互交织的整体。首先，一个有价值的实物、技能或其他非物质权利是网络中需要受到保护和保障的对象。威胁是一种可能发生的有危害的网络事件。威胁的数值表示其发生概率。系统的脆弱性是其固有的弱点，它增加了危险事件发生的概率或加剧了其产生的后果。

脆弱性可区分为发生在人类活动、过程或技术中的脆弱性。风险是预期损失的价值。风险等于概率乘以损失，可以根据其经济后果或声誉损失进行评估。

风险管理包括以下要素：风险评估、风险缓解、风险规避、风险限制、风险规划和风险转移。其应对措施可分为三类：

（1）法规；

（2）组织解决方案（管理、安全流程、方法和程序以及安全文化）；

（3）安全技术解决方案。

图 8.6 显示了 5 层网络结构模型中典型的脆弱性[7]。

一般来说，医疗网络（无线/固定）中的网络安全威胁和攻击向量包括以下问题：

● 监测、监听患者的生命体征；

● 传输过程中对信息的威胁；

● 威胁网络路由；

● 位置威胁和活动跟踪；

● 分布式拒绝服务（DDoS）攻击威胁；

● 干扰或抑制物联网设备和传感器的无线电通信；

● 利用漏洞获取医疗服务；

● 攻击医院健康信息系统；

● 干扰整个医院的无线通信，阻碍医院的日常活动；

● 中止治疗/服务（包括死亡）；

● 恶意软件和网络钓鱼；

● 通过虚假电子邮件或虚假网站误导员工，以获取登录凭证或安装恶意软件；

● 无意或故意的内部威胁；

● 患者信息丢失，尤其是雇主提供的健康保险信息（ePHI）；

● 数据泄露、数据渗出和资产流失；

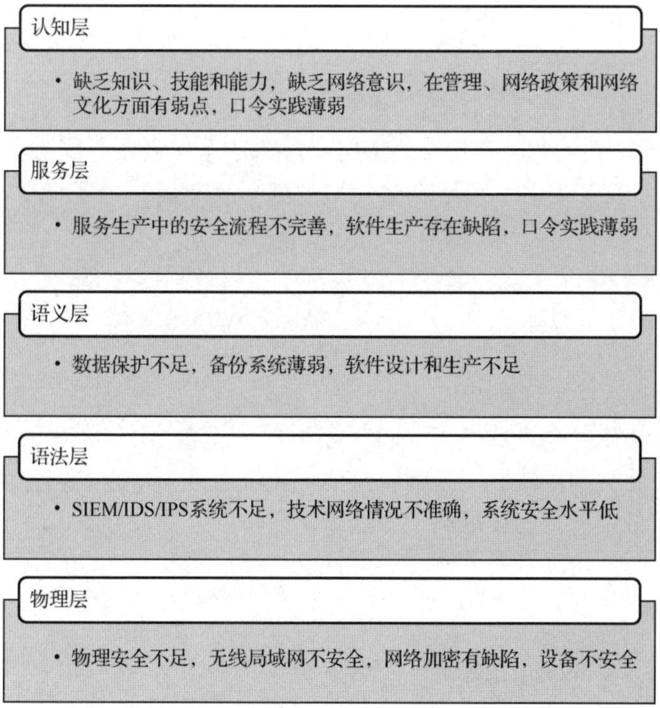

认知层

- 缺乏知识、技能和能力，缺乏网络意识，在管理、网络政策和网络文化方面有弱点，口令实践薄弱

服务层

- 服务生产中的安全流程不完善，软件生产存在缺陷，口令实践薄弱

语义层

- 数据保护不足，备份系统薄弱，软件设计和生产不足

语法层

- SIEM/IDS/IPS系统不足，技术网络情况不准确，系统安全水平低

物理层

- 物理安全不足，无线局域网不安全，网络加密有缺陷，设备不安全

图 8.6　网络环境中的脆弱性[26]

- 使用泄露的敏感数据进行敲诈、勒索和胁迫；
- 窃取知识产权。

## 8.3.2　与医疗设备相关的网络安全风险

医疗设备与计算机网络的连接不断增强，以及技术的趋同，让那些脆弱的设备和软件应用程序纷纷暴露在攻击者面前。医疗设备具有潜在的脆弱性并容易被利用，这让网络攻击不仅可能，而且可行。此类攻击的目的五花八门，如意图伤害特定患者；攻击特定的医疗保健提供商（如网络破坏、犯罪）；攻击大型医疗系统（如网络恐怖主义、蓄意破坏）；配合常规攻击或生物攻击的军事行动。这些毫无疑问都是非常严重的[12]。

随着医疗机构和消费者对物联网的使用，网络安全风险将进一步增加。医疗设备的安全风险可能将设备中的数据和设备本身的控制权暴露给外部人员。网络、计算技术和软件的融合使医院企业系统、信息技术（Information Technology，IT）、运营技术（Operational Technology，OT）、临床工程（Clinical Engineering，CE）以及供应商通过远程连接得到了进一步融合。云服务和大数据分析的使用将彻底改变这一局面。这种威胁自然需要考虑患者安全和网络安全之间的关系。因此，未来应对网络威胁将需要利益相关者之间越来越密切的合作，尤其是在系统/设备设计和监管、利益相关者参与监管机构、设备制造商、医疗保健组织和 IT 提供商等方面[25]。

与常见 IT 端点（台式机、笔记本电脑、服务器）相比，大多数医疗设备更易遭受网络攻击，无论是针对医疗设备的特定攻击还是无意感染了常见恶意软件。此外，技术融合为医疗设备提供了大量的商用现货（Commercial Off-The-Shelf, COTS）技术，包括通用网络基础设施、操作系统、软件、智能移动设备、计算机和嵌入式控制系统。许多医疗设备包含可配置的嵌入式计算机，它们可能容易遭到网络安全破坏。嵌入式系统往往可能会使用过时的、漏洞百出的操作系统，并且这些操作系统可能没有安全补丁，甚至不再有人继续维护。

医疗设备的常见脆弱性包括[25]：
- 已被恶意软件感染或禁用的联网/配置医疗设备；
- 恶意软件使用无线技术访问医院的 IT/OT/企业系统以获取患者数据；
- 口令、禁用口令、硬编码口令或默认口令的非受控分发；
- 未能及时为医疗设备和网络进行安全软件更新和打补丁；
- 陈旧医疗设备的脆弱性；
- 糟糕的设计实践；
- 错误配置或开放的端口；
- 缺乏加密和身份验证；
- 糟糕的漏洞管理；
- 不安全的远程访问；
- 不健全的制造业网络安全。

有几个因素使保护医疗设备变得困难，从而使网络环境持续不安全。这些因素是技术、管理和人为原因的结果[21]：
- 为黑客提供有关设备性能和技术设计的重要信息；
- 由旧版的操作系统、软件和系统之间的不兼容引起的漏洞；
- 未及时更新软件和打补丁；
- 医疗设备自身缺乏基本的安全功能；
- 有利于连接到现有系统的在线服务；
- 利用受损的医疗设备攻击医疗机构网络的其他部分；
- 缺乏对网络安全问题的认识和糟糕的安全实践；
- 硬件环境中因平衡网络安全、隐私和高效的医疗流程而导致的漏洞。

与医院设备相关的安全风险也体现在系统层面。从网络安全的角度来看，医院由一组重要系统组成，这些系统包含操作风险和各种漏洞，设备漏洞的存在使这些系统面临网络威胁。

可预见的医疗保健应用程序中互联网设备数量的快速增长、对患者数据泄露问题越来越多的关注，以及最近患者安全面临的潜在风险，这些都要求安全性成为医疗产品和医疗软件的关键功能。在最坏的情况下，受到恶意软件感染的先进设备有可能中断医院运营、暴露患者敏感信息、危及其他设备的运行，并对患者造成伤害[25]。

## 8.3.3　针对医院的网络攻击向量

互联网威胁和攻击多种多样，从病毒传播到蠕虫，以及分布式拒绝服务（DDoS）攻击、数据窃取和操纵、医院系统瘫痪等。攻击向量是一种路径或方法，攻击者可以通过该路径或方法对计算机、网络或信息基础设施进行未经授权访问，以分发攻击载荷或造成恶意结果。攻击向量使得攻击者能够利用系统漏洞安装不同类型的恶意软件并发起网络攻击。一旦攻击者的动机和目标确定，他们就会选择一种或多种手段来实现目标，也就是攻击向量[27,28]。

实施网络攻击的主体也多种多样。心怀不满的前员工可能因其在医院中的角色而注意到易于攻击的向量。个人黑客可能试图窃取个人信息。黑客行动主义者可能对医院发起网络攻击，以发表意识形态声明。商业竞争对手可能试图攻击临床基础设施以获得竞争优势。网络犯罪集团将其专业知识和资源结合起来，渗透医院安全系统，窃取大量数据。外国政府的情报机构企图窃取机密信息。这些组织还可以有效利用许多已知的攻击向量取得医院 IT/OT/CE 基础设施的未授权访问。

未经充分测试的硬件升级应被视为医院系统和设备网络安全的最重要的风险因素之一。它们所构成的威胁能够被内部和外部攻击者利用。根据文献[25]，威胁可能是偶然的，也可能是由于未经验证的变更造成的。其他的网络攻击向量还包括以下几个方面。

（1）通信：网络/设备通信干扰。

（2）数据库注入：未授权的入侵和数据窃取。

（3）重放：重放数据以访问系统或篡改数据。

（4）欺骗或假冒：欺骗硬件或软件，伪装成来自其他地方的通信请求。

（5）社会工程学：以获取信息为借口从人员那里获取信息，并利用这些信息攻击计算机、设备或网络。

（6）网络钓鱼：一种社会工程形式，利用虚假电子邮件或网站诱使受害者泄露信息。

（7）恶意代码：旨在收集信息、破坏数据、允许访问系统、伪造系统数据或报告，或者对操作员和维护人员造成耗时的困扰。

（8）分布式拒绝服务（DDoS）攻击：降低网络和计算机资源（如操作系统、硬盘驱动器和应用程序）的可用性。

（9）提升权限：通过获得能够执行未授权操作的权限来增强攻击能力。

（10）物理破坏：通过直接或间接的网络攻击（如震网蠕虫）破坏或停用物理设备或组件。

### 1. 勒索软件

勒索软件是一种恶意软件，威胁受害者支付赎金，否则就会发布受害者的数据或永久阻止其访问。它对受害者的文件进行加密，使其无法访问，并要求支付赎金才能解密。在一次正常实施的勒索攻击中，要在没有解密密钥的情况下恢复文件是个棘手的问题，并且难以追踪用数字货币支付的赎金，如比特币或其他加密货币。勒索软件通常像其他恶意软件一样以电子邮件附件的形式传播，需要用户打开文件。另一种感染方法是垃圾邮件，其中包含能够将恶意软件下载到计算机的网站链接。

由于种种原因，医院一直是恶意勒索软件的目标。一个原因是，医院通常有多个信息系统，旧的操作系统也在使用。由于临床设备频繁在使用，因此不可能经常更新。另一个原因是，医院的运营需要临床信息系统保持可用，如患者信息系统，如果没有这些信息，医院的运营效率将大幅降低，这可能会给患者健康造成问题。2017 年 5 月，广泛传播的"永恒之蓝"恶意勒索软件引起了人们的特别关注，该软件已传播至英国的 48 家国家健康服务组织。

**示例 1** 私人心理健康服务公司 Vastaamo 在其数据库中发现数千名患者的高度敏感信息被盗后，一直处于黑客和勒索丑闻的中心。被泄露的数据总数达到 40000 条。

一名勒索者向一批心理治疗中心索要金钱，并公布了 200 多名患者高度敏感的个人信息。他威胁说："除非 Vastaamo 心理治疗中心支付约 50 万欧元的赎金，否则将每天公布更多信息。"第二批约 100 名患者的数据报告出现在匿名的暗网上，至此已公布超过 300 名患者的信息。这些信息包括有关 Vastaamo 客户的个人生活和心理健康问题等极其私密的信息，以及他们的姓名、地址和社保号码。这位身份不明的勒索者用英语发布信息，声称要与该公司的代表取得联系。勒索者要求 Vastaamo 支付 40 比特币，以换取不发布更多患者数据。这一事件导致了 Vastaamo 破产[29]。

**示例 2** WannaCry 勒索软件（加密蠕虫）攻击是 2017 年 5 月的一次全球范围网络攻击，其目标是使用微软 Windows 操作系统的计算机，通过加密数据从而要求受害者用比特币支付赎金。它使用了 Windows 服务器消息块（SMB）协议的永恒之蓝漏洞。微软之前在 2017 年 3 月发布了补丁以修复漏洞，但 WannaCry 能够发现没有修补系统漏洞或仍使用旧版 Windows 系统的组织并进行传播。WannaCry 恶意软件首先检查"kill switch"域名；如果未找到，则勒索软件对计算机数据进行加密，然后尝试利用 SMB 漏洞传播到互联网中的任意计算机上，并"横向"传播到连接在同一网络上的计算机中。然后，攻击载荷展示一条消息，通知用户数据已加密，并要求其在三天内以比特币方式支付约 300 美元，或在七天内支付 600 美元。世界各地的许多医院都受到感染，并且一些医疗设备遭受了严重损坏，如放射设备和患者监测系统[30-31]。

回顾过去几年在医院和其他医疗服务机构中发生的勒索案件，其造成的影响是巨大的。病毒感染导致了诸如患者信息系统、预约服务和 X 射线设备的不可用。在某些情况下，患者数据也遭到窃取。只有少数几家医院告诉公众他们已经支付了赎金，还有许多医院拥有可以用于恢复的备份数据。

### 2. 黑客和数据泄露

数据泄露的定义如下：

数据泄露是指未经授权的个人对敏感、受保护或机密数据进行复制、传输、查看、窃取或使用的安全违规行为[32]。

数据泄露可能涉及如信用卡或银行详细信息等金融信息、个人健康信息、个人识别信息（PII）、公司商业秘密或知识产权等。大多数数据泄露涉及过度暴露和易受攻击的非结构化数据，如文件、文档和敏感信息[32]。

患者记录包含了大量不法分子感兴趣的个人信息。可以从医疗保健系统中窃取的信息包括姓名、地址、出生日期、社保号、银行账号、信用卡号、用药情况、治疗方案/手术信息、保险信息以及更多个人信息。这些信息会对个人造成深远的伤害，不法分子可以直接出售这些信息，也可以用这些信息来攻击个人。

美国卫生和公众服务部（HHS）违规门户网站，包含了受保护健康信息相关的违规信息。根据美国卫生和公众服务部违规门户网站记录，2019 年中数据泄露影响了 2700 万人。表 8.2 列出了按受影响人数排序的美国十大数据泄露事件，目前仍可以在美国卫生和公众服务部漏洞门户网站上看到[32]。

表 8.2　按受影响人数排序的美国十大数据泄露事件[32]。

| 受保实体名称 | 覆盖实体类型 | 受影响的个人 | 违 约 类 型 | 信息泄露的位置 | 年份 |
|---|---|---|---|---|---|
| 安森保险 | 健康计划 | 78800000 | 黑客/IT 事件 | 网络服务器 | 2015 |
| 美国医疗数据局 | 业务助理 | 26059725 | 黑客/IT 事件 | 网络服务器 | 2019 |
| 澳伯顿 360 有限责任公司 | 业务助理 | 11500000 | 黑客/IT 事件 | 网络服务器 | 2019 |
| 普雷梅拉蓝十字 | 健康计划 | 11000000 | 黑客/IT 事件 | 网络服务器 | 2015 |
| 美国实验室公司 | 健康计划 | 10251784 | 黑客/IT 事件 | 网络服务器 | 2019 |
| 卓越健康计划 | 健康计划 | 10000000 | 黑客/IT 事件 | 网络服务器 | 2015 |
| 社区卫生系统专业服务公司 | 医疗保健提供者 | 6121158 | 黑客/IT 事件 | 网络服务器 | 2014 |
| 科学应用国际公司 | 业务助理 | 4900000 | 损失 | 其他 | 2011 |
| 社区卫生系统公司 | 业务助理 | 4500000 | 盗窃 | 网络服务器 | 2014 |
| 加州大学洛杉矶分校健康学院 | 医疗保健提供者 | 4500000 | 黑客/IT 事件 | 网络服务器 | 2015 |

### 3. 分布式拒绝服务攻击

分布式拒绝服务（DDoS）攻击是黑客分子和网络不法分子常用的一种战术、技术和程序（TTP），使网络流量过载从而无法继续操作。这可能会给医疗保健提供商带来严重问题，他们需要网络来为患者提供适当护理或通过互联网来发送、接收电子邮件、处方、记录和信息。虽然一些 DDoS 攻击是机会主义的，甚至是偶然的，但更多的攻击是出于社会、政治、意识形态或财务等原因选择的受害者，因为他们与激怒这些攻击者的某种情况有关[33]。

在 DDoS 攻击中，患者的数据通常没有风险，但当患者无法访问其数据或医院工作人员由于不能获取药物数据而无法执行计划中的操作时，患者的生命安全可能会受到影响。

**示例 3** 在波士顿儿童医院建议将一名14岁患病女孩的监护权从其父母那里收回，改由该州政府监护后，匿名者（一个著名的黑客活动组织）以波士顿儿童医院为目标实施了 DDoS 攻击。医生们认为孩子所患疾病是一种心理障碍，她的父母正在用不必要的方法治疗孩子并没有的疾病。监护权辩论使波士顿儿童医院身陷这起具争议性的案件之中。匿名者的一些成员认为这侵犯了女孩的权利。因此，匿名者对该医院的网络发起了 DDoS 攻击，导致该网络上的其他人，包括哈佛大学及其所有医院都无法联网。网络上的这种混乱几乎持续了一周，一些患者和医务人员也无法使用他们的在线账户查看预约信息、检测结果和其他病例信息。医院必须花费30多万美元应对和减轻这次袭击带来的损失[33]。

### 4. 内部威胁

组织往往过于专注保护其公司和网络的完整性，使其不受外部威胁的影响，而无法解决其组织内部可能存在的风险。内部人员之所以构成威胁，是因为他们拥有或曾经拥有过合法访问专有系统的权利，这使他们无须面对传统的网络安全防御，如入侵检测设备或物理安全。内部人员还可能比外界任何人都更了解网络设置和漏洞情况，或者具备获得这些信息的能力。个别内部人员可能只是无心犯错，但其他更多的人却是恶意破坏。内部威胁的概念涵盖了各个岗位的员工：有的无意中点开恶意链接，而其可能对网络有危害；有的丢失了包含有敏感数据的设备；有的恶意泄露访问代码；还有的故意出售 PHI/PII 数据以牟取利益[34]。

当患者数据存储在被带离医院的笔记本电脑上时，也存在风险。例如，笔记本电脑从医生办公室、汽车和医疗保健专业人士家中被盗走。这些情况的问题在于计算机通常设有密码，但硬盘本身或其数据并未加密，因此，如果绕过密码查验，不法分子可以访问所有数据。

**示例 4** 在得克萨斯州医院，一名员工利用医院网络构建了一个僵尸网络，因为他想攻击竞争对手的黑客组织。这名男子在拍摄自己渗透医院网络的过程并将视频发布在 YouTube 上供公众观看后，最终被抓获。视频清楚地显示了他使用特定密钥"渗透"医院网络的过程。该男子名为杰西·麦格劳，是大楼的夜间保安。调查显示，麦格劳在数十台机器上安装了恶意软件，其中包括存有患者病历的护理站。他还在暖通空调装置中安装了一个后门，在得克萨斯州炎热的夏天，这可能会损害药物和药品，并影响医院的患者。麦格劳承认犯下网络攻击罪，他被判有期徒刑 9 年，目前正在服刑，并支付了 31000 美元罚款[34]。

## 8.4 医疗保健系统的网络安全

医疗保健系统的技术基础设施极其复杂。它不仅要能够储存患者记录，还要能够支持用于诊断、监测和治疗患者的各种医疗设备。了解和管理这一重要环境中的网络安全风险是富有挑战性的，因为医疗保健系统混合了最先进的应用程序和设备，以及使用着已不被支持的操作系统或网络协议的过时设备。另外，因为这些系统经常要为患者提供全天候护理，无法停止服务，所以很难对其进行升级更新。医院环境也具有挑战性，因为医护人员或患者常携带他们自己的设备（Bring Your Own Devices，BYOD）进入医院，此外还有许多用于医学研究的不同医疗设备[35]。

### 8.4.1 最佳实践

国家标准化机构在起草国家标准和参与国际标准制定时，都会参考最佳实践。各组织在自愿的基础上使用标准和其他各种指南和建议。最佳实践及其产生的目标通常与运营开发有关，而运营开发充其量是主动过程。在网络世界中，它们能帮助用户提高组织运营的可靠性、连续性、质量、风险管理和灾备水平。在这种情况下，最佳实践可能发挥的作用包括网络安全的控制和管理、技术开发、信息系统使用与维护、信息网络和 ICT 服务等[36]。

许多组织的网络安全活动仍然是以响应式方法为特征的，医院也不例外。响应式方法意味着在网络攻击发生时快速行动、实施决策和紧急措施。我们应使用最佳实践开发网络安全措施，为医院创建了积极主动的响应方法，而不是被动的行动[36]。

美国国家标准与技术研究院（NIST）的《关键基础设施网络安全改进框架》（*Framework for Improving Critical Infrastructure Cybersecurity*）为内部和外部利益相关者理解、管理和表达网络安全风险提供了一种通用语言。它可以用来帮助识别并优选降低网络安全风险的行动，它还是一种调整政策、业务和技术方法来管理该风险的工具。它可以用于管理整个组织的网络安全风险，也可以专注于保障组织内部关键服务的交付。该框架的核心提供了一套实现特定网络安全成果的活动，以及取得这些成果的指南示范[37]。

该框架的措施及其内容如下[37]。

（1）识别：提高一个组织对系统、人员、资产、数据和能力中网络安全风险管理的理解。

（2）保护：制定并实施合适的保障措施，以确保关键服务的交付。

（3）检测：制定并实施适当的活动来检测网络安全事件。

（4）响应：制定并实施适当的活动以响应检测到的网络安全事件。

（5）恢复：制定并实施适当的行动，以维护恢复计划，并恢复因网络安全事件而降级的服务性能。

主类别是根据网络安全审查组的主要活动领域进行划分的，如"访问控制"或"识别过程"。子类别进一步可细分为技术部分和/或管理活动。参考文献也是标准、指南和实践的一部分[37]。

美国医疗保健行业网络安全（Health Care Industry Cybersecurity，HCIC）工作组讨论的重点是从医疗保健行业和其他行业的外部利益相关者和领域专家那里获取信息。工作组确定了 6 项需要实现的高级别任务，以提高医疗行业的安全性。当务之急是[35]：

（1）定义并优化医疗行业网络安全的领导、治理和期望；

（2）提高医疗器械和健康 IT 的安全性和韧性；

（3）提高医疗卫生人员必要的能力，优先考虑并确保网络安全意识和技术能力；

（4）通过增强网络安全意识和教育，提高医疗行业的准备度；

（5）确定机制以保护研发工作和知识产权免受攻击或暴露；

（6）改善网络安全威胁、风险和缓解措施的信息共享。

大型和小型医疗机构都在艰难应对这些已无技术支持且难以更换的老旧系统（硬件、软件和操作系统），这些系统存在着大量的漏洞，并且几乎没有当前可用的应对措施。

关键网络安全措施的实施包括[38]：

● 网络分段（智能防火墙）；

● 网络监控和入侵检测；

● 强加密技术；

● 访问控制；

● 身份验证和授权。

临床医生在医院里为患者提供护理时，需要反复访问医院里的多台计算机（每次轮班最多 70 次）。为了验证他们的身份，以便他们能够执行常见任务（如访问患者的病历、开诊断测试、开处方药等），临床医生通常输入其用户名和独一无二的口令。这种广泛使用的单因素信息访问方法特别容易受到网络攻击，因为此类口令可能很弱、失窃，并且容易受到外部钓鱼攻击、恶意软件和社会工程威胁。NIST SP 800-6355 采用口令的替代方式进行用户身份验证，包括用户拥有的物品（如非接触式卡或令牌）或生物特征识别[35]。

临床医生还需要与医疗设备进行交互，必须从生物工程和网络安全角度确保这些在治疗中使用的设备的完整性。操作设备的医护人员必须经过认证和授权才能进行操作，并且需要准确识别出该患者是被授权接受治疗的人。此外，医疗设备与其他医疗技术之间的通信应经过身份验证（设备应知道它们正在与哪些技术产品通信，并且只应与具有相应凭证的技术产品通信）[35]。

许多医院在信息安全方面仍然采取被动方式，往往只有在事故发生后才采取措施。在医疗保健领域，避免事故的发生尤为重要，因为医院的可信度是非常重要的。安全事件不仅可能威胁到个人健康信息，还可能威胁患者安全。医院还应通过编制具体的应对和恢复计划，为可能发生的安全事件做好准备[38]。

（1）对医院最重要的物联网组件进行成本效益分析。智能医院实施成本高昂，需要充分保护。

（2）为医院的智能资产制定信息安全战略。积极主动地处理信息安全问题的关键要素是明确的角色和责任，以及定期的培训和意识提升活动。

（3）为用户制定自带设备（Bring Your Own Device，BYOD）和移动设备政策：由于这是智能医院生态系统的一个组成部分，因此需要优先考虑。

（4）识别资产以及这些资产将如何互联（或连接到互联网）。对于某些系统，制造商拒绝在设备中内置网络功能可能是出于安全和弹性考虑的正确举措。

（5）定义安全基线并在所有主要操作系统上实施。

医疗保健行业必须通过不断举行的研讨会、会议、座谈会和桌面演练，在所有医疗保健工作人员中加强网络安全拓展。此外，医疗保健行业必须制订网络安全计划（包括在线教育），使教育决策者、高管和董事会成员了解网络安全的重要性，因为网络安全是最高管理层的责任。作为这一整体网络安全战略的一部分，至关重要的是建立一套全面的安全基线，在患者和临床医生、技术和流程之间，从而最终在机构和患者之间建立牢固的信任[35]。

## 8.4.2　医疗设备的网络安全

医疗设备的网络安全日益成为医疗保健供应商、设备制造商、监管机构和患者共同关注的问题。由于其使用寿命长、独特的关键护理使用情况和监管监督，这些设备往往具有较低的安全成熟度、明显的漏洞，以及整体上对安全威胁的高度敏感性。

医疗设备的生命周期管理和采购需要各自承担相应的安全责任。作为其资产和风险评估流程的一部分，参与者明确表述网络安全要求。医疗器械网络安全责任划分如图 8.7 所示，该图概述了设备制造商和医疗服务提供组织之间的责任划分。

设备制造商应根据设备的风险/类型为医疗设备分配优先级和分类。分类可能因组织的优先级而异，但可以遵循表 8.3 和表 8.4 中示例的模型。

组织不应该等待监管机构强制执行安全标准。相反，健康服务实体应积极与监管机构就所需的数据安全标准进行协商，并与医疗设备市场合作，以确保在产品设计和实现中考虑适当的数据安全措施。医疗设备应基于临床安全、设备和平台管理的患者记录数量等进行分级。医疗设备安全计划必须优先考虑保护哪些设备，然后随着时间推移再转移到其他设备[41]。

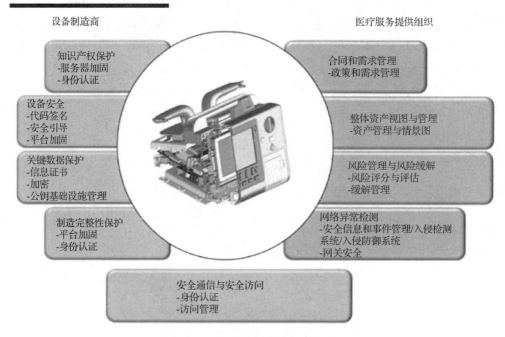

图 8.7　医疗器械网络安全责任划分

表 8.3　医疗器械优先级

| 优 先 级 | 描　　述 |
|---|---|
| 1 | 救生（除颤器、起搏器、呼吸机） |
| 2 | 治疗/疗法（输液泵、高压室、透析） |
| 3 | 患者诊断（心电图、超声波、X 射线、实验室设备） |
| 4 | 分析（胎儿监护仪、患者监护仪） |
| 5 | 其他（医疗柜、高压灭菌器、天平） |

表 8.4　医疗器械分类

| 安 全 分 类 | 描　　述 |
|---|---|
| A | 存储、传输或处理的记录超过 100000 条 |
| B | 存储、传输或处理的记录为 10001～99999 条 |
| C | 存储、传输或处理的记录少于 10000 条 |
| D | 设备不存储、传输或处理受保护的健康信息 |

## 8.4.3　新技术的帮助

　　技术革命正在为所有行业的升级和发展创造一个独特的环境。医疗保健和制药行业很快发现，正确的技术也可能是为患者提供更好护理的关键。人工智能是工业

4.0 技术最突出的示例之一。随着机器能够基于每个医疗保健行业的海量数据进行学习，未来将有无限的机会[42]。

信息物理系统无处不在，应用广泛，从工业控制系统、新型通信系统到关键基础设施。这些系统生成、处理和交换大量安全关键和隐私敏感的数据，使它们成为具有吸引力的攻击目标。工业 4.0 及其主要的赋能信息和通信技术正在彻底改变服务界和生产界。在医疗领域中尤其如此，物联网、云计算和雾计算及大数据技术正在彻底改变电子健康及其整个生态系统，使其向医疗 4.0 迈进。[43-44]

工业 4.0 是自动化过程、制造单元和智能机器的结合。它包括数字化、物联网、内部连接网络、人力资源管理、数据采集与监控系统（SCADA）、许多关键功能的自动化机器人、阀门、传感器、执行器、PLC 系统、通信协议和网络安全。它使用人工智能帮助临床决策，在医院内以数字化共享信息，并能够为医院创建智能网络安全环境[45]。

人工智能是由机器展示的智能。任何能够感知其环境并采取行动，并且最大限度地实现某些目标的系统都可以被定义为人工智能。例如，认知计算是一套基于深度学习、机器学习、自然语言处理、推理和决策、语音和视觉、人机界面、语义、对话和叙事生成等技术的综合能力。人工智能和机器人技术在医疗保健中的作用逐渐提升。机构从认知系统能够快速提高专业知识的能力中受益，并将其分享给所有需要的人。当顶级专家的领域专业知识传授给认知系统时，他们的专业知识很快就能被所有人获得。经过反复使用，该系统将提供越来越准确的响应，最终使人类专家的准确性黯然失色。有了人工智能，对知识的理解就可以外包出去。随着机器智能的提高，他们将使用深度学习来理解集体信息。通过使用数字传感器数据，基于人工智能的设备可用于开发智能顾问、教师或助理[49]。

关键安全能力的综合框架应构成网络安全解决方案的核心。该框架的核心是安全智能和分析。这是一个关键环节，它通过 IT 环境获取安全数据（如日志、流量、事件、事态、数据包和异常）以及组织之外的信息（如博客、研究信息和网站），以了解网络威胁和攻击。安全基础设施使用其自身的综合安全能力网络，智能地检测网络攻击迹象，如网络出现漏洞、高价值服务器上的异常登录、恶意云应用的使用等，并做出适当的响应。

IBM 的集成网络安全概念如图 8.8 所示，该图显示了 IBM 综合网络安全解决方案概念的一个示例，该解决方案的核心部分是分析能力。以分析为核心，集成功能提供了任何单一安全解决方案都无法提供的可见性和防御级别[46]。

麻省理工学院计算机科学与人工智能实验室（CSAIL）和 PatternEx 联合开发了一个人工智能 AI2 平台，用于预测网络攻击。据文献[47]描述，AI2 平台在检测网络攻击方面能够达到 86%的准确率，这大约是以前研究结果的 3 倍。然后将预测结果提交给分析人员，由他们确认哪些事件是真正的网络攻击。分析人员还将结果纳入下一组数据的平台模型（监督学习），从而实现进一步的学习。该系统还能够在数小时内不断生成新模型，这可以使其检测网络攻击的速度得到显著提高[47-49]。

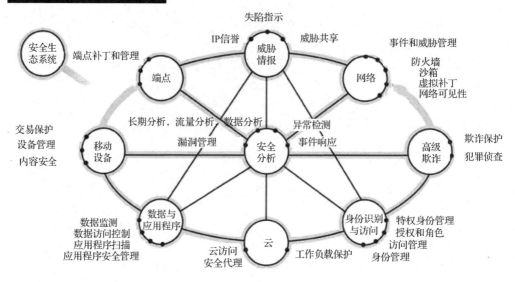

图 8.8　IBM 的集成网络安全概念

东京大学的医生报告称，他们诊断一名 60 岁女性患有罕见的白血病，而一个月前诊断曾出现错误。沃森只需要 10 分钟就可以将患者的基因变化与 2000 万癌症研究出版物数据库进行比较。沃森提供了准确的诊断、治疗说明和药物，以实现预期的治疗效果[50]。

## 8.4.4　医院网络安全架构

医院网络安全架构的起点是利用 HCIC 工作组的定义和建议来组织安全策略政策的[35]。它们与组织领导和管理、医院恢复力、员工能力，以及研究和信息共享有关。安全措施还应识别网络安全挑战，这些挑战包括设备的不同生命周期阶段，并反映在新设备的部署、管理和维护的系统层面。

由于技术开发速度非常快，新技术引进速度也非常快，因此开发过程中未涉及国际标准工作。我们通常在一些服务提供商的数据中心针对物联网设备、不同传感器和数据存储系统为制造商提供专用的解决方案，电子医疗顶层架构如图 8.9 所示。这个问题反过来又构成了物联网设备与智能设备相连的挑战[4]。

美国国家标准与技术研究院出版的《关键基础设施网络安全改进框架》也适用于医院运营环境。其出发点是识别医院的流程以及设备和系统。这尤其与组织了解和管理其网络安全风险的能力有关。然后，可以通过适用于某种特定设备风险的网络安全产品和服务来开发实现安全措施。情景画面和情景意识是高效创建医院网络安全架构的基本资源[51]。

在网络物理系统中，网络化设备及其软件控制着物理操作。医院的运营涉及大量构成网络物理系统的技术设备和功能实体。从技术上讲，医院是一个由多个系统组成的大系统，反过来又是大型医疗综合体的一部分。因此，各项功能在医疗保健的多个层次上都是联网的。

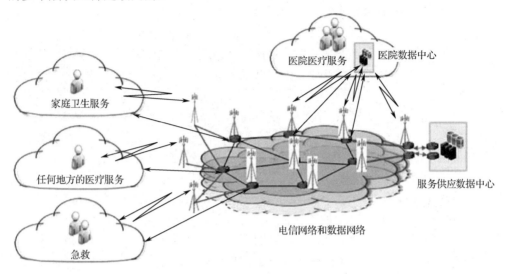

图 8.9　电子医疗顶层架构[4]

使用传感器和物联网设备的数字化治疗方法的发展，有力改善了患者的治疗手段，无论他们在家里还是正在任何地方运动时，都能远程实时观察他们的病情。电子医疗或移动医疗运营环境、顶层架构如图 8.10 所示。

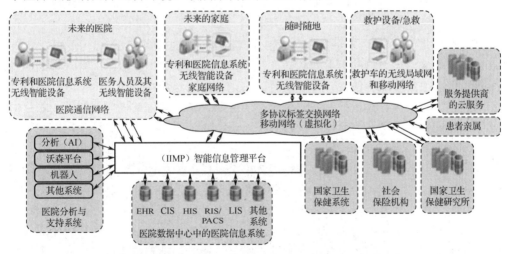

图 8.10　电子医疗或移动医疗运营环境、顶层架构[4]

## 8.5　结论

在数字化医疗环境中，患者医疗系统和设备是最关键的组成部分之一。由于它们是患者护理中的关键系统，因此需要对其网络安全进行分析和监控。网络安全对医疗保健行业中的业务和临床目标的支撑至关重要，同时也有助于为患者提供高效和高质量的护理服务。然而，这需要一个全面的网络安全战略。如果组织没有采取完整的网络安全战略，不仅会危害其数据、组织和声誉安全，还会危及患者的福祉和安全。因此，在数字化医疗环境中，确保患者医疗系统和设备的网络安全是至关重要的任务。

如果医疗运营缺乏愿景、战略、场景和用例，我们就难以对医疗保健中使用的ICT（信息和通信技术）系统进行足够精确的架构描述。在这种情况下，很难感知其中所包含的实体和服务链。很难对服务提供商提供的服务进行风险和威胁分析，甚至无法达到足够的准确度。我们可能无法识别和分析医疗服务链，并进行相关的风险和威胁分析。

Vastaamo 案例很好地说明了当医疗服务外包时会发生什么（详见示例 1）。由于服务实施和审计的外包，这些服务所需的系统和应用程序不再由医疗机构负责。在这种情况下，对关键医疗系统和应用的检查与审计可能存在不足。如果我们察觉不到系统和应用程序中存在的漏洞，那么就无法修复这些漏洞，从而让黑客和攻击者很容易攻击我们的系统。在 Vastaamo 案例中，很难找到那些必须在法庭上为信息泄露的结果负责的机构或人员。不幸的是，信息泄露的受害者很难获得足够的赔偿，因为在信息泄露后，他们一生都可能会沉浸在痛苦之中。

通常，由于服务外包，可能会在云上部署服务。因而它们的实际位置可能是未知的，服务链也无法准确定义。在必须进行"1+1"保护和备份的关键服务中，信号延迟至关重要，因此服务链的定义和分析与功能息息相关。在"1+1"受保护的运营环境中，保护系统的服务交换必须在毫秒内完成。这意味着，在基于不同的场景进行医疗系统和服务的设计与开发时，必须考虑到连续性管理。基于场景的设计和开发也为分析医疗系统的网络安全风险和威胁提供了更好的机会。此外，医疗保健系统之间也存在许多整合。在上述医疗领域，我们需要更多的研究来开发更好的网络安全系统。

目前有几种网络安全解决方案和工具可满足医疗机构的需要。它们所面临的挑战是解决方案和工具的碎片化，以及部署和维护新系统的问题，这会导致管理困难，并增加整个系统的复杂性。而系统的复杂性要求开发综合系统，能够识别外部和内部威胁，并内置综合的网络安全系统。在 ICT 系统中的各个层面，综合和全面的解决方案都能提供必要的可见性，这意味着网络攻击的保护和预防可以作为一个整体而不是单一程序来实施。

我们建议医疗机构和医院制定并开发愿景、战略和场景，并从其医疗环境中收集用例。在此基础上，他们可以开发系统和应用程序架构。然后，他们可以清楚地了解其运营环境、系统和应用程序，并可以对系统进行网络风险和威胁分析。

核心医疗设备的描述如下。

核心医疗设备在这里指的是重要或必要的技术，它们通常用于大多数医疗设施中特定的预防、诊断、治疗或康复程序。

如今，有超过 10000 种医疗设备可供使用。选择合适的医疗设备始终取决于当地、该地区或国家的要求；需要考虑的因素包括使用设备的卫生设施类型、可用的医疗工作人员，以及特定客户地区内的疾病。因此，我们无法列出详尽和/或普遍适用的核心医疗设备清单[52]。

根据文献[52]所述，核心医疗设备（重要或必要的技术）如下：

- 分析仪、实验室、血液学、血型鉴定；
- 麻醉装置；
- 呼吸停止监测仪；
- 吸气泵；
- 新生儿听觉功能筛查装置；
- 胆红素测定仪；
- 血气/pH/化学护理点分析仪；
- 血压监护仪；
- 支气管镜；
- 白内障摘除装置；
- 临床化学分析仪；
- 结肠镜；
- 冷冻外科装置；
- 细胞计数器；
- 除颤器、体外除颤器、自动除颤器、半自动体外除颤器、手动除颤器；
- 骨密度计；
- 心电图；
- 高频电刀；
- 胎儿心脏检测器、超声波；
- 胎儿监护仪；
- 葡萄糖分析仪；
- 血液学护理点分析仪；
- 血液透析装置；
- 免疫分析仪；
- 婴儿恒温箱；
- 激光器、二氧化碳；
- 激光器、眼科；
- 乳腺摄影装置；
- 床边脑电图监护仪；
- 中央站监视器；
- 生理监测系统；

- 生理遥测监护仪；
- 腹膜透析装置；
- 肺功能分析仪；
- 射线照相、荧光透视系统；
- 放射治疗计划系统；
- 放射治疗系统；
- 遥控后装近距离放射治疗系统；
- 电子计算机断层摄影扫描系统；
- 磁共振成像全身扫描系统；
- 超声波扫描系统；
- 经皮血氧监测仪；
- 呼吸机、重症监护、新生儿/儿科；
- 便携式呼吸机；
- 视频会议系统、远程医疗系统；
- 婴儿辐射取暖装置；
- 全血液凝固分析仪。

## 原著参考文献

# 第9章 电力系统中的网络安全

**摘要：** 现代社会的运作基于数个关键基础设施的合作，这些基础设施的联合效率越来越取决于国家电力系统的可靠性。而电力系统的可靠性则建立在各组织之间功能性数据传输网络的稳定运行之上。本章的主要研究重点在于电力组织运行过程中负责网络安全管理的程序，以及所实施的标准。本章的主要贡献在于将网络安全管理整合到各个电力生产组织的流程结构中，并利用 PDCA（计划、执行、检查、行动）方法来制定组织的网络安全管理实践。为了将措施付诸实践，电力组织的领导必须将与网络安全有关的措施作为战略目标，报告高效的工作流程，并通过支持性政策来确保其传达执行。

**关键词：** 关键基础设施；电力系统；电力组织；网络安全管理；信任

## 9.1 引言

关键基础设施包括若干对国家和社会至关重要的系统和服务。现代社会的运作基于多个运营商的合作，他们的联合效率则越来越依赖于国家电力系统的可靠程度。在网络环境中，起到重要作用的还有功能性数据传输网络，以及运营环境中系统和服务的可用性、可靠性和完整性，其网络安全风险也随着数字化世界中的威胁而不断增加。

供应安全是指在紧急状态下维护社会重要功能的能力，从这个角度出发，我们需要重视和保障国家的基本结构和服务，它们包括物理设施和结构，以及电子功能和服务，它们对社会的重要功能不可或缺，因此被统称为关键基础设施。在发生严重事件和紧急情况时，能源供应、数字服务及物流运输必须得到保障。从这个意义上讲，提高网络安全灾备能力也很重要[9]。

基于之前的研究成果，国家关键基础设施的概念可以按照图 9.1 进行简化。电力系统的能源供应运营商可以定位自己的战略角色以及明确其业务为某个实体的一部分，而该实体的其他部分则依赖于一个可靠运行的电力网络。这也有利于识别服务层中各服务之间的网络依赖关系，从而可以用最有效、最实用的措施来保证服务的安全性[24]。

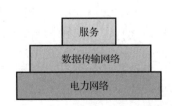

图 9.1 关键基础设施的简化组成

芬兰的电力系统（包括发电厂、全国性的输电网、区域网络、配电网络和电力用户）与瑞典、挪威和丹麦东部的系统都是北欧电力系统的一部分。此外，以俄罗斯和爱沙尼亚为起点，以芬兰为终点的直流输电线路，连接了北欧电力系统与俄罗斯和波罗的海国家的电力系统。通过直流输电线路，北欧系统还与欧洲大陆的系统相连[8]。

芬兰发电厂利用多种能源、采取多种生产方法以多种方式发电。发电厂主要能源包括核电、水力、煤炭、天然气、木材和泥炭。除根据能源的来源对生产进行分类外，其也能根据生产方式分类。在芬兰，大约有120家发电公司以及400家发电厂，其中一半以上依靠水力发电，近三分之一的电力与热力发电相关。和许多其他欧洲国家相比，芬兰的电力生产很分散。多样化、分散化的发电结构提高了国家能源供应的安全性[6]。

无论在哪个国家，电力系统对国家的意义都非常相似。例如，在美国，电力系统被认为是关乎整个社会运行的关键基础设施和关键资源。在美国，电网是一个在技术上非常先进的实体系统，其解决方案需要使用最严苛的技术。电网技术及其控制程序共同构成了审查网络安全的主要领域[17]。

电力系统及其各个组成部分都属于关键国家基础设施：它对国家的运作至关重要，电力供应中断或破坏会损害国家安全、经济、公共卫生和安全，降低国家行政部门的运作效率。即使一秒钟的电力故障，也会对敏感的工业流程造成损害，可能会导致其停工。停电15分钟，会造成信息系统中的数据丢失，妨碍人们的日常生活，延误交通；停电几个小时，工业流程会遭受重大破坏，电信网络将面临问题，家畜生产将会受到干扰；停电几天，社会的运行将遭受严重损害[12]。

正如世界经济论坛的年度国际商业调查中所说：在过去的几年里，全球网络环境中的威胁一直处于高位水平。根据其发生概率和现实影响，这些威胁被视为全球主要风险之一[29]。

供应能源的电力生产组织是电力系统的典型组成部分，本章重点讨论其与网络安全管理有关的因素。本章还将研究以下问题的答案：在动态的网络环境中，如何在组织流程结构中考虑网络安全因素，同时构建其运营的连续性？

## 9.2  组织的网络结构

### 9.2.1  组织的网络世界结构

据欧盟委员会称："在我们的日常生活中，信息和通信技术（ICT）的联系日益密切。其中，一些ICT系统、服务、网络和基础设施（ICT基础设施）构成了欧洲经济和社会的重要组成部分，它们要么提供基本的商品和服务，要么构成其他关键基础设施的支撑平台"[7]。ICT系统是组织关键基础设施的一部分，因此，也是支撑组织核心流程业务的重要组成部分。组织层面的ICT系统与行政管理相关，也与网络中的信息和物质流管理相关。生产层面包括工业自动化，其又被称为工业控制系统（ICS）。

马丁·C. 利比基为网络世界创建了一个结构，其思想基于开放系统互联（OSI）参考模型。OSI 参考模型将通信协议分为 7 层，每层都为其上层提供服务，其下层为其提供服务。利比基的网络模型有 4 层：物理层、语法层、语义层和语用层[18]。

Martti Lehto（芬兰于韦斯屈莱大学的网络安全教授）修正了利比基的 4 层网络模型，考虑到组织的网络需求，增加了第 5 层。该架构如图 9.2 所示。

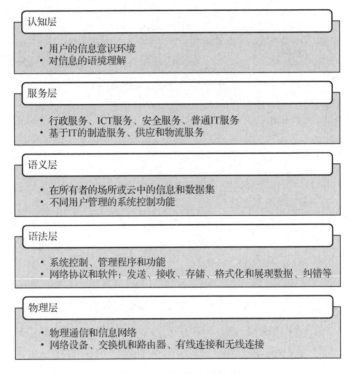

图 9.2　网络的 5 层架构

在 5 层架构中，物理层包含 ICT 和 ICS 设备的物理要素，如计算机、控制设备、网络设备、交换机和路由器，以及有线连接和无线连接。语法层由各种系统控制、管理程序和功能组成，它们有助于连接到不同类型网络的设备之间进行交互，如网络协议、纠错等。语义层包括用户计算机终端中的信息和数据集，以及不同用户管理的系统控制功能。服务层是整个网络的核心，它包含行政服务、ICT 服务、安全服务、普通 IT 服务、基于 IT 的制造服务、供应和物流服务。认知层主要描绘了用户的信息意识环境：在这个世界里，信息被解释，人们对信息的上下文理解也由此产生。

## 9.2.2　组织的网络环境结构

组织的运营体系和供应链是一个复杂的系统，其特征是互联的网络和依赖关系的聚集。在一个组织的运营中，对于涉及的一般网络和工作流程，可以用一个物流框架来说明：该框架包括供应商网络、生产流程、客户网络，以及连接这些网络的信息流和物流[24]。

信息技术（IT）系统是公司基础设施的一部分，因此构成了支撑公司核心流程运营的重要部分。组织层面的 IT 系统与行政管理、网络中的信息流和物流管理相关。生产层面包括工业控制系统（ICS）。图 9.3 展示了组织的物流框架（改编）和常见的 ICT/IT 及 ICS。

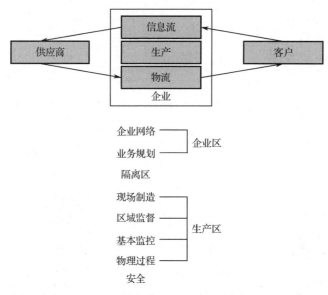

图 9.3　组织的物流框架（改编）和常见 ICT/IT 及 ICS[3]

在 IT 系统层次结构中，最高层次包括行政管理的一般信息系统和企业资源规划（ERP）系统。典型 ERP 系统的顶层包括整个流程管理，如指导生产量。流程管理还包括原材料的补充、储存、分配、支付交通和人力资源成本。如果需要，在 ERP 系统和控制室之间，还可以有一个制造执行系统（MES），这个系统可以将从控制室中获得的信息传输到 ERP 系统。

组织内部的生产 ICS 有其自身的层次（制造区）划分。根据其控制系统和网络结构，芬兰自动化协会将 ICS 大致分为[2]：

（1）数据采集与监控（SCADA）系统；

（2）可编程逻辑控制（PLC）；

（3）分布式控制系统（DCS）。

芬兰国家电网的输电网络归芬兰输电系统运营商 Fingrid Oyj 所有。配电网络包含几十家企业，电力则由全国不同地区的约 120 家企业和 400 家电厂发电生产。因此，芬兰电力系统的结构高度分散，其中的每个组织负责管理自己的工作流程。从作为关键基础设施的整个电力系统的角度来看，网络安全的主要威胁来自输配电网络、变电站和发电厂。在电力系统中，一个分散的结构限制了这些威胁所产生的潜在后果。另外，分散的电力系统则要求所有的电力组织都要具备良好的总体网络安全管理，以及在网络环境中管理和控制业务流程连续性的能力。

## 9.3　组织中的主要网络安全威胁

在评估电力生产系统在网络世界中的作用、衡量影响系统网络安全的因素时，最重要的就是要了解系统的核心特征。例如，分布式控制系统（DCS）被用于控制生产过程，与公司的其他 IT 系统相比，其特点是运营高度成熟，且生命周期更长。就基本系统而言，ICS 的生命周期甚至可以达到数十年。此外，基本系统的结构基本不变。这些变化与大型维护项目和工程改造相关，主要是更新系统的生命周期。

为什么不可能在 ICS 中使用典型技术的信息安全解决方案或密码技术？因为 ICS 的资源同样也受限。其用户组织为完成任务适当进行了培训，以此熟悉设备，了解这些设备的操作原理和操作环境。ICS 的数据仓库主要包含过程数据，而 IT 系统通常包含商业机密。不同于 IT 系统，通常情况下，ICS 不需要直接连接到互联网。在 IT 系统中，除生产过程中的分散任务、测量和控制任务以及安全功能外，IT 设备没有其他用途。ICS 严格控制操作和人员监控，这是出于对过程操作的可用性和安全性要求[2]。

我们只能用术语简单描述在 ICT/IT 和 ICS 环境中的信息威胁，如拒绝、丢失和操纵等。拒绝是指无法获取所需的有用信息，这是一种仅当攻击处于活动状态时才会发生的情况。丢失是主动的恶意交互停止后，信息资产持续损失并没有停止。操纵是指篡改信息资产，可以是声势浩大、易被察觉的，也可以是难以察觉且持续时间较长的。

上述 ICT/IT 和 ICS 只是一般网络世界的一部分，其中，网络的主要风险与金钱、敏感信息、声誉等方面损失以及业务延滞息息相关。因此，安全解决方案是风险管理的关键要素。风险背后存在许多漏洞，可以归因于与攻击技术相比相关技术的不足、人员能力不足或工作方法不当、组织管理的缺陷，以及操作流程或缺少相关技术。攻击者最常见的动机主要包括对流程造成破坏性影响，寻找流程漏洞，或出于无政府主义或利己主义。这些攻击甚至可以由国家级行为主体实施，但或许常见的还是有组织的激进分子、黑客或独立个人[15]。

要对电力组织系统造成破坏，可以将恶意程序和间谍程序植入工作人员的系统；或者可以通过无线连接或互联网进行入侵或网络攻击。入侵者的目的可能在于终止网络服务、完全瘫痪运营、窃取或歪曲数据，以及使用间谍程序。如今，被预先植入所谓"后门"的组件或专门为攻击者编程的组件也越来越普遍[15]。

在美国，电力系统的安全威胁还涉及电厂的后勤。它们包括干扰破坏原材料供应路线、物理破坏输电配电网络，以及网络间的变电站，或者网络攻击电网的控制和调节系统[17]。

　　要保护电力系统免受威胁，意味着我们要基于风险评估来采取措施，确保被检查的运营过程的主要数字信息的可用性。这些措施对于支持这些过程的系统的整体可用性至关紧要。而其可用性则在实现业务成果、提高活动可靠性方面扮演着关键的角色。更多的核心目标还包括流程内部信息及流程使用信息的可靠性和内容完整性。这些核心目标是我们建立全面信任的出发点，并基于目标组织对其自身能力的现实看法，从而能可靠应对在网络世界中运营时所面临的挑战。

　　一个组织可以通过自身能力来提高其网络领域的安全性。通过提高人员、流程和技术的能力，可以达到适用于运营领域的结果或效果[11]。

# 9.4　组织决策层和系统视图

## 9.4.1　组织中网络安全的系统视图

　　在实践中，电力系统的所有组织都在异常复杂、交错关联的网络环境中运行，这个环境中新的信息技术和长期使用的信息技术实体都在使用。各组织依赖这些系统及其配套装置完成任务。从业务连续性来看，管理层要务必意识到清晰、合理和基于风险做出决策是非常有必要的。风险管理最多是将组织中与战略规划、运营以及日常业务管理相关的个人和不同群体的最高集体风险评估结合起来。组织运营时，理解并处理风险不仅是组织的战略能力，也是组织的重要任务。这就要求不同的管理层要不断认识和了解安全风险。安全风险可能不仅针对组织运营，也可能针对个人、其他组织和整个社会[23]。

　　联合工作组转型倡议（Joint Task Force Transformation Initiative）[23]建议：组织在进行网络风险管理时，将其作为综合行动来实施，并在这一过程中从组织的战略层面和战术层面应对风险。如此一来，基于风险做出的决策就被整合到组织的各部分。在联合工作组转型倡议中，每个决策层都强调了风险的后续行动。例如，在战术层面，后续行动可能包括持续的威胁评估，以了解一个地区的变化如何影响战略和行动层面。运营层（操作层）面后续的行动可能包括诸如分析新技术或当前技术，识别业务连续性的风险。战略层面的后续风险管理一般集中于组织的信息系统实体、操作标准化及其他活动，如持续的安全运营监控[23]。

　　为了全方位构建组织的网络安全，组织的领导层必须定义战略层、运营层和技术-战术层，并指导行动。战略层回答"为什么"和"是什么"；运营层和技术-战术层面则回答"怎么做"。以问题为导向，确保了按照既定的目标做正确的事情。技术-战术层面必须实施战略层面定义的目标导向活动，而不能自主创建目标。技术-战术层要求组织要有实施所需网络安全措施的能力，而这些能力将最终决定组织如何管理潜在干扰[20]。

　　3个组织的主要决策层都可以整合进5层网络结构中，以便全面系统地看待组织的网络安全。这是对组织网络安全系统思考的一个方法。组织中网络安全的系统视图如图 9.4 所示[25]。

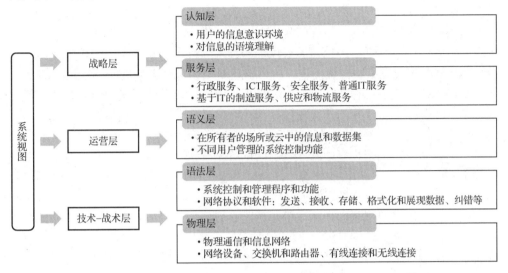

图 9.4　组织中网络安全的系统视图

在 5 层网络结构中添加这 3 个决策层，以便对组织的网络安全环境有一个全面系统的视图。基于组织的网络世界综合系统视图，创建一个基于信任的网络安全结构框架。

NIST 800-39 将信息安全置于更广泛的组织背景下，以实现任务/业务的成功。其目标如下[23]。

（1）确保高级领导/主管认识到网络安全风险并管理这些风险。

（2）确保风险管理在组织、任务/业务流程和信息系统这 3 个层次上进行。

（3）培养网络安全风险意识，以便在综合企业架构下，以及系统开发的生命周期过程中，设计任务/业务流程。

（4）帮助系统实施和运营人员了解系统的网络安全风险如何影响任务/业务的成败（整个组织的风险）。

ISO/IEC 9000 质量管理体系标准系列能够帮助组织确保他们提供的产品或服务满足利益相关者的需求。该系列旨在提高客户的满意度。质量管理体系的基础包含 7 项基本原则：以客户为中心、领导力、员工参与、过程方法、持续改进、基于事实的决策方法和关系管理，它们是该标准系列的基本原则[28]。

ISO/IEC 27000 标准簇为信息安全管理系统（包括一个组织建立政策、目标，以及实现这些目标的过程中各项综合要素）、风险处理和控制提供建议[10]。

## 9.4.2　系统视图和信任增强的措施

根据统计过程控制（Statistical Process Control，SPC）理论，所有过程都涉及运营变化，根据产生变化的原因，其被分为两类：一般原因（或系统本身）引起的变化及特殊原因（即命名原因和可归属原因）引起的变化。特殊原因产生于过程之外，与一般原因相比，其产生的变化更多。在非受控过程中，两种类型的偏差同时发生[19]。

原则上，对于过程为何会产生变化，利尔兰克（Lillrank）的理论也可以被推广到电力组织的过程管理中。针对一般原因和特殊原因，组织领导层采取的措施旨在减少其造成的变化。对过程执行进行适当规划和控制可减少随机变化。通常情况下，我们始终建议以减少这种变化为目标。如果领导层过度关注随机原因导致的过程变化，则可能会由于所选择的措施导致过程控制的过度反应。在最糟糕的情况下，可能导致整个过程的管理失控。领导层采取行动时，应积极预防特殊原因产生的变化。几乎无一例外，在运营过程中，严重的网络安全干扰会导致停电，而这些情况属于非正常变化。在规划和积极实施安全活动时考虑这些特殊原因，可以减少相关风险，提高组织运营的整体可靠性。

衡量一个组织的卓越性，可以看其是否有能力在正确的时间、以正确的态度识别运营过程中两种变化的原因。在网络安全运营中，为了处理复杂的技术、应对复杂的系统环境，这种能力是必需的。为了最大限度提高网络安全重要性，最大限度拓宽系统思维和战略观，运营层和技术-战术层采取的措施要增强全面的网络信任。

组织最高管理层最基本的网络安全任务之一，是作为国家关键基础设施的一部分，持续提升和维护运营的可信程度。组织的战略选择关系到组织的声誉，所以管理层需要做出具体的战略选择，让整个组织支持所选业务，在指导下确保业务的业绩。管理层的一项重要任务是为业务提供充足的资源。所选定的业务操作必须与组织的全体人员和其他利益群体充分沟通。为满足最高管理层的需要，创建一个网络安全评估模型是非常重要的。例如，在该模型的帮助下，其他组织可以评估其网络安全水平，识别其弱点和应急计划的缺陷，至少可以解决基本问题。诸如此类的操作需要组织最高管理层做出战略决策。

运营层的操作用来推进战略目标。全面提高网络安全和信任，需要全面的网络安全管理，并保持对网络运营环境的态势感知。它必须以目标的风险评估为出发点，并在此基础上进行运营分析。对于运营层的具体实践，其目标必须是确认信息安全解决方案，以及本组织连续性和灾难恢复计划的构成。这个目标必须持续监控运营流程的可用性，并在发生需要分析和决策的事件时提供决策支持。

在技术-战术层，本组织运行所有流程，在其 ICT/IT 和 ICS 中使用这种保护技术，并从互联网接口和组织的内网，一直延伸到对单个工作站或设备的保护。这些技术方案使验证不同的有害观测或异常观测成为可能。这些典型技术与安全产品有关，如网络流量分析和日志管理（安全信息和事件管理，SIEM：Security Information and Event Management）、防火墙保护、入侵防御和检测系统（IPS 和 IDS）及防病毒。态势感知则建立在集中监控室（安全运营中心，SOC）。这些技术方案可以由组织控制，也可以外包给信息安全运营商。其首要目标是对业务过程的态势感知和保护。

领导力、管理、能力，以及持续改进行动的措施关乎一个组织的卓越性。网络信任与组织的可靠性有关。提高组织网络信任的措施如图 9.5[25]所示，组织内部应在所有决策层面采取汇总的措施来提高组织的网络信任。图 9.5 的内容源于组织范围内的风险管理标准：NIST 800-39[23]，以及 ISO/IEC 9000 标准系列（7 项质量管理原则）和 ISO/IEC 27000 标准系列（信息安全管理）。

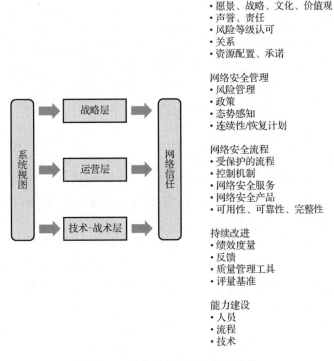

领导，管理
• 愿景、战略、文化、价值观
• 声誉、责任
• 风险等级认可
• 关系
• 资源配置、承诺

网络安全管理
• 风险管理
• 政策
• 态势感知
• 连续性/恢复计划

网络安全流程
• 受保护的流程
• 控制机制
• 网络安全服务
• 网络安全产品
• 可用性、可靠性、完整性

持续改进
• 绩效度量
• 反馈
• 质量管理工具
• 评量基准

能力建设
• 人员
• 流程
• 技术

图 9.5  提高组织网络信任的措施

建立一个组织的网络安全是从组织愿景和战略工作开始的。领导层为提高网络信任，将组织愿景转化成战略目标、运营层的行动、指导方针和政策。从战略中导出的实际措施在技术-战术层得以实现。组织的能力因素使这些措施得以成功。建立提高网络世界安全和信任的措施是领导层的责任。将必要措施与保证商业活动的理念相结合，通过优化整个组织、各个利益团体和社会的流程，提升其意义和效益。

网络安全相关活动的不断改进，增强一个了组织主动预防干扰的能力，以及运营过程容忍潜在变化的能力。对组织的能力和可能性的充分影响将有助于提升组织的整体运营水平。组织活动不断发展，工作人员的能力不断提高，为战略层、运营层和技术-战术层提供支持。在领导、管理、流程和措施的系统思维原则中，组织的网络安全优势有助于加强和维护业务活动中各个层面的信任。通过全面提高网络信任，发展与网络活动相关能力，也会提高公司的竞争优势。

# 9.5 采取措施以增强网络信任

本节强调增强网络信任，这需要了解组织中存在的风险、风险分类和系统思维的方法。系统思维能够为组织建立以信任为基础的网络安全框架，这有利于对整个组织进行风险评估。

组织中仍存在未识别的风险，因此有必要采取行动来提高组织的恢复能力。组织可以通过做好灾备流程来提高这项能力。本节的最后建议采用 PDCA（计划、执行、检查、行动）方法来开发组织的网络安全活动、提高组织的能力。

## 9.5.1 增强信任的措施

在一般的风险评估或风险分类中，我们假定每个事件都已被识别，但这无助于对未识别的风险进行定性。在网络世界中，显然，ICT/IT 和 ICS 的漏洞会导致各种风险。未识别的风险就像一个非常罕见但众所周知的事件，人们知道它是什么，但不知道它是否真的会发生。这类事件应该被归类为未知，因为它的发生概率和造成的影响是不确定的。

为了区分已识别的风险和未识别的风险，对风险发生的认知水平取决于能否提前识别风险。关于风险影响的认知水平应包括风险如何发生、发生后造成的影响，其具有不确定性。风险分类结构如表 9.1 所示。在此模型中，事件按"识别性"和"确定"[13]进行分类。

表 9.1 风险分类结构[13]

| 识 别 性 | 确定（已知的） | 不确定（未知的） |
|---|---|---|
| 已识别（已知的） | 已知的已知（已识别的知识） | 已知的未知（已识别的风险） |
| 未识别（未知的） | 未知的已知（未开发的知识） | 未知的未知（未识别的风险） |

为了应对所有挑战，一种解决方案是我们需要建立一个网络安全管理的综合系统级视图模型。它由组织的 5 层网络结构和组织内部战略层、运营层和技术-战术层组成。这些方法还包括调查增强组织信任的措施。一个组织的结构性网络安全框架是由这些组成部分构成的，所有决策（战略层、运营层和技术-战术层）可以应用这些组成部分进一步开发网络安全管理的细化步骤。以下有 3 个实用的开发措施。

（1）将高水平新技术方案嵌入组织主要组成部分的网络安全结构中（已知的已知，未知的已知）。

（2）拟定全方位网络安全风险评估（已知的未知）。

（3）准备应急计划，以提高组织的应对能力（未知的未知）。

将提高组织网络信任的措施（见图 9.5）和网络的 5 层架构（见图 9.2）的系统

思维相结合，就有可能形成一个基于信任的网络安全架构，如图 9.6 所示。

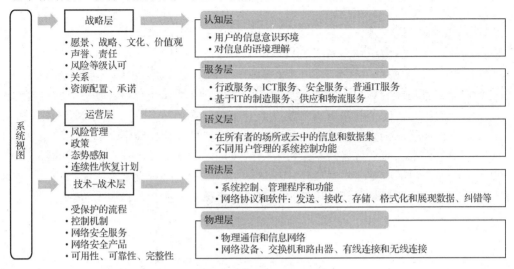

图 9.6　基于信任的网络安全架构

网站 BusinessDictionary.com 对"能力（Capability）"的一般定义是"衡量一个实体（部门、组织、个人、系统）实现其目标的能力，特别是与之总体任务有关的能力"；从质量的角度出发，能力是"在稳定过程中内在变化的总体范围"[4]。迪肯森（Dickenson）和马夫里斯（Mavris）[5] 将"能力"定义为"在特定的标准和条件下，通过一系列方法和手段的组合，使任务执行达到预期的能力"，它也是"执行规定行动的能力"。因此，组织的能力也可以被看作从以往经验中学习，使用相关信息来改善网络安全流程的能力。

ISO/IEC 9001 所提倡的过程方法系统地确定了各种过程（组织质量体系一部分）。与质量管理系统相关的 PDCA 循环是一个动态循环，可以在整个组织的每个过程中实施。它结合了计划、实施、控制和持续改进。如此一来，组织一旦实施 PDCA 循环，就能持续进步[1]。

## 9.5.2　风险分析

实现公司目标的愿景是增强信任措施的出发点。战略的定义源自愿景，用于指导公司为实现目标采取的行动。在第一阶段，通过对网络威胁进行风险分析，促进定义战略是最切实可行的。在考察一家电力公司时，风险分析的目标是由公司的物流框架和 IT 流程决定的。一个电力公司的系统包括燃料补给和供应系统、生产系统及其支撑流程、电力分配系统。在电力公司的运营中需要上述所有组成部分，它们之间相互依赖，其运营管理和监控对整个生产的成功至关重要。在网络安全管理方面，物流框架的不同功能必须被视为价值等同的主体。

如果一个组织熟悉影响流程运行的因素、在网络世界中这些因素的最薄弱之处，以及最可能威胁流程的网络攻击手段，那么该组织就拥有了最相关的信息，以便编制保护计划应对潜在威胁。针对攻击手段的脆弱性分析是一个系统化工具，用于识别和评估与流程操作相关的风险，以及选择最合适的措施来加强对网络安全的信任。脆弱性分析为组织提供了过程开发需求的全景视图。

ISO/IEC 27000 系列标准中，风险管理标准 ISO/IEC 27005 包括风险管理过程（见图 9.7），它可用于分析电力生产过程中涉及的风险。风险可以按照图 9.7 的处理过程进行分类。其目的是利用不同措施降低或完全消除最高风险。在风险识别的基础上，企业领导层优先处理过程中的最高风险，选择最适合风险管理的措施，在网络环境中制定积极的应对措施。不太重要的风险可以选择保留，这么做的目的是管理它们。电力公司网络环境中的风险转移可以通过其物流网络来实现。这意味着一旦发生责任相关的问题，必须采用明确的内部运营模式，在公司网络内解决。

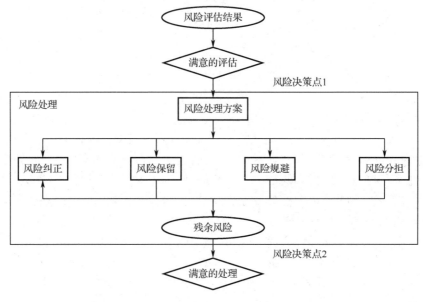

图 9.7　风险管理过程[27]

### 9.5.3　弹性提升行动

弹性提升行动可以通过利用灾备计划来实现。林可夫（Linkov）等[21]介绍了一个可用于这种规划的弹性矩阵框架（后来称为"林可夫模型"）。它将一个系统的 4 个阶段 [计划/准备（Plan/Prepare）、吸收（Absorb）、恢复（Recover）和适应（Adapt）] 与一个系统的 4 个领域（物理、信息、认知和社会）相结合。后来，林可夫等[22]将该模型进一步应用于网络系统。他们的目标是创造有效指标来衡量网络系统的弹性[21-22]。

文献[26]为电力公司提供了弹性管理流程（见图 9.8）。它可以与一个组织的管理系统相联系。在制定弹性管理流程时，公司可以利用以下程序：

- 目标组织的网络物理系统（ICT/IT 和 ICS）的定义；
- SWOT 分析（优势、劣势、机会和威胁）；
- 林可夫模型；
- 开源情报（OSINT）；
- 电力组织在利用自己的运营网络进行数据收集方面的实力。

在定义目标组织后，识别与运营过程相关的信息物理系统（ICT/IT 和 ICS），将其置于系统网络结构中。在此之后，考虑到网络结构，SWOT 分析可作为主题访谈应用于组织，以描述组织网络安全现状。这样就可以在正常情况下（林可夫模型的第 1～3 阶段）草拟所有领域（物理、信息、认知和社会）的基本弹性计划。林可夫模型的第 4 阶段也用于描述上述所有领域，但其决定性内容必须基于可能发生的干扰情况的后果来确定，以达到让组织尽可能有效地从干扰情况中学习的目的。组织的运营计划是通过重复的 SWOT 分析来编制的。因此，作为修复行动的一部分，林可夫模型的每个阶段都会更新计划。在更新过程中，应借助 OSINT 模型，同时利用公司自身的数据收集渠道（如运营网络），继续维持正常情况下（林可夫模型的第 1 阶段）的灾备计划。

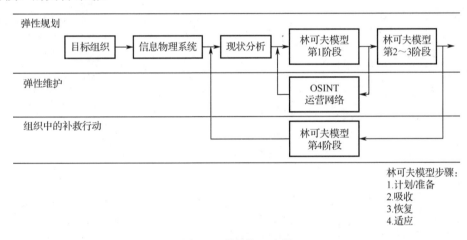

图 9.8 弹性管理流程

弹性行动的实施过程为组织的所有决策层服务。在 SWOT 分析中，组织的绩效分析和整体运营环境的分析都支持了战略规划。它也为其他决策层提供学习和问题识别、评估和制定运营流程方面的信息。林可夫模型用于规划和维护一个组织的业务连续性管理，支持运营层和技术-战术层的行动。

提高信任的基础是公司为实现其运营目标而设想的愿景。而从愿景中导出的战略定义则使愿景的实现成为可能。电力公司的运营业务流程包括燃料物流和输入系统、生产系统及其支持流程，以及电力分配操作系统等。电力公司的运作需要上述所有部分，它们之间的相互依赖，以及对功能的控制和监督，保证了整个组织流程的成功运行。为了实现成功的网络安全管理，应平等对待不同的操作。

林可夫模型及其不同阶段特别适合运营层和技术-战术层的灾备计划，以保证操作的连续性。根据前述的信息物理系统结构，这些目标在组织各个决策层面的准备计划的中心位置，所以我们能从电力公司的运营中寻找这些目标。在利用林可夫模型之前，公司的具体操作必须基于现状分析，同时也必须基于从目标组织的优势、劣势、机遇、威胁及其相互关系中获得的态势感知。从网络安全的 SWOT 分析中，能很清晰地了解组织在运营连续性方面和对威胁的管理方面要实现的目标。基于分析，每个电力系统（电力生产）组织的相关需求都可以在林可夫模型的规划阶段加以明确（见表 9.2）。

表 9.2 建立在林可夫模型上的研究结果

|  | 计划/准备阶段 | 吸收阶段 | 恢复阶段 | 适应阶段 |
|---|---|---|---|---|
| 物理 | 技术态势感知<br>分区<br>可替代资源 | 识别干扰因素及其范围和影响<br>保护敏感信息<br>部署可替代资源<br>干扰隔离 | 保持态势感知<br>逐步提高<br>测试 | 更新 |
| 信息 | 关键系统的分类和优先级<br>业务影响<br>敏感信息保护准备<br>沟通计划 | 文档<br>主管部门和利益相关者的信息 | 文件<br>向新闻界通报情况 | 汇总文件 |
| 认知 | 对态势感知的看法<br>情景和模式<br>情景管理<br>资源<br>培训和评量基准<br>反馈系统 | 态势感知分析<br>额外资源<br>排序<br>审查信息 | 专业知识分配<br>收集数据和日志信息 | 日志分析<br>影响分析<br>形势分析<br>反馈分析<br>系统更新<br>持续改进 |
| 社会 | 利益相关者联系人的姓名<br>特殊情况的培训 | 运营情况通报 | 运营情况通报 | 员工培训<br>告知开发业务<br>更新利益相关者的信息 |

在林可夫模型的物理领域内，认可计划/准备阶段和吸收阶段的操作：

- 注意技术的功能、监督和控制；
- 规划系统隔离和所需操作；
- 规划替代网络和路线。

在干扰情况下，首先要明确事件的态势、性质、分布、范围及影响，然后在必要阶段执行计划。在恢复阶段，保证系统内所有部分的洁净和功能，引导机器全面提升。适应阶段取决于从关联情况中获得的经验，但至少仔细考虑技术层面提供的保护措施。

在信息领域的操作中，我们对文件规划重要性的强调主要体现在关注特定情况下的文件，以及在规划阶段必须形成关键操作及其相关要求的文档等方面。文件既要为干扰情况下的操作服务，也要在干扰情况下和恢复阶段实现信息文档化，如此才能在适应阶段利用具体的经验和学习知识。在每个阶段，都必须向重要利益相关者和不同权威机构汇报情况。

在我们的案例研究中，认知领域的计划在所有领域中增长最多。因此，我们可以认为，其在建立态势感知、连续性管理、业务优先级、管理和控制不同资源（包括服务）等方面具有重要意义。在干扰情况下、在恢复阶段和适应阶段，这些操作利用之前获得的知识，发挥决定性作用。

与信息领域相比，社会领域的规划阶段拥有更具体的沟通计划，其包括特定联系人及内外的利益集团。在不同阶段，大范围情境化信息是社会领域规划的结果；此外，社会领域的规划还包括对全体员工进行不同阶段管理的培训。

## 9.5.4 PDCA 方法——开发活动的工具

组织的政策表明组织的领导层致力于实施战略措施。在商业领域，一般战略措施主要以促进商业活动为目标，这意味着组织将网络安全看作整体战略的一部分，来支持业务发展目标。网络安全作为公司政策的一部分，是向员工和利益集团传达开发项目的必要性和重要性的一种方式。业务目标由政策衍生，作为企业业务流程的一部分，其中已经考虑到了风险分析。为了制定这些措施，组织必须有一个开发其业务的系统方法。

ISO/IEC 9000 标准推荐使用 PDCA（计划、执行、检查、行动）方法来系统发展组织的活动。该方法基于 4 个发展阶段的循环。第一阶段（计划）包括计划，在此阶段分析活动主题，并根据分析结果制定替代措施；在实现（执行）阶段，实施所选措施；随后，在实践中检查所实施措施的功能、效率和适当性（检查）；在周期的最后一个阶段（行动），如有必要，我们将改进所选措施，并将改进后的措施确立为标准实践。一次循环执行之后，将回到第一阶段，基于新的情况分析，通过改进的行动，开始新一轮的循环。因此，发展是无止境的过程，在每个周期后，活动的水平都会得到提高。该方法的理念是持续学习和持续改进活动水平。

在一轮循环中，制定措施通常需要大量的计划，所以应该为其保留充足的时间。重要的是，要根据实施这些措施所需的资源来选择对应措施，一个组织开发活动的成熟度会对已实施措施的评估产生影响。当发展网络安全时，初始阶段的目的是认识到网络安全管理的需要，并对业务中的网络安全风险进行定义。因此，PDCA 循环可能包括根据风险评估最有必要的管理行动，如生产中一致性的信息安全政策、在生产中维护信息安全的实用指南，以及可能的针对系统的初步网络安全检查。在后续过程中，必须根据风险的优先级来选择开发目标。

以下是使用 PDCA 方法开发网络安全管理的一种可能的过程模型。

### 1. 计划阶段

（1）根据风险评估选择开发目标：
- 目前的状态；
- 计划和目标。

（2）创建一个当前网络安全形势图：
- 早期措施、合作伙伴的知识；
- 特殊原因引起的分支干扰。

（3）分析问题并确定纠正措施：
- 识别干扰造成的相关潜在危害；
- 选择可用措施进行预测和管理。

### 2. 执行阶段

执行选定的措施：
- 选择负责实施的人员；
- 为员工组织信息和培训。

### 3. 检查阶段

检查措施的影响：
- 比较结果与目标；
- 如果目标未实现，则返回第 3 阶段。

### 4. 行动阶段

（1）使所选择的开发措施规范化：
- 更新必要的指导方针、技术解决方案和服务；
- 继续培训员工。

（2）得出结论并为未来编制计划：
- 根据新的目标继续开发；
- 更新威胁、更新风险分析。

在本节中，我们描述了在电力生产组织中启动与网络安全相关的主要基本解决方案的一种方法。这些最初的步骤为以后的开发活动以及动态网络环境中的持续改进提供了基础。

## 9.6　结论

国家电网及其电力生产是一个国家关键基础设施的一部分——现代社会的运

行以一个可靠的电力系统为基础。确保电力组织在所有环境中的可用性和可靠性，对关键基础设施的有效运作至关重要。因此，电力组织为管理和控制过程中的网络安全而采取的相应措施，是生产可靠性的重要组成部分。

电力组织流程中存在诸多网络环境风险，这就要求组织在业务活动的各个层面加强和维护信任。组织内增强网络信任的综合措施，以及网络安全的卓越发展，也都会提高其竞争优势。

为提高对网络安全管理和信任，组织采取的初步措施可以按优先级归纳为以下几个方面。

（1）确保组织将网络安全措施视为战略目标，并为所选措施分配足够的资源。

（2）进行风险评估，更新组织的政策以满足网络安全的要求，并实施弹性管理。

（3）在第一个发展阶段采用 PDCA 方法，根据风险评估，采取主要的增强信任的措施。

（4）通过选择下一个周期的主题，形成开发行动的持续过程，重复 PDCA 开发周期。这一程序将为组织营造持续学习、持续改进的文化，而组织的能力和竞争优势也会因此得以增强。

（5）监控措施产生的影响，因为措施是组织审计和管理程序的一部分（如作为 ISO/IEC 9001 标准程序的一部分）。

## 原著参考文献

# 第 10 章　海事网络安全：面对全球化大传送威胁

**摘要：**本章讨论全球海事系统中的网络安全问题。海事系统由一系列互联互通的基础设施所组成，这些基础设施为各大水域间的贸易提供便利。本章讨论如何保护海上交通免受攻击，并且讲述网络攻击会如何改变那些确保商业航运免受公海攻击的平衡要素。作者提出了如下问题：针对海事目标（船舶、港口及其他元素等）的网络攻击是什么样的，以及我们已采用哪些保护措施来应对网络攻击对海事系统的威胁。

**关键词：**网络安全；海上贸易；国际安全

## 10.1　引言

一直以来，国际海运都是贸易全球化的主要载体。全球 80%以上的货物是由船舶运输的。除可以空运的手机和其他体积小、质量轻、价值高的物品外，几乎所有在洲际间运输的物品都借助航运完成。航运是全球贸易不可或缺的一部分，而大大小小的港口就是集装箱、散装和液体货物的出发地和目的地。

目前，船舶运输过程已实现高度自动化，在该过程中，我们利用计算机来解决一切问题，包括为船舶提供导航和推进力，以及处理货物和海关事务。用于处理海上货运业务的计算机也逐渐实现了联网，其采用了与其他基于互联网的通信形式相同的协议[1]。随着船舶和岸上海事系统实现联网和计算机化，恶意参与方有了破坏海上贸易的新机会，从而造成远超海盗行为和公开性海上敌对行动的破坏效果。

网络攻击可能在全球范围内发动，且可能造成毁灭性影响。我们可能无法像躲避地区冲突或海盗行为一样躲避网络攻击。既然网络攻击的威胁是真实存在的，那么我们亟须回答以下几个问题。首先，网络攻击会如何威胁到全球海上贸易系统。其次，我们需要研究网络对海事系统产生的威胁。最后，我们需要尝试确定哪些规范、标准、实践和法律才保护全球海上贸易系统免受网络攻击，以及在制定美国公共政策和国际政策方面，可以提供哪些实用性建议。

在进一步讨论该领域所发现的网络问题相关国际安全背景之前，我们必须澄清一个定义。作者倾向用"海事系统"（Maritime System）这一术语来描述那些主要为商业目的而开展航运和港口活动的空间。美国海岸警卫队（USCG）和美国国土安全部（DHS）的文件中所描述的海上运输系统（Maritime Transport System，MTS）以详尽的形式列出了海事系统中出现网络安全问题的诸多方面。美国国土安全部将海事系统这一定义延伸到港口和海岸管理机构，但不一定包括远离美国领土的海域航行的船舶。

几个世纪以来，各国经常在海权问题上相互竞争或发生冲突。当英国和美国这两个国家竭力控制海洋，并允许在全球各大洋上进行自由贸易流通时，其他国家对其在海洋上的"仁慈霸权"提出了异议[2]。在谈及网络安全问题时，我们必须将海事安全的历史背景纳入考量，因为网络攻击很可能会跟以往的军舰、私掠船或公海上的海盗一样造成严重后果。

## 10.2    海上贸易和海洋控制：源于 20 世纪的教训

海上冲突通常会包括破坏航运活动[3]。两次世界大战中的潜艇战均对多个国家（尤其是对轴心国和同盟国所包含的岛国）构成了致命威胁。第二次世界大战期间，有两次著名的潜艇战：一次是大西洋潜艇战，尽管同盟国付出了巨大代价，但以德国失败而告终；另一次是太平洋潜艇战，美国成功击沉了日本商船。战后的几十年里，美国及其北约（NATO）盟友不断备战，以应对北大西洋上的海军力量和军事理论交锋。

当时存在的问题是北约的海军力量（水面舰艇、潜艇和飞机）能在多大程度上保护从北美向欧洲增援的大规模部队。当时假设的情况是，苏联会出动数百艘潜艇和水面舰艇来破坏盟国之间的海上联系。现在，我们只能猜测北约和苏联的各自战略会不会成功，但如果北约与苏联当时发生战争，我们认为航行在北大西洋上的商船很大概率会被击沉[4]。尽管如此，米尔斯海默（Mearsheimer）在 1986 年指出，"海军威慑的主要价值在于制海权，对想要在欧洲发动战争的苏联决策者而言，保护北约海上运输通道（SLOC）可能是至关重要的"[5]。

虽然在 1945—1989 年期间东西方之间没有发生重大战争，但地区冲突也确实对国际海上贸易造成了影响。也许，其中影响最大的一次冲突就是 1967—1975 年期间苏伊士运河的关闭。1967 年 6 月的"六日战争"爆发时运河关闭，以色列和埃及军队在这条地中海和红海之间长达 120 英里的水道上对峙，直到 1973 年的"三日战争"才结束。1975 年，随着开罗和特拉维夫之间关系改善，运河得以重新开放。苏伊士运河的关闭使孟买到伦敦的航程从 6200 海里增加到 10800 海里以上。费雷尔（Feyrer）有力论证了苏伊士运河的关闭在何种程度上导致了其两岸国家之间贸易的大幅减少[6-7]。

作为最后一次地区性海上冲突，1982 年的马尔维纳斯群岛战争对国际海上贸易的影响微乎其微，但在 1980—1988 年期间伊朗和伊拉克之间的局部战争中，为了互相打压石油出口贸易，交战双方的商船受到了 450 多次攻击[8]。双方都试图阻止对手在国际上出售石油，从而获得支撑其继续战争的资金。美国对此次在波斯湾发生的冲突进行了干预，但最终致使其两艘军舰被严重损坏，这两艘军舰分别是"斯塔克号"护航舰（被伊拉克导弹击中）和"塞缪尔·B. 罗伯茨号"护航舰（遭遇了伊朗的一枚水雷）。美国奋力保护商船，证明了海上航运的危险性和不可预测性，但在"塞缪尔·B.罗伯茨号"护航舰遭到破坏后，美国对伊朗军队开展了惩罚性攻击，这在很大程度上削弱了伊朗伤害美国或其同盟国商船的能力。

虽然未发生重大国际冲突，但新形式的海上贸易破坏行为不断涌现。20 世纪 90 年代，索马里陷入无政府状态，无力控制沿海地区，这一情况导致了海盗行动在 21 世纪死灰复燃。地区军阀和强盗发动了一场大规模的海盗活动，劫持了几十艘船舶，其中一些船舶被扣押多年，赎金超过 100 万美元。但是，国际上采取了协调一致的应对措施和岸上军事行动，并取得了预期成果，将索马里海盗问题控制到了可忽略的程度[9]。

## 10.3　网络安全与海事系统

一般来说，公海上的海盗行为都是简单粗暴的。几个人携带火箭推进榴弹和卡拉什尼科夫冲锋枪，通过登船装备和一艘快艇，便可劫持一艘排水量在 5 万吨以上的船舶（海军舰艇除外）。劫持这些船舶所获得的赎金可达数百万美元。

网络攻击破坏航运的方式与海盗行动大不相同。为了应对网络威胁，我们需要运用一些想象力，思考一下发动一次网络攻击的必要条件是什么，不论该网络攻击旨在窃取有价值的物品，还是破坏海上船舶或其他基础设施。作者在此将这种思考网络攻击的切入点的做法称为攻击者的"坏蛋哲学"（Bad Guy-ology）。

这是什么意思呢？当我们说到网络空间中的"坏蛋"时，我们指的是那些可以单独行动或以小团体或大集团的形式行动的人，且他们有可能受到国家或其他组织的支持或委派。他们为复杂工具编写源代码，渗透计算机网络，并像大多数互联网企业一样做着大量数据管理工作（包括服务器、数据库、通信手段等）[10]。

在过去 20 多年里，随着网络攻击变得日益复杂化，我们目睹了有关计算机安全系统崩溃的大量报道。长久以来，我们都无法避免网络攻击的发生。黑客及黑客组织已经存在很长一段时间了，而且他们已渗透国内和国际政治领域。他们背后有巨大的势力支撑。2018 年，黑客组织"死牛崇拜"（cDc）的一名前成员为争夺美国得克萨斯州参议院席位而参加了民主党竞选。

与此同时，随着政治和网络攻击的互相融合，网络攻击已从针对伊朗核浓缩计划而发起的"震网"（Stuxnet）攻击等"入侵机器类"黑客事件，延伸到政府资助的信息战行动，如他国黑客窃取美国民主党全国委员会的电子邮件。这些事件都说明了网络攻击的严重性和影响力，以及网络攻击会造成哪些方面的破坏。

因此，当我们着手思考海事部门的网络漏洞时，首先需要关注的问题是：当事物遭到破坏后会造成什么后果[11]？目前，我们正在尝试将漏洞对应到与信息和计算基础设施的各个部分相联系的组件上。安全隐患不在那些只能人为操控的开关上，而是在那些由计算机操作并通过网络连接的开关上。

只有当我们意识到哪些方面（对安全或持续运作产生严重不利影响的方面）容易出错时，才能列出所有的网络安全隐患。因此，我们需要思考的是，航运过程中的哪些环节会像关键基础设施的组件一样出错。这个问题看起来很简单，但将这个问题计算机化却很难。

此外，必须谨记的一点是，海上贸易对全球经济起着至关重要的作用，而破坏海上贸易可能会对全球制造业或能源供应链造成极为严重的影响，这也意味着，我们必须认识到海事系统中网络安全的重要性，因为海上贸易与全球 GDP 和其他经济指标密切相关。海上贸易总量每年超过 100 亿吨[12]。由于许多国家高度依赖进出口形式，因此其敌手或敌方会通过中断这些贸易往来获得潜在好处。在这个经济冲突加剧的时代，网络武器是否可以用来破坏海事系统呢？当然可以，而且人们已经在使用这项武器了。

到目前为止，基于 Stuxnet 或 Shamoon 病毒的海事系统网络攻击都针对全球最大集装箱船运营商［丹麦的穆勒-马士基集团（Møller-Maersk）］发起。但马士基集团不仅是最大的集装箱航运公司，同时也自行经营着包括美国集装箱吞吐量最大的洛杉矶港在内的若干港口。同时，2017 年 6 月，在针对所有物流公司所发起的一次成本最高、破坏性最强的网络攻击中，马士基集团也成为受害者。

此外，马士基集团的 IT 基础设施也曾因 NotPetya 恶意软件在公司计算机网络的扩散而遭受重创。这次攻击导致该集团 76 个港口中的 17 个港口停止了港口运营，包括起重机、闸门、货代指令及诸多其他流程。攻击发生后，"在接下来的几天里，独立支撑起全球经济循环系统的全球最复杂且互联性最强的分布式机器之一，一直处于瘫痪状态"[13]。

基于马士基集团所遭遇的困境，我们可通过两种行动方式来研究海事系统网络攻击中的"坏蛋哲学"。第一，我们要明确攻击的预期效果，此类预期效果可能包括因错误识别货物集装箱而为走私提供便利。第二，我们要思考如何让系统暴露于网络攻击中，以及如何利用漏洞来达到预期效果。因此，我们可以从两类问题入手：第一是"如果我想用某种形式的网络攻击来破坏 $x$，我该怎么做？"第二是"如果我能看到资源 $y$ 上的漏洞，我可以用它来做什么？"

回顾马士基集团的攻击事件，外界普遍认为，尽管 NotPetya 恶意软件给马士基集团造成了严重损失和伤害，但它本身并不是本次攻击的预定目标。从该事件中，我们不得不思考：任何有预谋、有计划的攻击会对其他大型托运商和港口运营商造成什么样的损害？

展望未来，我们需要列出哪些漏洞会使"坏蛋"趁机通过网络手段制造破坏，并基于一定的特征对这些漏洞进行分类。显然，我们可以将海事网络安全一分为二，即在海上运营和港口运营之间做出区分。这是一种非常有效的区分法，因为比起在码头和内陆附近操作的其他海事系统部件，海上船舶的数据连接水平会受到更多限制。港口及其 IT 基础设施在很大程度上得益于其与高速运行的主干互联网的连接，但海上船舶并非如此，它们几乎完全依赖卫星连接来传输和接收数据，而这种连接的成本非常高。所以，让我们先来探讨一下海上船舶面临的网络问题。

## 10.3.1  海上船舶面临的网络问题

基本上，航海家已不再使用星星和六分仪进行导航。目前，大部分船舶借助于三大计算机驱动的系统实现全球海运航线的往来。这三大系统分别是：船舶自动识别系统（Automatic Identification System，AIS）、全球定位系统（GPS）及电子海图显示信息系统（Electronic Chart Display Information System，ECDIS），它们是当今商船计算机化导航的三大支柱。

船舶自动识别系统（AIS）是一种非加密的应答器，负责传送航线、速度、船舶类型、货物种类、停泊或航行状态，以及其他海上安全信息[14]。自 2002 年以来，远洋航行的船舶被要求安装 AIS 应答器，但该应答器的功能经常因各种原因而遭到暗中破坏。

全球定位系统（GPS）对海上导航起到同样重要的作用。在公海航行时，使用 GPS 会让船舶的导航比以往更准确、更简单。只要商船能够与 GPS 的卫星通信，通常其位置就可以确定，误差在几米之内。GPS 也被用于军事目标定位，但因此出现了能够混淆、拦截或欺骗 GPS 信号的各种手段。美国海岸警卫队曾就 2015 年的一起事件发布预警，在这起事件中，多艘离开非美国港口的船舶与 GPS 失去连接。2017年，黑海有多艘船舶报告其 GPS 信号弱，甚至失去连接。

在所有可能遭受网络攻击的系统中，最令人担忧的莫过于电子海图显示信息系统（ECDIS）。首先，作为船舶驱动系统，ECDIS 与导航装置、传感器和控制系统相连接，所以它经常成为网络攻击的首要目标。其次，ECDIS 的另一大问题还在于其数据的不准确性。2013 年，美国海军一艘代号为"守卫者"的扫雷舰在菲律宾海域严重搁浅，主要因为"在规划和执行导航计划期间，领导者和观察团队主要参考了并不准确的数字海图（DNC）给出的海岸图"[15]。此外，多家网络安全与海事出版物报告称，ECDIS 很容易被未经授权的人操纵，因此可能导致船舶搁浅或碰撞。

除了现代商船上当前使用的主要导航系统外，船上操作也实现了大规模自动化。现代货船因自动化遣散了大量船员，即使最大的货船也没有逃过裁员的命运。现在，排水量在 10 万吨以上的大型商船只需不超过 10 位操作员。计算机系统取代了船员的位置，这些过程控制系统通常由服务于多个行业的自动化公司提供。

施耐德电气（Schneider Electric）便是该领域的产品供应商之一，它是一家法国公司，提供多达 11 款商船应用程序产品。施耐德的产品经常出现于海事领域，尤其是其 Triconex 品牌的过程控制软件被广泛用于各行各业的工业应用程序。但不幸的是，据沙特阿拉伯的一家石化工厂称，该产品遭到了网络攻击。船载系统可能包含大量漏洞，虽然它们不会像电缆和光纤网络那样受到攻击，但会受到众多其他途径的攻击，如在船员不断变动的情况下，出现恶意内部人员攻击。

## 10.3.2　港口操作中的网络问题

海上船舶的网络安全问题具有特殊性，因为大多源于操作技术漏洞，但陆地操作则截然不同。船载系统在海上航行期间很可能断开连接，但港口系统基本上都相互连接，且广泛暴露于互联网中。港口系统的网络安全问题之所以更复杂是因为港口在所有权、运营及技术构成上均有超乎寻常的异构性。美国海岸警卫队的港口检查员曾打趣道："如果你见过一个港口，那只是见过了一个港口。"

港口通常由地方或地区政府所有，由商业运营商运营，并通过无数公司和办事处提供港口服务。休斯敦港是美国最大的港口之一，也是美国最大的能源港口（后文将详细介绍）。休斯敦航道总长 52 英里，沿岸有休斯敦港及其港务局（Port Authority，PHA），由政府和私人运营的海运码头及其他港口设施，共途径 150 个码头。它是美国第二大和第三大炼油厂的所在地，被视为美国的主要能源港口。2018 年，休斯敦港处理了约 2.6 亿吨短吨货物和超过 200 万个 20 英尺标准货物集装箱。

作为一个高度自动化和联网化的港口，休斯敦港采用了以 NAVIS 互联套件为核心的数字运营系统。

该系统旨在管理码头和货物运营的方方面面，并且使用光学字符识别技术来扫描货物并进行货物跟踪管理。当货物通过卡车或铁路运送离港时，NAVIS 不仅作为港务局安全访问控制系统的一部分，以电子方式登记货物离境，而且还为港务局生成账单发票。港务局所用的龙门吊、燃料库，甚至暖通空调（HVAC）系统均已联网[16]。

既然休斯敦港的日常运作大多依赖于 NAVIS 软件，那么如果想要在港口实施偷窃或破坏行为，则 NAVIS 必然是一个很好的攻击切入点。在过去，是否发生过 NAVIS 被攻破或被发现漏洞的事件呢？当然发生过。2016 年，人们在 NAVIS 软件中发现了一个 SQL 注入漏洞（一种在数据库服务中发现的漏洞）。现已解散的美国国土安全部工业控制系统网络应急响应小组（ICS-CERT）曾报告过一个之前未知的漏洞，NAVIS 公司还为此发布过补丁。如果没有该补丁，就连新手黑客也能利用该漏洞。

NAVIS 公司曾发布过一系列关于提高港口效率的白皮书，如《新前沿：商业智能》(*A New Frontier: Business Intelligence*)、《大数据及其对全球供应链的影响》(*Big Data and the Impact on the Global Supply Chain*)及《未来港口：一种奇妙的感觉》(*Port of the Future: A Sense of Wonder*)。但没有任何一本白皮书提及过网络安全这一话题。

虽然 NAVIS 和其他港口系统软件可能在运营中发挥着核心作用，但许多公司和政府机构的系统也与休斯敦这样的大型港口是互联的。这些公司和机构运行着电子邮件系统、Web 服务器、数据库，以及所有与港口运营相关的运营技术系统。在参与港口运营的所有公司中，一部分是全球最大公司或企业集团，而另一部分则是规模很小的公司。

这意味着，让参与美国大型货运港口运营的各方均采用同一套网络安全框架或实践是十分困难的。从马士基集团遭受的网络攻击中我们可以看出，对大型港口而言，哪怕只有一家大公司系统遭到破坏，也可能导致整个港口运营的紧急叫停。更不用说，还有很多其他情况可能会中断港口的运营。

值得强调的是，港口网络安全与船舶网络安全有所不同。就船舶网络安全而言，攻击者最关注的可能是船上的那些与导航和驱动有关的系统，且在现代商船中，这些系统都是高度自动化的。但就港口网络安全而言，互联的港口系统给攻击者提供了更多的切入点。现代港口系统还与铁路系统相互联通，并运用 NAVIS 软件来"自动为轨道上的车组分配枢纽，并规划列车装载顺序"[17]。

这意味着，支持港口运营的计算机软件和自动化供应商将以提高互操作性和操作效率作为其主要任务。我们可以理解这种追求效率的做法，但是，充斥着网络漏洞的自动化系统可能会被恶意分子所利用。我们必须通过法律、政策及技术，来制止此类恶意利用。政府和私营企业在防止网络攻击方面的合作将对全球海事系统的持续运转起到至关重要的作用。

# 10.4 法律、海洋与网络空间

说到《海洋法》，我们必须讨论的一个基本问题就是管辖权的概念，换言之，就是任何法院或地区根据其法律对人、物或行为进行管理的权力。全球海洋具有国际性，因此就会引发谁对海洋上发生的事情具有管辖权这一问题。就此问题，《联合国海洋法公约》（UNCLOS）建立一个法律框架，旨在促进各国以和平、合作的方式使用海洋。该公约用该框架取代了联合国的其他倡议。《联合国海洋法公约》只对那些联合国成员国具有约束力，并规定每个国家在距海岸线 12 海里（13.8 英里）的范围内拥有 200 英里专属经济区管辖权。

然而，许多国家声称管辖权基于其自身法律。例如，美国法律宣布：

美国的特别领土和海洋管辖权包括：公海、美国海军部和海洋管辖权范围内且不在特定州管辖范围内的其他水域，以及全部或部分属于美国或其任意公民，或在国家或某州、区域、地区或其所属地创立或根据美国法律设立的公司的任意船舶，只要该船舶属于美国海军部和海上管辖范围，且不在任何特定州的管辖范围内时，则美国对其拥有管辖权。[18]

当谈到网络攻击时，管辖权问题尤为突出。到底是攻击者的原籍国还是被攻击国家决定管辖权呢？在攻击中，充当中介的国家算什么？可以由多个国家主张自身管辖权吗？不幸的是，当我们尝试使用现有法律法规来应对网络攻击时，我们发现当前法律仍处于碎片化状态，目前的民法框架（特别是海商法法律框架）所面临的挑战主要体现在现有法律概念的适用性上。由于对黑客普遍缺乏管辖权，因此带来了另一个问题。如果网络攻击造成的伤害并非物理方面的，但由于就信息技术环境发起的网络攻击没有造成物理损害,这类法律问题就难以纳入我们现行的民法框架,那么该怎么办呢?简而言之,针对信息技术环境发起的非物理性网络攻击,对我们现行的民法框架构成了挑战。

《网络行动国际法塔林手册 2.0 版》(以下简称《塔林手册》)是推动网络空间国际规则制定的另一大尝试[19]。该手册的标题存在问题。首先,这不是一部国际法,而是北约组织尝试定义其成员国之间相互约束的网络运营规则。其次,"网络行动"(Cyber Operations)这一词汇具有误导性,表面上它似乎是指与网络空间相关的交易,但实际上是网络战争的同义词。

《塔林手册》为主权、尽职调查、管辖权和国际责任提供了基础,并根据这一基础制定了航空、海洋和太空法律。《海洋法》中规定了以公认的 200 英里经济区为基础的十条规则。《塔林手册》和《联合国海洋法公约》都只对其各自组织成员具有约束力,因此实施效果有限。随着越来越多的网络攻击直指海洋资产,届时国际法院将对法律法规的效力做出决定,并明确这些法院是否真的有权力进行监管。

# 10.5　相关公共政策

如上所述,在美国"9·11"事件及其他地方的类似遭遇后,对海事系统的安全保护在很大程度上旨在确保货物装运的物理安全性和完整性。有关港口安全和船上安全的规划主要针对恐怖主义威胁的打击(核武器或放射性部件及其他武器的走私、海盗行为等),而并非以网络威胁为重点。尽管如此,网络安全(或者更具体地说,网络安全风险管理)仍已引起了美国国家决策机构,以及国际组织和协会的关注。

## 10.5.1　美国网络安全政策指南

美国共划分了 16 个关键基础设施部门,既负责网络安全,也负责物理安全。船舶和港口的网络安全则由美国国土安全部下的交通系统部门(TSS)管理。该部门不仅处理海事问题,还负责公路、铁路、航空、管道及邮政业务。美国国土安全部在 2015 年发布了交通系统部门计划。该计划覆盖了多个行业,并将美国海岸警卫队指定为海上安全和保障(包括网络安全)的领导机构。基于这一地位,美国海岸警卫队制定了网络安全战略。此外,美国海事管理局(MARAD)还设立了一个海上安全办公室,将网络安全纳入其职责范围内。

对美国来说,目前任务的重中之重就是建立安全路径,以确保与海上业务相关的系统免遭网络攻击。虽然美国仍在制定有关海上运输系统的网络安全政策,但《美国海岸警卫队网络战略》已对该政策进行了概述。《美国海岸警卫队网络战略》基于三大支柱:捍卫网络空间;保障业务运作;保护基础设施。最后,下文列出了美国海岸警卫队在海上运输系统方面需执行的任务:

海上关键基础设施和海上运输系统对经济、国家安全和国防而言至关重要；海上运输系统包括远洋货轮、沿海航运、西部河流和五大湖，以及全国的港口和码头；借助网络系统，海上运输系统正以空前的速度和效率运行，但这些网络系统也会催生潜在漏洞；作为海上交通部门特定机构（由国家基础设施保护计划所定义），美国海岸警卫队必须发挥领导作用，带领其他部门共同努力，以保护海上关键基础设施免遭攻击、事故和灾难。[20]

美国海岸警卫队制定的战略以风险管理为重点。此举非常关键，因为长期以来，海运系统中的运货商和其他运营商一直在跟风险作斗争，并使用保险来降低损失风险（英国劳埃德保险集团自 1686 年以来一直运营着）。

美国海岸警卫队的战略以两大方面为落脚点：①通过提高网络风险意识和管理来评估风险；②通过减少海上运输系统中的漏洞来展开防御。该战略日后可能需要修订，因为它发布于 2015 年，当时制定的具体目标（风险评估工具和方法论、网络安全信息共享、减少网络漏洞、网络安全教育和培训）与海事系统中网络安全发展的早期阶段相一致。

## 10.5.2 国际网络安全指南

除美国政策外，国际海事组织（IMO）作为联合国中专门负责"国际航运安全、安保和环境事务的全球立法机构"，也已开始研究网络安全会如何影响其工作。国际海事组织于 2017 年推出了《海上网络风险管理指南》[21]。其详细列出了易使系统遭受攻击的 8 个方面：

（1）桥梁系统；

（2）货物处理及管理系统；

（3）驱动和机械管理及动力控制系统；

（4）访问控制系统；

（5）客运服务及管理系统；

（6）面向乘客的公共网络；

（7）行政系统及船员福利系统；

（8）通信系统。

国际海事组织借鉴了其他机构的文件，作为主要指导工具，其中包括：《船上网络安全指南》（*The Guidelines on Cyber Security Onboard Ships*，GCSOS）；国际标准化组织和国际电工委员会就安全技术发布的 ISO/IEC 27001 标准；美国国家标准与技术研究院（NIST）的《关键基础设施网络安全改进框架》。后面两份文件被广泛应用于多个商业活动领域，而《船上网络安全指南》是一份更有针对性的文件，值得更多的关注。

美国海岸警卫队一直依赖于海上运输系统的网络安全战略，而《船上网络安全指南》是美国为保护船载系统安全制定行业指南所迈出的一大步。该指南引发了人们对保障海事活动相关的一系列倡议的极大关注，也标志着包括海运和运输在内的九大协会的携手合作。此外，相比于港口网络安全，该指南更侧重于船舶网络安全。

《船上网络安全指南》由 7 个部分组成，可看作一份与从事商业活动的船舶相关的网络安全手册。它明确了海事领域网络安全相关的主要关注点：

随着技术的不断发展，船上应用的信息技术（T）和操作技术（OT）正趋于联网化，且与互联网连接的频率越来越高。[22]

该指南还指出了船舶遭受网络攻击时需关注的两大方面：导航系统和驱动系统。如果这两大系统无法正常工作，那么就无法保证船上的安全操作。

《船上网络安全指南》本质上就是一本手册，甚至可作为一个入门读本，因此它涵盖了网络安全问题的方方面面，从网络威胁到响应和恢复，都被收入在这个较为简短的手册中。尽管如此，它仍然对海事系统的网络安全具有重大贡献。要想突破海上系统网络安全的初级阶段，则需要新的方法和投资，本文的最后部分将对此进行详细介绍。

# 10.6　结论与建议

海上网络安全已被认定为全球网络安全议程的一大重要议题。虽然其重要程度不及能源或电力问题，也尚未如金融业一般制定成熟的企业应对措施和政府应对措施，但海上网络安全问题已经提上了日程。

就海上网络安全而言，我们认为目前的主要关注点在于船舶安全，对港口安全的关注仍较少，对港口相关事务的关注则更少。与港口系统的众多连接点，以及国际和行业标准的建立，都可能需要更大范围的统筹和思考。尽管如此，我们目前可以通过政策和教育，开展相关活动，来确保海洋系统的安全。

## 10.6.1　公共政策方向

显然，海上网络安全问题在本质上具有国际性或全球性。要想制定解决措施，就需要政府和航运业利益相关者进行投资，同时也需要造船业、海上运营、港口活动及海事系统中其他职能参与方的大力投入。

如果仅仅通过监管就能解决这一领域或任何其他领域的网络安全问题，那么这项工作就只能由政策制定者来完成了。监管只是提高网络安全能力的一部分。无论如何，当有实用的框架、指南、条例和国际法可以发布时，就应该发布出来。我们只需要意识到一点，就是技术创新可能带来剧变，因此我们可能难以预测未来会产生哪些漏洞，但我们不能因此而不采取政策行动。

负责解决海事系统网络安全问题的政策制定者必须认识到，他们需要组建和培养一支由专家组成的网络安全专业队伍，致力于解决航运公司、造船工程师、自动化软件开发者或港口运营商面临的问题。在最初组建这支队伍时，应尽量减少现任干部的纳入。

网络安全专业队伍由专业人员组成，他们了解计算机系统编程与操作，并了解海事系统中的多个专业领域。例如，在解决船舶推进系统的问题时，不仅需要这两个系统的操作技能，还必须了解开发和运营过程中出现的网络安全问题。该例子也同样适用于货物跟踪或导航系统。

### 10.6.2　研究与教育

在组建和培养专业队伍时，必须开展不同程度的培训和教育。毫无疑问，一些专业人士将在其职业生涯中期接受网络安全教育和培训；而另一些人，在人员供需平衡时，将在取得海事和网络安全课程的专业学位后前往劳动力市场求职。除此以外，来自工业、政府和学术界的专家可能需要围绕着专业知识交流和研究活动开展合作。目前，从电网到银行系统，所有行业的网络活动均已采用了这一形式。

美国应按照能源部（DOE）网络安全组织的思路，在其国家实验室的基础设施内建立海上网络安全研究和开发能力。在电网和其他过程控制系统等网络安全方面，美国能源部已进行了大量投资。同时，为确保网络安全，美国能源部还大力投资了爱达荷国家实验室（INL）的数据采集与监视控制（SCADA）系统，此系统被广泛用于各类工业应用。

美国国土安全部和美国海事管理局均设立了拨款计划，以提高海上运输系统和港口安全性。在我们与某位官员探讨本文时，他曾透露，美国国土安全部计划的成果之一就是向大型港口出售了多艘升级版消防艇。这一言论在我们对美国国土安全部拨款活动的研究中得到了证实。如何将政府拨款与行业计划相结合，应是海事网络安全活动的另一大关注点。

就网络安全保护相关的策略和投资而言，很少有其他领域的关键基础设施领域比海事系统发展得更成熟。此外，我们还应研究如何在船上和港口作业中保护计算机系统，从而降低网络攻击对海上贸易造成损害或产生不利影响。

## 原著参考文献

# 第11章　针对关键基础设施的网络攻击及应对措施

**摘要：** 关键基础设施（Critical Infrastructure，CI）是维持经济和社会运转的重要资产，包括能源、金融、医疗、交通和供水等行业。世界各国政府都在关键基础设施的持续运行、维护、性能、保护、可靠性和安全性方面投入了大量的精力。然而，关键基础设施在网络攻击及技术故障方面的缺陷已经成为当今社会备受关注的问题。复杂而新颖的网络攻击，如对抗攻击，可能会轻易骗过物理安全控制，使不法分子非法进入智能关键设施。对抗攻击可以用来欺骗基于预测机器学习（Machine Learning，ML）的分类器，该分类器可以自动调整智能建筑的暖通空调系统（Heating Ventilation and Air Conditioning，HVAC）。虚假数据注入攻击也被用于对付智能电网。传统上，广泛使用恶意代码作为攻击向量针对关键基础设施展开的网络攻击能够导致明显的物理损害，如停电或发电中断。为了检测和降低攻击的影响，我们引入了防御机制，可以提供额外的检测和防御能力，以加强保护，使得智能关键设施免受外部攻击。这些防御机制能够及时检测并应对不断涌现的攻击，保护关键基础设施的安全和可靠性。

**关键词：** 对抗攻击；关键基础设施；网络攻击；信息物理系统；防御机制

## 11.1　引言

信息物理系统（Cyber Physical Systems，CPS）是一种社会技术系统，它通过集成物理和逻辑无缝集成模拟、数字、物理和人工组件，以实现各种功能[49]。可以说，信息物理系统可以被视为计算、网络以及物理过程的集合。信息物理系统可以作为具有自适应和预测、智能、实时、网络化或分布式的反馈系统，除此之外，可能还带有无线传感器和执行机构（执行器）。在信息物理系统中，物理过程由具有反馈回路的嵌入式计算机和网络进行控制与监控。其中，物理过程影响计算，反之亦然。这类系统为关键基础设施（CI）提供了基础，为未来智能服务的开发和实施提供了手段，提高了各个领域的生活质量。信息物理系统与物理世界直接交互，从而可以通过自动化仓库、应急响应、能源网络、工厂、个性化医疗保健、飞机、智能建筑、交通流量管理等形式为我们的日常生活带来便捷。

关键基础设施是指在提供社会和个人功能方面至关重要的基础设施，包括建筑物（如机场、医院、发电厂、学校、市政厅）和物理设施（如道路、雨水沟、便携式水管或下水道系统）[34]。我们可以将关键基础设施认为是网络物理系统的一个子集[72]，其中包括智能建筑。智能建筑利用技术为居住者创造一个安全和健康的环境。

尽管智能建筑技术仍处于发展与应用的早期阶段，但增长适度，并且正在成为全球各地的重要业务。

如今，针对关键基础设施的网络威胁令人担忧，因此，网络物理系统也必须在同样的假设情况下运行，因为它们也可能成为网络攻击的目标。例如，在对抗性攻击的情况下，不法分子可以通过欺骗机器学习（ML）模型获得机会闯入建筑物，从而造成重大安全威胁。他们还可以使用预测深度学习神经网络（Deep-learning Neural Network，DNN），通过进行对抗性攻击来调节 HVAC 系统，将能源消耗调到峰值，从而造成高成本的挑战局面。这种影响不容忽视，因为电力能源消耗达到峰值时，其投入的回报周期很长，在某些情况下可能长达好几年。虽然并非总是采取直接防御对策来应对这类攻击，但在某些情况下可以使用对抗训练、防御蒸馏（Defensive Distillation）或防御生成对抗网络（Defense-GAN）等方法。

传统的攻击方式，如拒绝服务攻击/分布式拒绝服务（DoS/DDoS）攻击、恶意软件和网络钓鱼，给关键基础设施行业造成了相当大的威胁，如能源和运输领域。不法分子利用 DDoS 进行攻击，使控制建筑物供热的计算机失去工作能力，从而破坏供热分配系统。这种类型的攻击也用于交通服务，通过攻击造成出行服务（如通信服务、互联网服务、售票服务等）的延误及中断。此外，不法分子还可能实施虚假数据注入攻击（False Data Injection Attacks，FDIA），对智能电网（Smart Grids，SG）等造成重大威胁。他们可能会破坏能源和供应数据，造成能源分配错误，从而导致额外的成本[29]以及破坏性的后果，或者他们可能攻击电网的智能电表，从而降低自己的电费[76]。如果不法分子对电网的电源连接发起攻击，则可能会从电网中分离节点，以欺骗能源分配系统，导致电力缺陷或增加能源传输成本。为了有效对抗FDIA，可以考虑使用检测方法，如区块链、密码学和基于学习的方法。

在过去的几年里，针对关键基础设施的攻击，恶意软件的利用率呈上升趋势。2012 年，Shamoon 恶意软件袭击了沙特阿拉伯国家石油公司，该软件通过清除硬盘驱动器的方式进行攻击[7]。2016 年，BlackEnergy 恶意软件袭击了乌克兰电网[81]。Petya 恶意软件感染了乌克兰组织、银行、部委、报纸和电力设施的网站[83]。此外，网络钓鱼攻击引入了一个人为组件，不法分子利用人为错误来操纵用户行为（如获取目标系统的访问权）。这类攻击可以用深度学习（Deep Learning，DL）方法检测出来。

本章分别介绍关键基础设施、信息物理系统和针对关键基础设施的重点攻击向量及应对策略等概念。在 11.2 节中，作者更详细地解释关键基础设施和弹性的概念。接着，在 11.3 节中，介绍信息物理系统，并介绍一些近些年与信息物理系统相关的部门。在 11.4 节中，阐述网络安全的定义，并更加详细地解释网络安全、威胁、脆弱性和风险等相互交织的概念。在 11.5 节中，描述人工智能和机器学习，并讨论最常见和最复杂的深度学习方法。随后，在 11.6 节中，介绍针对关键基础设施（如智能建筑）的著名网络攻击案例。11.7 节重点审视针对关键基础设施的网络攻击的防御机制。最后，11.8 节对本章进行总结。

## 11.2　关键基础设施和弹性

关键基础设施（CI）是一系列至关重要的系统、网络及资产，它们的持续运行对于确保政府、国家的经济安全以及人民群众的健康与安全至关重要[35]。关键基础设施为人们的日常生活提供重要服务，包括银行、通信、能源、粮食、金融、健康、运输以及用水等（见表 11.1）。关键基础设施具有弹性和安全性，是支持生产力和经济增长的支柱。因此，对关键基础设施的干扰可能会为企业、社会和政府带来严重后果，从而影响服务的连续性和供应安全性[46]。例如，现实世界的网络攻击会导致关键基础设施的中断，造成环境破坏、经济损失，甚至重大的人身伤害。

虽然在芬兰尚未对关键基础设施进行立法保护，但是芬兰政府早在 2013 年就开始讨论供应安全目标。芬兰政府关于供应安全目标的决定包含了关于履行社会重要职能所面临的整体威胁的信息。该决定将关键基础设施保护划分如下[115]。

（1）能源生产部门。

（2）输配系统部门。

（3）信息通信系统、网络服务部门。

（4）金融服务部门。

（5）物流运输部门。

（6）供水部门。

（7）基础设施、建设和维护部门。

（8）特殊情况下的废物处理部门。

表 11.1　芬兰[115]、欧盟[40]和美国 CISA[23]所界定的关键基础设施部门

| 芬　兰 | 欧　盟 | 美国 CISA |
|---|---|---|
| | | 化工部门 |
| | | 商业部门 |
| | | 通信部门 |
| | | 关键基础设施制造部门 |
| 能源生产部门 | 能源部门 | 水库大坝部门 |
| 输配系统部门 | 运输部门 | 国防工业部门 |
| 信息通信系统、网络服务部门 | 银行部门 | 紧急服务部门 |
| 金融服务部门 | 金融市场部门 | 能源部门 |
| 物流运输部门 | 基础设施部门 | 金融服务部门 |
| 供水部门 | 卫生部门 | 粮食及农业部门 |
| 基础设施、建设和维护部门 | 饮用水供应及分配部门 | 政府设施部门 |
| 特殊情况下的废物处理部门 | 数字基础设施部门 | 医疗保健和公共卫生部门 |
| | | 信息技术部门 |
| | | 核反应堆、材料和废料部门 |
| | | 交通系统部门 |
| | | 自来水和废水系统部门 |

欧洲议会于 2016 年 7 月 6 日通过了关于网络和信息系统（Network and Information Systems，NIS）安全的指令[78]，旨在使所有欧盟成员国的网络安全能力达到同等发展水平，并确保包括跨境层面在内的信息交流与合作的效率。该指令增加并促进了欧盟成员国之间的战略合作和信息交流[38]。

NIS 指令的核心思想是，相关服务运营商和数字服务提供商必须确保其信息基础设施的安全，确保在信息安全中断情况下的业务连续性，并向当局报告所有重大的信息安全违规事件[104]。NIS 部门[40]如下。

（1）能源部门。

（2）运输部门。

（3）银行部门。

（4）金融市场部门。

（5）基础设施部门。

（6）卫生部门。

（7）饮用水供应及分配部门。

（8）数字基础设施部门。

在美国，有 16 个关键基础设施部门，其资产、系统和网络对国家而言至关重要，若其运行能力丧失或遭到破坏，将对国家安全、经济安全、公共卫生或人身财产安全造成不利影响。这 16 个部门服从美国网络安全和基础设施安全局（CISA）的安排[23]。

（1）化工部门。

（2）商业部门。

（3）通信部门。

（4）关键基础设施制造部门。

（5）水库大坝部门。

（6）国防工业部门。

（7）紧急服务部门。

（8）能源部门。

（9）金融服务部门。

（10）粮食及农业部门。

（11）政府设施部门。

（12）医疗保健和公共卫生部门。

（13）信息技术部门。

（14）核反应堆、材料和废料部门。

（15）交通系统部门。

（16）自来水及废水系统部门。

关键基础设施正面临着各种威胁，这些威胁可能引发破坏性事件，从而导致所提供服务的中断或失败。最大限度地减少服务中断的影响和确保服务的连续性，通常是最具成本效益和弹性的方法。可以将关键基础设施系统的弹性视为一种品质，它可以缓解脆弱性、最小化威胁的影响、加速响应及恢复，并且有助于适应破坏性事件[100]。鉴于此[18]，弹性是使企业更强大、社区准备更充分、国家更安全的一项基本战略。因此，弹性是一种消减、适应并迅速从破坏性事件中恢复的能力[100]。

在网络安全领域，（网络）弹性指的是计划、响应和从网络攻击及可能出现的数据泄露中恢复并继续有效运行的能力。如果一个组织能够保护自己免受网络攻击，为信息保护提供有利的风险控制，并且在网络攻击发生过程中和发生后都能确保运营连续性，那么它就具有网络弹性。对一个组织而言，网络弹性旨在保持提供相关商品和服务的能力，如在危机期间或发生安全破坏后根据需要恢复平常运行机制、更改或修改机制的能力[79]。这些类型的攻击（如网络安全泄露或网络攻击）通过尝试破坏、暴露或取得计算机网络、个人计算机设备或计算机信息系统的未授权访问[97]等手段，对公司利益造成重大的损害。

网络弹性包括 4 个要素[79]：

（1）管理及保护；

（2）识别及检测；

（3）响应及恢复；

（4）治理及确保。

管理及保护要素包括识别、分析和处理与网络和信息系统相关的安全威胁的能力，包括第三方和第四方供应商。识别及检测要素包括持续的安全监控和威胁的界面管理，以便在造成重大问题之前检测到异常情况和数据破坏及泄露。响应及恢复要素关注事件响应计划，为了以确保在遭受网络攻击情况下功能（如业务）的连续性。治理及确保要素确认网络弹性机制在整个组织的日常运行中受到监督。

## 11.3　信息物理系统

NIST 将信息物理系统（CPS）描述为"包含计算（硬件和软件）和物理组件的智能系统，无缝集成并密切交互，以感知现实世界的变化状态[78]"。拉杰库马尔（Rajkumar）等将 CPS 描述为"物理和工程系统，其运行工作由一个计算和通信核心监控、控制、协调和集成"[99]。根据文献[49]中的表述，CPS 是社会技术系统，其通过集成的物理和逻辑单元无缝集成模拟、数字、物理和人等部分。

这些定义有很多相似之处，特别是他们都认为 CPS 具有一个物理部件、一些无缝集成的设备，以及控制软件。与 NIST 的定义相比，一方面，拉杰库马尔等[99]的定义强调了监测、控制和协调工程系统功能的必要性；另一方面，文献[49]中的定义包括人的方面以及系统首先需要存在的理由。然而，作者遇到的最普遍的定义是[63]，所有 CPS 既包括控制系统的计算（网络）部分，也包括传感器、执行器和框架在内的物理部分。

如上所述，CPS 有多种定义。因此，作者决定将 CPS 定义为 "一个由具有通信能力的多个计算设备，以及被设计出来并紧密集成到这些计算设备的控制、协调和监控软件所组成的群组"，这些软件旨在解决物理框架或物理框架的用户在整个系统运行过程中，可能遇到的与物理框架和代理（智能体）处于不确定状态相关的常见问题。代理指以任何方式（包括人工方式）生成或处理数据的硬件（如传感器、执行器或其他设备）和软件（如基于机器学习的访问控制、能耗控制程序等）。人们应该明白，CPS 的不同定义服务于特定的需求，每个 CPS 都有可能不符合上述定义，即便它可能是一个 CPS。

CPS 可以成为自适应、预测、智能、实时、网络化或分布式的反馈系统，可能还带有无线感知和执行机构。在 CPS 中，物理过程包括嵌入式计算机和具有反馈回路的网络控制与监控，其中物理过程影响计算，反之亦然。CPS 是数据密集型系统，在使用过程中会生成大量数据。例如，传感器可以收集空气压力、二氧化碳、湿度、运动检测、温度等数据。这类系统为关键基础设施（CI）提供了基础，为未来智能服务的开发和实施提供了方法，提高了各个领域的生活质量。CPS 与物理世界直接交互，因此，它们能够以自动化仓库、应急响应、能源网络、工厂、个性化医疗保健、飞机、智能建筑、交通流量管理等形式为人们的日常生活带来便捷。

反馈系统是指程序有能力接收和使用来自前一个时间步长和当前时间步长的数据，用来计算程序应该如何改变其组成部分的状态，或者换句话说，如何调整执行器来实现对系统流程的改变。例如，该程序可能尝试做出决定：如何调整暖通空调冷却装置的阀门，以最少的设备状态变化来节省最多的能源。如果系统不了解以前的事件或数据，就很难做出影响网络未来状态的明智选择。

例如，CPS 可以利用各种嵌入式物联网（IoT）传感器、设备和执行器构成的互联网络，观察物理世界的一小部分，并根据指导程序做出的决策，改变执行器的行为，从而改变周围环境的行为变化。物理环境的变化可能会对整个系统的运行产生大规模的影响，如对即将到来且不可避免的服务中断的提前指示。因此，软件程序试图在系统和现实世界带来的挑战下整体协调传感器和执行器。例如，其中一个挑战可能是用一个新的驱动器替换旧的驱动器。如果新执行器的能力超过旧设备，可以识别不同的协议，或者以其他格式存储数据，那么程序可能无法与该设备通信，这样可能会导致系统出现整体错误，因此，CPS 可能需要校正或人工干预来进行纠正。

CPS 在未来应用将变得越来越广泛。例如，尽管智能建筑技术仍处于发展的早期阶段，但它在世界各地的应用正在增加，并正在成为一项备受瞩目的业务。例如，到 2025 年，智慧城市（CPS 的另一种体现）的市场价值预计将超过 8200 亿美元[68]。同样，用于管理能源网络中能源消耗的智能电网技术也是如此。根据《商业芬兰》白皮书可知，仅在芬兰，能源集群的年营业额就达到了 44 亿欧元[22]。

智能建筑概念可以关联为一组通信技术，其可以使建筑物内的不同对象、传感器和功能相互通信与交互，也可以远程管理、控制和实现自动化[39]。它可以利用建筑物中的传感器测量信息，如房间的温度或窗户的状态（打开或关闭）。如果普通建筑能获得这些信息，就成为智能建筑。执行器可以用来开门或增加建筑物的温度。智能传感器可以提供大量信息，智能建筑必须收集、处理和利用这些信息来实现其智能功能。CPS 提供了利用传感器收集智能建筑数据的方法，以实现自动调节和控制，如供热、通风与空气调节（HVAC）系统。能源、电力、用水量、室内外温度、湿度、二氧化碳、运动检测等相关变量都可以用来操控智能建筑的功能。

现代能源系统（如智能电网）日益依赖通信和信息技术，从而将智能控制与硬件基础设施相结合，自动化和数字化已成为当今能源领域的重要课题。智能电网是 CPS 的另一个复杂例子，它在不断进化和扩展。这些技术充分利用智能电网的智能水平，使之能够采用多种方法同时操作和控制，如分散和分布式控制、多智能体系统、传感器网络、可再生能源、电动汽车渗透等[75]。简而言之，智能电网采用先进的监测、控制和通信技术，通过集成物理系统（电网基础设施）和网络系统（传感器、ICT 和先进技术），提供可靠和安全的能源供应，提高发电机和分销商的运行效率，并为产消者提供灵活的选择[121]。

## 11.4　网络安全

网络安全的历史可以追溯到 20 世纪 70 年代，当时在一个研究项目中开发了 ARPANET（美国高级研究计划署网络）。当时，勒索软件、间谍软件、病毒或蠕虫的概念还不存在。如今，由于猖獗的网络犯罪，这些概念经常出现在报纸的头条。网络安全已成为世界各地组织的重点关切对象，特别是在关键基础设施方面。其问题不在于系统是否会受到攻击，而在于攻击何时发生。因此，需要采取适当的措施来检测和防止恶意网络攻击，以确保社会或经济运行所需基本资产的安全。

网络安全可以有多种定义。剑桥词典对网络安全做出如下定义："为保护个人、组织或国家及其计算机信息免受利用互联网进行的犯罪或攻击而采取的措施。"[25] Gartner Glossary 将网络安全定义为一个"组织为保护其网络资产而采用的人员、政策、过程和技术的组合"[47]。网络安全也可以被认为是"保护系统、网络和程序免受数字攻击的实践"[32]。此外，网络安全也可以这样定义："网络安全是指用于保护网络、程序和数据的完整性免受攻击、破坏或未经授权的访问的预防性技术。"[88]

网络安全的主要目的是确保信息的机密性、完整性和可用性，这形成了众所周知的"CIA 三角"。机密性意味着不应该将数据暴露给未经授权的个人、实体和流程，或者在未经合理授权的情况下读取数据。完整性是指有关数据不会以任何方式被修改或破坏，因此，保持数据的准确性和完整性是至关重要的。通常认为数据都是被已经授权的个人进行访问和修改，且预计其能一直保持在预期状态。可用性意味着信息必须在合法请求时可用，经授权的个人在需要时可以不受阻碍地访问数据[82]。

在网络安全领域，威胁、漏洞和风险是相互交织的概念。风险位于资产、威胁和漏洞的交叉点，威胁利用漏洞破坏或毁坏资产，从而产生风险。威胁可能会存在，但如果没有漏洞，就不存在风险，或者风险相对较小。构成风险的公式确定为：风险=资产+威胁+漏洞[45]。风险的一般定义如下："风险是对不确定的字母-数字表达式（客观或主观）的描述，主要指一件不利事情的不确定的结果，该结果可能会降低单个（或社会）民用基础设施资产的性能。"[42]资产是保护对象，威胁是实施保护对抗的攻击目标，而漏洞是保护工作中的差距或弱点。威胁（攻击向量），特别是在网络安全中，暗指以预期手段通过其结果引起破坏的网络安全情况或事件。攻击面是所有攻击向量（渗透点）的总和，不法分子可以此尝试进入目标系统。常见的蓄意威胁类型有 DoS/DDoS 攻击、恶意软件、钓鱼攻击、社会工程和勒索软件。常见的漏洞有 SQL 注入、跨站脚本攻击、服务器错误配置、以明文传输的敏感数据。

网络安全领域的措施与风险管理、漏洞修复和系统弹性改善相关[64]。网络安全风险管理通过识别风险及漏洞，将现实世界风险管理的概念应用于网络世界，并应用行政手段和解决方案使组织得到充分保护。减少威胁和漏洞，减轻后果的危害程度[103]是风险管理过程的组成部分。为了提高系统弹性，需要改进以下一个或多个组件：健壮性（Robustness）、资源齐备性（Resourcefulness）、恢复（Recovery）和冗余（Redundancy）。健壮性包括可靠性的概念，暗指接受和忍受干扰及危机的能力。冗余包括拥有多余的容量和备份系统，以便在发生干扰时维持核心功能。资源齐备性指的是适应危机的能力，有弹性地做出响应，并在可能的情况下将负面影响转变为正面影响。响应是指在危机发生前快速动员的能力。恢复是指在危机或事件发生后恢复一定正常程度的能力。

一个重要的问题是发现网络安全的挑战，并及时予以应对。网络攻击无法完全避免。因此，网络安全的一个必要部分是保持在网络攻击下的运行能力，阻止攻击，并将组织的功能恢复到事件发生前的正常状态[65]。为了应对网络威胁，除了建立足够的保护措施以抵御威胁的有害影响，还必须采取适当的措施。例如，组织可以利用事件响应计划（Incident Response Plan，IRP）来检测和应对计算机安全事件，确定其范围和风险，恰当应对事件，沟通结果和风险，并减少事件再次发生的可能性[27]。

# 11.5　人工智能和机器学习

人工智能（AI）是一种估计函数的数学方法，可以用数学术语表示为 $f(x)$：$R^n \rightarrow R^m$，其中 $f(x)$ 是要建模的函数，$R^n$ 表示真实的多维输入值，$R^m$ 表示可能出现的真实的多维输出值。机器学习研究领域需要使 AI 模型和系统更有能力处理新的情况[55]，因为在初始训练时资源可能是有限的，发生的情况可能来自用于模型训练的原始输入或输出域之外。深度学习（DL）是机器学习的一个子领域，其中学习是通过在其结构中具有多层的模型来完成的。与常规 AI 模型相比，额外的深度可以帮助模型学习给定数据中更复杂的关联关系[62]，因此 DL 模型被称为深度学习模型。

对许多不同的案例而言，AI 是一个非常诱人的选择，在这些案例中，需要估计的功能要么未知，要么很难在实践中实现，如机器翻译。在实践中，数据的质量和数量、模型的结构、训练时间以及训练方法都会影响 AI 去学习怎样做出选择。特别是，数据质量是 AI 训练的一个重要方面。在给定输入和预期输出之间没有联系的情况下，训练模型的结果将不能反映现实。在其他情况下，数据质量差可能导致模型无法深入理解预期的用途。在更糟糕的情况下，模型通过了生产检查，却最终陷入无法正常工作的实际情况。如果故障隐藏起来，只出现在特定的情况下，或者模型的用例非常重要，那么故障情况就更糟糕了。因此，AI 的实施即便不需要该应用领域的专业知识，也需要了解输入和输出之间清晰、固有的关系，以及实施后严格的记录、测试和跟进。

集成方法（Ensemble Methods）是指将不同的 ML 模型分组在一起处理输入，或者按照文献[114]中的方式，将数据用于这些模型的训练阶段。无论定义是什么，都通常将集成视为两个不同结构的某个版本，它们要么串行处理输入，要么并行处理输入（在模型训练的情况下，两者分别是资源效率低的和不准确的）[114]。利用集成可以提高 ML 模型的性能。假设您有类似的 ML 模型，它们针对相同的问题域进行了训练，但所训练的数据来自不同的补丁或数据源。因此，这些模型不可能有相同的学习经验，也不可能基于相同的输入用相同的预测置信度计算出完全相同的预测结果。在集成中，性能分数可能会随着集成模型输出的结果而提高，并且置信度分数会相互比较。由单个模型状态引起的误差得到了缓解，从而减少了模型内任何偏差的影响。这个过程类似于投票，最受认可的输出变成了实际的最终输出，或者更常见的是最终输出是预测输出的加权组合。

决策树（Decision Tree，DT）代表了 AI 发展中使用的更加传统的算法，其流行的原因主要是结果易于解释。易于解释的结果是因为这些模型的行为得到很好的定义，系统地通过数据来形成决策规则或路径。DT 是一种类似于流程图的树状结构图，其中一个内部节点代表一个特征或属性，分支代表一个决策规则，每个叶子节点代表结果，DT 中的第一个节点称为根节点。基于属性值对树状结构图进行递归划分，为树状结构图分类器提供更高的分辨率来处理不同类型的数值或分类数据集[108]。根据决策标准，算法在每次迭代中选择输入数据的哪一部分是最重要的，直到填满结论标准为止。它可以模拟非线性或非传统关系。换句话说，DT 可以用来解释数据及其行为。此外，许多编码库都具有这些路径的可视化能力。然而，DT 的性能受到数据不平衡、决策路径过度增长的影响，这也可能对模型的解释造成阻碍，并且通过新样本更新 DT 具有挑战性[108]。

随机森林（Random Forest，RF）包含了大量的 DT，形成分组来决定输出。每棵树都指定了类别预测，从而找到形成最多预测类的 DT。RF 的树相互保护，避免明显的错误发生，如果单棵树预测错误，其他树将纠正最终的预测结果。RF 可以减少过拟合、处理数据集中大量的变量、估计丢失的数据或估计泛化误差。RF 在可重复性及解释最终模型和结果方面面临挑战。在处理噪声和异常值时，RF 是快速的、直接的、极其准确的和相对稳健的。RF 并不适合所有数据集，因为它们倾向于在训练和测试数据中引入随机性[108]。

神经网络（Neural Network，NN）是一种广泛应用于 AI 解决方案开发的基础模型。该模型有 3 层：输入层、隐藏层和输出层。其中数据从输入层经过由多个层组成的隐藏层，到输出层产出结果。NN 是一组结构化的、相互连接的节点的集合，其值由到达每个节点的所有连接的权值组成。节点的每个值都被输入到一个激活函数中，如修正线性单元（ReLu）。对于同一层中的所有节点，激活函数通常是相同的。

神经网络可能需要大量高质量的数据，其需求是基于问题的难度、数据的适宜性以及所选的模型结构和规模而形成的。在可用的高质量数据数量有限的情况下，尝试使用两个相互竞争的神经网络来生成缺失的训练数据是有益的。根据文献[95]，一般的方法是让第一个模型根据原始数据生成新的值，第二个模型试图对原始输入和生成的输入（第一个模型的输出）进行相互分类。然后将分类器的结果作为反馈来改进生成器和分类器。最终，生成的输出的分布会越来越接近实际的输入。这种机器学习方法被称为生成式对抗神经网络（Generative Adversarial Networks，GAN）[95]。

长短期记忆神经网络（LSTM）是循环神经网络（RNN）的一种特例[66]，它保留以前时间步的输出信息作为输入信息的一部分。当使用顺序数据进行预测时，这些额外的信息可能是有用的。由于神经网络会出现梯度消失和梯度爆炸的问题，而梯度可能会随着序列大小的增长而增加，因此 LSTM 在每个节点中都有 3 个门，用于控制通过它们的信息[66]。这些逻辑门使用 sinh 和 tanh 激活函数来控制输入与输出的内部表征的流量和大小。RNN、LSTM 及其各种变体已应用于机器翻译任务[123]、预测智能电网稳定性[5]，并对恶意软件[11]进行分类。

尽管神经网络模型存在数据问题，而且很难解释模型是如何得出结论的，但它们被认为比一些传统算法（如决策树）获得的结果更准确。此外，文献[122]利用 DT 解释卷积神经网络（Convolutional Neural Network，CNN）模型的预测，从而可以解释模型的行为。卷积神经网络是一种隐藏层中含有的特殊层神经网络。这些特殊层系统地对来自前一层的输入进行分组，并为每一组计算一个值，然后将该值作为输入值输出给下一层[6]，从而降低了层的维度。专注于以易于理解的形式为人类专家解释这些可塑算法的研究领域被称为可解释的人工智能[14]。

# 11.6 针对关键基础设施的网络攻击

本节从关键基础设施的角度介绍和讨论众所周知的网络攻击，如对抗性、DoS/DDoS、虚假数据注入（False Data Injection，FDI）、恶意软件和网络钓鱼等攻击，并通过现实世界的案例说明如何利用上述攻击。

## 11.6.1　对抗性攻击

对抗性攻击是使用人工智能创建的攻击向量。这些攻击是攻击者故意构造的对抗性破坏行为。这种破坏难以通过肉眼察觉，但通常会对神经网络模型产生不利影响。近年来，针对机器学习模型的对抗性攻击越来越普遍，并带来了值得关注的安全性问题。例如，在智能建筑的背景下，攻击者在攻击基于预测机器学习的反馈系统指导的供暖系统时，有可能会欺骗机器学习模型而造成损害，如为引发消耗高峰创造条件。

当对抗性示例作为输入值发送到机器学习模型时，就会发生对抗性攻击。一个对抗性的例子可以被看作一个输入实例，该输入具有故意在机器学习模型中引起干扰的特征，以此来欺骗机器学习模型，使其做出错误的行为和错误的预测[52]。深度学习应用变得越来越重要，但它们很容易受到对抗性攻击。文献[113]认为，对图像进行微小的改变就可能欺骗深度学习模型，从而使其对图像进行错误分类。这些可以是细微的变化，并且是人眼不可见的变化，其最终可能导致人类和训练好的机器学习模型之间的输出结果有相当大的分歧。

这些攻击的有效性取决于攻击者所拥有的与模型相关的信息量。在白盒攻击中，攻击者完全知道分类中使用的模型（$f$），并且知道分类器算法或训练数据。他也知道完全训练的模型架构的参数（$\theta$）。然后，不法分子有可能识别出模型可能存在漏洞的空间（如模型中高错误率的地方）。最后，可以通过使用对抗性示例制作方法修改输入值来利用该模型[28]。

通过间接的方法可以获得学习模型的足够知识，从而有针对性地选用能够成功的攻击场景。例如，假使遭到恶意软件逃避攻击，则有可能的情况是目标模型的一系列特征已经通过曾经发表的成果被公开了。用于训练检测器的数据集可以是公开的，也有可以是类似的公开数据集。学习者可以使用标准的学习算法来学习模型，如深度神经网络、随机森林或支持向量机（SVM），通过使用标准技术来调整超参数。这可能会导致不法分子可以得到一个与实际使用的检测器相似的工作探测器[116]。

在黑盒攻击中，为了分析模型的漏洞，攻击者并不知道分类器的类型、检测器的模型参数、分类器算法，也不知道训练数据[20]。例如，在 Oracle 攻击中，不法分子通过提供一系列精心设计的输入值和观察输出值来利用模型。在模型反转型攻击中，攻击者不能直接访问目标模型，但可以通过查询接口系统间接获得模型的结构和参数等信息，并收集响应。文献[28]、[91]提出了一种策略（Papernot 攻击），利用收集到的一些真实输入值产生合成输入值。许多研究集中于利用图像作为数据集的研究（MNIST 或 CIFAR）。例如，在这种情况下，攻击者可以获取目标数据集的几张图像，并对每张图像使用增强技术来找到应该用 API 标记的新输入。下一步是通过顺序标记和增加一组训练输入来训练替代数据。在替代数据准确充分后，攻击者可以发起白盒对抗性攻击，如快速梯度符号法（Fast Gradient Sign Method，FGSM）

或雅可比矩阵的显著性映射算法（Jacobian Saliency Map Approach，JSMA），产生对抗性实例并传递给目标模型[48]。

基于雅可比矩阵的显著性映射算法是帕佩尔诺特（Papernot）等提出的用于优化 L0 距离的算法[89]。JSMA 攻击可以用来欺骗分类模型，如神经网络分类器、图像分类任务中的 DNN。该算法可以诱导模型将对抗性图像误分类为确定的错误目标类[119]。JSMA 是一个迭代过程，在每次迭代中，通过在给定图像的显著性映射中选取最重要的像素达到其最大值或最小值，从而使得像素饱和度尽可能低，以此欺骗分类器[92]。即使攻击只改变了少量像素，但扰动比 L∞ 攻击更显著，如 FGSM[67]。重复该方法，直到网络被欺骗或改变像素的最大数量得到实现。JSMA 可以被认为是一种贪婪攻击算法，用于制作对抗性示例，它可能对高维输入图像没有用处，如来自 ImageNet 数据集的图像[67]。

JSMA 攻击会导致预测模型输出更多错误的预测，最终会使控制模型自满或过于被动。这两种选择都可能造成经济损失。例如，文献[89]展示了可以用 JSMA 对抗性攻击来干扰分类 RNN 和顺序 RNN。因此，如果给予足够的时间和资源，攻击者有可能对两个 AI 模型（网络安全 AI 模型和控制 AI 模型）都造成损害。

白盒攻击利用目标模型的梯度来产生对抗扰动。文献[48]引入 FGSM 来生成针对神经网络的对抗样本。FGSM 可以用于任何使用梯度和权重的机器学习算法，从而提供较低的计算成本。所需要的梯度可以用反向传播计算出来。如果已知内部权值和学习算法架构，通过反向传播 FGSM 可以高效地执行[33]。FGSM 很适合制作许多带有重大扰动的对抗性示例，但它也比 JSMA 更容易检测，所以相对而言，JSMA 更隐蔽，但缺点是比 FGSM 的计算成本高。相当数量的 FGSM 和 JSMA 攻击可以被防御机制阻止[48]。

卡利尼（Carlini）和瓦格纳（Wagner）[26]提出了 C&W 攻击，这是针对深度神经网络（DNN）图像分类器最强大的基于迭代梯度的攻击之一，因为它能够打破无防御和防御蒸馏的 DNN。例如，基于有限内存的 BFGS（Limited-Memory Broyden-Fletcher-Goldfarb-Shanno，L-BFGS）和 DeepFool 攻击无法找到对抗样本，并且可以达到显著的攻击可转移性。C&W 攻击是一种基于优化的对抗攻击，它可以产生 L0、L2 和 L∞ 范数测量的对抗样本，也分别被称为 CW0、CW2 和 CW∞。该攻击试图将有效图像与受扰动图像之间的距离最小化，同时仍然导致受扰动图像被模型错误分类[109]。在许多情况下，它可以将分类器的精度降低至 0%。根据文献[101]，C&W 攻击在自然训练的图像数据集 DNN（如 MNIST、CIFAR-10 和 ImageNet）上达到 100%的成功率。C&W 攻击能够生成强大的对抗样本，但由于优化问题的形成，计算成本较高。

本章提到的基于梯度和无梯度的对抗攻击，如 C&W、FGSM 和 JSMA，可以干扰输入数据，使输入数据看起来对人类有效，但实际上是被恶意扰乱的，如可以自动调整 HVAC 和智能建筑的其他加热设备的机器学习模型。这类模型可以从当地测量单元（物联网传感器）收集数据，从天气数据库收集外部数据，包括来自社交媒体账户的数据。然后可以适当地合并和清理数据，以便将其用于训练预测模型。预测模型可以使用，如 LSTM 等神经网络来执行能量负荷预测，并计算发送给执行器的新命令的需求。

这种以分类为导向的 LSTM 神经网络会受到攻击，如使用上述的 JSMA 攻击方法。然后在期望的方向上对输入值进行扰动，有选择地使模型将其误分类到合适的输出类[9]。深度神经网络可以通过添加细微的扰动（如有缺陷的像素）从而形成图像分类问题，并在测试或部署阶段用来欺骗复杂的 DNN。对抗样本的漏洞是一个巨大且日益增长的风险，特别是在关键基础设施领域。欺骗用于调整信息物理系统的暖通空调系统的预测深度神经网络，可能会导致以能源消耗峰值的形式增加运营成本等严峻形势。

## 11.6.2　DoS / DDoS 攻击

拒绝服务（DoS）及其变体（DDoS）是主要的威胁之一，由于其具有分布式特性，可能会导致灾难性的后果。有些不法分子可能使用一台甚至多台僵尸计算机进行攻击，以消耗受害者的资源，从而使服务器无法向合法或正规用户提供所请求的服务。攻击者利用互联网、网络带宽和连通性的优势，以开放端点为目标，发起数千甚至数百万数据包的洪水攻击，以破坏受害者的服务器。服务器要么崩溃，要么无法为所有入访的请求提供服务，并且无法为试图使用相关服务器提供服务的合法客户端提供服务。例如，这些攻击的主要目标可以是默认网关、个人计算机、Web 服务器等。

不法分子的目的是寻找可以收集他们想要的秘密信息的路径。这意味着破坏机密性（第一阶段）。第二阶段是获得对机密信息进行修改的权限，这将损害完整性。第三阶段是破坏可用性，这是不法分子的主要目标，因为破坏机密性和完整性更具有挑战性，需要更高级的技术技能才能完成。当破坏可用性时，并不需要目标系统的管理权限。如上所述，不法分子可以通过耗尽资源，使服务对合法用户不可用，从而破坏服务的可用性。

DoS/DDoS 攻击的方式多种多样，可以使用不同种类的程序代码和工具，还可以从不同的 OSI 模型层发起攻击。OSI 有 7 层，物理层（第 1 层）包括在物理介质上收发的非结构化原始比特流；数据链路层（第 2 层）负责进行无差错的传输；网络层（第 3 层）处理数据的路由；传输层（第 4 层）负责数据的打包和分发；会话层（第 5 层）负责建立、协商和终止会话；表示层（第 6 层）负责数据转换并将其发送给接收方；应用层（第 7 层）确定通信伙伴，同时所有消息和创建的数据包都在这一层进行初始化[84]。

DDoS 攻击可能导致物理层的物理资产遭受物理破坏、妨碍、操纵或故障。MAC 泛洪攻击通常发生在数据链路层，这是一种用数据包将网络交换机淹没的攻击。ICMP（互联网控制消息协议）泛洪攻击是一种网络层基础设施攻击方法，它利用

ICMP 使目标网络的带宽过载。SYN 攻击和 Smurf 攻击属于传输层攻击。SYN 攻击是指两个系统通过 TCP/IP 协议建立通信后，向计算机（如 Web 服务器）发送一系列"SYN"（同步）消息[31]。Smurf 攻击是一种较老的 DoS 攻击，它通过使用大量的 ICMP 数据包淹没目标服务器。SYN 攻击利用 TCP/IP 协议，用 SYN 请求轰炸目标系统，以击垮连接队列，迫使系统无法响应合法请求。在会话层，攻击者可以利用交换机上运行的 Telnet 服务器的漏洞采用 DDoS 攻击，迫使 Telnet 服务不可用。在表示层，攻击者还可以使用错误格式的 SSL 请求，因为 SSL 加密包的检测需要耗费很多资源。应用层的 DDoS 攻击漏洞有：在网站表单上使用 PDF GET 请求、HTTP GET、HTTP POST 等方法进行登录、上传照片或视频、提交反馈等[96]。

僵尸网络可以被描述为由几台或大量已被远程操控的计算机或联网设备组成的网络，攻击者可以利用僵尸网络实施多种类型的攻击，如 DDoS、垃圾邮件、嗅探和键盘记录、身份窃取、勒索和提取攻击等。僵尸网络（僵尸）的目标是开放系统互联的各层中的漏洞。这些攻击可以分为以下几种：

（1）应用层攻击；

（2）协议攻击；

（3）饱和攻击。

应用层攻击是 DDoS 最原始的形式，它模拟了正常的服务器请求。这种类型的攻击在本章的开始有详细的解释。协议攻击利用服务器处理数据的方式使目标过载，以至于预期目标无法承受。进行此类攻击的一种方法是发送无法重组的数据包，从而导致服务器资源过载。饱和攻击类似于应用层攻击，但在这种类型的 DDoS 攻击中，整个服务器的可用带宽被僵尸网络请求占用。通过向目标网络发送大量流量或请求包，以此来拥塞或停止目标服务[94]。

DDoS 攻击可以对能源、交通等关键基础设施领域造成严重威胁。2016 年，DDoS 攻击破坏了芬兰东部拉彭兰塔（Lappeenranta）市至少两处房产的供暖分配系统。在该事件中，攻击令相关建筑的暖气控制计算机无法工作。攻击从 10 月下旬持续到 11 月 3 日，由于室外温度低于冰点，造成了不便和潜在的危险。在攻击过程中，系统试图通过重启主控电路来做出响应，然后不断重复该操作，导致加热系统无法工作。不幸的是，建筑自动化安全经常被忽视，房地产公司往往不愿意投资防火墙和其他安全措施来改善总体安全状况[54]。

针对运输服务的 DDoS 攻击也时有发生，并造成火车延误及旅行服务中断等后果。2017 年 10 月 11 日，攻击者通过 TDC 和 DGC 两家互联网服务供应商，对瑞典交通系统发起了这样的攻击。DDoS 攻击摧毁了列车位置监控 IT 系统，引导驾驶员发车和停车。这次攻击还破坏了联邦机构的电子邮件系统、道路交通地图和网站服务。经过这次攻击，列车交通服务和其他服务不得不通过使用备用程序进行手动操作[15]。2018 年，由于丹麦最大的 DSB 铁路公司的订票系统因遭到 DDoS 攻击而瘫痪，旅客在购票时遇到了麻烦。这次攻击使得人们无法通过 DSB 应用程序、网站、售票机和自助服务站购买车票。此外，此次攻击还限制了通信、电话系统，内部邮件也受到了影响[87]。该公司不得不利用社交媒体和地勤人员才能向客户传达延误信息[70]。《信息自由数据》（*Freedom of Information Data*）指出，英国高达 51%的关键基础设施组织容易受到这些攻击，因为它们无法检测和缓解网络上持续时间较短的DDoS 攻击，而结果是其中 5%的运营商在 2017 年遭受了 DDoS 攻击[102]。CI 运营商，如运输机构，不能放弃防御 DDoS 攻击的机会，他们需要建立和提高抵御这些攻击的弹性。

## 11.6.3　虚假数据注入攻击

虚假数据注入（False Data Injection，FDI）攻击对传统电网（Power Grid，PG）构成了重大威胁，在当今的智能电网（Smart Grid，SG）中，提供电力的技术被用于信息物理系统，如智能建筑。智能电网是利用 ICT 提供可靠、高效和稳健的电力传输与分配的电网。因此，智能电网不仅是传统"哑巴"能源基础设施中众所周知的输电线，还是一种相对新型的能源分配系统，是支撑可持续能源城市相关的关键概念之一。智能电网与智能电表相连接，可安装在智能工厂、医院、学校等实体建筑中，其内含的多个组件可提供预测分析服务，以平衡电网系统的生产和消费。此外，智能电网还能提供实时定价等高级服务，为消费者和供应商提供相关信息来管理其能源需求与供应。该服务允许以动态和有效的方式进行能量分配。此外，智能电网还将不可再生能源和可再生能源相互融合，减少了环境问题。

FDI 攻击通常是对智能电网的功能进行攻击，以破坏真实的能源和供应数据，造成错误的能源分布，从而导致额外成本或破坏性后果[29]。根据文献[76]，攻击者可以通过发动攻击修改智能电表数据来降低自己的电费，或者通过目标远程终端单元（Remote Terminal Unit，RTU）向控制中心注入虚假数据，从而增加停电时间。FDI 攻击可以看作一种完整性破坏，其目的是对设备的测量结果造成任意误差和失真，从而影响状态估计（State Estimate，SE）的精确度。除了用来处理 SCADA 系统采集的实时数据的能源管理系统（Energy Management System，EMS），SE 是确保电力系统可靠运行的系统监控的重要服务。智能电表能够进一步推断状态估计值（如能源需求和供应），并做出初始决定，如在估计值到达控制中心之前进行数据融合。SE 提供的信息可以用于优化能源分配与电网性能指标，以最大限度地提高网络效用和能源效率，同时最大限度地降低能源传输成本。因此，FDI 攻击侵犯 SE 的完整性，将会使智能电网系统在最坏的情况下处于不稳定状态。

不法分子可以通过以下方式将虚假监测数据注入智能电网。

（1）破坏智能电表、传感器或 RTU。

（2）捕获传感器网络与 SCADA 系统之间的通信。

（3）渗透 SCADA 系统导致其对智能电网状态的错误估计，最终甚至可能导致大面积停电事故。

萨戈尔扎伊（Sargolzaei）等[106]认为，不法分子的目的不仅是注入虚假信息以干扰目标系统的可靠运行，还会注入错误的数据，使系统的控制器和检测机制处于事件的阴影中。不法分子还可以利用手段去收集侧面信息，如采用特定的分析方法和技术来收集有关各种代理的标称状态值的信息，这些信息涉及目标系统的结构，以便进行 FDI 攻击从而增加攻击的破坏力。为了进行恶意攻击，不法分子可能需要同时向各种传感器注入与系统标称状态和参数足够接近的"真实的"虚假数据。这个过程使得 FDI 难以被检测出来，特别是在系统架构已知的情况下。

不法分子可以针对以下一个或多个 FDI 攻击面进行攻击，包括能源需求、能源供应、电网状态和电价。针对能源需求的攻击可能会造成对状态估计值的欺诈，使电力传输的额外成本增加或造成能源浪费，提高能源用户和供应商的财务成本。在这种情况下，对智能电网的能源需求低于电网节点（代表平均能源需求或供应，如一个城镇）的能源需求，这可能导致停电。供能节点提供 SE 的值，而 FDI 攻击可以暗中减少能源供应量，导致供能节点无法接收能量需求而出现能源短缺的情况。在相反的情况下，浪费的能量会越来越多。

电网状态代表电网的配置和条件，如电网拓扑结构和电力线路容量。不法分子可以利用 FDI 攻击电线连接，以将节点与电网隔离，欺骗能源分配系统，导致电力短缺或能源传输成本增加。动态电价有助于平衡高峰和非高峰时段的电力负荷，降低用户电费。攻击者可以降低自己的电价，造成公司收入的损失，或者在高峰时段降低电价，最终导致电网系统超负荷运行。因此，虚假定价对金融和物理子系统造成了显著的损害，抹杀了其最佳供应效率的优势[29]。

## 11.6.4 恶意软件攻击

恶意软件和基于软件的犯罪并不是一个新概念，时间可以追溯到 1986 年时出现在 PC 上的第一个恶意软件 Brain. A。恶意软件的出现证明 PC 并非一个安全的平台，应该考虑采取安全措施进行保护。恶意软件是由不法分子创建的可以用来破坏计算机功能、收集敏感信息、破坏目标设备或访问私人计算机系统的软件。恶意软件的形式可以是多种多样的，如动态内容、代码、脚本或其他类型的软件。恶意软件包括广告软件、计算机病毒、拨号程序、键盘记录程序、勒索软件、Rootkit、间谍软件、木马、蠕虫及其他类型的恶意计算机程序。一般来说，大多数常见的恶意软件携带的威胁是蠕虫或木马，而不是常规且普通的计算机病毒[73]。自 2018 年以来，勒索软件攻击呈现增长的迹象。恶意软件攻击可以发生在各种设备和操作系统上，如 Android、iOS、macOS、Microsoft Windows 等。

在过去几年中，针对关键基础设施的恶意软件攻击有所增加。2016 年，一种名为"黑暗力量"（BlackEnergy）的木马恶意软件被用来破坏乌克兰电网。BlackEnergy是一个模块化后门，可用于对全球 ICS/SCADA、政府和能源部门进行 DDoS、网络间谍和信息破坏攻击。BlackEnergy 恶意软件家族自 2007 年以来一直存在，它最初是一个基于 HTTP 的僵尸网络，主要用于 DDoS 攻击。后来，有人开发了第二个版本 BlackEnergy2，这是一个作为后门安装的基于驱动程序组件的 Rootkit。上述版本的后门及其安装程序主要通过定向钓鱼攻击的电子邮件传播。之后的版本是 BlackEnergy3，用于攻击乌克兰电力行业。该版本可用于进行包含微软 Office 文件的网络钓鱼攻击，这些文件包含恶意混淆的 VBA 宏以感染目标系统[81]。

另一种恶意软件出现在 2015 年，用来攻击医疗行业的关键基础设施，它被称为"蜻蜓"（Dragonfly）。该恶意软件专门针对欧洲和美国能源行业的工业控制系统（ICS）现场设备。"蜻蜓"的使用率在 2017 年显著增长。攻击者一直对了解能源设施如何运作以及如何获取操作系统访问权限很感兴趣。恶意软件使用不同种类的感染向量访问受害者的网络。这些向量包括恶意电子邮件、木马软件和水坑攻击，以泄露受害者的网络凭证，并将其转移到外部服务器。被劫持的设备与命令和控制服务器连接，该服务器由攻击者控制，为被感染设备提供后门[19]。

震网（Stuxnet）恶意软件（蠕虫）在 2010 年被发现后，人们提高了对网络安全及相关问题的认识。蠕虫的攻击目标是伊朗纳坦兹核电站用于铀浓缩过程的离心机。世界各国政府不得不面对这样一个事实：关键基础设施很容易受到网络攻击，而且有可能造成灾难性的影响。该恶意软件的目的是破坏电力设施的离心机，以阻止或延迟伊朗的核计划。人们认为该恶意软件是通过一个被感染的 U 盘上传到发电厂网络的[13]。

震网的文件大小比其他同类蠕虫更大，它是通过使用各种编程语言和加密组件实现的。它在感染计算机时利用了 4 个零日漏洞，这些计算机连接了共享打印机，并存在与权限提升相关的漏洞，使蠕虫可以在计算机锁定期间运行软件。蠕虫使离心机在高速和低速之间交替运行，并掩盖速度变化使其看起来正常，从而对离心机造成损害。由于这个程序的破坏，伊朗不得不每年更换 10%的离心机。这一事件表明，关键基础设施可能成为网络威胁的目标，即使是相互隔离的网络也无法抵御恶意软件的攻击。为了防御此类恶意软件的攻击，增加安全保护必不可少。此外，还要提高网络攻击期间的弹性。

Duqu 是继著名的 Stuxnet 蠕虫之后的又一种蠕虫，并于 2011 年被匈牙利布达佩斯大学（Budapest University）密码与系统安全实验室检测到。该恶意软件的结构与 Stuxnet 病毒相似，这表明它是由 Stuxnet 病毒的作者或掌握其源码的开发人员开发和实现的。与 Stuxnet 的不同之处在于，Duqu 主要用于网络间谍目的，能够更深入地了解网络结构，从而发现漏洞并加以利用，开发更好的攻击方法来渗透防御[17]。Duqu 是一种信息窃取 Rootkit，其攻击目标是在微软 Windows 的计算机中收集击键和其他相关信息，可用于对世界各地的发电厂或供水系统等关键基础设施进行攻击。在渗透了防御系统后，Duqu 将自己注入 4 个通用的 Windows 进程之一：Explorer.exe、IEExplorer .exe、Firefox.exe 或 Pccntmon.exe，下载并安装窃取信息的组件，从被感染的目标系统收集信息，对数据进行加密，并将其上传到攻击者的系统。对攻击者来说，带有智能电表、变电站、智能监控器和传感器的智能电网，为其渗透关键基础设施系统提供了一个诱人的攻击面[118]。

Triton 是最危险的恶意软件之一，可以在全世界的网络上传播，针对的是利用自动化过程的关键基础设施。该恶意软件在 2017 年首次被检测到，当时沙特塔斯尼公司拥有的石化工厂使用的是施耐德电气的 Triconex 安全仪表系统（SIS），该恶意软件攻击了工厂设施，然后导致系统突然关闭。该恶意软件被部署在工厂有毒气体泄漏和紧急情况下启动的紧急安全设备中。除其他危险的恶意攻击外，Triton 可能会导致因紧急情况下无法操作而使安全机制遭受物理损害。它可以用于攻击工业控制系统（ICS），并使用基于安全外壳协议（SSH）的远程通道，将攻击工具分发到受害系统，然后执行恶意程序的远程命令。不法分子访问信息技术（IT）和运营技术（OT）网络，在计算机网络中安装后门，并访问 OT 网络中的安全仪表系统（SIS）控制器，以便使用攻击工具来保持对目标网络的控制[77]。

## 11.6.5 网络钓鱼攻击

网络钓鱼是一种社会工程技术，可用于绕过为降低信息系统的安全风险而设计和实施的技术控制措施。社会工程是一种利用人为错误来获取敏感私人信息、访问权限或贵重物品的操纵技术。安全程序中最薄弱的环节就是我们人类。在网络犯罪中，不法分子利用人为因素，通过操纵用户来暴露数据、传播恶意软件或提供受限系统的入口，从而欺骗系统终端用户。社会工程攻击可以通过线上、线下或其他方式进行。除了操纵用户行为，攻击者还可以利用用户的无知。例如，"偷渡式下载"，指的是未经用户批准就在设备上安装恶意程序[58]。

网络钓鱼利用了人性的弱点这一漏洞来获取对目标系统的访问权限[98]。尽管企业长期以来一直在提高员工对网络安全威胁的意识，但网络钓鱼仍然是各种网络攻击的起点之一。根据调查显示，高达 46% 的网络攻击成功案例始于向员工发送钓鱼邮件[36]。据文献[2]可知，这种攻击可以用来窃取用户的机密信息，如口令、社会安全号码和银行信息，当不法分子伪装成可信实体，欺骗用户点击收到的电子邮件中包含的虚假链接时，就会触发这种攻击。此外，不法分子还利用特殊形式的网络钓鱼，即鱼叉式网络钓鱼攻击，对属于目标国家关键基础设施部门（如电信或国防部下属部门）的组织进行攻击。

鱼叉式网络钓鱼攻击是一种特定类型的网络钓鱼攻击，它会对上下文及受害者进行检查，并利用定制的电子邮件给受害者发送消息。如上所述，收到的电子邮件信息可能包括恶意链接或电子邮件附件，以传递恶意软件，将善意的个人引导到假冒网站，再利用这些网站查询登录凭证或请求将恶意软件下载到受害者的设备中。然后不法分子可以利用凭证或受感染的设备进入网络，窃取信息，而且在多数情况下，这种行为长时间不会引人注意[21]。

用于对关键基础设施进行攻击的鱼叉式网络钓鱼攻击发生在 2014 年，当时一名攻击者对韩国水电和核能公司（KHNP）发起了鱼叉式网络钓鱼攻击。这次攻击导致了 1 万名工作人员的个人资料、设计和手册、核反应堆、居民辐射暴露的估计值等信息的泄露。短短几天内，黑客就向 3000 多名员工发送了近 6000 封钓鱼邮件，其中包括恶意代码。其目的是索取金钱，否则就会将敏感的机密信息泄露到其他国家，或者发布到互联网的社交媒体上。幸运的是，包含信息的服务器与内网隔离，因此，攻击者只是给韩国社会造成了混乱。然而，对核电站的网络攻击可能会对所有生物和大范围的环境造成重大风险与破坏。因此，应该制定广泛的安全对策来降低这些风险[85]。此外，有人怀疑乌克兰电网在受到 BlackEnergy 恶意软件的攻击之前，曾遭受钓鱼攻击，从而导致数十万个家庭断电 6 小时。

## 11.7　网络攻击防御机制

本节重点审查可用于对抗前面提到的威胁关键基础设施的网络攻击的检测和预防机制。

### 11.7.1　防范对抗性攻击

对抗样本是恶意干扰的输入，目的是在测试时欺骗机器学习模型，并对其构成重大风险。这些输入可以在不同的模型之间传递，这意味着相同的对抗样本通常会被不同的模型错误分类。对抗样本可以用 ML 模型分类器的对抗训练来反制，这是针对对抗样本制造（如 FGSM）的最早以及最著名的防御方法之一。对抗性训练方法在提供健壮模型方面已经达到事实上的标准地位[112]。在与攻击者使用相同训练集的情况下，可以通过增加带有扰动输入的 ML 模型训练数据集来提高健壮性[105]。基于所使用的对抗样本的强度，对抗训练可达到相应的健壮性。因此，通过使用快速的非迭代 FGSM 来训练模型可以对非迭代攻击（如 JSMA）提供有力的保护。防御迭代对抗样本也需要使用迭代对抗样本进行训练[107]。但如果攻击者使用了另一种不同的攻击策略，对抗性训练的效率就会降低[105]。

当使用快速单步方法进行扰乱时，该方法可以应用于大型数据集。一般来说，对抗性训练通过攻击（如 FGSM）来获得对抗样本，并且尝试针对这种攻击建立足够的防御。训练后的模型对来自其他对手的对抗样本具有较差的泛化能力。将 FGSM 对抗训练与无监督或监督域自适应相结合，可以提高防御的健壮性。不幸的是，对抗训练的健壮性可以通过应用来自其他模型的任意扰乱联合攻击来规避[111]。此外，对抗性训练作为一种健壮防御方法，由于计算复杂度和成本巨大，在现实情况下的应用受到限制[107]。

防御蒸馏可以被认为是一种对抗攻击的对抗防御方法，如 FGSM 或 JSMA。该方法是一种对抗性训练技术，它为算法的处理过程提供了灵活性，使其不容易被利用。根据文献[122]，防御蒸馏的深层思想是通过降低 DNN 对输入扰动的敏感性，生成对对抗样本更具弹性的平滑分类器。该方法不会改变神经网络结构，不仅提高了泛化能力，而且具有较低的训练开销和测试开销。

帕佩尔诺特等[90]研究了防御蒸馏并引入了一种方法，这种方法可以减少输入变化，使对抗性制造过程更具挑战性，为 DNN 提供了将样本推广到训练集之外的方法，并降低了对抗性样本在 DNN 上的有效性。防御蒸馏反映了一种通过减少 DNN 的大小来将信息从一个架构传递到另一个架构的策略。蒸馏法提供了一种需要较少人为干预的动态方法，并具有适应未知威胁的优势。一般来说，有效的对抗性防御训练需要一长串已知的系统漏洞和可能的攻击向量。防御蒸馏的使用降低了对抗性合成过程的成功率，并且对对抗性攻击（如 JSMA）也颇具成效。

但其缺点是，如果攻击者有大量可用的计算能力和适当的微调能力，那么他可以利用逆向工程找到基本的漏洞。防御蒸馏模型也容易受到投毒攻击，攻击者在这种攻击中可以破坏初步训练数据库[37]。防御蒸馏可以通过黑盒方法[89]和优化攻击[113]来进行规避。卡利尼和瓦格纳证明了防御蒸馏在他们的 L0、L2 和 L∞攻击中失败了。这些新的攻击成功地为防御蒸馏网络上 100%的图像找到了对抗样本。防御蒸馏可以阻止以前能力较弱的攻击，但它无法抵抗更强大的攻击技术。

Defense-GAN（防御式生成对抗网络）是一种可行的防御策略，该策略提供了先进的防御机制来对抗对机器学习分类器构成威胁的白盒和黑盒对抗攻击。训练 Defense-GAN 对未受扰动图像的分布进行建模，在将给定图像发送给分类器之前，通过最小化重构误差将图像投影到生成器上，并将生成的构造传递给分类器。用训练生成器来模拟未受干扰的训练数据分布可以减少潜在的对抗噪声。Defense-GAN 可以与任何 ML 分类器联合使用，而不需要改变分类器的结构或对其重新训练，并且使用 Defense-GAN 不会使分类器的性能显著降低。由于该机制没有假定攻击模型，因此可以用于对抗任何攻击，但它可以利用 GAN 的生成效率重构对抗示例[105]。

作为一种防御性方法，Defense-GAN 克服了对抗训练方法的缺点，因为当使用 FGSM 进行对抗性训练生成对抗 C&W 攻击的对抗样本时，对抗训练方法的效率不够高。此外，对抗训练不能很好地概括不同的攻击方法。当用于生成增强训练集的攻击模型与犯罪者使用的攻击模型相同时，通过使用对抗训练增加了健壮性。如前所述，对抗训练无法有效对抗 C&W 攻击，因此，应该利用更强大的防御机制。训练 GAN 是一项非常具有挑战性的任务，如果 GAN 训练不正确，而且超参数选择不正确，则防御机制的性能可能会显著降低[105]。

## 11.7.2 防范 DoS 或 DDoS 攻击

分布式拒绝服务（DDoS）攻击一直在增加，它在整个网络攻击中占大多数。检测和防范 DDoS 攻击是一项极具挑战性的任务，而实际设计和实现 DDoS 防御是非常困难的。DDoS 攻击和防御问题已经得到了深入研究，各种研究已经在相关领域展开。传统 DDoS 检测系统的目的是将恶意流量与异常流量区分开来[74]。在传统的网络环境下，防御 DDoS 攻击的方法主要包括攻击检测和攻击响应两部分。攻击检测基于攻击特征、拥塞模式、协议和源地址，形成了高效的 DDoS 检测机制[30]。

　　检测模型分为基于误用的检测和基于异常的检测两类。基于误用的检测利用特征匹配算法，将收集和提取的用户行为特征与已知的 DDoS 攻击特征库进行匹配，检测之前是否发生过攻击。只要网络中的活动顺序与已知的攻击特征相匹配，就可以检测到系统中的攻击。基于异常的检测已应用于监控系统，通过确定目标系统和用户的活动状态是否与正常配置文件不同，然后可以推断是否发生了攻击。接下来的步骤用于攻击响应，在开始 DDoS 攻击之后尽可能适当地过滤或限制网络流量[30]。

　　近年来，人工智能及其机器学习子领域被应用于网络安全，并影响了基于机器学习攻击检测模型的发展。机器学习能够从数据中收集相关信息，并整合之前收集的知识，以区分和预测新的数据。因此，与传统检测方法相比，基于机器学习的检测方法准确度更高。其缺点是，DDoS 攻击产生的数据多为突发数据，且数据种类多样。此外，背景流量的大小也可能对检测模型产生影响，降低模型的检测准确度[30]。

　　在针对网络攻击（如 DDoS 攻击）的预防和检测的各种研究中，有许多利用了基于机器学习的方法，如支持向量机（SVM）、随机森林（Random Forest）和朴素贝叶斯（Naive Bayes，NB）。例如，文献[93]研究了利用随机森林、SVM 机器学习的方法检测 DDoS 攻击。研究者利用训练数据集训练随机森林模型，将攻击数据包的剩余集与正常流量混合作为模型的测试集，对正常流量和攻击流量进行交叉采样，计算每个样本的行为，并通过采样流量周期来控制正常流量与攻击流量的比例。然后利用 LIBSVM 库对 SVM 算法的数据进行检测，并与随机森林模型检测结果进行对比。研究结果表明，随机森林模型和 SVM 算法对 TCP、UDP 和 ICMP 泛洪攻击都有显著的 DDoS 攻击检测准确率（根据采样周期的不同，准确率为 93%～99%）。

　　He 等[51]基于机器学习技术，在云源端提出了一个原型 DoS 攻击检测系统。该原型是在真实的云环境下实现的，它包括 6 个服务器（S0～S5），每个服务器运行多个虚拟机。作者从 S0 服务器对虚拟机发起了 4 种不同类型的 DDoS 攻击（SSH暴力攻击、DNS 反射、ICMP 洪水和 TCP SYN 攻击）。受害者是另一台服务器 S1运行 Web 服务的虚拟机。作者将他们的防御系统部署在服务器上，启动运行攻击的虚拟机。服务器上的其他虚拟机（除 S0 和 S1 之外）模拟合法用户请求 Web 服务。实验中使用的数据是在 9 小时内收集的进出攻击者虚拟机的网络数据包。对监督学习算法，如线性回归（LR）、支持向量机（线性、RBF 或多项式核）、决策树、朴素贝叶斯和随机森林进行了评估。对无监督学习算法，如 k-means、高斯期望最大化混合模型（GMM-EM），分别进行了评估。有监督学习算法的准确率均在 93%以上（随机森林的准确率最高，为 94.96%），而无监督学习算法的准确率为 63%～64%。

　　海德尔（Haider）等[50]提出了一种新的深度学习框架，用于检测软件定义网络（SDN）中的 DDoS 攻击，这是一种流行的网络范式，它将控制逻辑与转发逻辑解耦。SDN 由应用程序（运行在实体机或虚拟机上的应用程序）、控制（操作系统）和转发平面（通过可编程交换机构建的网络）组成。该框架利用集成 CNN 模型来改进基于流的数据作为对 SDN 关键属性的检测。作者使用基于流的数据集 CICIDS2017

对提出的框架进行了评估，CICIDS2017 是一个公开的、完全标记的数据集，它包含至少 80 种网络流量特征，其中包括良性和多种类型的攻击流量。在合理的测试和训练时间内，其所提出的方法在检测 DDoS 攻击方面提供了 99.45% 的检测精确度和最小的计算复杂度。

## 11.7.3　防范虚假数据注入攻击

FDI 攻击（FDIA）被引入智能电网领域，给电力系统运营带来了显著的安全挑战，它可以规避传统的状态估计、不良数据检测等电力系统控制室实施的安全措施[12]。FDIA 检测已尝试使用各种优化方法来解决问题，如稀疏矩阵优化问题，它可以使用核范数最小化和低秩矩阵分解方法的组合来解决问题。为了减少 FDIA 检测过程中所需的资源，通常使用基于阈值的比较方法。实验研究表明，欧氏距离度量与具有选定阈值的卡尔曼滤波器的使用有助于更好地识别 FDIA。此外，将残差信号与预先设定的阈值进行比较，可用于检测信息物理系统中的 FDIA。尽管如此，越来越多的 FDIA 已经能够覆盖基于阈值的检测方法[117]。为了有效地打击 FDIA，可以使用更先进的检测方法，如区块链、密码学和基于学习的方法。

阿卜杜拉（Abdallah）等[1]提出了一种针对 FDIA 的预防技术，该技术可以保证测量单元（测量智能电网的状态）的完整性和可用性，即使存在受损单元，也能保护测量单元到控制中心的传输过程。McEliece 公钥密码系统能够保护智能电网数据测量的完整性，防止其受到 FDIA 的影响。密码算法的缺点是它的计算复杂度大，需要大量的计算资源。Ahmed[4]已经对区块链这一当今常见的流行概念进行了研究，以生成一个盾牌并保护数据的真实性。作者通过经验证明，基于区块链的安全框架能够保护医疗保健图像免受虚假图像注入攻击。作者介绍的基于区块链的安全框架本质上是去中心化的，提供了加密图像认证和共识机制，能够比以前的其他方法更有效地对抗 FDIA。

基于学习的方法为对抗 FDIA 提供了一种新颖而复杂的方法。Esmalifalak 等[41]提出了一种 FDIA 检测机制，利用主成分分析（Principle Component Analysis，PCA）和基于监督学习的支持向量机（Support Vector Machine，SVM）模型，从统计上将电网的正常运行与隐蔽攻击下的情况分离。上述方法用于对抗一种新型的 FDIA，如隐蔽攻击，传统的基于状态估计的坏数据检测无法检测到这种攻击。基于 SVM 模型的方法检测性能较高，准确率为 90.06%，而欧氏检测器的准确率为 72.68%，稀疏优化的准确率为 86.79%[117]。Wang 等[117]利用广义递归的循环神经网络（RNN）模型学习状态变量测量数据，从而识别 FDIA。Wide 模型由一个全连接的神经网络层组成，RNN 模型包含两个 LSTM 层。Wide 模型能够学习全局知识，RNN 模型能够从状态变量测量数据中捕捉序列相关性。宽分量精度达到 75.13%，RNN 模型精度达到 92.58%。这种 Wide 模型和 RNN 模型的组合检测性能能达到 95.23% 的准确率，优于前面提到的基于学习的检测方法。

He 等[51]提出了卷积深度信任网络（Conditional Deep Belief Network，CDBN），以分析来自分布式传感器/仪表的实时测量数据所呈现的时间攻击模式。目的是有效地揭示不可观测的 FDIA 的高维时间行为特征，这种攻击能够绕过状态向量估计器（State Vector Estimator，SVE）机制。根据 Niu 等[80]的说法，以前并没有关于 FDIA 动态行为的研究。检测 FDIA 被认为是一个有监督的二元分类问题，它无法检测动态演进的网络威胁和变化的系统配置。作者开发了一种基于神经网络的异常检测框架，以构建智能电网专用入侵检测系统（Intrusion Detection System，IDS）。该框架利用带有 LSTM 单元的递归神经网络捕捉电力系统的动态行为，并利用卷积神经网络（Convolutional Neural Network，CNN）平衡两个输入源。如果观测值和估计值之间的残差超过给定的阈值，就说明有攻击发起。

## 11.7.4　防范恶意软件攻击

在过去的几年里，恶意软件的感染一直在显著增加，每天都有大量的恶意软件自动创建。根据文献[10]中的数据，在 2020 年第一季度，每天发生近 1000 万起恶意软件感染案件，其中 64%的恶意攻击针对的是教育机构。如今，每月有 1700 万个恶意软件程序注册，每天有多达 56 万个新的恶意软件被检测出来。从事恶意攻击等恶性行为的网络犯罪数量迅速增加。恶意软件的指数增长已经在人们的日常生活中造成了显著的威胁，它们悄悄潜入计算机系统，而没有透露出破坏计算机操作的不良意图。由于恶意软件数量巨大，仅靠人类工程师和安全专家是不可能处理所有恶意软件的，因此需要先进和复杂的检测方法。

恶意软件检测方法可以根据不同的观点进行分类。一种可能的方法是将恶意软件检测方法分为基于签名的方法和基于行为（启发式）的方法。基于签名的方法是反病毒编程中应用最广泛的一种方法。该方法从恶意软件文件中提取一个唯一的签名，并利用它来检测类似的恶意软件[120]。基于签名的检测可以有效地用于检测已知类型的恶意软件，但它在检测零日恶意软件方面面临着挑战，而且也很容易被使用混淆技术的恶意软件击败。混淆技术包括死代码插入、寄存器重置、指令替换和代码操作等[110]。此外，基于签名的检测需要预先了解恶意软件的样本[120]。

在基于行为（启发式或异常）的检测中，在训练（学习）阶段的执行期间分析恶意软件样本行为，以便在测试阶段将文件标记成为恶意或良性（合法）文件。与基于特征的检测相比，基于行为的检测除了利用加密、混淆或多态的恶意软件，还能够检测未知类型的恶意软件。但是这种方法的缺点是存在大量的误报且需要相当长的监控时间[110]。该方法包含了虚拟机（Virtual Machine，VM）和函数调用监控、信息流跟踪、动态二进制检测和 Windows API 调用图。行为检测方法得益于利用传统的机器学习方法，如决策树（Decision Tree，DT）、K 最近邻（K-Nearest Neighbor，KNN）值、朴素贝叶斯（Naive Bayes，NB）和支持向量机（Support Vector Machine，SVM）来理解运行文件的行为[120]。

深度学习是机器学习的一个子集，它利用多层神经网络，能够更好地处理非结构化数据[69]。深度学习已被证明在语音识别、计算机视觉和自然语言处理等领域比传统的机器学习具有更多优势。深度学习使计算模型能够从多个层次的原始数据中学习高级特征。深度学习的缺点是需要更多的计算时间来对模型进行训练和再训练，这是恶意软件检测过程中的一个常见的阶段，因为新的恶意软件类型不断出现。相比之下，传统的机器学习算法虽然速度很快，但不一定足够准确[24]。深度学习模型能够学习复杂的特征层次结构，并将恶意软件检测过程的步骤包含在一个模型中，然后可以用所有组件同时进行端到端训练[57-58]。

由于深度学习在其他相关领域的成功应用，它已被用于恶意软件检测系统（Malware Detection Systems，MDS）的开发。起初，一个单一的深度学习模型被应用于整个数据集，最终导致了问题的出现，因为该模型在处理日益复杂的恶意软件样本数据分布方面遇到了挑战。为了解决这个问题，一组深度学习模型被联合使用（集成方法），但多个模型的使用最终导致了类似的问题。文献[124]提出了一种用于恶意软件检测的多级深度学习系统。该系统可以利用树形结构来管理更复杂的数据分布，从而为每个深度学习模型提供了解恶意软件家族中某一组独特数据分布的方法。作者证明，与支持向量机、决策树、单一深度学习模型和基于集成的方法相比，多级深度学习系统提高了恶意软件检测系统的性能。该系统还能在更短的时间内提供更精确的检测，从而有效地识别恶意软件威胁[124]。

Kolosnjaji 等[60]提出了一种基于深度学习的混合神经网络模型，对恶意软件系统调用序列进行了分类。几位作者将两个卷积和一个递归（LSTM）神经网络层组合成一个神经网络架构，以提高恶意软件分类性能。恶意软件分类过程从恶意软件存储库开始，该存储库包括基于开源的布谷鸟沙箱，在这里可以在受保护的环境中执行获得的恶意软件二进制文件。然后对执行结果进行预处理，以获得数字特征向量，并将其发送到神经网络。神经网络充当分类器，将恶意软件分类到预定义的恶意软件家族之一。从 Virus Share、Maltrieve 和私人收藏中收集了带有标签的恶意软件数据样本，提供了大量不同的样本。几位作者在构建和训练神经网络时利用了提供 GPU 利用率的 Tensorflow 和 Theano 框架。所提出的基于深度学习的混合神经网络模型优于更简单的神经网络模型，甚至优于更复杂和广泛使用的隐马尔可夫模型和支持向量机，并为大多数恶意软件家族提供超过 90%的平均准确度、精确度和查全率。

## 11.7.5　防范网络钓鱼攻击

网络钓鱼攻击是网络世界中最具挑战性的问题之一，它会给行业和个人带来财务上的担忧，而且很难被准确地检测到。钓鱼网站可能在外观上与合法网站相似，其目的是欺骗用户，让他们相信访问的是正确和安全的网站[53]。虽然现在有若干反网络钓鱼软件及技术可侦测电子邮件中潜在的网络钓鱼企图，以及网站上的网络钓鱼内容，但网络钓鱼者仍会利用新的混合技术来绕过现有的防御软件及技术[16]。Oluwatobi 等[86]认为，网络钓鱼检测技术往往检测准确度相对较低，特别是如果采用新颖复杂的网络钓鱼方法，可能会引发大量的误报。传统的网络钓鱼检测技术，如基于黑名单的方法，在抵御这类攻击时效率不高，因为域名注册越来越容易，黑名单数据库很快就过时了。

　　网络钓鱼检测技术可以分为用户意识和软件检测两种方法。用户意识包括有关网络钓鱼攻击威胁的用户培训，以引导用户正确识别钓鱼及非钓鱼信息，并减轻所受威胁的程度。由于人类在此方面的弱点，依靠用户培训来减轻网络钓鱼攻击的影响是具有挑战性的。根据文献[59]，即使用户经过训练，最终也有 29%的网络钓鱼攻击检测不出来。然而，网络钓鱼检测技术通常针对所谓的批量网络钓鱼攻击进行评估，这可能会影响针对不同目标形式的网络钓鱼攻击的检测性能。例如，使用适当的模拟网络钓鱼平台和公司的网络钓鱼倾向百分比（Phish-Prone Percentage，PPP）可以看出有多少员工可能落入网络钓鱼或社会工程骗局，这可以作为一种培训方法。用户培训是一种有效的方法，但人为错误仍然存在，人们很容易忘记他们的培训内容。培训也需要大量的时间，对非技术背景的用户而言，他们对这种培训不太感兴趣。

　　由于网络钓鱼的分类问题性质，机器学习可以作为一种检测网络钓鱼的有效工具。传统的机器学习分类器，如决策树和随机森林，在提高计算时间和准确性方面可以被认为是有效的技术。

　　最近，基于深度学习的方法在钓鱼网站检测领域被提出。Adebowale 等[3]提出了一种智能网络钓鱼检测系统（IPDS），该系统利用卷积神经网络（CNN）和长短期记忆神经网络（LSTM）等深度学习方法构建混合分类模型，利用网页的图像、帧和文本内容检测网络钓鱼攻击。该模型通过使用 100 万个 URL 和 1 万多张图像训练 CNN 和 LSTM 分类器进行构建。各种类型的特征被从网站中提取出来用于预测网络钓鱼攻击。知识模型用于比较提取的特征，以确定网站是钓鱼网站、可疑网站还是合法网站。钓鱼网站用红色表示，可疑网站用黄色表示，合法网站用绿色表示。实验结果表明，该模型的准确率为 93.28%，平均检测时间为 25s。

# 11.8　总结

　　本章回顾了网络安全、网络威胁、信息物理系统和关键基础设施中的人工智能的概念。关键基础设施领域包括系统、网络、资产、服务和基础设施，这些对从公民到国家的每个人都至关重要。这些高度重要的必需品包括银行和商业服务、数字基础设施、饮用水供应、能源、卫生、运输和物流等。可以说，信息物理系统是保证这些服务在现代世界运行的未来方式，因为它们以一种近乎实时的方式提供了可访问性和易使用性，并对烦琐而艰巨的过程进行了持续的自动化。在智能建筑的门禁服务、智能电网和局部智能建筑的能耗优化等过程中，可以利用人工智能对部分流程进行改进。

针对 CPS 的攻击有多种类型，已经识别出许多不同的攻击向量，其中最受关注的包括对抗性攻击、虚假数据注入攻击、恶意软件攻击和网络钓鱼攻击。这些恶意攻击都在某种程度上依赖于愚弄人类而达成，并且具有伤害系统本身和人类用户的能力。尤其令人憎恶的是针对核电站的恶意软件攻击。尽管 DoS/DDoS 攻击不像前面提到的其他攻击那样试图欺骗人类用户，但正如文献[54]中的例子所证明的那样，它们也是有害的。它们的攻击造成了拉彭兰塔地区智能建筑中住户的经济损失和不满情绪。

从本质上讲，针对这些攻击的防御方法集中在网络弹性概念的第二个和第四个属性，即"识别和检测"与"治理和保证"。这些攻击可以通过机器学习的方法来防御，在网络钓鱼攻击的情况下，用户可以通过训练来检测一些攻击企图。作者建议组合使用不同的 ML 模型和框架的组合来降低与这些攻击相关的风险。例如，可以采用分层保护结构，首先使用训练有素的人工智能模型（如文献[93]提出的）来缓解 DoS/DDoS 攻击，然后结合更优化的集成结构（如文献[124]引入的），可以提高对信息物理系统的保护。作者建议在训练集成模型时使用防御蒸馏和 Defense-GAN 等技术，以提高算法的防御能力。但不幸的是，目前没有完美的解决方案可以减小这些威胁。当管理 CI 的人面临网络钓鱼攻击的风险升高，或者这些攻击是专门针对这类系统时，建议采用文献[3]中引入的 CNN 模型来解决。

## 原著参考文献

# 第 12 章　应对新冠疫情的国家网络威胁预防机制

**摘要：** 在新冠疫情的持续肆虐下，我们发现芬兰的整个公共安全机制需要一个更协调的系统，将不同类型的传感器与人工智能系统整合起来。各国都面临着一项关键任务：在网络维度下建立一个通用的预警系统。但首先，各国必须优化其国家层面的公共安全行政管理决策过程。新冠疫情向我们证明了人类预测疫情变化的难度之大，且全球几乎每个国家都遭遇了谣言传播带来的巨大挑战。网络上传播的谣言涵盖了与公共卫生和安全相关的诸多话题，如病毒的传播方式、自我防护的有效性以及疫苗的副作用等。我们需要有效的预警工具，来避免虚假消息传播造成的多米诺效应，并保障社会的重要功能。本研究旨在证明，欧洲有必要搭建一个共同紧急响应模型，以确保国家层面的公共安全，同时应提供一个技术平台，以便于国家间交流。受混合因素影响的事件就需要混合型响应措施。

**关键词：** 疫情；紧急响应；预警；信息共享；态势感知

## 12.1　引言

在芬兰，社会事务和卫生部（Ministry of Social Affairs and Health）和卫生福利研究所（Institute for Health and Welfare）承担着病毒防控的职责，而芬兰紧急响应管理局（Emergency Response Administration）的主要行政职能则是向民众发出预警和警告。

必须强调的是，当前持续肆虐的新冠疫情危机只是正在传播的新型病毒版本之一。芬兰的官方报告指出，其国内备灾等级没有重大漏洞，且当前社会的重要功能处于稳定状态。但是，芬兰仍认为其有必要加强战略管理、政策推行、国际活动、态势感知、社会重要功能保障、立法等事务，并巩固网络安全，因为网络安全是国家竞争优势之一，也是国家整体安全的决定因素之一[32]。维护社会的重要功能，有助于整个社会从任何危机中复原。与此同时，目前芬兰的中央管理机构和地方政府浮现出诸多问题，这些问题反映了其在可靠信息共享和循证信息使用方面所遭遇的挑战。

在应对新冠疫情危机的整个过程中，芬兰政府似乎都缺乏态势感知能力，始终未向民众提供简明易懂的总结性指导方针。此外，其他挑战性难题让这一情况雪上加霜。首先，合法管辖权问题引发了政治冲突，长期以来，官员和政治家所承担的职责一直不明确。其次，即便政府制订了疫情防控计划和行动计划，但不实施就无法提供附加值。有关政府各部门之间权力分立的政治和行政辩论，给决策协调带来了重大难题。对政府来说，仅仅解决此次疫情造成的日常挑战是不够的，因为谣言传播、网络犯罪事件或公共卫生危机等新事件的发生概率也在攀升[50]。例如，医院因医护数量有限而难以应对多起同时发生的事件。政府依然面临资源不足的困境，无法将资源分配到所需的每一处。

目前，芬兰的社会和医疗体系已超负荷运转。芬兰心理治疗中心 Vastaamo 有数万份病历被盗[33]。数位官员和政界人士的病历被泄露至 Tor 暗网，被泄露病例的受害者还因此受到了勒索[33]。芬兰乃至全欧洲的医疗卫生系统都规定，敏感信息和个人数据不得外泄。除了这些严重侵犯隐私的事件，几乎所有国家都遭遇了社交媒体时代下谣言泛滥的巨大挑战。此类谣言导致人们对疫情的关键事实及决策者选择的应对措施产生了不同看法和见解。网络上传播的谣言涵盖了与公共卫生和安全相关的诸多话题，如病毒的传播方式、自我防护的有效性以及疫苗的作用等。

在 12.2 节阐述我们所研究的问题；12.3 节讨论有关如何在新冠疫情中形成态势感知的基本要点；12.4 节确立我们研究的核心概念；12.5 节列出研究人员在以往开展的研究；12.6 节展示研究成果；12.7 节展示相关讨论和结论。

## 12.2　问题阐述

在公众对新冠疫情的激烈讨论中，经济发展被放到了公共安全的对立面。但其实，良好的经济发展有助于保障安全，因为财富充足是营造幸福感和安全感的前提。财富不足则会增加危机感。

如何才能在信息流中找到平衡呢？随着信息战的开展，我们越来越难以形成完整的新冠疫情态势图。图 12.1 展示了在国家层面所有民众、媒体（包括社交媒体）和国家决策者之间所形成的危机信息。图 12.1 还说明了第二个关键因素——国际层面，包括媒体报刊、科学研究人员、当局机构和政治家。

形成完整的态势图非常困难。芬兰政府官员和政府成员在很大程度上依赖于世界卫生组织（WHO）所发布的新冠疫情全球传播情况声明。然而，一家或两家国际机构发布的信息是否足以支撑一个国家做出决策呢？世界卫生组织在之前就预测了疫情的持续性[15]。我们需要建立一个预警系统，至少在欧洲范围内建立这样一个预警系统，以便更快速地将全球范围内不断变化的威胁因素纳入考量。我们需要更快地分析原始数据，从而更快地发现异常卫生状况。

要应对跨国传播的疫情危机，需要在危机前、危机中和危机后做好充分准备，并且采取协调一致的行动。我们必须具备更快处理和分析科学研究成果的能力。此外，我们必须将所收集的数据汇编成合理的措施，并且非常快速地实施这些战略措施，从而及时抑制疫情等危机。在事态快速发展的过程中，我们可以借助人工智能有效解决问题。

1.国家层面

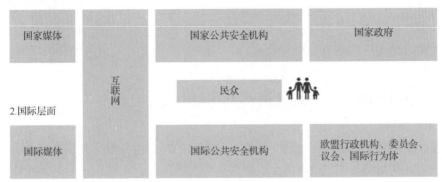

2.国际层面

图 12.1　危机信息

如果没有独立运作的"权力团队"或国家科学顾问给芬兰政府提供建议，那么政府的工作就会出现问题。尽管欧盟声称各国将共同应对新冠疫情危机，但一直以来，意大利几乎在独自作斗争。虽然欧盟未有效促使各国朝着某个共同目标而努力，但它确实协调解决了关于所有成员国的若干问题，并下达了严格的"口罩令"。然而，芬兰未获得欧盟的医疗捐助[10]。防护设备的捐助不均使各欧洲国家之间形成了一种类似战争的局面。

本节旨在找出那些阻碍我们预防疫情传播的要素及影响因素。我们专注于借助网络预警系统的范畴，拟定一个具有报警功能的混合模型（见图 12.2）[53]。本研究重点强调了芬兰政府、卫生福利研究所以及社会事务和卫生部的决策能力与态势感

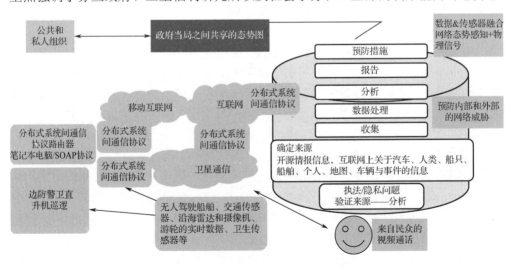

图 12.2　混合型紧急响应模型

知的形成。尤其是我们解决了如何减少谣言和错误信息对国家决策过程的影响这一问题。通过探讨，我们给出了有关使用混合型紧急响应模型（Hybrid Emergency Response Model，HERM）来解决危机管理中（特别是在多个威胁同时出现的情况下）的诸多问题的建议。例如，新冠疫情加上网络攻击带来的综合性危机，很容易使公共安全机构的工作超负荷。如果在危机管理中使用单独或重叠的解决方法，那么预防多米诺效应的难度可能会更大。

## 12.3　新冠疫情带来的决策过程挑战

正如新冠疫情所证明的那样，任何跨国传播的国际危机都可能迅速蔓延。因此，决策者必须共享信息（包括事实上，公共安全机构备往往未能做好充足的准备），这一点极其重要。

### 12.3.1　芬兰状况

2020 年 2 月底，芬兰民众意识到，他们无法获取有关新冠疫情的准确信息[63,66]。各部门部长和主管机构未能及时出台新冠疫情防控指南。2020 年 3 月，社会事务和卫生部长对如何给部门内人员分配任务感到措手不及[20,31]。一些国家提议佩戴口罩，而芬兰国家应急供应机构随后辩称，口罩存货不足。芬兰政府未建议民众佩戴口罩[28]，甚至有报道称，戴口罩已防不住新冠病毒[35]。但最终，社会事务和卫生部还是开始订购口罩，但这些口罩没有通过芬兰国家技术研究中心（VTT）的测试[62]。芬兰社会事务和卫生部与国家卫生福利研究所（Institute for Health and Welfare，THL）的领导人也对口罩的防护性持不同观点[39,44]，后者建议民众佩戴口罩，而前者表示无须佩戴。

芬兰政府聘请的政治助理人数超过以往任何时候[57]，这也使行政管理变得日益复杂。国家领导人在决策时，需要人工智能工具等各类支持，以提高治理效率。除了少数决策者，大多数决策者在整体决策过程中很少顾及外部压力[65]。决策者在获取疫情相关信息后，以缓慢的速度处理信息，且很少向公众共享国外的科学资料。

芬兰从国家政治的角度解读了世界卫生组织制定的指南，对新地（Uusimaa）区域施加了特殊措施，包括一项单独发布的区域流动限制规定，旨在防止新冠病毒传播到城区外。尽管如此，在其后的几个月内，民众仍可在芬兰与其他国家之间相对自由地流动。同时，根据感染病例对疫情国家进行的分类并不完全。一些医生就新冠疫情的发展表达了个人见解，这也对全面态势图的形成造成了挑战[18,34]。他们认为，在新冠病毒大范围感染人群之后，就有可能实现所谓的"群体免疫"。

在防止新冠疫情蔓延方面，北欧国家各持己见，频繁做出不同的决定。欧盟成员国之间同样如此。于是，瑞典开始追求群体免疫，不再实施管控，几乎放任新冠疫情肆意传播[21]。芬兰最初实施了瑞典的新冠疫情战略，但在总统干预政府决策过程后，其选定的战略发生了改变[65]。在考虑了实际情况以及芬兰总统和政府拟宣布进入紧急状态的理由后，芬兰政府于 2020 年 3 月 16 日宣布进入紧急状态[23]。芬兰议会于 2020 年 3 月 18 日通过了《紧急权力法》。随后，芬兰实施了区域限制措施，减少了该国各地区之间非必要的人员流动。

芬兰只有一种技术解决方案正在用于新冠疫情防控，即 Koronavilkku 病毒追踪应用程序。这款应用程序发布于 2020 年 8 月，由 Solita 公司和芬兰卫生福利研究所联手开发[55]。但在发布后不久，该应用程序在追踪病例时出现了严重故障。当一名新冠病毒感染者向该软件报告自身感染情况时，该软件未能向其他用户发出警告。该应用程序的另一个严重问题在于，用户报告感染情况与应用程序记录病例之间存在延迟。信息同步延迟一周，这阻碍了传染链的追踪，或者说拉慢了追踪速度[64]。传染链追踪的另一大难点在于，用户在得知自己感染新冠病毒后有可能不上报该应用程序。

芬兰还提供一项名为"Omaolo"（新冠病毒自检器）的在线服务。如果任何人怀疑自己感染了新冠病毒，可在网上自查新冠病毒感染症状[8]。这是为有需要的民众提供的一项免费在线服务，同时会向患者提供检测或就医的建议。

## 12.3.2　Vastaamo 案例

正如前文所述，芬兰心理治疗中心 Vastaamo 有数万份病历被盗[40]，不法分子将这些盗取的个人数据用于各种用途，如试着勒索受害者或以其他方式对受害者施加压力。据芬兰国家调查局（KRP）透露，其收到的与 Vastaamo 相关的黑客和勒索行为举报已超千例。

在芬兰，Kanta 公司为社会福利和医疗卫生部门提供数字服务。据文献[30]显示，使用 Kanta 服务的每家机构都至少有一个 Kanta 接入点。不仅这些机构本身会访问 Kanta 服务，而且在这些机构开展活动的过程中，它们会促使用户访问 Kanta 服务。这意味着 Kanta 服务的使用者会采用一个集成式解决方案，通过集成式解决方案，多个系统、机构或机构单位实现与 Kanta 服务端的连接。该集成式解决方案的作用是将消息路由到可能位于不同机构或机构单位的应用服务器。用户也可通过外部接入点连接到服务端。在该模式下，机构通过连接中介提供的 Kanta 接入点获取 Kanta 服务。

机构可能将信息系统（如采用 SaaS 形式的共享信息系统）、消息传递和/或通信系统外包给中介。在如下几种情况（非详尽举例）下，可能存在多个接入点（和服务器证书）。

（1）机构单元通过不同的信息系统直接连接至 Kanta 服务端，而未采用集成式解决方案（消息传递解决方案）。

（2）机构的接收服务（如续期请求的接收）所在的服务器并非其系统连接到

Kanta 服务端所经由的那个服务器[30]。

芬兰国家福利卫生监督局（Valvira）是一个国家机构，隶属于社会事务和卫生部，而芬兰心理治疗中心 Vastaamo 是由芬兰国家福利卫生监督局批准并受其监督的服务提供商。Vastaamo 的信息系统属于法律规定的 B 类系统，而对于这类系统，法律未做出数据安全相关的外部评估要求。Vastaamo 自行开发的患者信息系统是全国260 个社会和医疗卫生信息系统之一，且仅当官方机构认为存在与信息安全相关的特殊原因和可疑问题时，或者当服务提供商提出申请时，官方机构才会对相关系统进行监测[48]。

根据芬兰的《客户信息法》，公司通过商业途径购买或自行研发的 B 类患者信息系统需在芬兰国家福利卫生监督局注册。据芬兰国家福利卫生监督局透露，由于资源不足，他们能实现的监测非常有限。Kanta 公司还可能将患者信息存入私人登记簿，每次只允许一位医护人员（或患者护理人员）处理患者数据。

# 12.4  核心概念

本节介绍与研究框架相关的核心概念，并界定这些概念的含义及所用术语。

## 12.4.1  人工智能

人工智能（AI）是任何执行智能行为系统的一部分，此类系统会分析环境并自主采取各类行动以实现特定目标[9]。人工智能系统可基于软件，并在虚拟世界中运行（如图像分析软件、搜索引擎、形状和人脸识别系统），同时人工智能可嵌入硬件设备（如高级机器人、自动驾驶汽车、无人驾驶汽车、无人机或物联网应用程序）[9]。

智能体（Intelligent Agent，IA）是一个自主决策的实体，可为用户或应用程序处理特定任务或实现其他目的。在智能体执行任务的过程中，它还会不断学习。智能体的两大主要功能是感知和行动。智能体会形成一个由不同级别的代理组成的层次结构。多代理系统是一个由多个代理组成的系统，这些代理以组合方式相互交互[59]，可帮助人们解决高难度的社会问题。智能体的行为方式包括 3 种：反应性、主动性和社交性[59]。

## 12.4.2  法律法规

芬兰《紧急权力法》规定，如果芬兰政府在与芬兰总统沟通后发现该国存在特殊情况，就可根据本法（委员会条例）颁布政府法令。芬兰政府可设定相关法令的具体有效期[13]。

ISO/IEC 27001 标准正式规定了《信息安全管理系统》（Information Security

Management System，ISMS）的实施，其中包括一系列有关管理信息风险（在 ISO 标准中称为"信息安全风险"）的活动[27]。信息安全管理是管理的重要组成部分，且需要管理系统的支持。信息安全有助于确保信息的机密性、可用性和完整性。

ISO 27799:2016 给出了机构的信息安全标准和信息安全管理实践的指导方针，包括在考虑机构信息安全风险环境的情况下如何选择、实施和管理控制措施。其界定的指导方针将帮助机构解读和实施 ISO/IEC 27002 中有关卫生信息学的内容，并且是 ISO 国际标准的配套标准[26]。

ISO/IEC 27032:2012 就如何改善网络安全状态提供了指南，同时指出了网络安全改善活动的独特性及该活动对其他安全领域，尤其是对信息、网络、互联网安全和关键信息基础设施保护（Critical Information Infrastructure Protection，CIIP）的依赖性[24]。

ISO 9001:2015 提供了有关如何管理为客户提供的整体服务的实用指南。医疗机构还可借其证明自身达到了客户满意度要求，并可按照 ISO 管理运行环境风险来提高客户满意度[25]。

### 12.4.3　态势感知

芬兰国防部[45]将态势感知描述为：决策者及其顾问对所发生的事件、所发生事件的背景、各方的目标及事件的潜在发展态势的解读。所有这些解读对特定问题或一系列问题的决策来说，都是必不可少的。概括而言，态势感知就是对一定时间和空间内的环境元素进行感知、对这些元素的含义进行解读和预测这些元素在近期未来的发展状态[12]。

根据文献[14]所述，网络态势感知是态势感知的一个子集，它包括与网络环境有关的态势感知部分。例如，我们可利用 IT 传感器（入侵检测系统等）的数据来获得此类态势感知，这些数据可传输至数据融合过程，也可直接由决策者做出解读。

#### 1. 指挥与控制

指挥中心是指为某种目的而提供集中指挥的任何地方。事故指挥中心通常位于事故现场或附近，便于事故指挥官现场指挥。移动指挥中心可用于提高应急准备水平，也可为固定指挥中心提供后备援助。指挥中心可能还包括应急行动中心（Emergency Operations Centers，EOC）或交通管理中心（Transportation Management Centers，TMC）。

数据采集与监控（SCADA）系统基本上属于过程控制系统（PCS），旨在监测、收集和分析办公楼的简单实时环境数据或核电站的复杂实时环境数据。过程控制系统以一系列预设条件为基础，用于实现电子系统的自动化，如交通控制或电网管理[16]。

根据文献[16]所述，SCADA 系统的组件可能涉及操作装置，如阀门、泵和输送机，这些装置由电动执行器或继电器控制。本地处理器与现场仪器和操作装置进行通信，其中包括可编程逻辑控制器（PLC）、远程终端单元（RTU）、智能电子设备（IED）和过程自动化控制器（PAC）。每个本地处理器负责从仪器到操作装置的数十次输入和输出。SCADA 系统还包括多个现场仪表或一个感应功率水平、流速、压力等条件的设施。短程通信包括本地处理器、仪器和操作装置之间的无线或短电缆连接。本地处理器和主机之间的远程通信利用卫星、微波、帧中继和蜂窝分组数据等方法，覆盖广泛领域。主机处于监控的中心位置。通过主机，操作员可监督整个过程，同时接收警报、查看数据和执行控制。该系统可由多个自动化或半自动化过程组成。网络化控制系统（NCS）是指通过通信网络实现闭环控制回路的一种控制系统。网络化控制系统的关键特征是，通过美国总统与国会研究中心（CSPC）网络，控制和反馈信号在系统组件之间（以信息包形式）进行交换[4,49]。

风险知情决策（Risk-Informed Decision-Making，RIDM）是指在了解风险的情况下进行决策，这为决策提供了可靠基础。该过程也有助于识别最大风险，并优先考虑有关降低或消除最大风险的措施。在风险知情决策这一审议过程中，会使用一系列性能指标以及其他考量因素，使决策者在知情的情况下做出选择[36,66]。

### 2. 国家层面的态势感知管理

在芬兰，国家信息安全的指导及发展工作由财政部负责[45,51]。各国政府还会设立态势中心，以确保国家领导人和中央政府持续了解相关情况，芬兰政府也不例外，其态势中心成立于 2007 年，主要负责在发生破坏情况或危机时向政府、常任秘书长和备灾主管发出预警，并在特殊情况下，召集他们参加理事会、会议和谈判。

各部门必须向政府态势中心提交其各自行政部门的态势图，并将其活动领域内的任何安全事件报告政府态势中心。在紧急情况下，政府态势中心也会直接从相关机构处收到安全事件报告。作为欧盟某些机构和其他国际组织的国家层面协调中心，政府态势中心还负责追踪公共资源并收集态势感知信息。

## 12.4.4　关键基础设施的要素

我们通常会从公共部门的角度来定义关键基础设施，但其实关键基础设施还包括私营部门的员工及其活动，以及资产、系统和网络的公共运营商。常见的公私合营模式有助于合作和信息交流，以保障社会重要功能。社会安全所需的众多关键服务离不开人力、物力和网络资产。

### 1. 美国关键基础设施的分类

在美国，关键基础设施是指那些对美国而言至关重要的系统和资产（实体资产或虚拟资产）。如果这些系统或资产无法运转或受到破坏，就会对国家安全、国家经济安全、国家公共卫生安全、国家公共安全或以上多项产生不利影响[46]。

美国国土安全部按照 16 个不同部门，对关键基础设施进行了分类[7]：

（1）化工；

（2）商业设施；

（3）通信；

（4）关键制造业；

（5）水库大坝；

（6）国防工业基地；

（7）紧急服务；

（8）能源；

（9）金融服务；

（10）粮食与农业；

（11）政府设施；

（12）医疗卫生和公共卫生；

（13）信息技术；

（14）核反应堆、材料和废物；

（15）交通系统；

（16）水及废水系统。

变幻无穷的网络威胁（如网络钓鱼、敲诈勒索和黑客事件）威胁着各部门的网络系统。

美国国家标准与技术研究院（NIST）认为[38]，美国使用的风险管理框架也非常适合芬兰。该风险管理框架由关键基础设施的 3 个要素（物理要素、网络要素和人力要素）组成，美国对这些要素做出了明确界定，同时在框架的各个步骤中融合了各要素。关键基础设施风险管理框架为决策过程提供支持，关键基础设施运营商或合作伙伴共同参与这一过程，在知情情况下选择风险管理行为。该框架旨在为所有部门中跨地区的各类合作伙伴提供便利，还可根据不同操作环境进行调整，应对所有威胁[7]。

借助风险管理的概念，关键基础设施运营商可专注于那些可能造成损害的威胁和危害因素，并采取措施来预防或减弱这些事件的影响。此外，风险管理有助于确定措施并优先采取行动，保障基本功能和服务的连续性，增强响应能力和恢复能力，从而提升安全性和复原力[7]。

根据国土安全部的建议[7]，首先，应在部门层面制定的目标和优先事项的基础上，设定基础设施的目的和目标。为了有效管理关键基础设施风险，运营商和利益相关者必须识别出哪些资产、系统和网络对其持续运营而言是至关重要的，同时考虑这些资产、系统和网络的依赖性和相互依赖性。其次，对该层面的风险管理过程而言，还应识别出哪些信息和通信技术是协助提供基础服务的。最后，应评估和分析风险。所谓的风险，可能包括威胁、漏洞和后果。威胁可能来自自然或人为事件、个人、实体或行动，且有可能危害生命、信息、操作、环境和/或财产。基于漏洞的风险可能是由于物理特征或操作属性造成的，使实体易于被利用或易受特定危害的影响。后果是指任何事件、事故或突发事件造成的影响。实施风险管理活动是指决策者根据受影响的基础设施的重要性、相关活动的成本和降低风险的概率，对管理关键基础设施风险的活动进行优先排序。作为最后一个要素，衡量有效性是指关键基础设施运营商通过制定直接和间接指标，评估部门内以及国家、州、地方和区域各级风险管理工作的有效性。

## 2. 智能电网系统和物联网

物联网（Internet of Things，IoT）将系统、传感器和执行仪器连接至整个互联网。通过物联网，事物间能够进行通信、交换控制数据和其他必要信息，同时为了完成机器任务而执行应用程序[11]。

与物联网概念同步发展的还有无线传感器网络（Wireless Sensor Networks，WSN）。传感器无处不在，如在我们的汽车里、在我们的智能手机里、在控制二氧化碳排放的工厂里，甚至在监测葡萄园土壤状况的土地上。无线传感器网络通常可看作一个节点网络，这些节点协同运作并控制环境，从而实现操作员或计算机与周围环境之间的交互。无线传感器网络的发展受军事应用所推动，尤其用于对冲突地区的监视[2]。

物联网是一种新兴的互联网与事物相连的范式，允许物理对象或事物之间相互连接、交互和通信，如同当今环境中人类通过网络进行对话一样。物联网将系统、传感器和执行器连接至整个互联网[11]。

在物联网上，事物间能够进行通信、交换控制数据和其他必要信息，同时为了完成机器的任务而执行应用程序。物联网也受到工业部门的影响，特别是对工业自动化系统来说，联网的基础设施能够广泛访问传感器、控制器和执行器，从而提高效率[11]。

在智能电网系统的运行和维护期间，机构还应化解网络安全风险。美国国家标准与技术研究院指出[37]，智能电网系统从消费者那里获得反馈信息后，可实现电网的最高效运行。

智能电网系统可能包含一个离散化的电子信息资源 IT 系统，用来收集、处理、维护、使用、共享、传播或处理信息。智能电网系统还可能包含多项操作技术（OT）或 SCADA 系统等工业控制系统（ICS）、分布式控制系统（DCS）以及其他控制系统配置，如可编程逻辑控制器（PLC）。

工业物联网（Industrial Internet of Things，IIOT）从安装在现场或工厂的互联设备（智能连接设备和机器）收集数据，并使用智能软件和网络工具处理这些数据。要搭建完整的工业物联网，需要一系列硬件、软件、通信设备和网络技术。

## 3. 面向公共安全机构的智能化解决方案

开源情报（Open-Source Intelligence，OSINT）是指在任何媒介中未分类的信息，这些信息通常可供公众使用，无论其分布是否受限，也无论其是否仅在付费后可用。开源情报是指系统性地收集、处理、分析与产生、分类和传播那些从可公开获取且可合法查阅的来源所获得的信息，以满足服务于国家安全网络高级威胁防御（ATP）的特定政府要求。

社交媒体情报（Social Media Intelligence，SOCMINT）将社交媒体内容视为开源调查过程中的一大挑战和机遇[56]。开源情报通常伴随着大数据，包括信息分析、信息捕捉、信息研究、信息共享、信息存储、信息可视化和信息安全。通过大数据，我们可以描绘出行为标准和趋势[47]。随着谷歌地球专业版（Google Earth Pro）等高分辨率地球卫星图像软件向公众开放，开源调查能力已被扩展至以前只有大型情报机构才能涉及的领域[14]。在已拟定的混合型紧急响应模型[53-54]中，开源情报和社交媒体情报已作为人工智能驱动决策支持工具之一，被集成到自动化混合型紧急响应模型（Hybrid Emergency Response Model，HERM）中。

威胁信息是指与任何威胁相关的任何信息，此类信息有助于机构保护自身免受威胁或探查任何行为体的破坏活动[29]。用于探查和防范威胁的指标有很多，包括可疑命令和控制服务器的地址（IP）、可疑域名系统（Domain Name System，DNS）的域名或引用恶意内容的 URL（统一资源定位器）。战术、技术和程序（Tactics Techniques and Procedures，TTP）用于描述行为体的行为，如描述某一行为体使用特定恶意软件变体、操作顺序、攻击工具、分发机制或破坏策略的倾向。安全警报是指漏洞提示。威胁情报报告是指各类描述威胁相关信息的文件，这些信息经过转换、分析或扩充，为决策过程提供重要参考。工具配置是指有关使用哪些机制以实现威胁信息的自动收集、交换、处理、分析和使用的建议，其中可能涵盖有关如何安装和使用 Rootkit 检测实用程序或如何创建路由器访问控制列表（Access Control List，ACL）的信息[29]。

## 12.5　以往研究

以往研究[53-54]中使用的多元观点分析法（Multi-methodological Approach）包含4 种案例研究策略[42]：（1）理论建构；（2）试验；（3）观察；（4）系统开发。

根据文献[60]，案例研究设计有 5 个组成部分：（1）研究问题；（2）其主张（如果有）；（3）其分析单位；（4）数据与主张的关联逻辑；（5）研究成果的解读标准。

根据文献[22]所述，信息系统和机构都是复杂的、人为搭建的且为特定目的而设计的。在这种解决问题的范例下，必然会制造出一款能解决具体问题的人工制品。本研究的重点在于分析上文已拟定的紧急模型将如何应对疫情信息战。为此目的，我们对科学刊物、文章和文学材料进行了对比研究。本次研究的主题包括芬兰的公共安全机构、程序及其社会重要功能。

在本次定型研究中，第一个目的是从连续性管理的角度，分析疫情相关的管理风险和信息共享风险，以及态势感知的形成。我们在本次研究中使用了修改后的风险评估框架。第二个目的是找出未列入官方风险分类的任何国家层面的行政和管理相关隐性风险。我们利用一个简单的过程模型，来识别那些对已拟定的新一代紧急响应模型的实施过程造成影响的基本隐性管理因素[53]。

## 12.6  研究成果

正如我们所见，在芬兰，不止一个因素影响着国家层面的决策过程。首先，地方和地区行政机构会从其领土范围的角度形成态势感知；然后，决策者向人们发布地区指令和指导方针。当地层面的新冠疫情小组会负责当地区域的安全。但是，区域层面的政府无法执行任务，因为政府部门没有下达绝对的命令，如口罩强制令。还有一个关键障碍在于，当需要在正确的时间向相关受众发布相关信息时，工作流程始终不明确。从既往事实可以看出，劳工运动或工会主义可以使用不道德的手段激发出一种煽动性的力量。如果抗击新冠疫情的阻力来自民众，那么更深层次的根本问题就在于社会结构。

芬兰没有应对突发危机的行动指挥和控制机构。芬兰总统负责制定政府外交政策，但总统在该国内政中并没有起到真正指挥官的作用。持续蔓延的新冠疫情揭露出各政府机构相互之间以及政府机构与政治家之间信息交换不足，而民众也因此无从得知应遵循什么准则。对中小型社会和医疗卫生公司来说，信息安全建立在自行监督的基础上。公共医疗卫生机构对这些行为的监管也以自行监督为基础。例如，芬兰国家福利卫生监督局（Valvira）负责监管私营部门许可证、医疗卫生、社会福利、法律保护、合法权利和技术[58]。其中只有一名工作人员负责监督 Kanta 登记表相关的所有问题，如信息安全和隐私保护[19]。

这远远不足以应对危机，尤其是不法分子可能会以各种极端危险的方式滥用私人信息。例如，不法分子可能会试图通过勒索手段影响决策过程。在 Vastaamo 案件中发现的重大信息共享漏洞，其实源于两年前的数据泄露事件。在智慧城市基础设施中使用已拟定的混合型紧急响应模型，并不存在隐私问题相关的主要障碍。当数据泄露预警程序实现自动化后，它会发出预警，从而可以提高隐私和其他方面的保护能力。已拟定的混合型紧急响应解决方案还可使用名为"flu-sensors"的传感器，将数据实时地从公共区域（如购物中心）传输到混合型紧急响应中心。病毒粒子相关数据可能会提示任何商场需要关闭，而早期预警有助于及时执行关闭命令。

## 12.7  讨论和结论

通过不同国家的比较，我们可以找到影响信息共享形成的关键因素。例如，芬兰几乎是欧洲唯一一个在国家层面决策过程中未聘请科学专家作为顾问的国家。如果决策者能够意识到这一事实，就会发现他们可以从国外找到大量关于新冠病毒如何传播以及如何预防病毒传播的研究资料。

为了实现更高层次的危机管理并使特殊情况下的指挥关系得到完善，有必要制定新的准则。在发生紧急情况时，应做出临时规定，从而对民众施加限制。必须设立由中央政府领导的事故小组。当副手和指导人员提供过多信息时，领导者应掌握控制权，因为在危急时刻从大量数据中捕捉正确信息是一件很难的事。到目前为止，参与国家层面决策支持机制的助手已经太多了。

展望未来，使用人工智能解决方案来协助决策将是必然之举。已拟定的新一代的混合型紧急响应模型使用人工智能工具来生成信息，以供决策者参考。基于算法的决策支持和决策制定机制提高了该系统的有效性。如图 12.3 所示，混合型风险管理框架中的关键因素包括风险知情决策（定义风险和信息）、连续性风险管理（持续处理风险）和混合型紧急响应解决方案（紧急操作）。鉴于人类始终承担着决策者的角色，因此需对其所做的决定负责。但是，我们有可能将人类制定的风险准则与人工智能导向的决策结合起来。

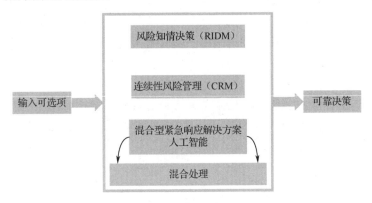

图 12.3　可靠决策过程

该解决方案提供了两种自动化的可能性。第一，半公共空间（如购物中心）和公共开放性场所（如花园）可被赋予自动化保护功能。例如，如果名为"FLU"的卫生传感器观测到数次偏离准则数值的情况，就可能会启动疏散程序。第二，人工智能辅助决策支持机制会生成分析报告，为国家决策者提供参考。这将大大优化决策过程，因为高层次决策中减少了对顾问等协助人员的需求。

如上所述，当局机构的信息共享过程必须朝着自动化功能的方向发展，如图 12.4 所示。目前，西方仍保留着一项重要的传统习俗，即议会须经本国民众民主选举后产生。

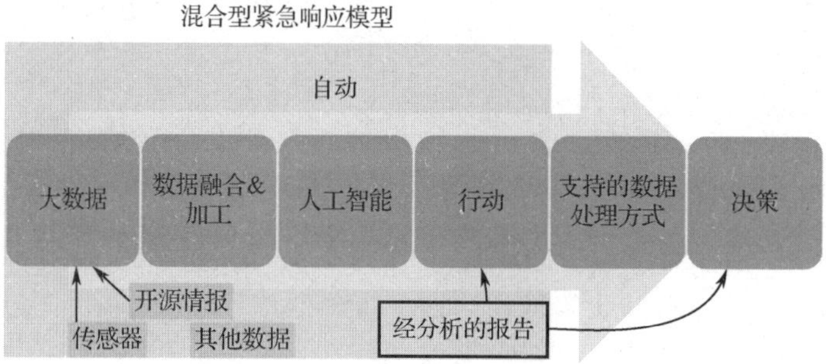

图 12.4　使用人工智能的混合型紧急响应模型

目前，政界人士希望保持其对决策能力的高度控制，这可能会阻碍已拟定的智能混合型紧急响应模型的使用率和有效性。相比于理性决策，许多决策者希望提出的决策和观点更具政治偏向。然而，芬兰的政治家和其他高层决策者应考虑到，网络灾备、运营灾备和决策可靠性并不是连续性管理中互为分立的部分。

我们可以将运营层面、管理层面和战略层面的决策支持功能整合为一个整体，但这并不意味着将所有元素都整合到同一个物理地址上。如果未识别出根本风险因素（如从多个角度呈现出多米诺效应的疫情），那么技术性预警解决方案也无用武之地。因此，在开发危机管理系统的同时，应联合开发决策支持机制，这是一项基本的社会要求。

当芬兰政府努力维持国际态势感知水平时，仅通过一个国际信息来源（世界卫生组织）是不够的。隐私问题相关立法不会对混合型紧急响应模型中使用传感元件（如传感器）造成永久性阻碍。为了改善整体安全，有必要理顺机构所承担的责任。人类个体的观察能力有限，而重复的数据传输会限制政治家与当局机构之间的高效合作。

混合型紧急响应模型能够一刻不停地处理和传输数据，这有助于避免当局机构之间产生通信问题。无论对态势感知管理还是关键基础设施保护而言，在紧急响应模型中嵌入预防意外威胁的功能，将是确保整体安全的关键之一。尤其是，该模型可自动分析与新冠疫情相关的全球研究数据。我们需要制定更详细、标准化的信息系统和规则，将其应用到所有处理敏感信息的信息系统中。目前，唯一所需的就是政治家对使用智能解决方案的意愿。

面对持续蔓延且极具挑战性的新冠疫情危机，应充分发挥我们的共同意志，将数字化之梦转变为具体行动。如图 12.5 所示，针对智慧城市而拟定的模型提供了许多问题的解决方案。该模型可使用卫生传感器和交通传感器来进行预测。

与混合型紧急响应模型相连的卫生传感器

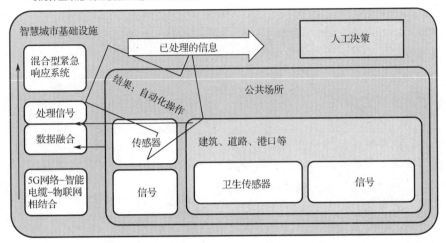

图 12.5　智慧城市中用于预测的卫生传感器

# 原著参考文献

# 第 13 章　民航领域的信息安全治理

**摘要：** 本章主要关注信息安全方面的主动手段，具体地说，就是民航领域的信息安全治理。之所以这么做，是因为希望通过完整的民航生态系统，找到一种可持续的、连贯的和整体的信息安全实现方法。在设计完整的信息安全实现框架时，治理是其中非常关键的一环。本研究将帮助航空和其他关键基础设施部门思考、理解并协调信息安全治理。本研究将测试如何通过民航这样一个安全关键、互联的基础设施部门，来遵循 ISO 27014 开展信息安全治理工作。

**关键词：** 网络安全治理；信息安全治理；航空网络安全；航空信息安全

## 13.1　引言

民航是一个不断发展的生态系统，信息安全在确保公众和社会对民航的信任和信心方面发挥着关键作用。航空安全和航空安保是除信息安全之外的其他关键组成部分。恰当适度的信息安全措施将保证并持续改善航空安全，提升运营弹性。信息安全治理在组织级上得到了普遍认可和理解，但在国家或国际等更高层级上，民航信息安全治理的作用尚未得到广泛讨论。本研究的所有考虑因素代表了作者在航空网络安全领域的个人理解和专业知识。

### 13.1.1　信息安全管理

现代社会需要关键基础设施可靠运行。关键基础设施系统不断增加的复杂性和连通性增加了信息安全威胁的风险，也为国家安全、经济、公共安全和健康等最为重要的部门带来风险。本小节通过研究民航这一个关键基础设施部门的信息安全管理，旨在帮助民航利益相关者协调一致和共同努力，构建一体化、标准化的民航信息安全系统方法论体系。

本小节从努力保障民航运营弹性和民航安全等方面，探讨信息安全及其管理。为了对整个民航生态系统实施一致、整体平衡的信息安全管理，我们对比了不同航空层级与相关的信息安全管理行业标准[8]。这些层级包括组织级、国家级、区域级（欧洲）和国际级。我们普遍认为民航组织包涵所有的航空范畴，即所有的航空组织，如空中导航服务供应商（Air Navigation Service Provider，ANSP）、机场（ADR）、适航（AIR）、飞行操作（OPS）、制造商。其他国家级、区域级（欧洲）和国际级的组织只对 ISO 27014 的定义、概念和原则进行了测试，因为该标准主要是在单个组织的范围内改进信息安全管理，而不是针对国家、区域或国际等更高级别的组织。

　　本章选择以治理为主题，因为在制定信息安全行动或措施之前，了解人们在信息安全方面的目标非常重要。治理是根据广为人知的行业标准制定的。由于信息安全行业、社会和利益相关者普遍接受这些行业标准，并已经形成了成熟的最佳实践，因此民航运用这些行业标准已有坚实的基础。接下来会讨论当前民航现有的管理和治理框架，并将治理的定义、概念和原则映射到现有治理模型中。

　　信息安全和网络安全之间的差异并没有大到足以造成问题，因此本章忽略了这些差异。首先我们需要定义和理解信息安全和管理体系的术语。信息安全是指保护信息的机密性、完整性和可用性；而管理体系是指一个组织中的一组相互关联或相互作用的要素，用以制定政策和目标，以及实现这些目标的流程[9]。它们的集合就是信息安全管理体系（Information Security Management System，ISMS），这个体系由多个政策、程序、指南及多种相关资源和活动组成，由一个组织以保护信息资产为目的进行集中管理。信息安全管理体系是一种通过建立、实施、操作、监控、审查、维护和改进组织信息安全，实现业务目标的系统方法。

　　美国国家标准与技术研究院（NIST）发布了一个网络安全框架，以改善关键基础设施网络安全。该框架为理解、管理和表达内外部的网络安全风险提供了一种通用语言。它可以用于帮助识别和确定降低网络安全风险的各种措施的优先级，同时是一种通过调整政策、业务和技术方法来管理风险的工具 [10]。

　　该网络安全框架描述了 5 种并发和连续的功能：识别、保护、检测、响应和恢复（见表 13.1）。他们从组织信息、进行风险管理决策、应对威胁以及从过往活动经验中获得改进等方面，帮助组织展现其网络安全风险管理活动。总体来说，这些功能为组织管理网络安全风险提供了一个高层次的战略生命周期。框架核心为每个功能确定了底层关键类别和子类别，并将它们与示例信息参考相匹配，如每个子类别的现有标准、指南和实践[10]。

表 13.1　功能和类别的独特标识[10]

| 功能的独特标识 | 功　能 | 类别的独特标识 | 类　别 |
|---|---|---|---|
| ID | 识别 | ID.AM | 资产管理 |
|  |  | ID.BE | 业务环境 |
|  |  | ID.GV | 治理 |
|  |  | ID.RA | 风险评估 |
|  |  | ID.RM | 风险管理策略 |
|  |  | ID.SC | 供应链风险管理 |
| PR | 保护 | PR.AC | 身份管理和访问控制 |
|  |  | PR.AT | 意识和培训 |
|  |  | PR.DS | 数据安全 |

| 功能的独特标识 | 功　能 | 类别的独特标识 | 类　别 |
|---|---|---|---|
| PR | 保护 | PR.IP | 信息保护流程和程序 |
| | | PR.MA | 维护 |
| | | PR.PT | 保护技术 |
| DE | 检测 | DE.AE | 异常和事件 |
| | | DE.CM | 安全持续监控 |
| | | DE.DP | 检测流程 |
| RS | 响应 | RS.RP | 响应计划 |
| | | RS.CO | 通信 |
| | | RS.AN | 分析 |
| | | RS.MI | 缓解 |
| | | RS.IM | 改进 |
| RC | 恢复 | RC.RP | 恢复计划 |
| | | RC.IM | 改进 |
| | | RC.CO | 通信 |

识别功能是指增强组织对管理体系、资产、数据和能力的网络安全风险的理解。识别功能活动是有效使用该框架的基础。了解业务环境、支撑关键功能的资源，以及相关的网络安全风险，使组织能够根据风险管理战略和业务需求，确定其工作的重点和优先级。识别功能的成果有以下几类：资产管理、业务环境、治理、风险评估和风险管理策略等[10]。本章研究信息安全治理及其在整个航空生态系统中的意义。

## 13.1.2　信息安全管理中的治理

治理意味着许多事情，具体取决于语境或讨论的内容。一般来说，治理包括治理的所有过程——无论是由国家政府、市场或某个社会体系网络（家庭、部落、正式或非正式组织、地区或跨地区组织），还是由有组织的社会通过法律、规范、权力或语言来开展的[1]。本章参考信息安全方面现有的行业标准，从各级信息安全管理的角度讨论治理。

在信息安全和诸如 ISO/IEC 27014 等标准中，治理的定义是一个指导和控制组织信息安全活动的体系[8]。NIST 框架对信息安全治理的定义是：了解管理和监视组织的法规、法律、风险、环境和操作需求的政策、程序和过程，并告知网络安全风险的管理 [10]。实际上，人们普遍认为，对组织来说，保护好网络空间的一切事物是不可能的，他们需要明确优先级。因此，在如何定义资产对组织或其利益相关者的价值这件事上，信息安全风险管理发挥着关键角色的作用。

为了落实恰当的信息安全管理，考虑并了解治理的目标至关重要。在标准

ISO/IEC[8]中，其定义为：信息安全目标和战略与业务目标和战略保持一致（战略一致）；向管理机构和利益相关者交付价值（价值交付）；确保信息风险得到充分解决（问责制）。

治理对从不同层级理解航空网络安全是很重要的，因为航空网络安全的不同层级应该有趋同的战略。在航空信息安全方面，治理在把正确的政策落实为实际解决方案上有着重要的作用。此外，在航空网络安全治理链中，多个航空组织之间不应存在分歧、重复或不协调的领域。

本小节从民航生态系统的角度出发，在组织、国家、区域和国际 4 个不同的层级上研究了治理。在单个组织级上，信息安全目标和战略与该组织的业务目标和战略一致。国家级的航空信息安全目标和战略不同于组织级。在整个国家和整个国际航空系统的弹性、安全和安保上，信息安全的目标和战略是一致的。而最终在较广泛的层级，即区域级（欧洲）和国际级上，航空信息安全的目标和战略是不同的，因为其业务目标和战略与国家和组织级的不同。评估这些差异可以更好地理解治理并根据需求进行开发，如在对组织、社会或整个生态系统进行数字化时。

比较 ISO/IEC[8]中的"体系"一词，它在不同层级（组织、国家、区域和国际）的信息安全方面具有不同的含义。此外，信息安全目标和战略与业务目标和战略的一致性也不同，包括以下两点。

（1）信息安全目标和战略在各个层级有所不同。

（2）各个层级的业务目标和战略有所不同。

在航空领域，国际级的治理是指有权管理民航的国际组织着手的所有流程。治理意味着管理民航的所有流程。在国家级上，航空治理又将是另一码事。因为流程涉及的范围不同，它们由一个国家的政府根据社会制度着手制定。在组织中，航空治理的流程同样是不同的，它是各方用来控制和运营组织的机制、流程及关系的集合体。组织治理包括在社会、监管和市场环境中制定和实现组织目标的流程。

## 13.2　民航领域中的信息安全管理

本节重点介绍民航领域中为了保障民航系统的运营弹性和安全而采取的富有成效的信息安全管理实践。这意味着信息安全及其管理需要结合整个航空安全和安防管理来加以考虑。

从根本上说，航空安全和安保管理是相辅相成的。航空安全专家时常与威胁信息源保持协作和联系，并习惯于处理各种蓄意的威胁、了解实施威胁所用的方法，同时航空安全专家对系统故障如何影响飞行安全也拥有广泛的专业知识，并了解系统的设计和设置以及现有的缓解措施，如冗余设计[2]。由于民航领域现在已有强大、全面、端到端（从政策到实践）的安全和安保治理框架，我们强烈建议直接在现有的安全安防管理框架中落实信息安全。

民航领域的国际政策和标准通过国际民航组织（International Civil Aviation Organization，ICAO）进行协调。国际民航组织是联合国（UN）下属的专门机构，得到了各国政府的指导和认可。在国际民航组织中，还有行业、社会团体和其他区域组织与国际组织也纷纷参与到新标准的研发当中。在民航等涉及飞行器的领域，常用的程序和协议都没有明确的边界，而最重要的是航空安全安保的所有领域都采取国际化和标准化的方法。

## 13.2.1 民航安全管理的概念

首先，理解民航安全管理的含义至关重要。民航安全管理通常被认为是一套原则、框架、流程和措施，用于防止因使用服务或产品而可能引发的事故、伤害和其他不利后果。航空工业安全管理的目标是防止人身伤害和生命损失，并避免对环境和财产的损害[11]。而安全管理体系是一种正式的、自上而下的、组织范围内的方法，它管理安全风险并确保安全风险控制的有效性。该体系包括对管理安全风险的系统程序、实践和政策[3]。

民航领域已经存在一套传统、强大、基于生态系统且标准化的安全治理理念。全球安全管理链在这一理念中发挥了关键作用，在国际级，国际民航组织的全球航空安全计划（Global Aviation Safety Plan，GASP）提出了支持航空安全优先和持续改进的战略。全球航空安全计划和全球航空导航计划（Global Air Navigation Plan，GANP）提供了一个框架，区域和国家航空安全计划都在这个框架下实施，从而确保旨在提高国际航空安全、能力和效率的各方努力协调一致[4-5]。

在欧洲区域级，欧洲航空安全计划（EPAS）成立了欧洲航空安全局（EASA）成员国的区域航空安全计划。欧洲航空安全计划制定了影响欧洲航空系统的战略优先事项、战略驱动因素和主要风险，以及降低这些风险并进一步改善航空安全的必要行动。

欧洲航空安全局成员国有自己的国家安全计划（State Safety Program，SSP），这是国家对其安全管理体系的详细描述。他们遵循国际民航组织的全球航空安全计划和欧洲航空安全计划，但也通过向这些项目提供重要信息（如安全性能信息）来维护和改进它们。

航空组织有自己的安全管理体系（Safety Management System，SMS）以满足安全风险管理要求和安全绩效目标。值得注意的是，SMS 的要求目前还不适用于所有的航空领域，但最关键的领域（如航空公司）都被要求有 SMS。

## 13.2.2 民航安保管理的概念

民航安全的重点在于降低事故发生的可能性，而民航安保的重点是保护国际民航免受非法干扰。国际民航组织（ICAO）在国际级组织方面上制定国际政策和措施上发挥全球领导作用。一般来说，这包括危及民航安全的所有行为。目前全球级的政策和措施已经在物理行为方面很好地得以实施，但国际级、区域级、国家级，以及航空组织方面的数字和实体的信息安全才刚起步。

　　航空界的民航安保一般是指针对民航的一切非法干扰。这种行为或企图会危及民航的安全[7]。从国际级开始，针对民航的非法干扰由公认的规范加以安全保护。信息安全的定义是保护信息和信息系统不受未授权的访问、使用、披露、中断、修改或破坏，以保障其机密性、完整性和可用性[10]。

　　从理论上讲，在非法干扰与保障信息的机密性、完整性和可用性时所面临的未授权访问、使用、披露、中断、修改或破坏之间的差异并不大。在实际应用中，这里存在一个灰色地带，因为它取决于信息安全事件对民航安保或安全的影响。信息安全事件并不总是以一种所谓的非法干扰的方式影响航空，但这种事件仍然会严重损害公众对航空的信任或信心。

　　在航空安保方面，也存在一个强有力且标准化的安全治理概念。国际民航组织全球航空安保计划（Global Aviation Security Program，GASeP）能满足国家和行业在指导所有航空安保改善工作方面的需求。全球航空安保计划的目标是帮助国际民航组织、国家和航空利益相关者提高全球航空安保的效率。考虑到民航界所面临的威胁和风险持续演变，该计划试图团结国际航空安保界，并鼓励其朝着这个方向采取行动。它还有意实现加强全球航空安保的共同目标，并帮助各国团结起来，共同履行联合国安全理事会第 2309（2016）号决议和国际民航组织相关大会决议中规定的承诺[7]。

　　各国都有自己的国家民航安保计划（National Civil Aviation Security Program，NCASP），以保护民航运营不受非法干扰。国家民航安保计划必须满足法规、惯例和程序的要求，并考虑到航班的安全性、规律性和效率[7]。

## 13.2.3　民航网络安全的概念

　　与航空安全和安保相比，网络安全的概念尚未落实到位，而且仍在国际级、国家级和组织级上演进。在国际级上，《国际民航组织航空网络安全战略》（ICAO Aviation Cybersecurity Strategy）已经过议定并公布，其为国际民航组织、各国和航空网络安全行业编制了行动计划，愿景是民航部门能够应对网络攻击，并在持续创新增长的同时，维持全球安全和信任[6]。国际民航组织的战略和行动计划有 8 个支柱，其中一个是治理。各国在行动中强调需要为航空网络安全制定明确的国家治理和问责制。另一项重要行动是将网络安全纳入国家航空安全和安保计划。然而，战略或行动计划中并没有关于治理及其意义的更具体的定义或行动。

　　在欧洲区域级上，一些出版物讨论了航空领域的治理。最准确的建议是欧洲民航会议（European Civil Aviation Conference，ECAC）关于航空网络安全的指导材料[2]，其中提供了国家和组织在航空网络安全中应遵循的治理的重要原则。这些原则是关于航空网络安全的作用和问责制的，然而治理的含义并没有详细的定义。欧洲战略协调平台（European Strategic Coordination Platform，ESCP）制定了航空网络安全战略。欧洲战略协调平台的航空网络安全战略提供了一种目的明确的、系统的方法，即将网络安全构建到民航中，但这种方法没有为网络安全治理提供直接的建议。对组织来说，信息安全行业标准已经为组织级的治理提供了足够的建议和最佳实践，如 ISO 27014。基于上述所有原因，本章会将现有标准投射到更高的级别，如国家级、区域级和国际级。

# 13.3 民航信息安全管理中的治理

国际标准化组织（ISO）治理 ISO 27014 提供了相关标准。此外，我们也对美国国家标准与技术研究院的 SP 800-39 等标准进行了评估，但之所以选择 ISO 27014，是因为它从治理的角度提供了更多的规范模型来使用，达到了本研究的目标。ISO 27014 适用于所有组织类型和组织规模，但主要是用于单个组织，这也鼓励我们在更高的级别上测试这个模型，以便使治理的不同需求更有意义，更加实际。

## 13.3.1 定义

为了将组织级与国家级或更高级别进行比较，ISO 27014 中一些重要的定义（见表 13.2）需要首先在相应的级别进行转换和理解。当这些定义被转换到更高级别时，在国家级就会有足够的网络安全依据（见表 13.3）。

表 13.2 ISO 27014 中的定义

| 定　义 | 组织级的含义 |
| --- | --- |
| 行政管理机构 | 受主管机构委派实施战略和政策，以实现组织目标的责任 |
| 主管机构 | 绩效责任和一致性责任 |
| 治理 | 指导和控制组织信息安全活动的体系——组织管理体系 |
| 利益相关者 | 任何可以影响组织活动，或者受到组织活动影响或认为自己受到组织活动影响的个人或组织 |

表 13.3 国家级的定义

| 定　义 | 国家级的含义 |
| --- | --- |
| 行政管理机构 | 航空安保和安全机构和当局 |
| 主管机构 | 航空安保和安全部门、机构和当局 |
| 信息安全治理 | 国家民航安保计划和国家民航安全计划 |
| 利益相关者 | 任何可以影响机构和当局活动，或者受到机构和当局活动影响，或者认为自己受到机构和当局活动影响的个人或组织——区域管理体系 |

在区域级上，如欧洲，事情就变得更加有趣。欧洲治理模式中有行政管理机构和监管机构，但指导和控制区域级信息安全活动的体系不符合 ISO 27014 的建议（见表 13.4）。在欧洲，欧洲航空安全计划在航空安全方面提供了所需的体系，但在航空安保方面却没有相关的体系可用。

表 13.4　区域级的定义

| 定　义 | 区域级（欧洲）的含义 |
| --- | --- |
| 行政管理机构 | 欧委会机动运输总司（DG MOVE）、欧委会对内事务总司（DG HOME）、欧委会信息技术总司（DG CONNECT）、欧洲航空安全局（EASA） |
| 主管机构 | 欧洲委员会 |
| 治理 | 欧洲航空安全计划和欧洲航空安保计划 |
| 利益相关者 | 任何可以影响机构和组织活动，或者受到机构和组织活动影响，或者认为自己受到机构和组织活动影响的个人或组织 |

国际级有足够的可用体系，但国际民航组织的全球航空安保计划没有充分了解其全方位信息安全（表 13.5）。全球航空安保计划更关注针对民航的非法干扰，如传统的恐怖主义威胁。然而，在信息安全方面，威胁行为者却大不相同，如民族国家、网络不法分子、黑客主义者、恐怖组织和内部人士。处理信息安全威胁行为者的方法需要在全球航空安保计划中进行审查和协调。在国际级上，全球航空安全计划和全球航空安保计划可以提供足够的信息安全体系。

表 13.5　国际级的定义

| 定　义 | 国际级的含义 |
| --- | --- |
| 行政管理机构 | 国际民航组织及成员国 |
| 主管机构 | 国际民航组织及成员国 |
| 治理 | 全球航空安全计划和全球航空安保计划 |
| 利益相关者 | 任何可以影响机构和组织活动，或者受到机构和组织活动影响，或者认为自己受到机构和组织活动影响的个人或组织 |

## 13.3.2　概念

治理需要信息安全的目标和战略与业务的目标和战略保持一致。监管机构最终要对组织决策和组织绩效负责。在信息安全方面，监管机构的重点是确保组织的信息安全方法是高效、有用且可接受的，并符合业务的目标和战略，充分考虑到利益相关者的预期[8]。这一点适用于各层级，包括航空组织、国家机构和当局以及区域级和国际级。

接下来是在不同层级上投射信息安全的目标和期望的结果。对航空组织来说，定义信息安全目标和预期结果是根据 ISO 27014（见表 13.6）进行的。从国家级、区域级和国际级上说，如前所述，在航空安全和安保方面贯彻信息安全已经有了一个坚实的治理模式。从这个角度来看，现有的航空网络安全战略（国际民航组织和欧洲战略协调平台）中有以下目标和预期结果（见表 13.7）。

表 13.6 航空组织的目标和预期成果

| 概　　念 | 组织级的意义 |
| --- | --- |
| 信息安全的治理目标<br>（1）将信息安全目标和战略与业务目标和战略保持一致（战略一致）<br>（2）向管理机构和利益相关者交付价值（价值交付）<br>（3）确保信息风险得到充分解决（问责制） | （1）业务目标：航空组织特定<br>（2）交付价值：航空组织特定 |
| 有效实施信息安全的治理预期结果包括：<br>（1）监管机构对信息安全状态的可见性<br>（2）一种灵活的信息风险决策方法<br>（3）高效且有效的信息安全投资<br>（4）符合外部要求（法律、法规或合同规定） | 治理目标实现程度指标（待定义）：来自相关成熟度计量模型和信息安全标准的组织管理体系和绩效计量（指标）[12] |
| 与治理模型的其他领域的关系（信息安全管理下的整体综合治理模型通常有利于监管机构） | 安全、安保、立法、信息技术和业务目标的治理 |

表 13.7 在国家级、区域级和国际级上取得的目标和预期成果

| 概　　念 | 国家级、区域级和国际级的意义 |
| --- | --- |
| 信息安全的治理目标<br>（1）将信息安全目标和战略与业务目标和战略保持一致（战略一致）<br>（2）向管理机构和利益相关者交付价值（价值交付）<br>（3）确保信息风险得到充分解决（问责制） | （1）业务目标和战略：有效确保数字社会和航空业的公众信任与信心、运营弹性、安全和安保<br>（2）价值交付<br>对于主管机构：及时提供有关行业信息安全（安全和安保）、能力和风险的信息，这些确保信息安全中充分的监管框架、程序和流程<br>对于利益相关者：全面、标准化的绩效和基于风险的法律框架、程序和流程 |
| 有效实施信息安全的治理预期结果包括：<br>（1）主管机构对信息安全状态的可见性<br>（2）一种灵活的信息风险决策方法<br>（3）高效且有效的信息安全投资<br>（4）符合外部要求（法律、法规或合同规定） | 治理目标实现程度指标（待定义）：国家、区域和国际航空安全和安保计划及其指标 |
| 与治理模型的其他领域的关系（信息安全管理下的整体和集成的治理模型通常有利于主管机构） | 在航空安全、航空安保和信息安全管理治理方面保持一致性 |

## 13.3.3　原则

满足利益相关者的需求并为他们交付价值是信息安全获得成功中不可或缺的一部分[8]。ISO 27014 中的 6 项原则可以实现将信息安全与业务目标紧密结合并向利

益相关者交付价值的治理目标。

原则 1：建立组织范围内的信息安全。

原则 2：采用基于风险的方法。

原则 3：确定投资决策的方向。

原则 4：确保符合内部和外部的要求。

原则 5：营造一个安全积极的环境。

原则 6：审查与业务成果相关的绩效。

与不同级别相比较，这些治理原则是最具挑战性的项目。

这些原则为落实信息安全的治理流程提供了良好的基础。每项原则的陈述都提出了应该怎么做，但没有规定如何、何时、由谁来执行，因为这些取决于执行这些原则的组织的性质。主管机构应要求采用这些原则，并任命一个有责任、有义务和有执行力的人来落实这些原则[8]。

### 1. 组织级的原则

组织级的原则可以直接从标准中迁移出来。本研究中的业务和价值交付主要集中在运营弹性、航空安保和安全方面。基于这些准则，可以通过以下方式定义原则。

**原则 1：建立组织范围内的信息安全。**

对航空组织来说，信息安全活动应全面与航空安全安保相结合。这一原则强调需要将信息安全纳入所有航空安保和安全政策、流程、程序和技术。信息安全责任和问责制应在组织的所有活动中建立，包括航空安全和安保。

**原则 2：采用基于风险的方法。**

组织级的治理应该基于风险决策。确定安全的可接受程度应基于组织的风险偏好，包括竞争优势的丧失、合规性和责任风险、运营中断、声誉损害和财务损失[8]。在像民航这样相互依赖的生态系统中，对航空安全安保的最低信息安全风险偏好取决于不断随着立法的变化而变化的合规性和责任义务。除了航空、组织及其航空服务，信息安全治理还应以一致和综合的风险管理为基础，包括航空安全、航空安保和信息安全。

**原则 3：确定投资决策的方向。**

为了优化信息安全投资，支持航空组织实现目标，治理应根据所取得的业务结果建立一个信息安全投资战略，使业务和信息安全需求相协调，从而满足利益相关者当前和不断变化的需求[8]。从运营弹性、航空安全和航空安保的角度来看，当航空组织全面一致贯彻实施信息安全管理时，它就能够控制投资决策，同时为优化投资提供了机会。

**原则 4：确保符合内部和外部的要求。**

在航空组织中，信息安全的治理应该确保信息安全政策和实践符合相关的强制性法律与法规，以及承诺的业务或合同要求和其他外部或内部要求。为了解决一致性和合规性问题，管理机构应通过委托独立的安全审计，确保信息安全活动能够满足内部和外部的要求[8]。目前，国家、区域和国际各级立法框架正在快速发展，这意味着信息安全管理正落实到航空安全安保管理中。各组织应密切关注这一立法框架的发展。业务与合同要求也需要加以重视，因为它们很可能涵盖更加具体而又与不断发展的立法框架相结合的信息安全需求。

原则5：营造一个安全积极的环境。

在航空组织中，信息安全的治理应该建立在人类行为的基础上，包括所有利益相关者不断变化的需求，因为人类行为是支撑起适当级别的信息安全的基本要素之一。如果没有得到充分协调，这些目标、角色、职责和资源可能会相互冲突，从而导致无法实现业务目标。因此，利益相关者之间的协调一致是非常重要的。为了建立一个积极的航空信息安全文化，管理机构应要求、促进和支持利益相关者协调活动，以实现航空信息安全方向的一致性。这有助于安全教育、培训和安全意识项目的落实[8]。

原则6：审查与业务成果相关的绩效。

在航空组织中，信息安全的治理应该确保所采取的保护航空信息的方法适合帮助组织实现目标，提供商定的信息安全级别。安全性能应保持在持续满足当前和未来业务需求所需的水平。为了从治理的角度来审查信息安全的绩效，管理机构应该评估与其业务影响相关的信息安全绩效，而不仅仅是安全控制的有效性和效率。这可以通过对负责监督、审计和改进的绩效评估计划执行强制性审查来实现，从而将信息安全绩效与业务绩效联系起来[8]。绩效评估计划是对信息安全进行有效投资的重要途径。

## 2. 国家级的原则

将视角转变到国家级后，该标准就可以衍生出国家级的原则。理解两者之间的不同点是很重要的，特别是在责任方面。国家、有关机构和当局负责社会、国家航空系统安全，保障公众和所有利益相关者。

原则1：建立全国航空信息安全。

在国家级上，航空安全、航空安保以及信息安全机构和当局应该为航空生态系统信息安全密切合作，这意味着国家级上的治理可以确保信息安全活动的全面性，并与航空安全安保相结合。建立航空安全安保和社会信息安全的责任和问责制十分重要。

原则2：采用基于风险的方法。

在航空安全安保的信息安全方面，国家级的风险偏好必须遵守区域和国际航空立法并承担责任。此外，确保国家航空系统在所有情况下都能运行的社会责任也会影响风险偏好。由于航空信息安全立法是基于风险的，因此很难定义可接受的信息安全的程度。所以，在国家级上，了解全面的风险状况是最重要的，以便发挥国家在民航中的作用。从国家级来看，总体的民用航空风险状况可能是国家民航安全（国家安全计划——SSP）和安保（国家民航安保计划——NCASP）项目中的一部分。

这有助于国家及其利益相关者更好地了解航空生态系统风险。由于信息安全的治理应该基于风险决策，以及国家的总体风险概况，因此国家能够更好地确定在基于风险的世界中，可以接受多大程度的信息安全风险。这有助于国家衡量其承担风险的意愿。除了风险偏好，国家还需要确保治理是基于协调一致的、基于风险的方法，这意味着信息安全被集成到民航安全（SSP）和安保（NCASP）中。

**原则 3：确定投资决策的方向。**

对国家来说，这一原则意味着信息安全的治理可以建立基于航空业务、长期和短期内取得的安全和安保成果的航空信息安全投资战略，从而满足社会和利益相关者当前和不断变化的需求。为了使信息安全投资能够支撑起国家和国际民航目标，国家航空管理机构还应考虑将信息安全与现有的民航资本和业务支出程序相结合。这是一个非常重要的方面，特别是在现代数字化社会和航空生态系统中。如果信息安全无法在各级之间协调，就可能导致信息安全实施、投资不足以及民航发展和运营方面的成本过高与效率低下。

**原则 4：确保符合内部和外部的要求。**

在国家级上，航空安全安保方面有着强有力且不断发展的框架来落实信息安全。国家级的治理应确保国家信息安全政策和实践符合相关的国家、区域与国际法律和法规，以及业务或合同要求，或者其他外部和内部要求。为了解决一致性和合规性问题，国家级管理机构应通过委托独立的安全审计，确保信息安全活动能够满足内部和外部的要求。

**原则 5：营造一个安全积极的环境。**

国家级的信息安全的治理应该建立在人类行为的基础上，包括所有利益相关者不断变化的需求，因为人类行为是支撑适当级别的信息安全的基本要素之一。人类行为在航空领域是一项强大的资产，因为目前存在着强大的安全和安保文化，这也可以用于信息安全。在国家级上，这些机构和当局对国内外的利益相关者起着关键作用，促进了安全积极的环境形成。如果人类的行为没有得到充分的协调，那么目标、角色、责任和资源可能会彼此冲突，从而导致最终无法实现运营目标。因此，利益相关者之间的协调一致是非常重要的。为了建立一种积极的航空信息安全文化，管理机构（相关国家机构和当局）应要求、促进和支持利益相关者协调活动，以实现航空信息安全的方向一致性。这将有助于安全教育、培训和安全意识项目的落实。

**原则 6：审查与运营结果相关的绩效。**

对国家来说，信息安全的治理应该确保所采取的保护国家级航空信息的方法适合帮助组织实现目标，提供商定的信息安全级别。国家级的安全绩效应保持在满足当前运营和社会要求的水平。为了从治理的角度审查国家级航空信息安全的绩效，管理机构（相关机构和当局）应评估航空信息安全的成熟度，包括其航空运营弹性、安全和安保影响，而不仅仅是安全控制的有效性和效率。如果这一原则不确定，则航空信息安全的理论和实践之间就会产生谬误。这可以通过对负责监督、审计和改进的绩效评估计划执行强制性审查来实现，从而将信息安全绩效与业务绩效联系起来。

### 3. 区域级的原则（欧洲）

区域级的原则可以通过衡量欧洲民航管理机构和有关的欧洲机构对欧洲航空系统信息安全的责任来确定。

**原则 1：在民航领域建立区域范围内的信息安全。**

区域级航空安全安保机构和信息安全机构应建立航空生态系统的信息安全。在欧洲，这意味着欧洲的治理应确保信息安全活动持续全面纳入航空安全安保。为了建立欧洲的航空信息安全，应在整个欧洲民航活动中明确建立责任和问责制。这一原则很重要，要求所有欧洲民航监管机构和行政管理机构在安全、安保和信息安全方面无缝协调合作。

**原则 2：采用基于风险的方法。**

在航空安全安保与信息安全方面，风险偏好在区域级的定义和国际级一样。它必须遵守国际航空立法并承担责任，对信息安全风险的全面了解对风险立法来说也至关重要。此外，在区域级上，信息安全的治理应基于一致和综合的风险方法，这意味着需要将信息安全纳入航空安全（欧洲航空安全计划）和安保之中。然而，需要注意的是，目前还没有欧洲航空安保计划。而正相反，各国和工业行业有着关于航空安全的共同规则和基本标准，以及监督执行情况的程序，这些规则、标准和程序由各国通过国家民用航空安保计划执行。

**原则 3：确定投资决策的方向。**

区域级的原则与国家级和国际级的原则相同。

**原则 4：确保符合内部和外部的要求。**

欧洲级信息安全的治理应确保欧洲的信息安全政策和实践符合相关的强制性国际法律与法规，以及承诺的业务或合同要求和其他外部或内部要求。为了解决一致性和合规性问题，欧洲的管理机构应通过委托独立的安全审计，确保信息安全活动能够满足内部和外部的要求。独立审计或相关行动将有助于客观全面地了解欧洲体系目前和未来将满足内部和外部要求的程度。

**原则 5：营造一个安全积极的环境。**

在区域级上，欧洲的信息安全的治理应建立在人类行为的基础上，包括所有利益相关者不断变化的需求，因为人类行为是支撑起适当级别的信息安全的基本要素之一。人类行为在航空领域是一项强大的资产，因为目前存在着强大的安全和安保文化，这也可以用于信息安全。欧洲机构和当局对区域利益相关者发挥着关键作用，促进积极安全的环境形成。在充分协调的情况下，目标、角色、职责和资源就会相互汇聚，从而有效实现运营目标。因此，欧洲国家和非欧洲国家以及利益相关者之间的协调一致是非常重要的。为了建立一种积极的航空信息安全文化，监管机构（欧洲委员会）应要求、促进和支持利益相关者协调活动，以实现航空信息安全的方向一致。这将有助于安全教育、培训和安全意识项目的落实。现有的航空安全安保教育、培训和安全意识框架为航空业信息安全培训提供了良好的机会。

**原则 6：审查与运营结果相关的绩效。**

对欧洲级来说，信息安全的治理应确定保护欧洲航空信息所采取的方法适用于实现组织目的，并提供商定的信息安全级别。欧洲的安全绩效应保持在可以持续满足当前和未来业务需求的水平。为了从治理的角度审查欧洲航空信息安全的绩效，监管机构（欧洲委员会）应评估与社会、运营弹性、安全和安保影响有关的航空信息安全绩效，而不仅仅是安全控制的有效性和效率。这可以通过对负责监督、审计和改进的绩效评估计划执行强制性审查来实现，从而将信息安全绩效与业务绩效联系起来。

### 4. 国际级的原则

国际级的原则可以通过衡量国际级的民航管理机构对国际航空信息安全安保治理责任来确定。

**原则 1：建立国际范围内的航空信息安全。**

对国际级来说，信息安全活动应保持一致性和全面性，并结合所有航空安全安保和民航活动。为建立国际范围的航空信息安全，应在整个国际民航活动范围内建立航空信息安全安保的责任和问责制。这一原则得到了国际民航组织航空网络安全战略和行动计划的支持。

**原则 2：采用基于风险的方法。**

与区域级和国际级类似，信息安全的治理应基于风险决策。风险偏好决定了信息安全的可接受程度，包括运营中断、声誉损害、财务损失或失去公众信任和信心等，而其应该基于国家和行业的风险偏好共识来确定。此外，治理应基于信息安全、航空安全和安保的综合协调的风险方法。在国际级上，这一原则的关键促成因素是全球航空安全计划（GASP）和安保计划（GASeP）中的综合信息安全。

**原则 3：确定投资决策的方向。**

国际级的原则与国家级和区域级的原则相同。

**原则 4：确保符合内部和外部的要求。**

在最高级别，即国际级上，国际航空界、国家和工业行业共同制定和实施航空信息安全政策和做法。因此，国际级的信息安全政策和实践没有应该遵循的相关强制性立法与法规。

**原则 5：营造一个安全积极的环境。**

与区域级一样，国际级的信息安全的治理也应建立在人类行为之上。由于现有的强大的安全和安保文化，人类行为在航空领域是一种强大的资产，这也可以用于信息安全。在国际级上，通过国际民航组织，国家和工业行业在营造安全积极的环境方面发挥着关键的作用。经过充分协调，目标、角色、责任和资源相互汇聚，从而有效地实现运营目标。各利益相关者之间的协调一致也是非常重要的。为了建立一个积极的航空信息安全文化，监管机构（民航组织）应建立、要求、促进和支持利益相关者协调活动，以实现航空信息安全的方向一致。这将有助于安全教育、培训和安全意识项目的落实。现有的航空安全和安保教育、培训和安全意识框架为航空业信息安全培训提供了良好的机会。

**原则 6：审查与运营结果相关的绩效。**

对国际级来说，信息安全的治理应确保所采取的保护国际级航空信息的方法适用于实现国家和航空组织（工业）目标，提供商定的信息安全级别。国际级的安全绩效应保持在可以持续满足当前和未来运营要求所需的水平。为了从治理的角度审查国际级上航空信息安全绩效，监管机构（国际民航组织）应评估与其运营影响相关的航空信息安全绩效，而不仅仅是安全控制的有效性和效率。这可以通过对负责监督、审计和改进的绩效评估计划执行强制性审查来实现，从而将信息安全绩效与运营绩效联系起来。

# 13.4　总结

信息安全管理在民航领域得到了普遍的认可。然而，信息安全的治理的重要性和含义还需要更多的关注。本研究根据 ISO 27014 的定义、概念和原则，重点研究了不同级别的民航领域信息安全治理。为了实现可持续和高效的航空信息安全管理，我们应该更好地认识和理解信息安全治理的含义和目标，因为无论在哪个级别，它对于运营绩效和基于风险的信息安全来说都是至关重要的。

本研究的目的是测试和评估如何在民航和各级别的治理中应用相关标准。研究表明，ISO 27014 的定义、概念和原则可以应用于高于组织级的级别。我们没有发现应用上的障碍，明确了不同级别的重要信息安全的治理目标，预期的结果和原则。ISO 27014 致力于组织背景下的信息安全管理体系，它适用于所有类型或规模的组织。这意味着更高级别需要特殊考虑其定义、概念和原则。在本研究中，更高级别的预期定义、概念和原则是基于国际民航组织、欧洲民航会议和欧洲战略协调平台现有的国际级、区域级和国家级工作组的工作，以及它们的出版物和信息安全方面的相关行业标准。本研究中考虑的事项仅代表了作者在这一领域的个人理解和专业知识。作者积极参与了国际民航组织、欧洲民航会议和欧洲战略协调平台相关工作组工作，具有较强的航空安全和信息安全背景。

本研究发现了治理中有趣的方面，这些发现在目前的国际级、区域级或国家级的航空信息安全中尚未得到认可。对它们及其作用进行更加详细的研究将是有益的。我们建议各级所有组织都考量其在航空生态系统中的角色和责任，并详细定义其治理。本研究为开展这项工作提供了一种方法。

本研究没有对每个原则的作用进行具体的考察。但普遍来说，航空信息安全的治理存在不足。最重要的是要确保主管机构、行政管理机构和治理体系在各级别都适用。没有这些要素，民航很难充分落实信息安全管理。其他考察结果与目标和预期结果有关。事先定义目标和结果在所有级别上都是很重要的。治理还有 6 个重要的原则，需要在所有级别中加以定义，这将有助于确保各方共同努力实现一致连贯的航空信息安全。

## 原著参考文献

# 第 14 章　智慧城市和网络安全伦理

**摘要：** 智慧城市的快速发展正在从根本上改变城市生活。尽管关于智慧城市的大多数讨论都聚焦于智能技术层面，但实现智慧城市所需的技术基础设施是由处于智慧城市核心的多种智慧技术链接组成的，因此我们需要从多个角度考虑智慧城市的发展。本章从网络安全的角度，对智慧城市中的多个技术、社会以及伦理问题进行预期伦理分析。这种分析可以帮助我们在技术发展的早期阶段识别潜在的伦理问题，从而可以在今后的技术发展中加以缓解。此外，随着智慧城市的持续发展，其中所使用的技术也在不断发展。因此，基于预期伦理分析，有助于我们确定恶意代理人如何危害智慧城市，以及如何实施相应的网络安全措施来防止这种情况的发生。

**关键词：** 智慧城市；网络安全；城市生活；智能技术；技术基础设施；技术发展；智能设备联网；通信技术；预期伦理

## 14.1　引言

智慧城市意味着什么？从广义上讲，智慧城市利用信息和通信基础设施赋能相关智能设备（如智能手机、汽车、恒温器和水表）并连接到智能基础设施（问题上报系统、交通信号和信息、停车系统、电网、计费系统）中，以此提高人们的生产力，改善智慧城市中人们的生活质量[1]。"智慧城市"一词体现了信息和通信技术（ICT）和人工智能技术在智慧城市基础设施交叉系统中的应用方式。智慧城市生态系统由多种系统组成，包括智能家居、智能车辆和智能交通系统。其中一系列复杂的传感器、软件、机器人设备和网络，以及实时监控系统是必不可少的。同时，需要软件来整合驱动智能系统的全部数据，使得智慧城市的智能系统得以运行。

数据的来源和去处会产生许多网络安全、社会和道德问题。在物联网（IoT）、云计算，雾计算和边缘计算以及信息物理系统（CPS）中，ICT 和连接技术的广泛应用导致数据体量不断增加，收集速度不断加快。这些数据有多种来源，并且可能涉及智慧城市居民更加敏感和私密的信息。除了与公民隐私相关的伦理问题，智慧城市本身也面临着网络安全问题。网络安全指的是旨在保护网络、设备、程序和数据免受攻击、破坏或未授权访问的技术、流程和实践。

本章从网络安全的角度对智慧城市面临的社会和伦理问题进行预期伦理分析。预期伦理关注的是在技术发展的早期阶段识别技术发展的伦理问题，以便在技术发展和应用阶段缓解这些问题带来的影响。随着智慧城市的发展，其中运行的技术组件和系统也在不断发展。基于预期伦理分析，可以识别那些在阻止可能危害智慧城市的恶意智能体（代理人）方面至关重要的领域。因此，我们可以构建一个预期伦理分析来识别智慧城市中潜在的伦理问题。

高度的连通性在为智慧城市创造条件的同时，为相关网络安全和伦理问题创造了滋生空间。从城市发展的角度来看，智慧城市代替了早期的城市发展方式，随着ICT 的发展，智能技术造就了智慧城市。相较于传统城市的基础设施，由于高度的连通性，智慧城市的基础设施发生了巨大改变。因此，智慧城市规划、创建、运营和维持的过程会直接产生各种问题。正如佩尔顿（Pelton）和辛格（Singh）所说，当今智慧城市的相关技术面临巨大挑战。阻止网络攻击，找到数字通信、网络、信息技术系统、人工智能和先进机器人技术的安全应用方式，都面临着前所未有的困难。这些只是在世界任何地方设计、建造和运营智慧城市需要解决的其中几个关键问题[11]。

从长期来看，智慧城市有可能改变城市存在的本质，但在短期内，其已经改变了城市开发者设计城市的传统模式。城市规划者所面临的挑战和变化包括人口增加、住房供应和可负担性、房屋产权成本增加、过载的交通系统、技术辅助的犯罪活动和行为增加，以及指数级的技术变革和发展。在智慧城市设计和规划过程中将安全性考虑在内能有效地缓解这些问题。基于预期伦理，能有效地解决智慧城市及其城市设计所产生的各种重要问题，还可为智慧城市制定网络安全战略。

本章阐述智慧城市将如何改变城市设计，并尝试预测对智慧城市发展至关重要的技术和网络安全问题。此外，本章重点关注在智慧城市发展中对城市规划至关重要的技术可能引起的伦理问题。

## 14.2　智慧城市和网络安全

鉴于智慧城市高度的连通性，网络安全成为维持智慧城市功能的关键问题之一。那么，什么是网络安全？卡巴斯基公司这么定义：网络安全是保护计算机、服务器、移动设备、电子系统、网络和数据免受恶意攻击的实践，通常也被称为信息技术安全或电子信息安全。该术语适用于从商业到移动计算的各种环境，且可分为以下几个常见的类别[8]：

- 网络安全；
- 应用安全；
- 信息安全；
- 运营安全；
- 灾难恢复和业务连续性；
- 终端用户教育。

智慧城市的发展和运转中的问题导致的网络安全问题如下。

（1）不安全的遗留系统：当旧的、易受攻击的系统与新技术结合使用时，会增加潜在的攻击面。

（2）加密问题：大多数技术都是无线的，如果这些技术没有加密保护，就很容易被破解。

（3）智能交通：网络攻击可以在公共交通系统中展示错误的信息，从而可能导致延误、拥堵等问题，影响人们的行为。

（4）云存储：分布式拒绝服务（DDoS）攻击可能会导致存储智慧城市数据的城市服务器和云基础设施无法提供服务。

（5）智慧城市庞大而复杂的攻击面：由于智慧城市连接技术系统具有复杂性和相互依赖性，因此很难识别被暴露的攻击面以及它们是如何被暴露的。

（6）缺乏网络攻击应急计划：一个智慧城市必须做好针对电网和基础设施所有部分的网络攻击的准备。

智慧城市的不断发展及其产生的网络安全问题会影响很多利益相关者，其中包括城市规划者，研发相关智能技术的工程师和 ICT 专家，也包括传感器、机器人、网络、实时监控和软件等。网络安全专家负责开发和监控用于实时保护网络、设备、程序和数据免于攻击、损坏或未授权访问的各种技术、流程和实践。随着智慧城市不断发展，人工智能和机器学习技术的专家们负责把日益增加的海量数据整合到智慧城市的高效运营中。

# 14.3　智慧城市和伦理学

ICT 基础设施作为智慧城市运行的中心，与技术发展水平和智慧城市基础设施建造过程中的相关伦理问题有直接关系。弗罗（Furrow）确定了伦理分析重点涉及的一系列因素。正如弗罗所说，伦理学与评估行为有关，而评估行为是由那些有能力成为道德代理人的人进行的。

弗罗说："当我们评估一个行为时，要从不同的角度来分析，如分析行为人、行为人的意图或动机、行为本身的性质和可能的结果。"[5]

本小节提出了两个可以应用于智慧城市的重要观点。首先，智慧城市相关的伦理问题是基于这样一种观念，即设计、开发和实施智慧城市中技术的人的行为是一种表现行为；其次，这些行为是一个人的意图、行动、目标或结果的延伸。

以行为人的行为意图、行为本身和所产生的结果为基础，参与到设计和开发智慧城市技术的人的行为是可以进行评估的，如果将弗罗的观点应用到这些人身上，很可能产生 3 种伦理评估结果。我们不仅可以对那些控制和指导设计、开发和实施智慧城市所用技术的人的行为进行评估，还可以对那些控制和指导设计、开发和实施智慧城市所用技术的人的行为意图进行评估,甚至可以评估那些控制和指导设计、开发和实施智慧城市所用技术的人的行为意图所产生的结果。这些对为智慧城市设计网络安全措施的人同样适用。

## 14.4　智慧城市、技术和预期伦理学

预期伦理学（Anticipatory Ethics）的核心是对技术的研究，即对产品背后的技术或对特定的技术产品的研究。预期伦理学研究每件产品的工作方式，预测未来技术发展的轨迹和应用方式，以及与未来技术工作方式相关的潜在伦理问题。我们通常认为智慧城市需要开发各种各样的技术，包括传感器，尤其是机器人在内的科技产品，来保障智慧城市的功能性。智慧城市中的科技系统和科技产品有不同的目的与目标，如果不了解这些技术、产品和具体示例，就很难预测智慧城市现在和未来的运作方式，这些实践是与技术的发展息息相关的。

布雷（Brey）认为技术的发展会经历研发阶段、引进阶段、渗透阶段、统治阶段[2]。认识到这些阶段会影响智慧城市的方方面面，并且其中的运营"技术"是可以评估的，这一点至关重要。根据布雷的介绍，作为一系列相互连接的技术，如何从当前的技术发展阶段来评估智慧城市技术？智慧城市技术和有关的科技产品能做什么？如何有意识地使用该技术来实现智慧城市规划者和开发商预计的目标？利益相关者通过使用智慧城市技术有望取得哪些成果？智慧城市的发展和运营涉及创新、新兴和颠覆性技术，其中许多技术正在迅速经历技术发展的多个阶段，我们需要识别技术各个阶段可能产生的伦理和社会问题。布雷对技术发展的各个阶段进行了明确的陈述[2]。

根据布雷的说法，技术的发展经过 4 个阶段，然而随着智慧城市技术的飞速发展，我们补充了第 5 个阶段：

（1）技术研发阶段；

（2）技术引进阶段；

（3）渗透阶段；

（4）统治（影响力）阶段；

（5）持续创新发展阶段。

我们将布雷的分析成果应用和扩展到对智慧城市至关重要的技术中。我们认为智慧城市技术的发展和变化在一般情况下是智能技术发展的结果。许多智慧城市技术提供给人们的具体应用都处于研发阶段和早期引入阶段，但技术和流程的变化使其成为可能，随着技术的持续发展，智慧城市各项技术（专项技术）也会持续深入发展。智慧城市特定领域的技术变化，如机器人领域和物联网（IoT），我们可以将这些变化解释为技术的变化；反之，这些变化会影响我们对智慧城市的看法。将智慧城市的各种技术看成一项技术，这样可以帮助我们探索智慧城市技术引入城市发展后会如何产生与现代世界城市生存相关的问题。

## 14.5　智慧城市发展中的关键技术

当今的城市和智慧城市之间的一个主要区别在于，机器和 ICT 控制智慧城市中运行的各种技术之间信息流的程度。目前有许多技术处于技术发展的不同阶段，对未来智慧城市的发展至关重要。智慧城市意味着城市中的一切都是相互联系的，每件事都与另一件事物相连，这种互联互通高度依赖智慧城市中的技术。许多技术对智慧城市的实现至关重要。预期伦理能很好地思考智慧城市中所需的技术，因为这些技术是识别和理解预期伦理问题的基础。

技术在将城市转变为互联互通、可持续弹性发展的智慧城市的过程中发挥着关键作用。同时技术是智慧城市中网络安全的中心，智慧城市旨在为人们提供智能服务、节省时间、减轻生活负担、连接人们和政府，以便向政府部门提供他们对城市建设的愿望的相关反馈。如果没有技术，这些目标就无法实现。城市领导者和管理者利用技术能够收集城市情报，建设更加智能、安全的智慧城市。

智慧城市的正常运转涉及很多技术，以下列举出部分所需技术[9]：
- 第五代运动通信；
- 物联网；
- 智能物联网设备；
- 地理空间技术；
- 云技术；
- 智慧能源；
- 信息通信技术；
- 智能传感器；
- 智慧交通；
- 智能日程；
- 智能基础设施；
- 智慧出行；
- 人工智能；
- 机器人；
- 虚拟现实和增强现实；
- 边缘计算和雾计算；
- 区块链。

## 14.6　智慧城市和预期伦理问题

为了了解智慧城市面临的网络安全风险，我们需要确定风险状况[10]。智慧城市面临着许多网络安全风险，随着与数字和物理基础设施相关的关键技术的融合，每种技术都可能让智慧城市面临安全风险。为了应对这些挑战，智慧城市的管理者应该在智慧城市发展的每个阶段以及智慧城市基础设施技术发展的每个阶段预测潜在的网络安全和隐私问题。

智慧城市是城市生活的未来，融合了以上谈及的所有关键技术，同时提高了城市服务的效率和效能。我们要仔细思考推动这一转变的 3 种力量——系统设计、数字技术和海量数据处理[10]。然而，以关键技术为基础的城市转型，即通过数字化转型到智慧城市的过程也会制造新的网络安全风险，从而从根本上影响智慧城市的发展。网络威胁多年来一直呈上升趋势，但最近几年，针对数据和实物资产的网络攻击呈爆炸式增长[14]。

随着技术的不断发展，连接设备也有望加速增长。到 2020 年，物联网设备的数量从 2018 年的 84 亿增加到近 200 亿[4]。这意味着某一领域的网络攻击和漏洞会不断升级，进一步影响智慧城市基础设施的其他许多领域，后果可能不仅仅是数据丢失、财物损失和声誉损害，更有可能破坏关键城市服务和基础设施，如医疗保健、交通、执法、电力和公用事业以及住宅服务。这种破坏会造成生命损失，以及社会经济系统的崩溃。

# 14.7　智慧城市和预期网络安全风险

与超级链接和数字化相关的连接速度（延迟）是加速网络威胁的重要因素。为了应对这一挑战，政府领导者、城市规划者和其他主要利益相关者应该将网络安全的原则贯穿到智慧城市治理、设计和运营的过程中，成为不可分割的组成部分，而不仅仅是事后的想法。重要的是要识别在智慧城市生态系统中引发网络风险的关键因素，然后城市领导者可以采用广泛的方法来管控这些风险。而要实现这一点，一种方法就是在智慧城市中建立特殊机构，这一机构包括首席信息官（CIO）、首席技术官（CTO）和首席信息安全官（CISO）[3]。

智慧城市是一个由构成智慧城市生态系统基础设施的基本技术组成的矩阵。构成该矩阵的相关技术能够协调市政服务、公共和私人实体、人员、流程、设备与持续交互连接的城市基础设施。构成智慧城市生态系统基础设施最根本的技术可分为 3 类：边缘、核心和通信信道[10]。边缘层包括传感器、执行器、其他物联网设备，以及智能手机等设备，它们把智慧城市中的人、物和技术连接在一起。核心层由关键技术平台组成，用于处理和解析来自智慧城市内边缘技术的数据和信息。通信信道在智慧城市的核心和边缘技术之间建立了持续、双向的数据与信息交换，以尝试无缝整合智慧城市生态系统基础设施的各个组成部分。

智慧城市的特点是拥有大量的数据和信息交换，这需要融合不同的物联网设备，进行动态变化的处理，而在这一过程中会产生新的网络威胁。这些网络威胁非常复杂，因为智慧城市基础设施中相互连接的生态系统及其组成部分本身就具有复杂性，这使得网络威胁也随之加剧。例如，城市中的数据治理是一个棘手的问题，因为他们需要考虑数据是内部的还是外部的；是交易数据还是个人数据；交易数据是否通过物联网设备采集；这些数据如何存储、归档、复制和销毁。此外，由于智慧城市中不同的机构和组织之间缺乏统一的标准与政策，许多城市正在试验新的供应商和产品，这会在实地造成互操作性和集成的问题，从而增加网络风险。

对智慧城市 3 个层面的伦理问题的研究导致了可以预期的 3 种网络安全风险。导致智慧城市的网络安全问题，影响智慧城市生态系统中潜在的网络风险的 3 种因素[10]分别是：

（1）网络世界和物理世界的融合；

（2）新旧系统之间的互操作性；

（3）不同城市服务和使能基础设施的融合。

为了识别智慧城市的网络风险状况，明确风险管控的方式，我们进一步阐述这些影响因素。

### 1. 网络世界和物理世界的融合

构成智慧城市基础设施的技术融合了物理世界和网络世界。在这个环境中，信息技术系统和运营技术系统将人、流程和地点融合为整体，信息技术系统是以数据为中心的计算，运营技术系统可以监控事件、流程和相关设备，调整城市运转。同时，技术融合使得城市能通过远程网络操作来控制和管理技术系统。

然而，这种技术融合也会产生风险，智慧城市边缘层的许多设备可能会产生大量的网络威胁向量，增加恶意行为者侵入系统并中断操作的风险，导致网络风险形势呈指数级增长。随着物联网的发展和连接物联网的激增，攻击者拥有无数的入口和攻击向量，利用其产生的漏洞来破坏城市系统。

### 2. 新旧系统之间的互操作性

一些城市和组织试图向智能技术转型，将数字化转型作为智慧城市项目的一部分，需要将新的数字技术与现有的遗留系统相结合。最终这两种类型的系统还需要融合下一代技术，这将带来巨大的挑战和风险。这些挑战包括不同机构之间不一致的安全政策和程序，以及不同的技术平台，从而导致智慧城市生态系统中的关键技术中存在隐藏的安全漏洞。

### 3. 不同城市服务和使能基础设施的融合

不同城市服务和使能基础设施的融合是一个问题，而这些系统的网络安全又是另一个问题。作为城市内部普遍存在的部分，公民可以获得广泛的服务，在此之前，这些服务是相互独立存在的（如电力、水、下水道、交通、公共工程、执法、消防和社会服务等）。在城市中，每项服务通常由一个机构使用自己独立的系统、流程和资产来提供。然而，随着智慧城市的发展，所需的服务都要通过互联的数字技术网络连接和融合。

随着城市向智慧城市转型和新技术的应用，新的服务和效率也不断涌现，这种服务和系统的融合对整合这些系统以实现网络安全将会产生一系列独特挑战。作为智慧城市生态系统的中心，数据和信息交流程度加深，同时一体化程度、互联互通不断加强，将会导致共享网络安全漏洞。此时会出现一个问题，即当一个服务区域出现问题时，就会迅速传播并影响其他领域，甚至可能导致全范围的大规模故障。此外，城市需要重新考虑监管要求，合理化各种安全协议，并解决数据所有权和使用方面的挑战。

# 14.8　应用预期伦理学

面对这些困难，我们不禁要问：智慧城市的持续发展还有哪些困难？我们可以预测技术发展，而一旦预测了技术发展，那么与这些技术发展相关的伦理问题也可以预测。如上所述，预期伦理学的核心是对技术的研究，即产品背后的技术，或者对特定技术产品的研究。预期伦理学研究每种技术的运作方式，并预测未来技术发展的轨迹和应用方式，以及与这些未来发展方式相关的潜在伦理问题。我们认为智慧城市需要开发各种各样的技术，包括传感器，尤其是机器人等技术产品，才能恰当地发挥智慧城市的功能。智慧城市中的技术系统和技术产品具有不同的目的与目标。如果不了解这些技术、产品及其各自的目标，就很难预测智慧城市目前及未来的运作方式。

"计算机工件规则"（Rules for Computing Artifacts）可以用来识别和探讨潜在的伦理问题[6]。根据作者的说法，这一规则已经成为一个明确基于互联网交互的项目。

"规则"是我们在分析涉及社会技术系统的伦理问题时常见的，人在任何一个这样的系统中都是关键部分，并且其中一些人经常面对面接触。但是在计算制品"推出"后，许多（有时是大部分）人开始时常且越来越频繁地通过计算机这一媒介进行交流和建立联系[6]。

# 14.9　计算机应用制品规则

我们如何进行预期伦理分析？在此，我们采用了 5 项计算机制品规则，作为进行预期伦理分析的基础。预期伦理学可以完成以下两项任务。

（1）可以利用预期伦理来确定智慧城市中任何一项关键技术发展中出现的潜在伦理问题。

（2）可以使用预期伦理来分析发展过程中可预测的技术和问题。

智慧城市会出现哪些伦理问题？平衡智慧城市发展和应对潜在网络风险，有效管控网络安全风险对智慧城市的实施至关重要。首先，让更广泛的生态系统中的所有利益相关者和实体都参与进来。接下来应考虑以下措施：智慧城市中的所有基本技术都需要同步，这样它们即可彼此协调。回到弗罗对意图、行动和结果的区分上，城市领导人和管理者需要在此基础上运用5条规则中的任意规则。在此，我们将重点从计算制品转移到智慧城市中的关键技术[6]上。

规则1：设计、开发或部署计算制品（智慧城市中的任何一项关键技术）的人在道德上要对该制品及其可预见的影响负责，其他设计、开发、部署或有意将该制品作为社会技术系统一部分的人将共同承担责任。

规则2：计算制品（智慧城市内任何一项关键技术）的共同责任不是零和游戏。个体的责任不会因为更多人参与设计、开发、部署和使用制品而减少；相反，个体的责任包括对制品的行为及其部署后的影响负责，且责任大小取决于该个体能够在多大程度上合理预见这些影响的效果。

规则3：有意使用特定计算制品（智慧城市中的一项关键技术）的人在道德上对这种使用行为负责。

规则4：对于有意设计、开发、部署或使用计算制品（智慧城市中的一项关键技术）的人，只有当他们合理考虑了制品所嵌入的社会技术系统时，才能负责地做此事。

规则5：设计、开发、部署、推广或评估计算机制品（智慧城市中的一项关键技术）的人不应在该制品或其可预见的影响，以及在其所嵌入的社会技术系统方面，明里暗里地欺瞒用户。

上述规则的应用会导致什么？智慧城市中网络安全需要解决以下6个重要方面。

## 1. 基础设施和关键技术系统的互操作性

智慧城市利用传感技术收集和分析信息，以提高居民的生活质量，传感器收集的数据涵盖了从高峰时段统计数据，到犯罪率以及整体空气质量的所有数据，这些传感器需要复杂且昂贵的基础设施来安装和维护。它们如何供电？是否涉及硬接线、太阳能或电池供电？或者，在停电的情况下3种都需要？

我们可以运用规则4来解释这个问题："对于有意设计、开发、部署或使用计算制品（智慧城市中的一项关键技术）的人，只有当他们合理考虑了制品所嵌入的社会技术系统时，才能负责任地做此事。"

## 2. 加强机构间合作

由于智慧城市中关键技术的复杂交互性，智慧城市的领导者和管理者需要确保所有机构之间互动交流的跨学科基础，从而确保他们之间能够清晰地沟通。我们可以用规则5来解释这个问题："设计、开发、部署、推广或评估计算制品（智慧城市中的一项关键技术）的人不应在该制品或其可预见的影响，以及在其所嵌入的社会技术系统方面，明里暗里地欺瞒用户。"

### 3. 隐私问题

任何一个智慧城市都必须通过监控系统来平衡生活质量和隐私保护两方面。尽管每个公民可能都想享受更加便捷、和平、健康的生活环境，但没有人希望自己时刻处于广泛应用的监控技术的监视之下。城市中无处不在的摄像头可能有助于阻止犯罪，但同时引起了一些守法公民的恐惧和偏执。一个令人担心的问题是公民每天接触到的各种智能传感器收集的数据体量是巨大的。规则 1 可以应用于隐私问题："设计、开发或部署计算制品（智慧城市中的任何一项关键技术）的人在道德上要对该制品及其可预见的影响负责，其他设计、开发、部署或有意将该制品作为社会技术系统一部分的人将共同承担责任。"

### 4. 教育与社区参与

智慧城市要真正存在、发挥作用并持续发展，需要"智慧"的公民参与并积极运用新技术，任何一项新技术在全城范围内的实施过程中需要城市领导力的介入，帮助社区团体了解智慧城市基础设施中应用这些技术的好处。我们有必要创建教育平台，介绍相关技术，让公民了解并参与智慧城市技术的发展。规则 3 可以应用于智慧城市中的教育："有意使用特定计算制品（智慧城市中的一项关键技术）的人在道德上对这种使用行为负责。"

### 5. 社会包容性

在智慧城市中，为乘客提供实时更新的智能交通程序是个很好的想法。但是，如果智慧城市的很大一部分人负担不起乘坐公共交通的费用怎么办？越来越多不知道如何使用移动设备或应用程序的老年人怎么办？智能技术将如何惠及这些人群？重要的是，智慧城市规划需要考虑全部人，而不仅仅是富人和掌握先进技术的人。智慧城市中关键技术的实施应该致力于涵盖最广泛的利益群体，而不是根据年龄、收入或教育水平进一步划分他们。将这些社会团体考虑在内，有助于全面成功推动涵盖最广泛的利益相关者的解决方案。我们可以将规则 4 应用于这个问题："对于有意设计、开发、部署或使用计算制品（智能城市中的一项关键技术）的人，只有当他们合理考虑了制品所嵌入的社会技术系统时，才能负责任地做此事。"

### 6. 网络安全和黑客

随着智慧城市中关键技术的扩展，物联网和传感技术的使用范围扩大，安全威胁等级也在提升。近年来，对于脆弱和过时电网的网络恐怖威胁的讨论使得每个人对技术与网络安全产生了担忧和质疑。

智慧城市必须在安全方面投入更多的资金和资源，而为智慧城市提供关键技术的公司必须提供解决方案，包括内嵌关键技术的网络安全机制，以防止黑客攻击和网络犯罪。随着区块链等技术被应用到每个领域，许多开发者正在寻找一种整合这些加密技术的方法，以提高智慧城市基础设施中新的应用程序的安全性。规则 3 和规则 5 适用于这个问题，规则 3 可应用于解决智慧城市内的网络安全和黑客："有意使用特定计算制品（智慧城市中的一项关键技术）的人在道德上对这种使用行为负责。"规则 5 同样适用："设计、开发、部署、推广或评估计算制品（智慧城市中的一项关键技术）的人不应在该制品或其可预见的影响，以及在其所嵌入的社会技术系统方面，明里暗里地欺瞒用户。"

针对上述每个问题的规则应用到每个应用程序的具体细节，我们将做更彻底的分析。

## 14.10 结论

前面的分析试图从智慧城市中与关键技术相关的网络安全需求角度对智慧城市进行预期伦理分析。网络安全的利益相关者包括企业、消费者和生活在智慧城市的个体。在分析过程中，我们选择了一套伦理原则作为预测性伦理分析的基础，并介绍了布雷对技术发展阶段的看法，从而得出了一些重要见解。

在智慧城市关键技术的设计和实施过程中，需要各领域专家之间的互动和跨学科合作。如果智慧城市的基础设施中运用了一些新兴的颠覆性技术，尽管这些技术处于技术发展的早期阶段，也需要识别这些技术潜在的伦理问题。由于与新兴技术相关的技术、社会和伦理问题的复杂性，这种合作就变得更加必要。约翰逊最近的工作为我们的分析提供了线索，正如他所说，"由于现代技术在生产和使用过程需要'许多人'参与，因此他们要对技术运营的不同方面负责"[7]，当发生事故时，这一点尤为明显。

约翰逊的见解适用于智慧城市中的网络攻击和网络安全：

事故原因（网络安全故障）必须追溯到相关的行为者；原因可能有很多；（网络安全措施）设计是否充分；制造的部件（关键技术）是否符合规格；说明书是否充分解释了（关键网络安全）技术的使用方法；用户是否按照指示使用（关键网络安全）技术；每个行为人或群体都要为其对（网络安全）技术生产做出的贡献负责，如果发生意外情况，每个人或团队都可能被问责。[7]

根据约翰逊的观点，智慧城市网络安全技术的责任根植于所有参与技术开发和利用的行为人之间的关系。因此，在智慧城市中，网络安全技术的责任应该由所有参与该技术的人来共同承担。

显然，关于未来智慧城市中技术发展相关的伦理和社会问题的责任，需要我们进行跨学科讨论，并让所有受技术影响的利益相关者参与进来。约翰逊认为，虽然技术的实际发展是具有偶然性的，但是，如果要为智慧城市中新兴的颠覆性技术建立设计和责任实践，那么未来技术的发展就需要现在和潜在利益相关者之间进行跨学科协商。这些观点对智慧城市中的所有技术都是至关重要的，这意味着它们对大量技术系统相关的伦理和社会问题非常重要，而这些技术系统将成为智慧城市发展和实施的中心。

最后，智慧城市的领导者和管理者需要拥有一支强大的 ICT 专业团队，他们掌握实现智慧城市所需的广泛技术。这些专业团队要能够理解构成智慧城市的各种技术的融合，以便了解实现智慧城市网络安全所需的指数级范围的可能性。

## 原著参考文献

# 第15章 TrulyProtect——基于虚拟化的逆向工程防护

**摘要**：本章总结了 10 年来 TrulyProtect 团队在基于虚拟化的复制保护方面的进展。我们调查了该团队所使用的方法、在各种操作系统和软件中存在的特殊问题，以及一些尚未涉足的研究方向。

**关键词**：虚拟化；逆向工程

**缩略语**

| | |
|---|---|
| AMD-v | AMD 虚拟化技术 |
| ARM | 泛在的 RISC 处理器系列 |
| EPT | 扩展页表，Intel 为虚拟机实现的二级页表 |
| IOMMU | AMD 在虚拟机中实现的直接内存访问机制 |
| PLT | 程序链接表 |
| UEFI | 统一可扩展固件接口，一种启动个人计算机（PC）系统的现代方式 |
| VMCB | 虚拟机控制块，AMD 架构中所有虚拟机属性的存储库 |
| VMCS | 虚拟机控制结构，Intel 架构中所有虚拟机属性的存储库 |
| VT-x | Intel 在×86 平台上的虚拟化技术 |

## 15.1 引言

计算机程序面临着篡改和逆向工程攻击的威胁。逆向工程过程的目标可能是窃取商业机密、移除复制保护或数字版权管理（DRM）功能[43]、更改代码逻辑，以及其他恶意企图。在通常情况下，开发人员乐于研究如何防范这类恶意企图的技术，并可能会采取多种对策。

反逆向工程的主要对策是混淆。这种方法是将代码转换为具有相同行为的更复杂的程序。根据转换的类型，我们将混淆分为 3 类：复杂化代码、替换指令集和使用隐藏密钥加密。另一种对策则是利用现代中央处理器（CPU）的硬件辅助虚拟化功能，在操作系统不访问的存储区域执行代码。

我们讨论了一种基于虚拟化进行复制保护的方法。在多篇论文中，提出了"TrulyProtect"。因为随着许多现代概念的提出，如 TME 和 SGX（Intel）、SEV（ARM）和 TrustZone（ARM），基于虚拟化的复制保护和 DRM 解决方案正在被逐步淘汰。本章总结了 10 年来 TrulyProtect 团队在基于虚拟化的复制保护方面的研究活动，包括该团队使用过的许多技术的变体研究。

## 15.2　×86 和 ARM 的虚拟化

我们的研究主要集中在×86 和 ARM 平台，将对这两个平台的硬件性能进行描述。Intel、AMD 和 ARM 的多款现代 CPU 具有硬件辅助虚拟化功能，该功能为虚拟机和模拟器软件提供了新功能。这些虚拟化功能是 TrulyProtect 技术的基础，因此我们首先对它们进行介绍。

### 15.2.1　×86 的虚拟化

Intel ×86 平台（一种指令集）起源于 20 世纪 70 年代末。多年来，它是最受欢迎的 CPU 平台之一，至今仍是台式 PC 中使用最广泛的 CPU 架构之一。Intel 和 AMD 是×86 CPU 的两家领先制造商，其他制造商也正提供或曾提供过×86 处理器，如威盛（或兆芯）、赛瑞克斯（Cyrix）和全美达（Transmeta），但这些制造商生产的处理器市场份额很小，因其通常只专注于特定有限的细分市场。

通过设计，×86 拥有 4 个特权环：r0 用于内核代码，r3 环用于用户代码，在现代系统中，r1 和 r2 还未投入使用。20 世纪末期，Intel 通过 VT-x 指令系列引入虚拟化，AMD 引入了一个与 VT-x 极其类似的 AMD-v 指令系列。随后，Intel 通过 EPT 指令系列，引入二级地址转换（Second Level Address Translation，SLAT），又通过 VT-d 指令系列，引入输入输出设备内存管理单元（IOMMU）。

Intel 引入虚拟化功能时，×86 还没有用于该功能的空闲特权环，只有 2 比特位可用，且这 2 比特位也都被“占用”了。于是 Intel 引入了一个新的 HYP 位（与“常规”r0 代码区分）用以在 Hypervisor（虚拟机监视器）模式下运行代码。在大多数出版物中，这种新型安全机制通常被称为“r1”。对于虚拟化的概念，AMD 与 Intel 有着极其类似（但不同）的定义。在通常情况下，AMD 和 Intel 之间的指令转换可以通过一对一的指令替换完成。

### 15.2.2　ARM 的虚拟化

由 ARM 公司研发的 ARM 是一个著名的精简指令集（RISC）架构，目前在嵌入式市场和移动业务市场占据大量市场份额。第 7 代 ARM 已经引入了虚拟化技术。当前，第 8 代 ARM（于 2010 年发布）正在主导市场。

ARMv8-a 平台有两个执行域：正常域和安全域。正常域中使用标准操作系统，如 Linux、Android 或 iOS；安全域在一个安全操作系统上运行，如 OP-TEE[26]、Trusty TEE[37]、OKL4[10]、Trustonic 及其他系统。每个域在执行过程中都有以下 4 个异常（权限）级别：

（1）EL0：正常的用户空间代码（用户进程）；

（2）EL1：操作系统代码；

（3）EL2：HYP 模式；

（4）EL3：TrustZone。

EL0 类似于×86 平台中的 "r3"。在一个标准的 iPhone 手机或 Android 手机上，所有应用程序都在 EL0 上运行；（内核代码）EL1 类似于×86 平台中的 "r0"。手机上的 Android 或 iOS（操作系统本身）在 EL1 上运行；EL2 类似于×86 平台中的 "r1" 或 "Hypervisor 模式"，在大多数手机和 ARM 设备中，没有代码在这个异常级别上运行。但是，如果 ARM 设备在启动的同时开启了一个 Hypervisor，一些相关的代码就会在 EL2 上运行。TrustZone 是一种特殊的网络安全模式，在这种模式下可以监控 ARM 及其运行的操作系统。TrustZone 允许在安全域中独立运行一个安全实时操作系统。×86 没有直接与之类似的模式，但 Intel 的 ME[32]和 SMM[9]与其有着类似的概念。

每个异常级别都提供了一组寄存器。同时，每个异常级别都可以访问较低权限级别的寄存器，但不能访问较高权限级别的寄存器。若想了解关于 ARM 权限模型的更多细节，请读者参考文献[39]或文献[41]。

# 15.3 加密代码执行

本节主要介绍 2011—2021 年，我们在 TrulyProtect 项目上的主要工作。最初，我们考虑了针对逆向工程的平台独立保护[2]，但很快我们就意识到，需要建立一种体系架构，以防止次级程序读取解密代码或解密密钥。第一个系统[3]使用 Intel 架构的虚拟化来实现执行保护。文献[30]中对系统进行了增强，主要是提高了系统的性能。我们也改善了系统的启动，应用了文献[17]中说明的 $N$ 路缓存功能。本节描述的是我们所研究的系统的最终版本。

该系统的基本流程如下。

（1）启动一个 Hypervisor。

（2）建立信任根。

（3）通过某种认证后，接收唯一的密钥。

（4）进行解密—执行—丢弃。

## 15.3.1 启动 Hypervisor

Hypervisor 是一种计算机软件，设计用来支持在单一系统硬件上同时并行运行多个操作系统。约 50 年前，波佩克（Popek）和高柏（Goldberg）[28]提出了这一概念，并定义了 Hypervisor 的两种类型：第一类 Hypervisor 在计算机启动时（从 BIOS）启动，操作系统作为客体启动；第二类 Hypervisor 在操作系统启动后启动。在这两种情况下，Hypervisor 可以保护自身免受破坏性攻击，并保护密钥。

为了使 Hypervisor 具有所有保护功能，我们必须让它成为根 Hypervisor（在系统上运行的第一个 Hypervisor[29]）。最初，我们在文献[3]中尝试了一个第二类 Hypervisor；后来，我们转而使用第二类 Hypervisor，并将其作为信任根来实现安全引导[38]。当启动第二类管理程序时，我们的首要目标是确保其启动时没有其他 Hypervisor 在运行。我们尝试了柯尼尔（Kennell）和贾米森（Jamieson）的修改版系统[11-12]，并针对当前硬件对其进行了现代化升级[14-15]。

这种方法起初有效，但我们发现 Intel 有时会在没有通知的情况下，直接更改其缓存算法。为了提高性能，Intel 在第 3 代核心平台上改变了缓存算法，并在第 8 代平台上也改变了缓存算法以对抗熔毁（Meltdown）漏洞和幽灵（Spectre）漏洞[18,22]。反复对 Intel 的缓存算法进行逆向工程耗费了太多的时间，我们决定需要先将 Hypervisor 转移到 UEFI，然后通过确保 Hypervisor 先行启动（开机时）且 UEFI 未被修改（通过安全启动），从而可以保证我们的 Hypervisor 是根 Hypervisor。

## 15.3.2　创建信任根

与其他可信计算系统相同[43]，基于虚拟化的安全依赖于信任根的建立，而其信任根就是 CPU 本身。现代各种 CPU 是能耗巨大的复杂芯片。CPU 是按纳米级精度制造的，在不破坏其陶瓷外壳的情况下，对大多数（如果不是全部）攻击者来说，连接 CPU 外部连接器并读取其运行时的内部状态是一项不可能完成的任务。

然而，我们必须以 CPU 来建立系统的信任根。建立信任根的方法主要有两种：一种是通过定制硬件建立信任根，如安全启动方法（TPM，可信平台模块），这种方法也在后续论文中使用；另一种是使用软件挑战，如柯尼尔和贾米森系统[11]。柯尼尔和贾米森系统曾遭到攻击和挫败[33]，文献[15]对其进行了现代化改造。我们在一些早期使用基于 Hypervisor 的复制保护系统的网络安全防护中曾使用过这种系统[3]。

因此，现代 TrulyProtect 代码加密系统使用基于 TPM 的保护。作为信任纽带，TPM 作为一种信任关系，可用于验证 BIOS 以及启动安全的 TrulyProtect Hypervisor[17]。该 Hypervisor 保护自身免受破坏性攻击，同时保护解密密钥。雷什（Resh）和扎伊登贝格（Zaidenberg）[29]认为，密钥一旦被 CPU 获取，就可以一直在 Hypervisor 的保护之下，不会泄露给恶意用户或恶意内核代码。

## 15.3.3　防护缓存一致性攻击

在现代 Intel CPU 中，L3 高速缓存由多个内核共享。此外，该高速缓存遵循 $N$ 路高速缓存策略。在 $N$ 路高速缓存中，每个存储页面都在竞争同一高速缓存区域。对于受保护的高速缓存共享缓存位置的其他存储页面的请求，将会导致该受保护的高速缓存被回收。如果受保护的数据被清理出缓存，则它将通过总线传输到 RAM 上。恶意使用者可能会嗅探这些数据。总线嗅探在破解 Xbox[35]或 Wii 的安全机制方面发挥了关键作用。

最初，TrulyProtect 系统易受高速缓存一致性攻击。随后，我们修复了这个漏洞[17]。操作系统不再能映射竞争相同内存位置的存储页面。我们有效地创建了一个只有 Hypervisor 可以访问或回收的内存区域（因为操作系统不能访问或回收我们存储页面的页面）。通过在所有核心上运行 Hypervisor，我们消除了跨核心攻击缓存一致性的风险。当以这种方式运行时，操作系统在任何一个核心上写入的存储页面都不会导致缓存回收。

### 15.3.4　DED 循环

我们实现了这样一种 DED（解密—执行—丢弃）循环，操作解密并执行经过加密的代码。在执行之后，Hypervisor 将解密后的代码丢弃，这样它们就不再可用了。图 15.1 解释说明了 DED 循环。

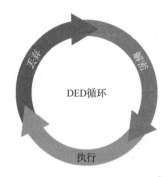

图 15.1　DED 循环

## 15.4　系统实现

我们讨论了实现各种架构、操作系统和内容的可信防护的各种系统细节。

### 15.4.1　原生代码保护

原生代码（通常是编译过的 C 或 C++二进制文件）是本节所述系统的基线。在相同硬件上，加密原生代码的性能与正常运行的（未加密）原生代码非常接近。图 15.2 展示了用 PCMark 测得的 TrulyProtect 代码加密系统的性能损失。图 15.3 显示了 PassMark 测得的 TrulyProtect 代码加密系统的性能损失。这两个图中的数字都来自文献[17]。

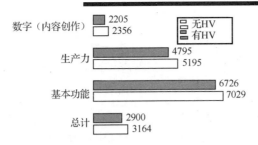

图 15.2　PCMark 基准测试：TrulyProtect 代码加密系统的性能损失

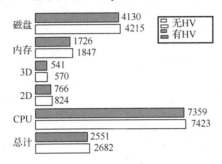

图 15.3　PassMark 基准测试：TrulyProtect 代码加密系统的性能损失

## 15.4.2　管理代码保护

本小节描述的方法适用于原生代码。当运行受保护的托管代码时，VM（虚拟机）必须关闭托管代码的即时编译功能。如果允许即时编译，则用户可以对编译后的代码（虚拟机输出）进行逆向工程设计，而不是对字节码进行逆向工程设计。

我们提出了在 TrulyProtect 架构下对托管代码的保护[16]。因为我们不能再使用即时功能，所以这种方法产生了极大的高性能损失。实际上，这个系统中的加密托管代码保护并没有在任何实际的系统中投入使用。

关闭即时编译功能并嵌入基本的字节码解释器，通过这种方式，我们能够在管理程序中解释 Java 字节码，并使用 JVM-TI 接口与虚拟机通信。文献[16]中使用的 JVM-TI 是一个标准接口，可用于甲骨文 JVM[27]和谷歌 Dalvik 虚拟机或安卓 Runtime 虚拟机[6]。

## 15.4.3　Linux 代码保护

Linux 代码存放在 ELF 二进制文件中[23]：这些代码被分解成多个函数存放在.text 中。出于实际目的，只对完整的函数进行加密。当对 ELF 二进制文件进行加密时，我们从 ELF 二进制文件中提取代码，并用 0xF4 操作码代替。

我们在 ELF 中添加了一个新的部分，用来存放加密的源代码。Hypervisor 捕获 0xF4 操作码，从 ELF 中读取地址；然后 Hypervisor 解密并执行加密的指令，在应用程序运行到加密代码以外，将控制权交还给 Linux 操作系统。

由于 Linux 对可执行文件、库、内核模块使用相同的 ELF 格式，因此这里描述的保护方法适用于所有 ELF 文件。重要的是，尽管实际代码可以被加密，程序链接表（PLT）中的函数名称将保持未加密状态，这样系统才能正常执行。

## 15.4.4 Windows 代码保护

Windows 的可执行文件被存储在 PE-COFF 文件中[24]。COFF 文件与 ELF 文件非常相似，在这两种文件中，我们都添加了一个覆盖加密代码的部分。与 Linux 相比，Windows 操作系统有两个不同之处。

（1）在 Windows 中，我们需要"待加密文件"源的程序数据库（PDB）文件来计算出加密函数的实际偏移量。

（2）若在"蓝色药丸"模式下运行，则需要 Hypervisor 经过签名，才允许 Windows 安装新的驱动程序。

第二个限制并不适用于从 UEFI 启动的第一类 Hypervisor。在 Intel 架构下，Windows 和 Linux 之间的性能损失几乎相同。

## 15.4.5 Intel 架构下的保护

到目前为止，本章所描述的系统都是在 Intel 架构上设计的。在基于 Intel 架构实现时，我们使用了 Intel 架构的 AES-NI 指令来有效随机化密钥和解压缩代码。

当在 Intel 架构下运行时，我们将柯尼尔测试移植到×86 上，结果发现 Intel 已经两次改变了其高速缓存算法：一次出于性能原因（在第 3 代 CPU 上）；另一次是为了对抗熔毁漏洞和幽灵漏洞等推测执行攻击。我们认为改变高速缓存算法太不稳定，于是我们迁移到了基于 TPM 的方法。目前，该系统在 Linux 和 Windows 中运行，对内核代码、用户代码、应用程序和库运行时产生的开销都小于 5%。

## 15.4.6 AMD 架构下的保护

AMD 架构下的系统工作方式与 Intel 架构下的保护方式类似。基于 Intel 架构的所有虚拟化指令技术和概念都被 AMD 架构下对应的技术替代。例如，VMLAUNCH 被 VMRUN 替代，EPT 被 RVI 替代，VMCS 被 VMCB 替代。

TrulyProtect 系统经过必要的修正，在 AMD 架构使用与 Intel 架构下相同的方法工作，性能损失与在 Intel 架构上相同。在 Intel 的 CPU 体系架构下，Intel 和 AMD 两种 CPU 的性能损失几乎相同。

## 15.4.7 ARM 架构下的保护

不同于 Intel 架构，ARM 架构不提供保护特权环。相反，ARM 架构在安全域和非安全域中有 4 个异常级别。非安全域运行标准的操作系统（如 Android 系统或 iOS 系统），并且有以下模式。

（1）用户模式：EL0，类似于×86 平台下的 3 环。

（2）内核模式：EL1，类似于×86 平台下的 0 环。

（3）Hypervisor（如果存在）：在 EL2 上运行，类似于×86 平台下的 1 环。

此外，ARM 架构也有一个"安全域"。在这个概念中，另一个安全操作系统与不安全域并行运行，并监控非安全域，为其提供安全服务。

TrustZone 模型类似于虚拟化模型（因为两个操作系统在同一硬件上共存），但二者有一个显著的区别：虚拟化模型要求独立的操作系统。在 ARM 架构的 TrustZone 模型中，对安全域和非安全域的保护是分离的。ARM 架构允许安全域检查非安全域，如读取内存等，但相反的情况不会发生。同时内存级别存在着隔离，安全域可以保证无法从非安全域访问其内存空间和地址。

与非安全域一样，安全域也可以有用户代码（EL0）、内核代码（EL1）和 Hypervisor 代码（EL2）。监控模式或 TrustZone（EL3）同时存在于两个域中。因此，ARM 架构有 7 个异常级别：3 个用于安全域，3 个用于非安全域，还有一个共享的监控模式。ARM 是一个精简指令集处理器，具有 7 组寄存器（每个异常级别一组）。在 ARM 架构上，较高异常级别的寄存器可以访问较低异常级别的寄存器。

基于 ARM 架构构建信任根的需求很少，因为只有硬件供应商有权限写入启动代码和 TrustZone 代码。如果我们做出必要的假设，即可以信赖硬件供应商，就可以信任 TrustZone 能为我们提供可信密钥。此外，如果没有 TrustZone，供应商就会对启动代码进行签名。因此，我们可以相信：由一个可信的 Hypervisor 作为信任根启动，其加载启动的只能是可信的操作系统（这些操作系统只启动可信的应用程序）。

本·耶胡达（Ben Yehuda）和扎伊登贝格（Zaidenberg）[5] 使用了 Hyplet 概念[4]，在 ARM 架构中实现了基于 Hypervisor 的代码保护。ARM 架构不依赖于缓冲执行[17]，它类似于文献[30]中所描述的就地执行，因为上下文切换到 Hypervisor 的代价并不高，同时我们不想丢失部分内存和高速缓存。另外，与×86 相比，ARM 架构中的内容切换代价要低得多。在 ARM64 架构中，加密代码的性能损失为 6%。因此，由于缓冲执行有可能删除一部分内存和高速缓存，因此我们认为其没有实现的必要。

## 15.4.8　富媒体保护

我们可能需要对富媒体和其他类型的数字内容进行保护[42]，并通过只对运动向量符号进行加密来改进系统[8]。大卫（David）和扎伊登贝格（Iaidenberg）[8]提出了一种使用类似方法来保护视频传输（如按次付费）的方法。

该系统提供了低延迟加密，没有造成明显的性能损失或延迟增加。运行 Hypervisor 和解密运动向量所需的性能并未导致延迟增加，同时也未导致 CPU 负载明显增加。

### 15.4.9  未来工作

反逆向领域涉及的方方面面都在不断进行探索。目前，我们正在研究基于虚拟化的 GPGPU 代码的安全性（该代码即将被发布）。然而，基于虚拟化的代码加密保护设计已经成为现代 CPU 的固有部分。

Intel 的 SGX（用于第 7～10 代的 Intel 核心 CPU）允许代码在一个加密的指定地址空间中运行，因此外部软件无法再对其进行未加密的访问。AMD 的 SEV、Intel 的 TME（自第 11 代起用于 Intel 核心 CPU）、MK-TME 能够创建完全加密的内存区域。MK-TME 还提供了远程验证功能以及信任根建立功能，同时 ARM 的 TrustZone 和独立的内存区让基于 Hypervisor 的代码保护在反逆向工程方面不再那么有必要。

## 15.5  相关工作

除了前面介绍的系统，还存在许多其他代码保护系统。游戏主机使用了各类混淆程序和 Hypervisor，在通常情况下，成效并不显著，但 PS3 是个明显的例外[40]。同样，有许多系统被用来保护 PC 游戏和视频内容。这些系统的成功在很大程度上属于商业机密，相关的报道很少。所以，我们探讨基于硬件特性的保护（如 TrulyProtect）和通过进程虚拟机（管理核心）的保护。

### 15.5.1  基于 CPU 特性的保护

现代的 CPU 包含许多特性，人们可以用它来创建一个安全执行环境。HARES[36] 是一个拥有转译后备缓冲区（TLB）的系统。然而，如果系统不创建信任根，也不使用 Hypervisor 维持信任，系统密钥就存在着一直暴露给恶意 Hypervisor 的风险。

CAFE[13]使用虚拟化技术来保护云环境中的敏感数据。如果假设系统信任有效，系统就会使用类似的原则进行数据保护。ARM 的 TrustZone 为代码执行提供了类似的安全区域，只要 ARM 的安全性不被破坏（如文献[34]），就能得到与 ARM 架构中 TrulyProtect 的类似结果。

### 15.5.2  基于进程虚拟化的混淆器

软件开发员可以利用特殊的进程虚拟机（如 JVM 或 CLR）来运行混淆和修改过的代码。这些机器有专有的未文档化或经常被混淆的"指令"（相当于 CIL 或字节码）。

这类机器使用的机器代码可能晦涩难懂、难以破译。文献[31]描述了破译这种混淆代码的方法，而文献[2]描述了破译 Rolles 自动去混淆代码的方法。由于虚拟机本身在客户的物理设备上运行，如果虚拟机生成代码（"即时生成"），客户的物理设备就总是有可能逆向这些生成代码。另外，即使机器字节码是加密的，解密密钥也可以从本地机器进程中提取出来（通过调试器、内核或其他方式），从而将问题简化为对原生代码的逆向工程。

光（Kuang）等[19]和林（Lim）等[21]提出了这样一个系统，通过操作系统捕获执行指令，这些执行指令就总能被逆向。因此，这种系统在实践中很薄弱。由此可知，混淆可以耗费时间，但并不能真正阻止逆向工程。在实践中，黑客组织也是通过耗费时间来破坏基于混淆的安全性。

### 15.5.3　基于 Hypervisor 的其他内容保护

我们说过只有通过 Hypervisor 才能加密二进制代码并访问它。然而，无论如何，系统并不以任何方式依赖于对代码的内容保护。受保护的内容也可以是数据或一个扩展的安全飞地[25]等。

SCONE[1]是一个基于容器的方法，通过使用类似虚拟化的 SGX 系统来提高扩展的安全性。科斯塔（Costa）等[7]提供了一个与文献[8]类似的方法，使用 SGX 来保护具备较新解码器的数字内容。

我们使用 Hypervisor 内存（未被操作系统映射）来保护允许在端点运行的软件签名[20]。

## 15.6　结论

我们相信，短时间内基于虚拟化的复制保护仍然是主流的。但随着时间的推移以及支持内存加密的 CPU 的普及，我们认为基于虚拟化的复制保护将逐步消失，只保留在传统系统上。

## 原著参考文献

# 第 3 部分　计算方法和应用

## 第 16 章　改进 Mosca 定理：面向物联网协议安全的量子威胁风险管理模型

**摘要：** 大规模量子计算对许多现代加密原语构成了严重威胁，这也对关键信息基础设施造成深远影响。解决这一问题的主要方法包括迁移到具有"量子弹性"（Quantum Resilient）的加密方案。所谓"量子弹性"，是指目前尚无针对此类加密方案的已知量子算法。在该解决方法下，易受攻击的加密方案的所有已知实例都需要替换成抗量子的方案。2015 年，在美国国家标准与技术研究院（NIST）的一次演讲中，莫斯卡（Mosca）博士提出了其著名定理，即不同利益相关者应在何时着手升级其系统。不过，该定理非常宽泛，且假设的是最糟糕的可能情形。该定理是否同样适用于所有或大多数加密用例呢？对于关键信息基础设施的所有领域或所有类型的网络而言，这一问题的答案是否相同呢？目前，最具挑战性的环境是那些计算能力和联网能力都非常弱的环境，即物联网（IoT）。物联网如今被应用于诸多关键基础设施子类别中，如电网（包括 SCADA 系统）、供水、物流、农业和危险品处理。在本章中，我们开发了一个更详细的风险管理模型以应对量子计算，并利用该模型来研究物联网协议的现状。在研究中共涵盖了 17 种不同的物联网协议或协议族。

**关键词：** 物联网；关键信息基础设施；Mosca 定理；风险评估；量子弹性；物联网协议；LoRaWAN；ZigBee；EnOcean；窄带物联网；SigFox；加密；安全；后量子密码；量子威胁

## 16.1　引言

关键信息基础设施（Critical Information Infrastructure，CII）是关键国家基础设施（Critical National Infrastructure，CNI）的重要组成部分。关键信息基础设施本质上是一套采用技术安全控制措施的信息系统，因此关键信息基础设施还通过加密来实现多种安全功能。如今，在大规模通用量子计算框架中，许多基础的现代加密原语［最为突出的当属椭圆曲线密码（ECC）与用于证书和密钥交换的 RSA 密码系统］被认为是易受攻击的。虽然有多种方法能够应对这一威胁，但除了摒弃旧系统，其中许多方法都缺乏基础。

作为一门科学，密码学为应对量子计算威胁提供了多种具体的安全模型，但何时以及如何将关键系统升级到抗量子水平，似乎取决于具体用例和具体系统。这对于关键信息基础设施来说尤其重要，因为该领域的攻击者常常将关键信息基础设施选为攻击目标，他们很可能在初期进行了大规模量子计算。

2015 年，莫斯卡（Mosca）博士提出了一个看似简单却引人深思的想法，即系统所有者需如何及在何时将系统升级成抗量子系统[51]。可以说，这一想法使数个不同时间框架形成了对立，受保护资产的使用寿命、建立抗量子新系统或将系统升级到抗量子水平所需的时间，以及构建大规模通用量子计算机的实际所用时间。然后，基于对"量子事件"做出的最乐观的预测，同时采用使用寿命长且高度敏感的数据（如外交沟通信息），结果发现可能为时已晚。

然而，那些可能易受攻击的系统的应用领域和用例所覆盖的范围非常广。这可能意味着"已被泄露的秘密"实际上根本不是秘密，而只是一个完整性标记；或者说，处于保护下的数据或加密密钥将在几天内过期。此外，目前存在多种对"量子事件"的定义和评估，也存在有关"什么是抗量子"的多种定义。那么，接下来的问题是：系统升级的必要性到底有多大？安装系统需要多长时间？对于既定的固定预算和特定类型的系统而言，哪种解决办法是最有效的？目前，除了摒弃旧系统，尚无其他方法来回答上述问题。

本节的主要贡献在于提出了一个更加完善的风险管理模型，以评估量子计算对那些使用不同类型的易受攻击的加密方案的系统所产生的影响。为了构建该模型，我们还使用了有关量子威胁和量子弹性的更精确的定义与信息。我们的模型将在 3 个不同的时间点，把系统分为 10 个不同威胁等级，并逐一对每个用例提出适用的风险缓解技术。需要强调的是，构建该模型的目的并非提示密码威胁（尽管它在模型中起着至关重要的作用），而是告诉人们何时需升级系统。

为了评估风险管理模型的可行性，我们还将该模型应用于关键基础设施的一个重要技术领域，即物联网领域。我们将物联网作为评估重点，因为物联网（作为一种技术）普遍存在于关键基础设施中，有各种各样的用例，而且发展速度很快。具体地说，我们评估了 17 种有关量子威胁的不同物联网通信协议或协议族。

通过对物联网协议的评估，我们发现，在国际标准组织开放系统互联模型（ISO OSI）的低层中运行的协议通常只传输使用寿命较短的数据，且运算资源非常紧张，因此仅采用了对称加密，使其不易受到量子计算的攻击。然而，OSI 高层协议不需要采用纯对称加密方案，这导致其更易受量子计算的攻击。不过，我们发现，目前已有许多针对这些用例的抗量子方案处于规划或研究中。

## 16.2　量子计算与关键（信息）基础设施保护

关键基础设施保护（Critical Infrastructure Protection，CIP）中所涉及的"关键基础设施"这一概念关系到现代社会能否充分运转。简而言之，如果关键基础设施中任何一个领域无法正常运转，那么社会将遭遇严重的运转中断。还有一个概念与之相关，那就是关键信息基础设施。

然而，由于国家之间对关键基础设施和关键信息基础设施赋予的具体定义有所不同[33]，因此催生了一个更准确的术语——关键国家基础设施（Critical National Infrastructure，CNI）。在芬兰，关键信息基础设施的信息系统和关键基础设施的信息系统之间存在着细微差别：关键信息基础设施是指对于社会的重要功能（7 项功能[62]）而言至关重要的任何信息基础设施[33]；而关键基础设施的信息系统仅限于 9 个特定的关键基础设施子类别。在本研究中，我们将重点放在关键信息基础设施和关键信息基础设施保护（Critical Information Infrastructure Protection，CIIP）上。鉴于关键信息基础设施的各定义和子类别之间可能存在差异，我们参考的是"芬兰关键国家基础设施"（Finnish CNI）。

量子计算（Quantum Computation，QC）是一个宽泛的概念，是指在计算能力方面比经典（传统）计算模型或实现方式更力求取得显著优势的所有计算模型和实现方式。量子计算的主要目的在于针对某些算法进行指数级加速，因为量子计算单元（量子位）能够同时保持多个状态，并能够任意组合。这使得 $N$ 个量子位可同时编码 $2^N$ 个状态。算法的这种指数级加速也对安全系统造成了冲击，因为安全系统依赖于某些问题（尤其是加密）的难解性。

大规模量子计算所造成的影响将是巨大的，包括 AES（高级加密标准）、ECC（椭圆曲线加密）和 RSA（一种公钥密码算法）在内的各类现代加密算法，几乎被应用于网络空间基础设施的方方面面，包括关键信息基础设施。从智能卡到口令检查，从设备认证到安全通信，从电网控制到银行应用，几乎每项安全控制都以加密为基础。

我们可以用一些简单直接的方法来应对加密所面临的量子计算威胁，如隐藏加密方案中能让特定量子算法起作用的特定参数，将易受攻击的方案与不易受攻击的方案相混合，或者充分扩大方案参数规模以使任何可预见的量子计算在资产的使用寿命内均无法扩展到此类量级。但是，所有这些"解决方案"更像是打补丁，而并非长期可行的解决方案。

目前，已有两种长期可行的解决方案：一种是将易受攻击的经典加密算法切换为已知的不易受攻击的算法，即便这些算法仍采用经典计算范式；另一种是用量子加密取代经典加密。前一种解决方案借助了"后量子加密"（Post-Quantum Cryptography，PQC）这一伞状概念；而后一种解决方案包含多种加密方案。在量子加密中，最突出的方案是量子密钥分发（Quantum Key Distribution，QKD）方案，目前市面上已有相关的产品。但从另一方面来说，截至本书成稿时，后量子加密仍处于美国国家标准与技术研究院（NIST）和其他机构对其进行标准化的阶段。

与后量子加密相比，量子密钥分发方案具有更好的安全保障，但目前人们认为，实现量子密钥分发方案的成本高昂，且它很难与其他安全控制措施相整合。采用量子密钥分发方案的网络被称为"量子互联网"，但由于实现存在难度，目前只被推荐用于核心网络和安全性高的冷门应用程序。后量子加密可能更便宜、更具多用性、更易于安装，这是因为只需用合适的后量子加密实现方法替换旧的 ECC-/RSA 实现方法。

## 16.3 量子计算威胁模型

### 16.3.1 概述

"量子计算"这一术语涵盖了所有类型的实现方法。但是，并非所有类型的实现方法都适用于构建通用量子计算机，因为通用量子计算机必须能够处理足够大的量子运算集（"量子门"），并使用这些量子门来解决任意问题。此外，即使是通用量子计算机的实现方法，其在解决经典（非量子）问题时的适用性也在很大程度上取决于实际问题及其规模。因此，明智的做法是将量子计算与对现代加密系统构成威胁的这类计算［被称为"加密相关量子计算"（Cryptographically Relevant QC，CRQC[16]）］区分开来。目前，在"按量子计算实现方法的成熟度和算力规模来定义'加密相关量子计算'标准"的问题上，尚无标准化的定论，但密码学界经常将破解 2048 位 RSA 方案的能力作为衡量"加密相关量子计算"的里程碑。

我们在本节中提出的模型受 Mosca 定理（"何时需要担心"）所启发。本质而言，Mosca 定理试着回答了"何时迁移至量子安全系统（Mosca 将其称为后量子加密）才是明智的做法"这一问题。Mosca 定理使用了一个非常简单的风险量表：包括从 0 到 1 的等级，只考虑机密性，仅体现最糟糕的情形，不受不同类型的解决方案在强度上的任何差异的影响。然而，该理论在一定程度上解决了量子计算中有关"何时"的问题。

量子弹性风险管理模型（Risk Management model for Quantum Resiliency，RMQR）包括以下 3 个方面。

（1）评估实现量子计算方法所需的资源，包括开发时间和可扩展性。

（2）按照类别，对抗量子方法的优点进行定性分类。注意，优点的度量并非在所有类别中均是相称的。

（3）运用加密方案和资产用例，对风险等级进行定性分类（包括 9 个不同的风险等级）。

## 16.3.2 时间尺度和资源

关于何时能够实现"加密相关量子计算"，目前存在多种估计。"量子事件"之后的加密被称为后量子加密，这意味着即使在"加密相关量子计算"事件（此处指破解 2k RSA）之后，后量子加密方案也应是安全的。2018 年，密码学界预测将在 2032 年实现"加密相关量子计算"[11]，但谷歌搜索引擎的简单元研究指出，预测的实现时间在 2025—2040 年。根据已证实的量子计算实现方法的规模的指数模型[①]可得出，将在 2024—2050 年发生"加密相关量子计算"事件（目前的发展速度要快于长期水平）。无论如何，人们普遍认为，如果有可能实现大规模量子计算，那么在 2050 年之前（最有可能的是 21 世纪 30 年代）大概率能使"加密相关量子计算"成为现实。

量子计算范式对某些非对称加密原语（RSA 和 ECC）的影响最大，在这些原语中，破解加密原语的算法会出现指数级加速，这将使得加密原语在密码学中完全不可用。此外，对称加密原语（尤其是 AES）也会在一定程度上受到削弱，但这只会影响其安全等级。在一些特殊用例中，对称加密原语也可能受到更大的影响[40]，但人们认为这种安全模型是不切实际的。表 16.1 列出了常见的几项经典加密方案，以及有关成功破解其（按照每个实例）所需的量子计算资源的最新评估。

表 16.1　当前各种加密方案所需的量子位和量子门的数量

| 方　案 | 量子位（Qubits） | | 量子门（Quantum Gates） | |
| --- | --- | --- | --- | --- |
| | 公　式 | 数　量 | 公　式 | 数　量 |
| RSA-1024 | $2n+2$ | 2050 | $O(\log(n)n^3)$ | $3.2\times10^9$ |
| RSA-2048 | | 4098 | | $2.8\times10^{10}$ |
| RSA-3072 | | 6146 | | $1.0\times10^{11}$ |
| RSA-4096 | | 8194 | | $2.4\times10^{11}$ |
| ECC-256 | $9n+2\mathrm{lb}(n)+10$ | 2330 | $448n^3\,\mathrm{lb}(n)+4090n^3$ | $1.3\times10^{11}$ |
| SHA2-256 | 不适用 | 6200 | $2^{O(n)}$ | $2.0\times10^{46}$ |
| SHA3-256 | | $1.0\times10^6$ | | $1.3\times10^{44}$ |
| AES-128 | $O(n^{1+\varepsilon})$ | 2953 | $2^{O(n)}$ | $2.1\times10^{26}$ |
| AES-192 | | 4449 | | $1.4\times10^{36}$ |
| AES-256 | | 6681 | | $9.2\times10^{45}$ |

量子位的数值（Number of Qubits）指的是在通用量子计算机中运行的逻辑级量子算法所使用的逻辑量子位的数量。它与实践中的物理量子位的数量可能存在很大

---

① FDRA 内部报告。

差别。量子门（Quantum Gates）的数量可大致理解为量子计算机中（按顺序进行）量子位运算的次数。然后，按照每种实现类型的"时钟频率"，该数值可转换为时间单位。IBM 量子计算机预计为 5～7GHz[8]，因此，如果算法的实现规模足够大①，那么只需几分钟甚至几秒钟即可破解 RSA-2048。

值得注意的是，尽管 AES-128 算法所要求的实现规模与"简单"等级的 ECC-256 算法相同，但它所需的运算量要大得多，需要持续近 10 亿（$10^9$）年，或者需要 10 亿个并行实现计算一年才能完成破解。因此，即使对称加密的安全等级下降了，在实践中仍然难以破解它们。美国国家标准与技术研究院指出的 $2^{80}$ 次"运算"这一安全限制，也反映了这一点[50]。

上述分析得出的主要结论如下。首先，实现大规模通用量子计算仍存在诸多未知因素，如果这些因素都能被掌握的话，可能在 5 年或 30 年内实现这一目标。当然，大多数加密开发工作设定了下限，预计的破解时限大约为 10 年。此外，一旦（如果）大规模量子计算变为现实，那么 RSA 和 ECC 将完全被破解。在使用时间方面，某些参数规模将比较小规模的实例多坚持几年，但对于所有实际的参数规模来说，这些方案都会被破解。然后，依据以往经验，对称加密原语在面临量子计算破解时，将相当于减少了一半的密钥长度。在实践中，这似乎是渐近下限，如 AES-128 更可能是减少到 87 位而不是 64 位[32]。我们应时刻注意特殊用例，但对于对称加密原语来说，这意味着安全级别下降（通常下降 1～2 级）。

### 16.3.3　量子弹性解决方案的强度

在密码学中，安全性的度量方式有很多种，但并非所有方式都是定量的[34]，而且许多加密措施往往针对特定的安全模型，因此其用例也是特定的。此外，目前还没有什么方法来衡量被量子计算破解的可能性。

作为复杂性理论的一个分支，理论计算机科学可回答量子计算复杂性领域的理论问题。②然而，目前应对量子威胁的方法在本质上是启发式的，其中大多数方法无法达到量子计算安全保证，即便是那些可达到安全保证的方法，往往也无法真正实现。

为了掌握目前可提供量子弹性（QR）的解决方案的情况，我们使用了 6 级量表，包括从"忽略问题"到"量子复杂性理论保证"（表 16.2）。表 16.2 展示了使用经典方法（传统密码）可实现的 4 个量子弹性强度级别。其中，$C_2$ 是指因使用纯对称密码学而具有相对强度的解决方案。后量子加密方案则属于 $C_3$ 等级。

$Q_1$ 和 $Q_2$ 等级指的是那些利用某些量子现象的能力（如量子密钥分发中的纠缠

---

① 对于极短的"运行时间"，还应考虑到测量设置的影响，该运行时间可能远大于实际运行时间。

② 例如，复杂度类 BQP（有界错误量子多项式时间）[12]。

或叠加能力）后才可实现的方案。这些方案又可进一步分为两类，具体取决于其在某些实际的安全模型中是否具有任何安全保证，或者取决于其安全性是否仅建立在没有攻击的基础上。例如，"明文形式"的量子密钥分发属于 $Q_1$ 等级，而设备无关的量子密钥分发及一些量子加密原语属于 $Q_2$ 等级。

表 16.2　量子弹性等级

| 等　　级 | 描　　述 |
| --- | --- |
| $C_0$ | 对于给定规模的经典问题，目前尚无足够大规模的量子计算实现方法。注意，由于目前的量子计算实现规模较小，即使参数规模最小的 RSA 和 ECC 方案也属于此类 |
| $C_1$ | 经典问题的问题规模明显大于常用参数，即便"金丝雀"问题被破解后，也能额外提供若干年的保护。例如，目前的 NSA CNSA[a]（以前的 SuiteB）加密，它仍然支持 3k RSA 加密[20] |
| $C_2$ | 对于经典问题，存在一种量子算法，并且对于所有问题规模来说，它都比经典的蛮力搜索更有优势，经典的蛮力搜索在加速方面最多也就是亚指数级别。对称加密在面对 Grover 算法破解时就可归于此类 |
| $C_3$ | 对于经典问题，目前还没有渐近优于最著名的经典算法的已知量子算法 |
| $Q_1$ | 对于量子问题，目前还没有"有效"（多项式，在量子门的数量方面）的已知量子算法 |
| $Q_2$ | 对于量子计算机，量子问题具有经验证明的"困难性"（指数级量子门数量，或者难度至少等同于 BQP 分类中最难的一类） |

[a]《商业国家安全算法》套件。

我们应逐一评估量子弹性技术组合。例如，所谓的混合型量子弹性方案可同时采用 $C_0$ 和 $C_3$ 等级的技术，这样如果其中一种方案失败，其余方案仍将保持有效。在这种情况下，混合后的等级显然是两个等级中的最大等级（$C_3$）。应注意的是，随着量子弹性技术不断成熟，我们可能需要修改这种分类方式，尤其是 Q 类等级。

## 16.3.4　量子计算威胁等级

量子计算对加密的威胁主要在于加密原语（仅限于特殊用例下的高级结构），而这些加密原语以不同方式组合于应用程序中，采用不同的密钥方案，并为各种资产提供不同的安全服务。因此，为了评估风险管理级别的威胁，较为合适的做法是将更多方面纳入模型中，而不是仅仅考虑加密原语和相关的技术安全模型。

在本研究中，我们重点关注影响加密保护的以下几个基本方面。

（1）受保护资产的使用寿命有多长？如果资产的使用寿命较长（几年甚至几十年），那么它们很有可能在"加密相关量子计算"事件期间被波及，也更容易被窃听或过滤。

（2）基于资产的敏感性，是否需要采取较大安全边际（高安全等级）的安全控制？如果资产的敏感性不高，且"评估时，相关方案仍很难被实现"是一个面向任何攻击都适用的充分判据，我们就完全无须变更那些安全性只是稍稍下降（而不是变得完全无用）的方案。

（3）加密能否保护资产的机密性或完整性？要想知道机密性何时受到了破坏是很难的，因为用于保护机密性的加密方案通常不会直接报告破坏情况。另外，在响应信任要求之前，与完整性相关的目标从本质上来说需要独立查验。如果某一加密消息被捕获，我们无从得知其是否以及何时被解密。但是如果是伪造签名，那么我们一般可以在使用该签名时评估其可信度。因此，在发生"加密相关量子计算"事件之前，完整性（包括真实性、不可否认性等）不会受到直接威胁。

（4）使用哪种算法？有些算法比其他算法更易受到攻击，且就有些算法而言，根本没有已知的量子计算算法（见表 16.1）。

（5）攻击者获取资产有多容易？特别是，Mosca 定理做出如下假设：资产通过公共信道加密传输，且会被保存多年，除非某天被解密。并非所有资产都会被传输，有些资产可能在其使用寿命内仅有一定概率会被传输。此外，就算是传输中的数据，它们可能包含多个加密层，其中有些加密层更能抵抗量子计算。

（6）所使用的密钥的使用寿命是怎样的？对于机密性相关服务和当前的量子计算威胁模型来说，加密密钥的使用寿命并没有那么重要[①]。一旦攻击者获取了密文，加密密钥将牢牢掌握在敌方手中。

（7）将加密实现方法升级到新方案需要多长时间？评估所用时间与我们考虑的威胁等级高度相关。显然，在"加密相关量子计算"事件中，威胁等级会大幅上升。此外，如果特定系统的升级周期很长，就需要提前做好充分准备。然而，系统升级时间在很大程度上取决于特定用例，我们可以简单地从预估的"加密相关量子计算"事件中减去这段时间，并将这段时间纳入威胁等级评估时间。

我们将威胁等级表示为不同加密方案、资产参数以及评估时间（Time of Assessment，ToA）的组合。在本模型中，我们未考虑加密升级的时间。如果这一时间是已知的，我们建议读者从"加密相关量子计算"事件的评估中减去该估计值，并将结果看作新的"加密相关量子计算"事件的评估时间。威胁等级范围为 0～9 级，9 级为最高等级。需要注意的是，0 级并不意味着"毫无威胁"，而只代表最低威胁水平。此外，威胁等级并不是定量的，甚至不能像做加法那样一味求和。换言之，我们可以通过不同组合得出 $X$ 级，但同一级别的威胁水平经过组合后得出的级别并不一定是原来的级别。但是，我们建立的基本假设是，$X$ 级威胁始终高于 $X-1$ 级，低于 $X+1$ 级。

威胁等级的计算方式如下：每个方案/资产参数列中的某个值可将等级提高 1 级，评估时间可将等级提高 0～2 个等级（表 16.3）。ToA CRQC 指的是特定的"加密相关量子计算"事件（此处指破解 RSA-2048），ToA $K_{long}$ 指的是为体现完整性而在"加密相关量子计算事件"的评估时间之前的一段时间中减去系统中用于该特定

———————————

① 可能有人会说，重新加密静态数据能够减轻威胁，因为所有者对数据库中的所有数据拥有更多的控制权。但是，在本模型中，我们把数据可获得性看作一个变量，而在此情况下，我们只会在事后对事件进行考量。

算法的最长使用寿命的密钥材料的使用期限后得出的结果。

表 16.3 中列出的计算方法是线性的，而威胁模型本身并非线性。为了解决这一问题，我们在计算方法中加入了附加规则。共有 3 种类型的附加规则。

（1）一般规则。

（2）易受攻击的非对称加密用例所适用的规则。

（3）对称加密方案所适用的规则。

**表 16.3　量子计算威胁等级基础计算**

| 参 数 类 型 | 参 数 值 | 分值（等级） |
|---|---|---|
| 方案类型 | 非对称（RSA&ECC） | 1 |
| 密钥长度 | 短 [a] | 1 |
| 标签长度 | 长 [b] | 1 |
| 密钥使用寿命 | 长 | 1 |
| 安全目标 | 机密性 | 1 |
| 资产寿命 | 长 | 1 |
| 材料的可获得性 | 容易 | 1 |
| 安全边际 | 大 | 1 |
| 评估时间（ToA） | $K_{long}$ 和加密相关量子计算之间 | 1 |
| 评估时间（ToA） | 加密相关量子计算之后 | 2 |

[a] 128 位或更低。

[b] 128 位或更高。

一般规则中的第一条如下：如果某个参数被视为不相关，那么仍需定义其他参数的组合是否会使威胁等级增加。此外，由于安全模型的原因，每当有可被攻击者利用的因素出现时，即可视为丢失机密性。因此，就机密性而言，密钥的使用寿命并不重要（这里我们只考虑直接攻击，而不考虑泄露更多秘密的二次攻击，因此前向保密性不在此考虑范围内）。在此情况下，密钥使用寿命的分值被设为"1"，这也使得与完整性相关的评估时间（ToA）变得不重要了，因此在 $K_{long}$ 列中，评估时间的分值为"0"。

如果完整性/身份验证密钥长期有效且其使用寿命超过了"加密相关量子计算"事件，那么可能会产生可信度错觉。在此情况下，如果数据或密钥的使用寿命为"短"，那么其他元素的使用寿命是否更长就不重要了，因为检查点时间是由使用寿命较短的元素决定的。如果元素中有一项为"短"，那么其他项也将得到"0"分。如果安全目标为机密性，且受保护资产具有足够长的使用寿命，那么评估时间就不重要了，且在评估时间方面，始终将获得最高分。同样，对使用寿命较短的密钥来说，$K_{long}$ 列的评估时间并不重要，因此，评估时间的分值为"0"。

在使用易受攻击的非对称加密方案（如 ECC、RSA）时，附加规则规定量子计算的破解是完全的，而无须考虑安全边际需求或使用的密钥长度。因而，我们不用明确考虑这些因素，而是将其最低威胁等级设置为"3"。鉴于在加密相关量子计算后，易受攻击的方案会在几分钟内被破解，因此这种类型的加密无法提供任何保护；只有额外的、非加密的保护才适用。鉴于这一原因，所有此类方案的威胁等级都是最高的。仅当密文可获得性为"困难"的情况下，其威胁等级才能降低一级。

在使用对称加密方案时，由于 Grover 算法是根据密钥长度而不是块/标签长度线性扩展的，因此许多具有短标签长度的完整性相关对称加密方案更易受到经典攻击，而不会遭受量子计算的影响。对于小于 87 位的标签长度尤其如此（考虑到使用 Grover 算法破解 AES-128 大致相当于用传统算法破解 87 位 AES）。这意味着，对于 96 位或以下的标签长度来说，量子"加速"的效果将小到足以满足单一安全级别（考虑到安全参数中普遍存在的 64 位步长[41]）。因此，对于完整性相关保护来说（如认证），如果使用对称密钥机制（如 MAC）进行保护，并且标签长度足够小①，就可认为量子计算威胁是无关紧要的。我们没有将此情况下的威胁等级标记为"0"（毕竟仍存在一些来自量子计算的威胁），而是用一个特定标记来表示。

对称加密方案的最大威胁与非对称加密方案的最大威胁存在很大差别。在如下情况下，两者会产生类似的等级。

- 在对称加密方案的用例中，使用生命周期很长，且长度最短的密钥对高安全边际资产进行长达数十年的保护（以促使人们投入大量的量子计算能力，持续数年地对加密资产进行分析破解）。
- 在非对称加密方案的用例中，资产非常容易获得，且处于加密相关量子计算前的水平（因为量子计算后的威胁等级在任何情况下都是最高的）。

由于在非对称加密方案中，易获得资产在量子计算前的最小威胁等级为"4"，最大潜在威胁为"9"，因此与非对称加密相比，对称加密情况下的缩放因子为 0.5。

建立威胁表格的最终步骤如下。

（1）编制所有可能的参数组合列表（$2^7$=128 个条目）。

（2）使用表 16.3 中的组合分值。

（3）使用一般规则和易受攻击的非对称加密用例所适用的规则。

（4）使用对称加密方案的例外情况，但缩放除外。

（5）将缩放因子用于对称加密方案的等级计算，如下式所示。

$$L_1 = L_0 \text{ DIV } 2$$

（6）具体而言，$L_0$ 是上述计算的威胁等级，$L_1$ 是缩放等级，DIV 是一个截断除法运算符，即去除结果中的小数部分。

（7）删除列表中的重复项。

威胁等级如表 16.4 所示。该表最初包含 128 个条目，但由于上文所提到的例外情况和依赖关系，我们将其中多个条目合并在一起。标记"0"和"1"意味着其被

---

① 注意，由于经典威胁增加，短标签长度绝非理想的安全属性。

设定了恒定分值，无论实际值如何。在默认情况下，该值由单词的第一个字母表示（例如，"L"="Long"）。在某些情况下，评估时间（ToA）点并不相关，但由于威胁等级应在评估时间点上连续，因此我们从相邻单元（之前的评估时间）复制了该值，并通过画斜线阴影的方式来表示这些不相关的单元格。"密钥/标签长度"一栏指的是机密性方案的密钥长度和完整性（或真实性）方案的标签长度。

表 16.4　不同系统属性组合的量子计算威胁等级

**对称**

| 密钥/标签长度（短/长） | 寿命长/短的密钥 | 完整性/机密性 | 寿命长/短的资产 | 容易/难以获取 | 安全边际小/大 | 当前 | $K_{long}$ - CRQC | CRQC后 |
|---|---|---|---|---|---|---|---|---|
| S | 0 | I | 0 | 0 | 0 | | | |
| 1 | | C | L | E | L | 4 | 4 | 4 |
| 1 | | C | L | H | L | 3 | 3 | 3 |
| 1 | | C | S | E | L | 2 | 2 | 3 |
| 1 | | C | S | H | L | 2 | 2 | 3 |
| L | | I | L | E | L | 2 | 2 | 3 |
| L | | I | L | H | S | 1 | 1 | 2 |
| L | | I | L | H | L | 1 | 2 | 2 |
| 0 | | I | 0 | 0 | S | 0 | 0 | 1 |
| 0 | | I | 0 | 0 | L | 0 | 0 | 1 |
| 1 | | C | L | E | S | 3 | 3 | 3 |
| 1 | | C | L | E | L | 3 | 3 | 3 |
| 1 | | C | L | H | S | 2 | 2 | 2 |
| 1 | | C | L | H | L | 3 | 3 | 3 |
| 0 | | 0 | S | 0 | 0 | 0 | 0 | 1 |
| S | | I | 0 | 0 | 0 | 0 | 0 | 1 |

**非对称**

| 密钥/标签长度（短/长） | 寿命长/短的密钥 | 完整性/机密性 | 寿命长/短的资产 | 容易/难以获取 | 安全边际小/大 | 当前 | $K_{long}$ - CRQC | CRQC后 |
|---|---|---|---|---|---|---|---|---|
| 1 | L | I | L | E | 1 | 6 | 7 | 9 |
| 0 | | I | S | E | | 4 | 4 | 9 |
| 1 | | C | L | E | | 9 | 9 | 9 |
| 1 | | C | S | E | | 6 | 6 | 9 |
| S | | I | 0 | E | | 4 | 4 | 9 |

注：画阴影的单元格表示该威胁等级从其他相同级别的单元格同步而来。

## 16.4　物联网协议

整体而言，"物联网"这一概念并没有科学上的确切定义。维基百科（Wikipedia）将物联网定义为"由嵌入传感器、软件和其他技术的物理对象组成的网络，其目的是通过互联网与其他设备和系统进行连接及数据交换"。物联网的整体概念与不同年代和地区的类似概念［如机器对机器通信（M2M）、工业控制系统（ICS）和智能家居[13]］有所重叠，而具体定义可能取决于阐述者的背景。维基百科（Wikipedia）将这一概念的定义与互联网连通性绑定在一起，但物联网的技术特征与固定网络没有特定关系，而是体现在网络的低功耗、低带宽、低连通性和低算力边缘上。此外，为了尽可能多地将功能拓展到网络边缘，分层解决方案①往往能力不足，而是需要整合的竖井式实现方案。

令情况更复杂的是，物联网安全的定义也是一个宽泛、复杂且视用例而定的整体概念[78,84]。欧洲网络与信息安全局（ENISA）[10]发布的一份报告显示，其采用资产和威胁分类法，对关键基础设施中的物联网安全进行了调查，列出了 54 种不同的资产类型和 61 种单独的威胁，并得出了近 3300 种可能的组合。幸运的是，多项安全目标（如机密性、隐私）可用于覆盖大多数威胁，而加密则是用于实现多项目标的重要机制。

根据文献[78]中所述的物联网安全要求的分类［其中列出了 5 个类别（网络安全、身份管理、隐私、信任和弹性）的 21 项要求］，我们发现加密通常可用于满足至少 12 项要求，这反过来说明了一个事实，即我们必须以可靠、安全的方式实现物联网加密。

在本研究中，我们将重点放在"网络安全"中，它也是文献[78]所述的安全要求的一部分。这是因为攻击者很轻易地就能截获物联网的无线通信，而且网络协议是物联网实现方法中鲜有的共有属性之一，而非特定于某一供应商或实现方法。物联网分类下的通信协议出现在所有 ISO OSI②模型层中，覆盖不同程度的层级或层级范围。此外，每个协议的安全要求和基础也不同。

欧洲网络与信息安全局（ENISA）发布的一份关于关键信息基础设施内物联网安全的报告[10]显示，物联网技术普遍存在于大量关键和非关键基础设施核心中，关系到日常生活的几乎所有方面，包括工业、能源、交通、卫生、零售等[10]。因此，我们现在要研究的问题不是物联网是否被纳入了关键信息基础设施，而是其被纳入的程度有多深。

在讨论关键信息基础设施系统时，最为突出的例子通常是工业控制系统，即数据采集与监控（Supervisory Control And Data Acquisition，SCADA）系统。然而，SCADA 系统是一个集成式系统，其中的数据采集和一些控制机制均由物联网设备与协议所实现[65]。甚至在某些用例下，整个 SCADA 系统都可能是由物联网标准组件组成的。此外，SCADA 系统正朝着与物联网概念相似的方向发展，甚至正朝着标准物联网协议的方向发展[58]。于是，我们有理由认为，SCADA 系统也包含在物联网概念之中，且物联网存在于许多关键国家基础设施的信息系统的核心中，也存

---

① 如同 ISO OSI 模型。

② 开放系统互联。

在于关键信息基础设施的核心中。

由于物联网通信协议多达几十个[17]，因此我们有理由提出这样的一个问题：在整个物联网中，每个协议与本研究的重点是否具有相关性？不同来源的相关资料显示，某些协议会重复出现。我们选择了 17 个协议或协议组来进行更深入的研究，这意味着某些项目代表单一规范，而涵盖范围最广的协议组代表来自不同组织的多个标准。在后一种情况下，我们无法调查整个群组，只能针对一些示例进行调查。我们将在第 17 章中列出这些协议，并调查它们的加密安全性。

## 16.5 物联网协议中的加密原语

人们已对物联网安全性和物联网协议安全性领域进行了充分研究。有关物联网协议总体安全性的若干调查研究包括文献[5]、[24]、[42]、[48]、[73]等。这些研究为本次工作的开展奠定了良好的基础，但这些研究并未仔细评估量子安全。

大多数有关物联网量子安全的研究都会涉及一般资源的评估，如后量子加密方案是否允许快速的实现方法或这些算法需要多少带宽[17]。文献[26]给出了物联网环境下后量子加密算法的资源调查结果。然而，考虑到协议种类繁多，很少有特定协议计划或研究将后量子加密集成到主流物联网协议中。我们发现了一些特定类别的调查研究（针对 RFID 的代码认证协议），也找到了一些特定协议方案[57]，其中作者将普通模式和混合模式下的后量子加密集成到 OPC 统一架构的握手协议中[75-77]。其他此类研究包括如欧盟委员会"SAFEcrypto"项目的智能标签用例，其中针对 CoAP 演示了 TLS RLWE（基于格问题）密钥交换[80]，或者针对 LoRa 网络上的 CoAP[47] 以及基于 RLWE 的蓝牙 SSP[29]的一般后量子加密密钥交换和认证方案。

一些协议依赖于低层安全协议，如 TLS。常见的安全协议和协议库已计划将量子弹性列入强度级别 $C_3$（后量子加密）。

（1）TLS 提出了多个混合量子协议[①]：在多个层面上进行了研究[14,69]，以弄清可以如何实现这些协议与 TLS 的整合，以及实施效果如何[38,43]。

（2）IPSec IKEv2：存在混合框架标准草案[72]。

（3）OpenSSL：不直接支持 PQC（截至 2020 年 10 月[74]），但这可通过使用"开放量子安全"项目插件[70]实现。

表 16.5 列出了各类物联网协议及其主要用途和属性。该表还展示了相关协议标准（如果有明确定义）、OSI 层及主要用途。对于那些有明确定义的协议规范集的，还在表 16.5 中列出了相关标准（或标准集）或等效标准。如果某个协议是为某些物理层标准专门设计的或与之绑定的，那么我们指出了相关范围。所有高层独立协议

---

① 混合量子协议意味着经充分研究但易被量子计算破解的传统加密以某种方式与更具量子弹性的机制（如后量子加密或对称加密）混合在一起。

均以"Inf"标记。

实际上，表 16.5 中的一些条目并非协议族，而是在连贯概念下所形成的一个粗略定义的协议和标准集合，如 RFID 和蜂窝网络。在此类情况下，我们通过其主要代表性标准/协议对其进行处理，如 5G 蜂窝网络和 NFC 技术的标准化工作，以及 RFID 的 ISO 18000 安全标准。还有一些类别，虽然定义明确，但涵盖了大量的次级标准和规范，如 Wi-Fi 和蓝牙，我们使用代表性示例对其进行处理。

表 16.5　各类物联网协议及其主要用途和属性

| 协 议 名 称 | 标　　准 | OSI 层级 | 范围/m | 用　　途 |
|---|---|---|---|---|
| MQTT | ISO/IEC 20922 | 6/7 | Inf | 代理、发布/订阅 |
| CoAP | IETF（RFC 7252） | 7 | Inf | 低功耗损耗网络 |
| AMQP | OASIS | 6/7 | Inf | 代理、发布/订阅 |
| DDS | OMG[22] | 3～5 | Inf | 代理、发布/订阅 |
| OPC UA | OPC 基金会 | 5～7 | Inf | 工业应用 |
| ZigBee | IEEE 802.15.4 | 1～7 | 10～20 | 家庭、无线传感器网络、工业控制系统、医药、电力 |
| Thread/6LowPAN | Thread 集团许可 | 3～4 | 10～20[a] | 家庭自动化、将 802.15.4.连接至 IP 网络 |
| EnOcean | ISO/IEC 14543-3-10 | 1～7 | 30～300 | 智能家居、建筑 |
| LoRaWAN | LoRa 联盟[1] | 2 | 10k+ | 远程物联网 |
| NB-IoT | 3GPP | 1～3 | <10k | 无线传感器网络、智能电表 |
| SigFox | 无（SigFox 专有），PHY 层已开启 | 1～7 | 40k+ | 智能电表、远程遥感、运输 |
| Z-Wave | 无（Silicon Labs 专有） | 1～7 | 10 | 家庭自动化 |
| Bluetooth | IEEE 802.15.1（Bluetooth SIG） | 1～7 | 10 | 常规个域网 |
| NFC | 若干（ISO: 14443、18092、ECMA-340、NFC 论坛：NDEF、SNEP、TNEP、CH） | 1～7 | 0.04 | 移动支付、身份证、房卡 |
| Wi-Fi | Wi-Fi 联盟、IEEE | 1～2 | 10～30k | 常规局域网、城域网 |
| RFID | 若干（ISO、EPC Global） | 1～2 | 0.1～50 | 识别 |
| 蜂窝网络 | 多个 | 1～5 | 80k | 常规广域网 |

[a] 6LowPAN 是一个 L3 自适应层，用于 ZigBee L2，因此属于 ZigBee 范围。

我们使用的方法包括绘制物联网协议的"加密全局图"，涉及主要加密算法及其参数和密钥管理原则。表 16.6 展示了本研究的结果。表中各列划分如下。

表 16.6　不同物联网协议的加密特性

| | | 机密性 | | | | 完整性 | | | | | | | | | | | 密钥管理 | | | | | | | | | | | | | 密钥管理 | | | | | 所使用的库 | | |
|---|---|---|---|---|---|---|---|---|---|---|---|---|---|---|---|---|---|---|---|---|---|---|---|---|---|---|---|---|---|---|---|---|---|---|---|---|---|
| 协议 | 安全文件参考 | CTR | OFB | CBC | XCBC | CCM | GCM | CMAC | XMAC | Propr. | DES | 3DES | AES-128 | AES-256 | 其他分组 | 其他流 | PSK | OOB | 层次结构 | 1-密钥使用寿命 | C-密钥使用寿命 | DSA | Schnorr-Type | 2k RSA | ECC-163 | ECC-192 | ECC-256 | ECC-283 | ECC-384 | DH | EC-JPAKE | 其他 | 1-密钥使用寿命 | C-密钥使用寿命 | TLS | DTLS | SASL |
| MQTT | [9] | | | D | | **3** | | | | | | | D | D | | | | | | S | S | D | D | | | | D | | | D | | | | | L | L | **X** |
| CoAP | [66] | x | **X** | 1-3 | | | | | | | | | X | X | | X | | | | S | S | X | | | | | X | | | X | | | | | L | L | | 
| AMQP | [53] | x | **X** | 1-3 | | 3 | | | | | | | X | X | | | | | | D | D | X | | **X** | | | X | | | **X** | | | D | D | **X** | | **X** |
| DDS | [22] | x | | | | 3 | | | | | | | X | X | | | | | | S | S | | | X | | | X | | | X | | | | | L | L | |
| OPC UA | [54] | | | X | | | | | | | | | X | X | | | | | | - | S | | | X | | | X | | | | | | **X** | | L | L | |
| ZigBee | [85] | x | | | | 1-3 | | | | | | | X | | | X | | | | D | D | | D | | | | D | | | D | | | D | D | | | |
| Thread | [24] | x | | | | 1 | | | | | | | X | | | X | | | | D | D | | | X | | | X | | | | | | X | | L | L/S | **X** |
| EnOcean | [61] | | | | | 1 | | | X | | | | X | | | X | | | | L | L | | | | | | | | | | | | | | - | - | |
| LoRaWAN | [46] | **X** | | | | 1 | | | | | | | X | | | X | X | | | - | L/S | | | | | | | | | | | | | | - | - | |
| NB-IoT | [15] | **X** | | | | 1 | | | | | | | X | | X | | X | | | L/S | L/S | | | | | | | | | | | | | | - | - | |
| SigFox | [27] | **X** | | | | 1 | | | | | | | X | | | X | | | | L | L | | | | | | | | | | | | | | - | - | |
| Z-Wave | [28] | | **X** | | | 1 | | | | | | | X | | | | X | | | L | L/S | | | | | | | | | | | | | | - | - | |
| Bluetooth | [55] | x | | | | 1 | 1 | | | | | | X | | | X | X | | | L | L/S | | | | | | X | | | | | | X | | L | L | |
| NFC | [52] | **X** | | **X** | | | | | 2 | **X** | **X** | **X** | | | | X | | | | L/S | L/S | | | | | X | | | | | | X | | - | | |
| RFID | [37] | | **X** | | | **2** | | | | X | | | X | X | X | X | | | | | X | X | X | | | | | | | X | | | | | |
| Wi-Fi | [83] | x | | | | **1** | **3** | | | | | | X | X | | | X | X | X | L/S | L/S | | | | | | X | | | X | X | | X | | L | L/S | **X** |

图例　　**X** = 是　x = 隐含　L = 长　标签　　1 = 64 位或更少　蓝色标记（最后两行）
　　　　D= 独立　S = 短　长度　　2 = 96 位　供参考（不用于评估）
　　　　实现　　　　　　　　　　　3 = 128 位

（1）仅提供机密性（Confidentiality-Only）的对称加密运算模式。

① CTR：计数器。

② OFB：输出反馈。

③ CBC：密文分组链接。

④ XCBC：文献[52]中定义的一种 CBC 变体。

（2）集成身份验证属性（Integrated Authentication Properties）的对称加密运算模式。

① CCM：带有密文分组链接消息认证码的计数器[25]。

② GCM：伽罗瓦计数器模式。

③ CMAC：基于密文的消息认证码（NIST SP-80038B）。

④ XMAC：XCBC-MAC，IETF RFC3566 中规定。

⑤ Propr.：专有，如 EnOcean 中的"可变 AES"。

（3）对称加密原语（Symmetric Primitives）。

① DES：数据加密标准。

② 3DES：三重 DES。

③ AES-128：密钥长度为 128 位的高级加密标准（AES）。

④ AES-256：密钥长度为 256 位的高级加密标准。

⑤ 其他分组（Other Block）：其他分组加密原语，如 RFID-标准 ISO/IEC 29167-11 中的 PRESENT（空中接口通信用加密套件）。

⑥ 其他流（Other Stream）：其他流加密原语，如 3GPP LTE 安全中的 ZUC（祖冲之算法）。

（4）仅采用对称加密的密钥管理（Symmetric Cryptography-Only Key Management）。

① PSK：预共享密钥（假设双方之间存在一些预共享密钥）。

② OOB：带外数据（标准声明密钥交换为 OOB，通常等于 PSK）。

③ 层次结构（Hierarchy）：具有主密钥和密钥加密密钥的对称密钥层次结构。

（5）对称密钥使用寿命（Symmetric Key Lifecycle）。

① I-密钥使用寿命（I-KEY Life）：完整性相关（包括身份验证）密钥的密钥有效期。L 表示长，以年计，或者需要人工操作（=产品寿命）；S 表示短，否则就是可长可短。

② C-密钥使用寿命（C-Key Life）：同"I-密钥使用寿命"，但用于机密性。

（6）非对称加密原语及其使用（Asymmetric Primitives and Their Use）。

① DSA：数字签名算法及其变体。

② Schnorr-Type（Schnorr 类型）：带有变体的 Schnorr 签名算法[64]（如 ISO/IEC 29167-17）。

（7）非对称原语（Asymmetric Primitives）。

① 2k RSA：RSA 方案，密钥长度为 2048 位。

② ECC-$X$：椭圆曲线加密方案，使用密钥长度为 $X$ 位的曲线。

（8）非对称密钥管理（Asymmetric Key Management）。

① Diffie-Hellman 算法：（Diffie-Hellman，DH）。

② EC-JPAKE：椭圆曲线 PAKE（密码认证密钥交换）。

③ 其他（Other）：其他类型，包括 WPA3 专用模式和专有模式（OPC UA）的 Dragonfly 密钥交换协议。

④ 非对称密钥使用寿命（Asymmetric Key Lifecycle）：与对称的情况相同。

（9）所使用的库（Libraries Used）：安全性可能还取决于以下标准/实现方法。

① TLS：传输层安全协议。

② DTLS：数据包传输层安全协议。

③ SASL：简单身份验证和安全层。

表 16.6 中的条目描述了每个协议的加密属性和特性，具体如下。

（1）"**X**"：协议建议或强制使用所述方法。

（2）"x"：由另一种方法包含的方法（如 GCM 模式也包含 CTR 模式）。

（3）"D"：独立实现，协议未给出是否使用该方法的任何建议、方向或暗示。该类条目来自主流的实现方法。

（4）"L"：密钥使用寿命长，如设备中永久存在的制造商密钥或证书。

（5）"S"：密钥使用寿命短，如会话密钥。

（6）完整性标签长度类型（Integrity Tag Length Types）："1"表示"短"标签长度（64 位或更少），"2"表示"中等"标签长度（96 位），"3"表示"长"标签长度。长度与 Grover 算法破解 AES-128 的运行时间有关。

（7）蓝色标记（最后两行）是指示性的，不用于实际风险评估，因为它们只是示例，并不代表整个相关组（如 RFID）。

RFID 加密安全在很大程度上取决于实现方法。并行标准比比皆是，适用于 ISO/IEC 18000 空中接口加密 ISO/IEC 29167[37]定义了两种分组密码（不同模式下的 PRESENT 和 AES）、一种流密码（Grain128a）以及 4 种不同的非对称机制[37]，包括传统 ECC 及 Rabin 式方案，皆用于密钥交换和数字签名（DSA 类型和 Schnorr 类型的构造类似，如在 ISO/IEC 29167-17 中）。

RFID 中另一个广泛使用的标准是 ISO/IEC 29192，其涵盖了两种轻量级分组密码（PRESENT 和 CLEFIA）以及两种流密码（Trivium 和 Enocoro）的使用。其中一些对称密码因密钥长度（80 位 PRESENT）的原因，从经典意义而言已几乎不具安全性，更不用说存在经典漏洞的诸多流密码了（如 Grain 型流密码[3]）。

因此，一些 RFID 对称方案无法抵御量子计算（由于其在经典方案中的安全性较弱）。此外，这两种标准中对称和非对称加密的用法与场景已经覆盖了整个物联网频谱。这意味着可能潜在的威胁等级也将覆盖我们模型中的整个频谱，这使得我们无法将 RFID 协议作为一个一致的类别进行处理，因此我们决定将其排除在威胁评估之外。

Wi-Fi 主要指 IEEE 802.11 系列标准。然而，这些标准中所使用的安全性是一个通用的概念。最突出的安全标准包括 802.11i、WPA 和 802.1X/EAP，这些安全标准都有多个版本，且有多种现场设备使用了旧版本。数据加密包括 WEP（有线等效加密）中采用 32 位 CRC 的 RC4 加密算法[36]以及采用 384 位 SHA MIC 的 AES-GCM 加密算法[83]等，同时可能使用非对称运算或完全不使用非对称运算。在使用非对称运算时，可能会用到几种密钥交换机制。根据美国国家标准与技术研究院[83]或 Brainpool[82]的建议，可能会选择椭圆曲线加密法（ECC）。在物联网的 Wi-Fi 实现方法中，也涉及各种各样的技术，因此我们将其排除在威胁评估之外。

蜂窝技术属于第三类，其本质上指的是不同时代的若干标准和实现方法。蜂窝无线标准按代（以英文单词首字母"G"表示）划分，从 1G 模拟蜂窝网络开始，一直到 6G 数字蜂窝网络，以及还在研究的后续各代蜂窝网络。自 3G 起，蜂窝网络标准一直处于第三代合作伙伴计划（3GPP）的行业联盟监管之下。目前开发最多的是 5G 蜂窝网络。3GPP 和 ITU-T（国际电信联盟电信标准分局）界定了 5G 技术的三大用例类别，其中一个类别为海量机器类通信（massive Machine-Type Communication，mMTC），如低功率广域（Low-Power Wide-Area，LPWA）网络技术。海量机器类通信和低功率广域网络技术用于解决物联网需求[49]。第三代合作伙伴计划还指出，窄带物联网（NB-IoT）和长期演进技术（Long Term Evolution，LTE）将是待增强的主要物联网技术，以便在可见的未来满足低功率广域网络用例[49,79]。

虽然我们不能将蜂窝技术当作一个整体来处理，但我们已经考虑到了物联网所用的主要的 5G 技术，即窄带物联网。此外，由于 NB-IoT 安全性建立在 LTE 安全性的基础之上，因此我们可以将物联网环境下对 5G 安全的考量简化为对 LTE 安全的考量。我们还注意到，一些近场通信（Near Field Communication，NFC）的主要标准（ISO 14443 和 ISO 18092）没有指定加密，而是留给应用层来解决。表 16.6 中的条目反映了 Mifare（智能卡）和 ECMA-386[52]标准。DDS 规定了 API，但未规定通信协议。我们将 OpenDDS 实现方法[45]作为示例。

仅驻留在 OSI 模型会话层（第 5 层）或更高层上的协议很少需要单独指定安全特性。MQTT、CoAP 和 AMQP 都依赖于 TLS 和变体，而 OPC UA 是一个例外。在此背景下，我们参考了每个协议中推荐使用的密码套件或其主流实现方法。例如，MQTT 加密套件是从 HiveMQ 规范默认密码套件中提取的[60]。NB-IoT 安全以 LTE 安全为基础[15]，而表 16.6 中的条目反映了 LTE 选项。蓝牙包含广泛的规范，[①]但其中与物联网最相关的规范当属低功耗蓝牙（Bluetooth Low Energy，BLE）规范，且安全参数体现了低功耗蓝牙。根据 OPC UA 的规定，我们可以使用 SHA-256 消息完整性检查码（MIC），即有效载荷中基于对称哈希的完整性校验。

通常，每个协议对密钥管理给予了粗略定义，或者包含多种选项。经我们研究发现，许多协议都使用了对称加密密钥层次结构。在此情况下，较低级别的密钥通常使用寿命很短，而主密钥可能是硬编码（不允许远程密钥更新），且在节点有效期内持续使用，如在 LoRaWAN 中持续 10 年[19]。这一原理也适用于其他协议（Sigfox 和 NB-IoT[19]）。在此，我们对最相关的密钥管理解决方案进行如下简要介绍。

OPC UA 使用传统的 Diffie-Hellman 程序（采用 2k RSA）进行密钥交换，但使用相同的私钥进行签名和加密[54]。在 ZigBee 中，802.15.4 在层安全性方面没有指定密钥管理方式[24]，但在更高层可使用多种类型的密钥，其使用寿命取决于应用程序。此外，也可使用预置（在设备寿命期间）密钥[59]，还可使用基于证书的独立密钥交

---

① 16 个实际规范、近 100 个属性/参数集和 100 多个一致性测试文件。

换（CBKE）方案，从而实现基于 J-PAKE 的非对称密钥创建[6,81]。

根据文献[24]，在 Thread 协议中，网络认证和密钥协商基于 J-PAKE（EC-JPAKE）的椭圆曲线变体，使用 NIST P256 椭圆曲线。它使用 ECDHE（椭圆曲线 Difie-Hellman 交换）进行密钥协商，并使用 Schnorr 签名作为 NIZK 身份验证机制。Thread 协议将 EC-JPAKE 与 DTLS 整合在一起，以提供安全性。基于对称长期密钥，EC-JPAKE 程序会形成针对机密性的短暂非对称密钥[35]。这一程序还提供了长期密钥知识证明，因此同样的预共享密钥可用于提供完整性。EnOcean 在安全性方面采用高安全配置[2]，但这些配置都使用预置密钥（其使用寿命与主节点的有效期一样长），这些密钥通过示教（Teach-in）程序复制到可能存在的从属节点上。

许多物联网协议不使用完整的认证加密标签长度，而是截取一部分。其中包括以下几种。

（1）BLE：RFC 4493 对 AES CMAC[67]所建议的标签长度为 128 位，但 BLE 使用 64 位[39]。

（2）Thread 协议：美国国家标准与技术研究院（NIST）对 AES CCM[25]所建议的标签长度为 64 位或更多位，但 Thread MIC 为 32 位[23]。

（3）EnOcean：CMAC 在信息中的标签长度为 3～4 字节[39]，因此其最多为 32 位。

（4）DDS：规范要求的标签长度[22]为 128 位。

（5）CoAP：相关 DTLS 协议建议，CCM 标签长度可为 64 位。

# 16.6 物联网协议的量子计算威胁评估

在对每个物联网协议（协议族）的加密参数进行编目后，我们将量子计算威胁模型应用到每个协议中。由于量子计算威胁模型属于用例相关的风险分析，但协议本身是（至少本意是）与用例无关的，仅从协议中提取一些模型参数更加困难。在此情况下，我们根据协议的典型用途（根据表 16.4）、协议范围或更保守的安全方法来估算参数。

对称密钥分层结构代表了一种无法轻易就能够实现的评估工作。一方面，只有较高级别的密钥具有较长的使用寿命，且很难仅从 KEK 传输中找到用于加密分析的已知明文对；另一方面，我们假设对手能够监控所有流量，并可以从实际有效载荷中提取较低级别的密钥，从而在分层结构中"爬升"层级。此外，在采用诸如针对对称密码的 Grover 算法的量子计算安全模型中，只需要几个已知的明文对。在任何情况下，主密钥都用于对较低级别的秘密进行编码，而量子计算对手只需监控使用相同主密钥加密的少数此类密钥的创建过程。在大多数情况下，这种手段是可行的。

与典型的非对称加密方案中的情况类似，非对称密钥充当着实际有效载荷的对称密钥的关键加密密钥。然后，通过研究最高级别密钥（主密钥）的使用寿命，以及评估密文-明文对在该密钥作用下的可用性，即可确定对称密钥分层结构的威胁等级。

这种密钥分层结构方法还意味着，如果同时存在使用寿命长和使用寿命短的（对称）密钥，并且它们还形成了一个分层结构，那么具有较长使用寿命的密钥将决定威胁等级，因为分层结构中处于较高位置的密钥具有较长的使用寿命。资产的使用寿命根据协议的主要用例来评估，如我们假设传感器读数的使用寿命较短，而代理传输的可能就是生命周期较长的工业控制系统配置信息。

在默认情况下，我们在评估特定用例或模糊用例的主要参数时，主要使用一种保守的方法。

（1）通信协议意味着对手可轻松获取材料，包括证书和长期密钥，因为密钥无论如何都需要交换或传输。因此，我们在量子计算威胁模型中将其可用性置为"Easy"（简单）。

（2）网络协议和应用通常感知不到用例的安全需求。因此，我们将其安全边际置为"Large"（大）。

（3）在估算通用协议的资产使用寿命时，除非另有规定，我们假设短距离协议主要用于传输使用寿命较短的传感器数据。

（4）对于有关实现方法的用例（表 16.5 中以"D"标记），我们还是假设了最糟糕的情形。

当我们评估不同加密元素对协议产生的总体影响时，需要考虑一个事实，即在某些情况下，不同级别的密钥之间存在依赖关系。在许多情况下，用于完整性和机密性的对称密钥都源自非对称密钥交换。在这种情况下，非对称方案的威胁概况将覆盖仅采用对称方案的威胁概况。

一些协议还使用相同的证书进行密钥交换、身份验证和签名。尽管证书的公开对后量子机密性和完整性的影响方式相同，但这一影响与前量子（Pre-Quantum）存在差异，即我们仍然假设能够在使用数据时决定其有效性。因此，在前量子时，机密性的威胁概况（Threat-Profiles）不会覆盖完整性的威胁概况。如果此类依赖关系存在，那么仍假设较高级别的完整性概况会覆盖较低级别的完整性概况（也包括前量子）。如果协议提供了单独使用这些方案的可能性，那么完整性的威胁概况会更加复杂。

我们从详细的威胁模型着手，该模型的评估独立于可能的密钥管理依赖关系（表 16.7），然后删减模型中依赖于更高级别密钥的部分，或者使协议中使用更安全的技术失效。表 16.7 显示了协议的威胁概况，分为 4 个子概况（后面会考虑依赖关系）：非对称加密和对称加密的完整性及机密性概况，分别为 $A_I$、$A_C$、$S_I$ 和 $S_C$。

表 16.7　物联网协议的量子计算威胁子概况

| 协议 | 对称 | | | | | 非对称 | | | | | 依赖关系 |
| --- | --- | --- | --- | --- | --- | --- | --- | --- | --- | --- | --- |
| | $S_C$ | | $S_I$ | | | $A_C$ | | $A_I$ | | | |
| | 当前 | CRQC后 | 当前 | $K_{long}$-CRQC | CRQC后 | 当前 | CRQC后 | 当前 | $K_{long}$-CRQC | CRQC后 | |
| MQTT | 4 | 4 | 0 | 0 | 1 | 9 | 9 | 6 | 7 | 9 | 默认 TLS 套件：派生对称密钥 |
| CoAP | 4 | 4 | 0 | 0 | 1 | 6 | 9 | 4 | 4 | 9 | 强制性 DTLS 套件：派生对称密钥 |
| AMQP | 4 | 4 | 2 | 2 | 3 | 9 | 9 | 6 | 7 | 9 | 从 DH 派生对称密钥 |
| DDS | 4 | 4 | 0 | 0 | 1 | 9 | 9 | 4 | 4 | 9 | 从 DH 派生对称密钥 |
| OPC UA | 3 | 3 | 2 | 2 | 3 | 9 | 9 | 6 | 7 | 9 | RSA 密钥交换提供对称密钥 |
| ZigBee | 4 | 4 | 2 | 2 | 3 | 6 | 9 | 4 | 4 | 9 | 可能独立使用 PSK |
| Thread | 2 | 3 | | | | 6 | 9 | 4 | 4 | 9 | DTLS 提供 802.15.4 密钥 |
| EnOcean | 2 | 3 | | | | | | | | | |
| LoRaWAN | 4 | 4 | | | | | | | | | |
| NB-IoT | 2 | 3 | | | | | | | | | |
| SigFox | 2 | 3 | | | | | | | | | |
| Z-Wave | 2 | 3 | | | | | | | | | |
| Bluetooth | 4 | 4 | | | | 6 | 9 | 4 | 4 | 9 | OOB 可能使用对称密钥 |
| NFC | 4 | 4 | 2 | 2 | 3 | 6 | 9 | | | | 可能独立使用 SKH |

从表 16.7 中可以看出，每种类型的威胁概况几乎正好有两种类型。这源于以下事实，即实际的物联网协议与用例无关，尤其是现代协议遵循相同的加密标准。只有较旧的协议，如基于蜂窝 3G 或 RFID 的协议，仍存在多种类型。这些威胁概况之间的差异来自以下几方面。

（1）在预期用例的基础上，资产预期使用寿命存在差异（尤其是 CoAP 和 DDS 的 $A_I$ 概况和 $A_C$ 概况较低）。

（2）标签长度较长（DDS 的 $S_I$ 概况较低）。

（3）I-密钥使用寿命短（CoAP 和 MQTT 的 $S_I$ 概况较低）。

我们使用不同的标记来表示量子计算威胁不适用。这是由于两个原因：没有针对该类别的方案（纯对称或无非对称完整性保护），以及该类型的经典威胁大于量子计算造成的威胁（MIC 标签长度短于 Grover 的预期 AES-128 运行时间）。

非对称和对称密钥之间可能存在的依赖关系如下。

（1）Thread：DTLS（非对称）层向 802.15.4 层提供（对称）密钥。

（2）Bluetooth（低功率）：可以独立使用带外密钥。

（3）NFC：有几种标准，其中一些标准允许使用对称密钥层次结构。但是，ECMA-386 没有在密钥交换中指定身份验证。

（4）ZigBee：可以独立使用预共享密钥。

（5）OPC UA：基于 RSA 的密钥交换用于派生对称密钥。此外，非对称完整性和机密性密钥是相同的。这意味着 $A_C$ 威胁概况代表了整个 OPC UA 威胁概况[54]。

（6）DDS 和 AMQP：在大多数情况下，对称密钥来自 ECDHE。

（7）CoAP：RFC7252 中的一些安全模式允许使用 PSK，并将非对称层与对称层解耦。然而，这些都是非强制的，我们将耦合建立在强制的"RawPublicKey"安全模式的基础上。

（8）MQTT：示例实现方法默认 TLS 套件使用非对称密钥交换来派生所有对称密钥。

如果我们实现 S 概况和 A 概况之间的依赖关系，那么生成的概况会发生一定程度的变化（表 16.8）。子概况会继承相应的母概况（无数字标记，但颜色相同）。在表 16.8 中，OSI 高层协议比低层协议更易受到量子计算的影响。这是由于在密钥层次结构的顶部使用了易受攻击的非对称方案。使用纯对称密钥方案（用于使用寿命短的数据）的协议相对来说受量子计算的影响不大。

表 16.8　包含密钥管理依赖关系的物联网协议的量子计算威胁概况

| 协议 | 对称 | | | | | 非对称 | | | | |
| | $S_C$ | | $S_I$ | | | $A_C$ | | $A_I$ | | |
| | 当前 | CRQC后 | 当前 | $K_{long}$-CRQC | CRQC后 | 当前 | CRQC后 | 当前 | $K_{long}$-CRQC | CRQC后 |
|---|---|---|---|---|---|---|---|---|---|---|
| MQTT | | | | | | 9 | 9 | 6 | 7 | 9 |
| CoAP | | | | | | 6 | 9 | 4 | 4 | 9 |
| AMQP | | | | | | 9 | 9 | 6 | 7 | 9 |
| DDS | | | | | | 6 | 9 | 4 | 4 | 9 |
| OPC UA | | | | | | 9 | 9 | | | |
| ZigBee | 4 | 4 | 2 | 2 | 3 | 6 | 9 | 4 | 4 | 9 |
| Thread | | | | | | 6 | 9 | 4 | 4 | 9 |
| EnOcean | 2 | 3 | | | | | | | | |
| LoRaWAN | 4 | 4 | | | | | | | | |
| NB-IoT | 2 | 3 | | | | | | | | |
| SigFox | 2 | 3 | | | | | | | | |
| Z-Wave | 2 | 3 | | | | | | | | |
| Bluetooth | 4 | 4 | | | | 6 | 9 | 4 | 4 | 9 |
| NFC | 4 | 4 | 2 | 2 | 3 | 6 | 9 | | | |

## 16.7 物联网中的量子弹性

为了估算协议的实际风险（前量子和后量子），需要对当前的研究和标准化活动进行映射（表 16.9）。从每个协议中可以看出，是否有将标准或实现方法升级为量子弹性（实践中为 PQC 或 QKD）形式的隐含计划或直接计划；或者是否有任何研究表明此类升级是有可能的。

表 16.9　物联网协议的量子弹性可能性

| 协　　议 | PQC 计划 | PQC 研究 |
| --- | --- | --- |
| MQTT | 可能，通过 TLS | 否 |
| CoAP | 可能，通过 DTLS | 认证[47]，RLWE-KEX[80] |
| AMQP | 可能，通过 TLS | 否 |
| DDS | 否 | 否 |
| OPC UA | 否 | 混合和直接[57] |
| ZigBee | 否 | 否 |
| Thread | 可能，通过 DTLS | 否 |
| EnOcean | 否 | 否 |
| LoRaWAN | 否 | PQC-KEX[47] |
| NB-IoT | 否 | 一些（骨干网中的 QKD[7]） |
| SigFox | 否 | 否 |
| Z-Wave | 否 | 否 |
| Bluetooth | 否 | 用于 SSP 的 R-LWE[29] |
| NFC | 否 | 授权协议[56]；BLE SSP 使用 CH[29] |
| Wi-Fi | 部分通过 TLS | QKD[31]和 PQC[21, 68]以及通过 TLS |
| 蜂窝网络（5G） | 加密灵活性 | QKD 在骨干网中也是相关的，如文献[7] |
| RFID | 否 | 授权协议[18]，签名方案[44] |
| 库 | | |
| DTLS | 部分通过 TLS | NTRU-KEX[63]，RLWE-PAKE[30] |
| TLS | 是[14, 69] | |
| IPSec | 是[72] | |
| OpenSSL | 是[70] | |

对于那些不直接提供安全性支持而是依赖于其他层的安全性的用例，我们将其区分为以下两种情况。

（1）"隐含"（Implied）：安全层已宣布支持 PQC 的计划，而"客户"物联网协议标准已表示将使用该协议。事实证明，这个选项根本不存在。

（2）"可能"（Possible）：位于第一位，但"客户"协议标准迄今一直忽略了这种可能性，如在推荐的 TLS 套件中便是如此。

我们注意到，为了保护对称方案不受 Grover 算法分析的影响，仅生成抗量子的对称方案密钥（如量子密钥分发方案）是不够的。Grover 算法不关心对称密钥的来源。因此，如果量子密钥分发方案仅用于生成少量（经典）位数，而不是完整的密钥流，那么它们不会对对称方案的抗量子特性产生影响。因此，量子密钥分发方案在以下两种情况下是有用的。

（1）它取代非对称密钥交换。

（2）它从整体上取代对称密钥方案，将其转变为一次性密码本（One-Time Pad，OTP）。

在评估这一部分内容中，还涵盖了相关的库或安全标准以及由于其多样性而未纳入实际数值估算的协议族。这样做的目的是提供信息及确保完整性。此处的一些协议具体细节包括以下内容。

（1）CoAP：远程认证指的是一种远程开展的设备完整性检查，RLWE-KEX 是指 RLWE 密钥交换，这是一种使用特定类型的格密码方案实现的 PQC。

（2）OPC UA：一个"混合的"（PQC-）方案，是指传统（如 ECC）方案以安全方式与后量子方案相结合的方案。"直接"仅指纯 PQC。

（3）Bluetooth（蓝牙）：本研究涉及蓝牙低功率（BLE）安全简单配对协议（SSP）。

（4）NFC 是一个协议族，用例是指其中的子集：支付应用的认证协议，以及在 NFC 论坛连接切换（CH）场景的 BLE SSP 中使用格密码的可能性。

（5）Wi-Fi：有研究将 QKD 整合到 802.11i 中[31]。Cisco 声称只将 802.1X 作为对称密钥保留下来，直到其可以迁移到 EAP 和 WPA 中合适的 PQC TLS 套件[21]。也有一些研究将主要的 802.11 标准中的 PAKE 替换为 SIDH（一种基于 isogeny 的 PQC 密钥交换协议）[68]。

（6）在蜂窝技术中，5G 安全具有加密灵活性的内置功能，即可轻松更改加密原语和模块。这不一定能够简单地延用于衍生标准（如 NB-IoT）。

（7）TLS 已编制了迁移到 PQC 方案的可靠计划。如果需要，这些协议可以继承 DTL 和其他"客户"协议。

（8）DTLS：参考研究是指仅针对 DTLS 的研究，而不是从 TLS 继承的研究。

# 16.8　物联网协议风险评估

在本节中，我们将物联网的威胁概况及其预测的量子弹性的未来前景整合到协议特定的风险评估中。在这里，我们再次排除了标准过于多样化的协议族，即此处使用表 16.9 作为评估的基础。

风险评估的主要思路如下。

（1）如果至少已有将非对称方案替换为后量子加密方案的研究，或者该协议很有可能从其他安全层集成后量子安全，那么 $A_C$ 和 $A_I$ 威胁概况的后量子威胁等级将重置为零。

（2）如果标准本身有现成的计划，那么 $A_I$ 威胁概况中的"$K_{long}$-CRQC"威胁等级也将重置为零（尽管这还有待确认）。

（3）后量子加密方案不影响对称加密方案（当单独考虑时，$S_C$ 和 $S_I$ 威胁概况不受影响）。

（4）量子密钥分发解决方案还将直接受其影响的对称方案的威胁重置为零。量子密钥分发对密钥层次等级较低的方案不产生影响。

我们注意到，后量子加密方案本身在默认情况下对其他量子攻击（如量子格筛法中的 Grover 算法）也不是无懈可击的。然而，至少在最重要的情况下，最知名的量子算法似乎只比经典算法的效率高一点[4]。在实际算法的参数大小有限的情况下，当渐近行为还不太明显时，这一情况尤其突出。

与威胁建模不同，暴露密钥分层结构中最高等级的密钥会使最低等级密钥也面临威胁，但保护最高等级的密钥则只能保护该特定级别。因此，对于建议替换最高等级非对称密钥的后量子加密方案，$A_I$ 和 $A_C$ 威胁概况将受到影响，而 $S_I$ 和 $S_C$ 威胁概况仍有可能受到"暴露"（因为它们也可能受到单独攻击）。近场通信是本次评估中的一个特例，因为仅有一些情况被认为是受后量子加密保护的。于是，我们假设所有相关协议部分能够及时更新为抗量子的概率为 50%。这将使威胁等级降低一半，或者降低到纯对称密钥方案可达到的最高等级。

量子密钥分发方案会将此等概况重置为零，而密钥为此受到直接影响。具体用例考虑如下。

（1）阿鲁（Arul）等[7]：建议在 LTE 骨干网中使用 QKD，以向密钥分层结构的顶层提供主密钥。这将保护最高等级的非对称加密密钥交换，但这里评估的协议未使用这些服务。该方案不会减少物联网环境中的威胁。

（2）吉伦（Ghilen）等[31]：建议用 QKD 替换对称密钥分层结构中的最高等级密钥。如第 15 章所述，这不会提供任何额外的安全性，因为主要威胁（Grover 算法）无须知道密钥生成方法。

表 16.10 展示了组合结果。对于大多数较高级别的物联网协议来说，它们通常能及时修补易受攻击的非对称加密方案。但 DDS 和 ZigBee 的非对称密钥交换用例除外，因为针对此类用例的补丁并不存在，这将会影响中期的完整性威胁概况。除非没有证据表明存在此类后量子加密迁移，否则对称威胁概况将被重置为与非对称概况无关的概况数值。纯对称密钥协议既不能受益于计划好的抗量子解决方案，也不会受益于后量子加密或量子密钥分发方案。

表 16.10　物联网协议中的量子计算风险评估（考虑抗量子可能性）

| 协议 | 对称的 | | | | | 非对称的 | | | | |
|---|---|---|---|---|---|---|---|---|---|---|
| | $S_C$ | | $S_I$ | | | $A_C$ | | $A_I$ | | |
| | 当前 | CRQC后 | 当前 | $K_{long}$-CRQC | CRQC后 | 当前 | CRQC后 | 当前 | $K_{long}$-CRQC | CRQC后 |
| MQTT | | 4 | | | 1 | 9 | 0 | 6 | 7 | 0 |
| CoAP | | 4 | | | 1 | 6 | 0 | 4 | 4 | 0 |
| AMQP | | 4 | | | 3 | 9 | 0 | 6 | 7 | 0 |
| DDS | | 4 | | | 3 | 6 | 9 | 4 | 4 | 9 |
| OPC UA | | 3 | | | 3 | 9 | 0 | 6 | 7 | 0 |
| ZigBee | 4 | 4 | 2 | 2 | 3 | 6 | 9 | 4 | 4 | 9 |
| Thread | | 3 | | | | 6 | 0 | 4 | 4 | 0 |
| EnOcean | 2 | 3 | | | | | | | | |
| LoRaWAN | 4 | 4 | | | | | | | | |
| NB-IoT | 2 | 3 | | | | | | | | |
| SigFox | 2 | 3 | | | | | | | | |
| Z-Wave | 2 | 3 | | | | | | | | |
| Bluetooth | 4 | 4 | | | | 6 | 0 | 4 | 4 | 0 |
| NFC | 4 | 4 | 2 | 2 | 3 | 6 | 4 | | | |

# 16.9　总结

在本章中，我们提出了一个风险管理模型，以评估不同系统在受到大规模量子计算影响时的风险等级。我们发现，当前的讨论只关注最糟糕的情形，即采用最易受量子攻击的加密来保护最敏感、使用寿命最长的信息，这些信息很容易被截获和脱离数据所有者的控制。然而，当我们面对是否以及何时做好应对"量子事件"的准备这一问题时，其实还存在着其他情形和其他决策点。人们甚至对于"量子事件"的定义还没有达成统一的共识。

风险管理模型包括一个威胁模型，该威胁模型可根据量子安全迁移的具体用例计划予以更新。该威胁模型涉及许多非线性元素和许多依赖关系，可能需要根据新的应用程序而进一步细化。我们对最重要的物联网协议的加密现状进行了深入研究，并对其使用了威胁模型。结果显示，这些物联网协议主要分为两类：纯对称密钥方案（威胁等级相对较低）及非对称密钥方案（部分方案计划迁移到后量子加密）。同时存在一些例外。

　　一个有趣的发现是，在对称密钥分层结构的最高层，通过用量子密钥分发方案来取代已经相当安全的对称密钥分层结构方案，也能为物联网提供量子弹性。量子密钥分发方案确实为其所传输的位数提供了量子安全，但如果在使用量子密钥分发方案时仅约定 128 位对称密钥，那么这些密钥将与经典方式生成的密钥一样容易受到量子算法（Grover 算法）的攻击。只有与易受攻击的非对称方案相比时，具有固定密钥位数的量子密钥分发方案才能提供额外的安全性；只有当把量子密钥分发方案用作一次性密码本（OTP 或 Vernam 密码）时，才能提供无条件安全性。

　　在物联网框架内审视特定的量子计算威胁时，我们发现它们并未把升级为量子弹性作为最迫切的目标。

　　（1）许多物联网应用程序所传输的数据使用寿命非常短。目前，数据使用寿命需达到 10 年左右，才会受到直接威胁。

　　（2）短距离无线物联网实体通常与功能更强大的设备相连，这些设备预计无论如何都会在将来采用后量子加密方案。

　　（3）由于物联网节点的处理能力较弱，对称加密比非对称加密使用得更普遍。在大多数情况下，对称加密方案不像主流的非对称加密方案那样容易受到量子计算的攻击。

　　（4）许多重要的物联网协议位于 OSI 第 7 层，即应用层，且能够使用常见的较低层安全技术，如 TLS。对于这些技术，一旦完成标准化，就会有计划和示范将 PQC 纳入其中。

　　然而，目前全球正在推动整个关键国家基础设施加密系统向现代化和标准化发展。此外，物联网协议不仅用于传输那些不得被敌方窃取的重要信息，还用于传输那些保证设备、其他信息或服务的真实性或完整性的信息。关键国家基础设施中许多关键服务的可用性和完整性取决于多个信任链，这些信任链由完整性和机密性服务的任意序列组成。如果对某些信任链保护不力，那么信任链的其他部分的增强功能就会失效。因此，我们仍然认为，在所有关键国家基础设施物联网协议中进行抗量子升级是有意义的。

## 原著参考文献

# 第 17 章　基于零信任环境的智能攻击缓解技术

**摘要：** 如今，许多智能设备只顾着匆忙进入市场，几乎没有考虑基本的安全和隐私保护问题，导致它们很容易成为各种攻击的目标。因此，物联网将受益于采用零信任网络模型。该模型要求对每个试图访问专用网络上资源的人和设备进行严格的身份验证，无论它们是位于网络边界之内还是之外。但是，实施这样的模型是具有挑战性的，因为访问策略必须在不断变化的网络环境中动态更新。在本研究中，我们的目标是以最近在软件定义网络和网络功能虚拟化领域出现的先进技术为基础，建立一个智能防御框架原型。我们提出的这个系统计划采用几个强化机器学习智能体作为智能核心来处理当前的网络状态，并缓解外部攻击者的入侵和来自网络环境内部的高级持续性威胁。

**关键词：** 网络安全；深度学习；强化学习；软件定义网络

## 17.1　引言

智能设备的计算和互联互通能力的不断提高，以及一些用户和组织更加注重访问便利性而不是安全，使得此类设备成为网络分子青睐的高价值资产。因为不同供应商采用不同的处理器架构，导致缺乏有效的恶意软件签名，所以在物联网中应用入侵检测机制受到了限制[1]。除此之外，网络的所有者主要使用人工的工作流来处理与恶意软件相关的事故，因此他们既无法阻止攻击损害，也无法防止未来的潜在攻击。此外，并非所有设备都支持空中下载安全更新或不停机的更新，它们可能需要物理访问或暂时退出生产。因此，许多联网的智能设备可能会长期处于脆弱状态并可能被入侵，不仅设备所有者，而且攻击者的目标用户和组织以及网络运营商和服务提供商都会遭受巨大收入损失和显著的成本增加。采用零信任网络模型（Zero-Trust Networking Model）有可能解决物联网中的这些威胁和其他新兴挑战，该模型意味着无论是内部网络还是外部网络生成的所有数据流量必须不受信任。

在本研究中，我们的目标是设计和实施一个零信任网络智能解决方案，能够从内部检测外部攻击者和智能设备发起的攻击，并不断调整检测模型，以应对因增加新的应用程序和服务或者发现新的漏洞和攻击向量所导致的网络环境持续变化。此外，还能就如何修改网络安全策略做出一系列最佳的实时危机行动决策，以减少正在进行的攻击面，最大限度地降低未来攻击的风险。这些决策包括准许、拒绝、记录、重定向或实例化被监测的端点之间的特定流量。这些决策基于网络中观察到的行为模式和从多个入侵与异常检测器中获得的日志数据，并利用软件定义网络

（SDN）和网络功能虚拟化（NFV）等先进云计算技术进行动态部署。我们计划在所提出的系统中实现决策机制，这依托于强化学习（RL）的最新进展和机器学习范式。其中，软件智能体通过不断做出价值判断来选择好的行为而非坏的行为，从而自动确定特定情景中的理想行为。强化学习算法旨在取得长期效果，纠正训练过程中发生的错误，因此可用于解决传统技术无法解决的复杂问题。

最近出现的云计算、移动边缘计算、网络虚拟化、软件定义网络和网络功能虚拟化等先进技术改变了网络功能与设备的实现方式，也改变了网络架构的构建方式。更具体地说，网络设备现在正在从封闭的、特定于供应商转变为开放的和通用的SDN 技术。该技术能够分离控制平面和数据平面，并允许使用开放接口对网络进行编程。借助 NFV 技术，以前在昂贵的硬件平台中的网络功能现在可以在低成本的商用硬件上或在云计算环境中运行的软件设备里实现。在这种情况下，网络安全服务交付已经转变成利用虚拟化和基于云的网络功能取代传统的专用中间盒子，以实现自动提供安全服务。

软件定义边界（Software-Defined Perimeter，SDP）是一种零信任架构，借鉴了SDN 和 NFV 的概念。SDP 控制器充当客户端和网关之间的信任代理，可以灵活地建立一个终止于网络边界网关的允许访问应用的传输层安全通道。每个设备都与请求的服务建立一个唯一的 VPN 通道，并对公众隐藏其源头。SDP 依赖于网络访问控制的概念，试图通过添加主机身份验证来最大限度地减少现有和新出现的网络威胁的影响。类似于微隔离，SDP 遵循仅提供对所需服务的访问的原则。除了身份验证功能，SDP 控制器还可以执行授权策略，其中可能包括主机类型、恶意软件检查、日访问时间和其他参数。数据平面通常依赖叠加层网络（Overlay Network）通过 VPN通道连接主机。但是，SDP 方法有几个缺点，如实现 SDP 通常需要使用特定的硬件和软件网关以及控制器设备；应用程序所在的每个站点都可能需要网关，这使得该基础设施的部署、管理和维护充满挑战性，尤其是在大型全球分布式、高可用的环境中；此外，安全设备还需要配置为接受连接并允许来自 SDP 网关的流量。入侵检测系统和防火墙规则带来了复杂性与边界漏洞，并增加了 IT 维护成本。本研究聚焦利用最先进的机器学习技术来弥补这些不足。

本研究旨在突出防御框架的实施过程。其余章节按照如下方式进行组织：在 17.2节中，我们评估实现此框架所需的各种深度学习算法；17.3 节讨论强化学习算法；17.4 节解决流量生成问题；17.5 节概述 SDN 流表和安全虚拟网络功能（Virtual Network Function，VNF）的实现；17.6 节讨论研究出的系统原型；17.7 节总结报告并概述未来的计划。

# 17.2  利用深度学习进行入侵检测

人工智能和深度学习正在变革几乎每个行业，应用范围似乎无穷无尽，从自动驾驶汽车系统的目标识别到帮助医生检测和诊断癌症，还包括入侵监测、恶意软件分类、流量分析和其他一些网络安全领域的多个分支。深度神经网络包含多层非线性处理单元，深度学习的主要观点是利用第一层来找到高维数据的低维度表示，而后面的层负责完成给定的任务，如回归或分类处理。全部神经元通过加权连接被激活。为了使神经网络能够近似为一个非线性变换，神经元输出采用了非线性激活函数。学习过程是通过计算输出层中的误差和向输入层反向传播梯度来完成的。在规则的深度神经网络层中，位于隐藏层或输出层中的每个神经元都与前一层的所有神经元完全连接，其输出将由激活函数应用于前一层输出的加权和计算得到。这样的层几乎没有可训练的参数，因此与更复杂的架构相比其学习速度更快。

我们使用 CICIDS2018[17]数据集的网络抓包来评估深度学习模型检测入侵的能力。这一数据集包含 470 台机器在 10 天内产生的 560GB 流量。除了良性样本，数据集还包括以下攻击样本：内网渗透，HTTP 拒绝服务，Web、SSH 和 FTP 暴力攻击，基于已知漏洞的攻击。我们主要研究基于网络流量分析的入侵检测。流量是一组具有某些共同属性的 IP 数据包（分组），在指定的时间间隔内通过一个监控点，如源 IP 地址和端口以及目的 IP 地址和端口。结果流量测量为我们提供了流量信息的聚合视图，并大大减少了要分析的数据量。然后，找到这样两个流，其中一个流的源套接字（Source Socket）等于另一个流的目标套接字（Destination Socket），反之亦然，并将它们组合在一起。这种组合被认为是客户端和服务器之间的一次会话。这一会话可以通过以下 4 个参数来表示：源 IP 地址、源端口、目的 IP 地址和目的端口。

对于每个这样的会话，在每个时间窗口或当一个新数据包到达时，我们提取基本的多个特征，包括：流量持续时间，前向和后向的数据包总数，前向数据包总大小，数据包大小在前向和后向以及整个数据流中的最小、平均、最大和标准偏差，每秒数据包数和字节数，前向和后向以及整个数据流中的数据包到达时间的最小、平均、最大和标准偏差，前向和后向上的数据包报头中的总字节数、前向和后向上每秒的数据包数、具有不同 TCP 标志的数据包数，后向与前向字节数比，前向和后向上批量传输的数据包和字节的平均数量，前向和后向上子流中的平均数据包数，前向和后向上初始窗口中发送的字节数，数据流活动时间的最小、平均、最大和标准偏差，流空闲时间的最小和平均、最大、标准偏差[17]。所有的特征都可以有不同的规模，因此应该将其标准化。

在我们的数值实验中，处理了原始抓包文件。首先提取必要的数据包特征；然后将单独的数据包组合成会话；最后提取会话特征。值得注意的是，每次数据包在会话期间或经过某个时长（我们的例子中设定为 1s），我们都会重新计算会话特征并为更新的会话添加新的数据样本。之所以这么设计，是因为我们试图评估深度学习方法的实时入侵检测的能力，而不是在会话结束时的事后检测，图 17.1 给出了一些结果。

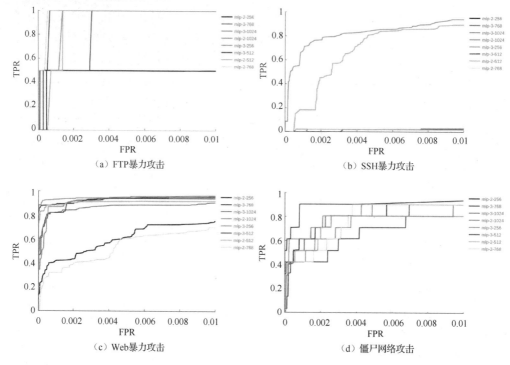

图 17.1　多种基于深度学习的网络流量特征入侵检测机制中真正例率（TPR）与
假正例率（FPR）的相关性

从图 17.1 中可以看到，基础神经网络能够检测到恶意连接并不会出现误报。分类模型的结果在真假阳性率方面的不同是由架构决定的。值得注意的是，增加可训练参数的数量不会明显提高模型的准确性。从效率的角度来看，简单的 MLP（多层感知器）看起来是最有效的解决方案。我们还对更复杂的神经网络层进行了实验，如残差网络[7]和自注意力机制网络[19]，但对于我们的分类任务，这些并不会提高检测准确度。我们还测试了自动编码器等无监督模型，但是没有获得较好的结果。

# 17.3　深度强化学习

强化学习是一种机器学习范式，其中软件智能体和机器通过不断做出价值判断来选择好的行为而不是坏的行为，从而自动确定特定情景中的理想行为。强化学习问题的模型为马尔可夫决策过程（Markov Decision Process，MDP），包括 3 个组成部分：一系列智能体的状态及动作；一个转换概率函数，用于评估从初始状态转换到下一状态的概率；一个表示智能体转换为特定状态所获得奖励的即时奖励函数。如果转换概率函数已知，则智能体可以在执行环境中的任何动作之前计算出解决方案。然而，在现实世界中，智能体通常既不知道环境会如何改变以响应其动作，也不知道执行动作会得到什么即时奖励。只考虑当前状态的即时奖励是不够的，还应该考虑长远的奖励。大多数时强化学习算法关注的是无限作用范围衰减奖励模型（Infinite-Horizon Discounted Model）的优化，这意味着短期的奖励更有可能发生，因为它们比长期的奖励更可预测。

强化学习有 3 种主要方法：基于价值、基于策略和基于模型。基于价值的强化学习旨在将价值函数最大化，该函数本质上用于评估智能体从特定的状态开始预期在未来积累的奖励总量。然后，智能体利用这一函数，在每一步选择一个被认为可以将价值函数最大化的动作。基于策略的强化学习智能体试图直接优化策略函数，而不使用价值函数，在这种情况下，策略函数决定智能体在给定状态下选择的动作。基于模型的强化学习方法侧重于采样和学习环境概率模型，然后确定智能体可以采取的最佳行动。假设环境模型已经被正确学习，则基于模型的算法比无模型的算法更有效。但是，由于智能体只学习特定的环境模型，因此它在新环境中是无用的，并且需要时间来学习另一个模型。

通常，神经网络利用损失函数来评估强化学习智能体的策略，损失函数是根据采取行动的概率乘以从环境中获得的累积奖励来估计的。通过随机采样更新策略网络参数可能会导致概率和累积奖励产生很大变化，因为训练期间的轨迹可能会在很大程度上相互偏离，导致不稳定的学习，以及策略分布向非最优方向倾斜。而减少方差和增加稳定性的一种方法是从累积奖励中减去价值函数，这种方式能够评估所采取的动作相较于平均动作在所获得奖励上的优势。价值函数可以通过构建第二个神经网络来评估，该网络以类似于深度 Q 网络（Deep Q-Network，DQN）的方式估计环境状态值。由此产生的架构称为优势演员-评论家（Advantageous Actor-Critic，A2C）架构，其中评论家评估价值函数，而演员按照评论家建议的方向更新策略分布[11]。

为了进一步提高学习的稳定性，置信域策略优化（Trust Region Policy Optimization，TRPO）依赖于某个替代目标函数的最小化，该目标函数保证了具有不平凡步长的策略改进[15]。TRPO 使用旧策略和更新策略之间的平均 KL 散度作为当前策略参数周围区域的度量，在此区域内该模型能够充分表现目标函数，然后选择该区域模型的近似最小值。虽然 TRPO 具有持续的高性能，但其计算和实现是极其复杂的。当前最先进的策略优化算法（PPO）试图通过跟踪当前策略下的动作概率除以先前策略下的动作概率之间的比率来降低执行和计算置信域策略优化算法的复杂性，并人为地裁剪该值以避免策略更新过大[16]。文献[20]中提出了另一种将复杂性降低至更接近一阶优化的选择，即 Kronecker 分解近似置信区间算法（ACKTR），利用 Kronecker 因子近似（Kronecker-Factored Approximation）技术降低复杂性来加速优化。

为了评估不同强化学习算法的性能，我们使用了最近出现的标准化的工具包 OpenAI Gym[3]。我们同时运行环境的多个副本，训练过程分为多个切片，每个切片都持续一定的固定时间步长，在此期间，智能体利用 OpenAI 基准执行其中一项任务[4]。这些任务包括将倒立的钟摆从任意位置向上摆动或移动一辆二维汽车。我们在这些环境中测试了 3 种最先进的强化学习算法：A2C、ACKTR 和 PPO，因为它们可以适用于离散的和连续的环境中。在我们的实验中，PPO 在平均奖励和收敛速度方面始终表现良好（见图 17.2）。我们用不同的网络架构运行了几个实验，从图 17.3 中的结果表明，具有一个共享层，后接两个单独的策略和价值函数的网络看起来是最有效的架构变体。我们还对策略和价值函数使用共享 LSTM 层进行了实验，但结果表明，在这种情况下，算法收敛需要更多的步骤，这一点在每次迭代需要更多时间、更加复杂的环境下至关重要。

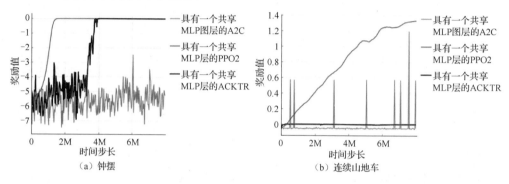

图 17.2　3 种不同强化学习算法在两种基本 OpenAI　Gym 环境中的性能

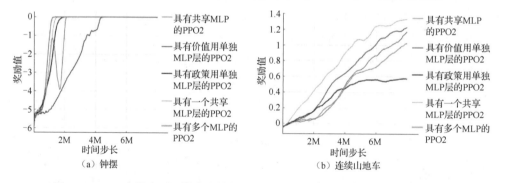

图 17.3　PPO 在具有不同策略和价值网络架构的几个 OpenAI Gym 环境中的性能

## 17.4　流量生成

因为我们不能在真实的网络生产中部署、训练和测试这些智能体，所以为了训练强化学习智能体，应该构建一个模拟环境。利用条件生成对抗网络（Generative Adversarial Networks，GAN）可以生成模拟环境中的流量。在 GAN 中，判别器能生成给定样本来自真实环境或模型生成概率估计。判别器提供一组真实的和生成的样本，然后为每个样本生成估计。判别器输出值和真实值之间的误差可以利用交叉熵损失来测量。如果生成器和判别器添加一些额外信息作为条件，那么 GAN 可以扩展为条件模型[10]。我们可以通过将这些信息作为额外的输入层输入判别器和生成器来执行条件处理。在我们的例子中，这个额外的信息包括在流量中发送的几个数据包，通过训练，GAN 具备生成下一个数据包的特征，即有效负载大小、TCP 窗口大小、TCP 标志、到达间隔时间等。但是，在某些情况下，交叉熵损失会失败且不会做出正确指示。当生成器只学习到判别器无法识别的有可能是真实样本的一小部分时，这可能会导致模式崩溃。利用 Wasserstein 距离度量有可能解决这一问题，Wasserstein 度量侧重每个变量在真实和生成样本中的分布，并确定真实和生成数据的分布距离。Wasserstein 度量着眼于用质量乘以距离的方式，衡量将生成的分布推入真实分布的形状所需要付出的努力。

我们使用条件 Wasserstein GAN 生成两个连续数据包之间的到达时间间隔、有效载荷大小和 TCP 窗口大小，然后生成数据包的有效载荷的 n-gram 分布。该条件功能包括方向（请求或应答）和 TCP 标志。在生成器网络中，随机噪声向量与条件连接，并将结果反馈 MLP，输出下一个数据包的特征向量。判别器网络还将从流的前一个数据包中提取的特征作为输入。第二个输入是生成器生成的特征向量。生成器产生的数据包更接近从数据集中提取的真实数据包，而判别器网络试图确定真实数据包和虚假数据包之间的差异。其目标是拥有一个生成网络，以用来产生与真实流量中提取的特征相似的流量。

我们针对数据集中呈现的不同攻击和普通 HTTP 流量分别训练了这些 GAN。图 17.4 显示了将前一阶段训练的应用分类器应用于 GAN 生成的流量结果。可以看出，使用流量特征训练的模型所产生的结果或多或少与真实数据获得的结果一致。

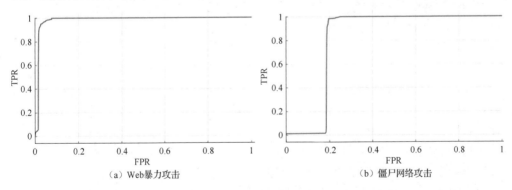

图 17.4　基于深度学习模型的不同入侵检测算法的 TPR 与 FPR 的相关性

注：这些模型应用于从 Wasserstein GAN 生成的虚假流量中提取的特征。

我们以 Docker 容器的形式建立了一个流量生成应用程序。Docker 容器允许用户将应用程序及其所有依赖项打包到一个标准化的软件开发单元中，与虚拟机不同，Docker 容器开销不高，因此可以更有效地使用底层系统和资源。该容器包括利用 Scapy 模块实现的客户端和服务器应用程序，该模块能够伪造或解码多种协议的数据包。我们将使用恶意流量训练的生成器生成的每个数据包的第一个 ECN 位都设置为 1，以便能够为 AI 提供参考标准标签，用来计算奖励。训练好的 GAN 生成器模型首先转换为压缩的 tflite 格式并添加到应用程序中，其目的是在不安装整个 TensorFlow 库的情况下部署训练好的模型。

# 17.5 软件定义网络和网络功能虚拟化

我们所提出的防御框架是将 AI 核心的安全意图转换为 SDN 流量并将它们推送到交换机中，可以实现为现有 SDN 控制器的内部模块或一个外部应用程序，该应用程序使用控制器框架中存在的一个或多个插件对外暴露的 RESTful API。目前有许多可用的开源控制器，通过修改可以用于重定向受保护设备和虚拟安全设备之间的流量。对多个 SDN 控制器的调研显示，OpenDaylight[9]是能够在不同平台上运行的最主要的控制器之一。在知名网络提供商和研究团队的合作下，他们有明确的开发计划和良好的文档。尽管基于 Java 的 OpenDaylight 在吞吐量方面不如 C 语言实现的控制器，但是二者在延迟方面的表现相似[14]，加上其高模块化和恰当的文档，使其成为我们提出的防御系统中 SDN 控制器的最佳选择。

一旦在 OpenDaylight 控制器上安装了所有必要的功能，就可以实现一个简单的应用程序，用于从控制器的运行数据存储中接收信息并操作其数据。其中包括将数据流推送到交换机中、查询交换机上的现有表、查询交换机上的现有流、从交换机表中删除流并从交换机中删除整个表。这些功能允许我们重新提交具有特定以太网协议的数据包到另一个表，用 MAC 地址应答 ARP 请求，将具有特定目标协议地址的 ARP 数据包重定向到端口，将具有特定目的地的 IP 数据包重定向到端口，将具有特定来源的 IP 数据包输出到端口并重新提交到另一个表，修改具有特定目的地端口的 IP 数据包的 ECN 并重新提交到另一个表，从而建立基础的网络配置。最后一个动作的目的是将数据包的第二个 ECN 位在到达第一个交换机时更改为 1，并在最后一个交换机发送时将其更改回零。这个想法是把环境中的丢包也计算在内，以便计算防御框架的影响。

关于虚拟安全功能，有许多开源的入侵检测和数据包检测软件可用，这些软件可以以安全中间盒来实现，以便及时检测和缓解攻击。我们实现自己的安全中间盒，以便利用经过训练的深度学习模型。要实现这一点，我们首先在 Ubuntu 虚拟机上安装 Open vSwitch（开源虚拟交换机），并将其连接到 OpenDaylight 控制器上，然后通过 VXLAN 通道连接到其他网络交换机上。为了拦截和分析网络流量，我们使用 Libnetfilter_queue[12]和 IPTables 防火墙规则来获得对网络数据包的访问，以及拒绝或接受这些数据包转发的能力。Python 库 NetfilterQueue 用于对接 Python 程序的 Libnetfilter-queue[13]。拦截程序接收网络数据包并从中提取相关特征，利用预训练的分类器来确定它是否恶意。而恶意流量可通过在 TCP 协议 DSCP 字段（TOS 字段的前 6 位）中设置预定的比特位来进行标记以便于下游设备进行检测和进一步操作。

然后，无论分析结果如何，所有数据包都将被转发。

类似于流量生成容器，我们使用 TensorFlow Lite 解释器来避免安装整个 TensorFlow 库。我们根据为每个测试的攻击类选择的指标（如准确性或 AUC）来选择最佳分类器，并将这些模型复制到 VNF 中。最终，我们使用 Flask 实现了一个简单的 API，它允许操作以下两个参数：用于分析的分类器模型和区分正常流量与恶意流量的阈值。这基本上是迁移学习方法的一个非常直接的实现，即为一个任务开发的模型被重用为第二个任务模型的起点。我们使用数据集中的流量训练模型，然后使用除最后一个层之外的所有层作为我们 VNF 中分类器的基础，这最后一层本质上是一个数字，因为我们只将流量分类为正常或恶意，所以智能代理可以通过选择分类器和阈值的最佳组合来操作 VNF。

我们可以建立一个三机虚拟网络来衡量网络性能的影响，即两个虚拟机各位于一个子网，一个虚拟机运行拦截器程序，充当两个子网之间的路由器。软件工具 Qperf[5]用于分析网络性能。在其中一台测试机器上启动 Qperf 服务器，另一台机器启动对服务器运行测试的客户端。所有流量都通过拦截器和分析器，记录下 TCP 流量的带宽和延迟，然后拦截器分析多个不同分类器的数据包，多次重复测试。测试的配置有 2 层、3 层或 4 层，分别为 512 个、1024 个、2048 个或 4096 个节点，如图 17.5 所示。结合之前获得的 ROC 曲线，得出结论为：使用具有较少可训练参数的 MLP 分类器是合理的，因为增加可训练参数的数量不会显著提高模型的准确性，但它会对网络性能产生负面影响。

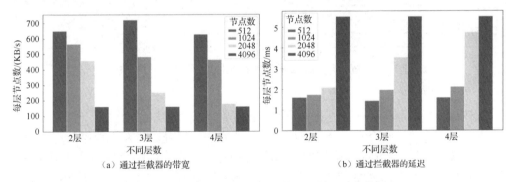

图 17.5　不同层数和每层节点数的拦截器网络性能

## 17.6　原型环境

强化学习方法的最大缺点是缺少足够的数据做支撑，强化学习方法需要在每次新的训练迭代中与环境交互。为了在合理的时间内训练智能体，可以在多个环境中并行执行训练过程。出于这个原因，使用 Vagrant 把我们的训练环境构建成一个多虚拟机网络。Vagrant 是一个开源程序，支持自动构建和管理虚拟机，Vagrant 使用现有的虚拟机监控程序（在我们的例子中是基于 Libvirt 的 QEMU/KVM）来部署和运行虚拟机。Vagrant 通过 SSH 连接来管理这些机器，同时利用 NFS 共享存储提供对虚拟机文件的访问。我们使用 Vagrant 来配置系统执行所需的 VM（虚拟机），其中包括 SDN 控制器、几个带有 Docker 容器的 VM、带有 TensorFlow 流量分类器的 VM 和一个用于流量监控的 VM。除了控制器，所有 VM 都预装了启用 OpenFlow 的 Open vSwitch。交换机之间通过 VXLAN 通道相互连接。值得注意的是，流量监视器的切换不受 OpenDaylight 控制，它只是充当流量的"接收器"，以便为 RL 智能体提供有关网络状态的信息。我们使用 OpenAI Gym[3]来实现虚拟化环境的前端。强化学习智能体使用 OpenAI 基线[4]实现。其原型环境如图 17.6 所示。

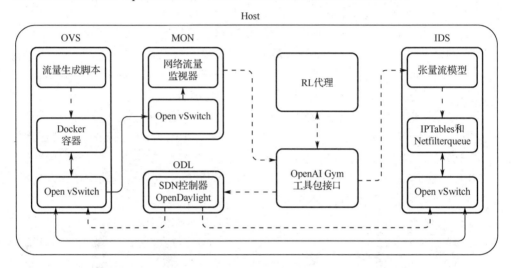

图 17.6　使用 Vagrant 实现的训练强化学习智能体的原型环境

注：网络流量和命令分别用实线和虚线显示。

　　环境中每对主机之间，强化学习智能体观察从一台主机发送到另一台主机的数据包和字节计数、安全盒中分类器的独热编码索引，以及分类器中使用的阈值。强化学习智能体的动作包括更改某个 VNF 的分类器模型索引、更改某个 VNF 的阈值、将具有某个 DSCP 标签的某对子网之间的流量重定向到某个中间盒、阻止具有某个 DSCP 标签的某对子网之间的流量。我们利用流量监视器 VM 来计算奖励函数。所有生成的恶意流量包第一个 ECN 位等于 1，并且第一个交换机上接收的所有数据包的第二个 ECN 位等于 1，由此可以计算被环境阻止的正常流量或恶意流量的百分比。然后利用奖励函数计算这两种数值的总和，我们使用基本流将每个 SDN 交换机的流表初始化，接着将每个数据包转发到其目的地。比起默认转发规则，丢弃数据包或将它们重定向到特定安全设备的 SDN 流被优先推送到专用流表。

　　为了评估所提出的防御框架，考虑以下攻击场景：8 个设备连接到内部网络，内部和外部主机都可以通过 SSH 和 HTTP 访问这些设备。为了生成恶意流量，我们生成 3 种类型的攻击：SSH 密码暴力攻击、Web 应用程序密码暴力攻击和 C&C 间的交互，并假定其中一台设备被感染。训练过程分为几轮，每轮持续 1min，在此期间生成正常流量和恶意流量。强化学习智能体按照 OpenAI 基线执行，为发送到环境后端的流量选择一个动作，在后端，流量被转换为 SDN 规则。我们使用由多层感知器（MLP）作为策略函数和价值函数的 PPO 算法来训练 RL 智能体，以检测和缓解以上所提到的攻击。图 17.7 显示了攻击场景中的几轮训练中奖励函数的演变。从图 17.7 中可以看到，智能体开始识别和阻止恶意连接，从而减少恶意流量的数量，并随后增加奖励值。

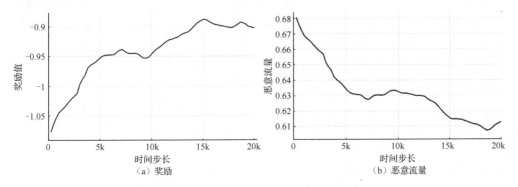

图 17.7 训练期间的奖励函数和攻击目标收到的恶意流量的比例

# 17.7 结论和计划

本研究的主要贡献是进行智能网络防御系统的概念验证，该系统依赖于 SDN 和 NFV 技术，允许客户通过人工智能实体系统控制网络安全策略来检测和缓解对其智能设备的攻击。在基础设施层面，我们提出的防御框架包含云计算服务器，用来模拟真实基础设施的元素以及启动安全设备。该系统依赖于 SDN 功能（包括网络状态的全局可见性和流量转发规则的运行时操作）来将流量从受保护的网络转发到这些设备，并将设备进行连接。该防御系统的关键组成部分是驻留在 SDN 和 NFV 控制器之上的强化学习智能体，负责根据当前网络状态执行安全策略，特别是智能体能够处理流经边缘交换机的流量，生成应用安全设备的日志报告，并通过指示 SDN 控制器允许、转发或阻止某些连接来操纵流量。我们使用生成的原型来评估两种最先进的强化学习算法，它们可以减轻针对小型虚拟网络环境的 3 种基本网络攻击。

但是，仍然有许多流量生成过程相关的问题需要解决，我们成功实现了简单的流量生成应用程序，但是并不能真正代表真实的流量，因此在现实世界中适用范围有限。一个潜在的解决方案就是使用真实的设备和应用程序来生成流量。未来我们计划在原型环境中进行实验，针对不同的攻击场景测试各种强化学习算法，以继续本项研究。我们还致力于提高所提出的防御框架的可扩展性，并评估在更大网络环境中的系统性能。我们也将为流量生成器实现对抗模块，该模块支持通过操纵流量参数来欺骗基于神经网络的入侵检测系统。最后，我们将在非 SDN 企业网络环境中测试项目期间开发的网络防御系统的工作原型。

## 原著参考文献

# 第 18 章　不安全的固件和无线技术

摘要：在本章中，我们分析了现实世界 3 个行业信息物理系统案例中的网络安全弱点，它们分别是运输（航空）业 ADS-B 系统（广播式自动相关监视系统）、远程爆炸物和机器人武器的无线触发系统以及物理安全应用的视频监控系统。信息物理系统的数字化、互联互通和物联网特性使其成为有吸引力的目标。确保这些系统免受网络攻击至关重要，研究和了解其主要弱点也同样重要。

关键词：网络安全；固件；二进制；漏洞；利用；逆向工程；协议；信息物理系统；关键基础设施；航空；ADS-B；视频监控；CCTV（闭路电视）；远程点火系统；无线烟火；RF（射频）；ZigBee

## 18.1　引言

随着（工业）物联网的指数增长以及现代生活中各种事物的日益数字化，必然会导致信息物理系统应用数量的增加。这些系统与物质世界有最直接的互动，主要应用于医疗、工业/能源、交通、安全/监视、娱乐和军事领域。这意味着这些系统与人们的生活（质量）存在某种直接的联系或控制。然而，这样的系统并不（完全）安全。此外，正如我们所证明的，在大多数情况下，其不安全的主要原因在于固件或无线通信两方面。

本章的结构为：在 18.2 节中，我们分析与航空运输相关的信息物理系统（CPS），我们将特别关注下一代 ADS-B，该系统将用于雷达、态势感知、空中交通管制和空中交通管理；在 18.3 节中，我们对烟花爆竹中使用的无线点火系统进行网络安全分析和攻击实施；在 18.4 节中，我们调查 CCTV（闭路电视）和视频监控系统（Video Surveillance Systems，VSS）存在的漏洞以及受到的攻击。

## 18.2　航空运输中的 ADS-B

在本节中，我们的重点内容是证明 ADS-B 的易用性、可行性以及实用性，并与之前工作中涉及 ADS-B 不安全性理论的方面进行比较。为此，我们针对价格昂贵且注重安全性的下一代 ADS-B 建立了一种实用、经济高效且复杂程度适中的网络攻击方法。虽然使用手动验证程序[3]可以缓解部分攻击，但以连续和（或）分散的方式对空中交通管制员与飞机进行攻击会大大增加人为错误的可能性。例如，空中交通管制显示器上反复出现的错误信息，以及对响应时间要求过高等，会影响整个系统的安全。

本节参考作者原著［*Ghost in the air（traffic）: on insecurity of ADS-B protocol and practical attacks on ADS-B devices*］[23]。

## 18.2.1　通用 ADS-B

广播式自动相关监视（Automatic Dependent Surveillance-Broadcast，ADS-B）是一种空中交通管理/管控（Air Traffic Management and Control，ATM/ATC）监视系统，旨在取代传统的雷达系统。它预计将成为下一代（NextGen）航空运输系统的重要组成部分。ATM、ATC 和 ADS-B 背后的概念非常简单，可以总结如下：ADS-B 航空电子设备通过无线电传输链接，大约每秒传输一次明文和未加密的差错保护信息。这些信息包括飞机所在位置、飞行速度、身份识别以及其他空中交通管制信息。

ADS-B 用途多样，可用于以下方面。

（1）加强空中交通管理和控制安全。

（2）提升空中交通冲突侦测和解决能力。

（3）优化和精简空中交通流量。

ADS-B 的作用相当于空中交通管制员，为飞行员提供实时空中交通信息，极大地提高其态势感知能力。例如，他们可以接收到其他飞机、天气以及地形的信息。通过 ADS-B，飞行员无须求助于基础设施，便可知道其驾驶的飞机与其他飞机的相对位置。

传统的无源雷达系统分辨率相对较低。此外，传统雷达的位置精度取决于自身到飞机的距离，通常也无法提供高度信息。ADS-B 坐标更精准，有效范围可达 100～200 海里[36]。因此，ADS-B 预计将通过缩短飞机之间的距离来更好地利用空域，尤其是在繁忙的机场附近。

## 18.2.2　ADS-B 详细介绍

ADS-B 可在以下无线电频率下工作。

（1）1030MHz 用于主动询问，如来自空中交通管制塔台、雷达或其他飞机。

（2）978MHz/1090MHz 用于主动响应或正常传输，如来自飞机或较低频率的机场车辆。

为了互操作性、合规和惯例，ADS-B 由两种不同的数据连接支持，具体包括 1090MHz 的 S 模式扩展电文应答机（1090MHz Mode-S Extended Squitter，1090ES）以及 978MHz 的通用访问收发机（Universal Access Transceiver，UAT）。作为下一代 ATM 系统的一部分，ADS-B 将与飞行信息服务广播（Flight Information Services-Broadcast，FIS-B）和交通信息服务广播（Traffic Information Service-Broadcast，

TIS-B）一起开发与部署。FIS-B 和 TIS-B 都可能受到类似本节中描述的攻击。然而，因为此类协议用于非关键的数据处理，所以我们没有调查这些攻击的实际可行性，而是把它留到以后来解决。

在积极响应和正常广播方面，ADS-B 架构中的单元可以是一个名为 ADS-B OUT 的发信机，也可以是一个名为 ADS-B IN 的收信机。目前，大多数飞机被指定为发信机，并配有 ADS-B OUT 技术。因此，它们在 ADS-B 的作用是广播其自身位置信息，以便空中交通管制塔台（ATC Towers）和空中交通管理站（ATM Stations）进行进一步的分析与汇编。ADS-B IN 目前主要用于空中交通管制塔台。由于 ADS-B 最知名的优点之一是为飞行员提供了优越的态势感知能力，因此 ADS-B IN 已经开始在飞机上进行测试。据瑞士杂志（*SWISS Magazine*）中的一篇文章 *Eco-care reaches new (flight) levels*[35]所写，瑞士是欧洲国家中率先应用 ADS-B IN 的，也是全球仅有的 5 个参与 "机载交通态势感知（Airborne Traffic Situational Awareness，ATSAW）项目" 的国家之一。ADS-B IN 旨在赋能空中交通状况咨询、间距保持（Spacing）、间隔（Separation）和自主间隔（Self-Separation）应用。然而，从安全的角度来看，ADS-B IN 在飞机上的应用也带来了新的挑战。例如，验证 Online 2 可靠性以及从接收到的广播中确认身份、位置和飞行路线。地面上的空中交通管制塔台不存在高速连接的问题，可以很好地控制情况，但在飞机上控制就比较困难了。

ADS-B 协议封装在 S 模式帧中。ADS-B 采用脉冲位置编码调制（Pulse Position Modulation，PPM），将响应/传输编码为一定数量的脉冲，每个脉冲周期时长为 $1.0\mu s$。因此，ADS-B 的数据速率为 1.0Mbit/s。响应/传输帧由前导码和数据块组成。其中前导码长度为 $8.0\mu s$，用于同步发信机和收信机。它由 4 个脉冲组成，每个脉冲长度为 $0.5\mu s$，中间间隔（相对于第一个脉冲）分别为 $1.0\mu s$、$3.5\mu s$ 和 $4.5\mu s$。ADS-B 协议并没有规定在中频上是使用碰撞检测（Collision Detection，CD）还是碰撞避免（Collision Avoidance，CA），特别是考虑到传输的是明文，而且使用数字无符号无线传输信道。数据块为 56 位或 112 位，用于编码各种下行格式（Downlink Format，DF）（应答格式）消息。DF 数据包用于收信机，通常是飞机、无人机（UAV）或无人机系统（UAS）。上行格式（Uplink Format，UF）（询问格式）消息通常由地面站（如空中交通管制塔台、通用访问收信机塔台）发送，但也可以由另一架无人机或无人机系统发送［如空中防撞系统（Traffic Collision Avoidance System，TCAS）、机载防撞系统（Airborne Collision Avoidance System，ACAS）］。与本研究相关，下行格式（DF）中令人关注的是 "DF11"，即纯 S 模式全呼应答模式（Mode S Only All-Call Reply），以及 "DF17"，即 1090MHz 的 S 模式扩展电文应答机（1090 Extended Squitter，1090ES）。

军事中使用的安全 Mode-S /ADS-B 模式，采用 DF19 军事扩展电文应答机进行编码。DF22 仅用于军事（在文献[44]、[71]中进行说明）和加密编码的 Mode-5，采用北约标准化协议 4193（NATO STANAG 4193）[76]和国际民航组织附件 10（ICAO's Annex10）[4]中规定的以时间与直接序列扩频调制为基础的增强加密。据我们所知，

DF19、DF22 和 Mode-5 的确切规格在撰写本书时还没有公开。

由于 ADS-B 旨在支持关键任务自动化和人工决策，并直接影响空中整体安全，因此 ADS-B 背后的技术必须满足运营性能和安全要求。然而，ADS-B 的主要问题是缺乏安全机制，特别是缺乏以下几个方面的内容。

（1）实体认证，以防止未经授权的实体发送消息。

（2）消息完整性验证［如数字签名、消息认证码（MAC）］，以防止伪造消息或伪装飞机。

（3）消息加密，以防止窃听。

（4）挑战-应答机制，以防止重放攻击。

（5）临时标识，以防止隐私跟踪攻击。

（6）防止干扰，我们没有包括拒绝服务（DoS）（如通过无线电信号干扰），因为它不仅会干扰 ADS-B，还会影响整个射频通信（RF Communication）。

出人意料的是，尽管经过多年的标准化[89-93]、开发和全面测试，商业空中交通中使用的 ADS-B 协议并没有指定机制来确保协议消息的真实可靠和防重放，或者明确这些消息符合其他安全要求。

## 18.2.3 ADS-B 攻击者和威胁模式

当评估攻击者在系统中的潜在行为时，建立正确的攻击者模型是必不可少的。在 ADS-B 系统中，攻击者可以根据他/她在系统中的位置、物理位置以及目标等几个因素进行分类。

攻击者可以在系统外部，也可以在系统内部，而外部的可能性更大。作为外来人员，他们不需要身份验证或授权，因此其可以很容易地进行低成本的攻击。这类攻击者实际上属于 III-A3 类中的一组。内部攻击者（内部人员）是系统信任的人。例如，他们可以是飞行员、空中交通管制员，还可以是机场技术员等。遇到这类攻击者的可能性较低，他们常出现在有意或无意的恶作剧攻击者中[29]。

攻击者可以位于地面或空中。我们最常分析的是地面攻击者，可以使用各种检测和防御技术来应对其攻击。我们目前仍然没有重视空中攻击者，而且也没有充分对这类攻击进行理解和建模。然而，随着技术的进步，这类攻击者可以利用遥控飞机、无人机、自动启动的行李托运，或者能够实施攻击的微型乘客设备发起攻击。

攻击者的动机/目标可能是恶作剧、滥用、犯罪或窃取军事情报。恶作剧通常被认为是最不具攻击性的。然而，其对安全的影响可能比预期大得多。例如，攻击者可能包括不知情的飞行员、好奇的和不知情的技术实验者。滥用攻击者可能有多种动机，如金钱、名利、信息传递。他们可能是侵犯隐私的群体，甚至是故意滥用 ADS-B 技术的飞行员（如发送淫秽信息[29]、绘制淫秽轨迹[2]）。犯罪通常主要有两个动机：金钱和/或恐怖主义。从事军事情报活动的攻击者可能具有国家层面的动机，如间谍活动、破坏活动等，其攻击目标可能是军事情报机构，也可能是国家。

在开发和部署 ADS-B 的过程中，学术界和工业界都试图建立威胁与漏洞模型，以开发缓解技术和解决方案。在各类文献中都可以找到多种已确定且可描述的威胁，具体如下。

（1）干扰、拒绝服务。

（2）窃听。

（3）欺骗、假冒。

（4）消息注入/重放。

（5）消息操纵。

## 18.2.4　无线攻击的实施

引发和示范潜在攻击需要类似的硬件与软件环境。接下来，我们会介绍硬件和硬件设置，以及用来实施攻击和利用的软件模块。

我们使用 USRP1 软件定义的无线电设备作为主要的硬件支持[110]。通用软件无线电外设（USRP）与 SBX 收发机子板结合[94]，可覆盖 400MHz～4.4GHz 的频率范围。这对于 1030MHz 的询问频率和 1090MHz 的应答频率来说足够了。此外，传输链和接收链可单独控制，为测试场景提供更大的灵活性。为了评估实施过程的正确性和攻击的有效性，我们使用 PlaneGadget ADS-B 虚拟雷达[85]。它是一个发烧友级的 ADS-B 接收机，之所以选择它，是因为其具有高性价比。然而，目前有大量类似的 ADS-B 接收机可以应用，其中的任何一个都可以用于这样的实验设置。

我们使用开放的开源软件无线电（GNU Radio）软件包[1]作为主要软件基础。GNU Radio 是一种基于多种基本无线电技术的自由开源软件（FOSS）实现的，这些技术对更高级别的软件定义无线电（SDR）设计和应用十分有用。特别是为 USRP1 和 USRP2 提供了非常好的软件支持。由于通用硬件驱动（Universal Hardware Driver，UHD）模式取代了原有硬件模式，因此我们推荐在该模式下，使用通用软件无线电外设（USRP）硬件。除了 PlageGadget，还使用 USRP1 作为 ADS-B 的副接收机和备用设备。使用 USRP1 作为 ADS-B IN 设备需要解调和解码器支持。幸运的是，GNU Radio 有两种公开实现的 Mode-S/ADS-B 接收机模块。埃里克·科特雷尔（Eric Cottrell）首次实现了具有历史意义的 pre-UHD 模式（pre-UHD Mode）的 Mode-S/ADS-B 解调器和解码器。UHD 模式（UHD Mode）的最新实现由尼克·福斯特（Nick Foster）[39]完成。由于 USRP1 处于 UHD 模式中，因此我们使用 gr-air-modes 软件模块[39]。

对于可重复攻击，我们使用 USRP1 和 GNU Radio 的开箱即用（Out-of-Box）功能。因此，我们在框架层面采取的方法如下。

（1）在 1090MHz 频率下，使用 uhd_rx_cfile 捕获 ADS-B。

（2）在 UHD 模式下，通过 GNU Radio，使用 TX 样本传输可重复的捕获数据。

（3）在 pre-UHD 模式下，通过 GNU Radio，使用 usrp_replay_file.py 传输可重

复的捕获数据。

对于消息伪装攻击，即欺骗，需要为 PPM 编码和 PPM 模块实现 ADS-B。通常，实现这一点有几种方法。其中，一种方法是编写原始的基于 C/C++的 GNU Radio 调制器和编码器[87]；另一种方法是在 MATLAB 中进行大部分的编码和调制。总体来说，我们遵循以下步骤。

（1）将 ADS-B 详细数据以比特流的形式编码到 MATLAB 数组中。

（2）使用带有 PPM 参数的 PPM modulate()函数调制这些数据。

（3）使用 read_float_binary.m 函数将 I/Q 格式化的数据读入 MATLAB（或 Octave）中，并修改下载的数据。

（4）使用 write_float_binary.m 函数将调制后的数据写入 I/Q 格式。

（5）在 UHD 模式下，通过 GNU Radio 使用 TX 样本传输调制后的数据。

（6）在 pre-UHD 模式下，通过 GNU Radio 使用 usrp_replay_file.py 函数传输调制后的数据。

## 18.2.5　关键结果

18.2 节清楚地验证了商用 ADS-B 协议设计中固有的不安全性。尽管 ADS-B 技术中的安全漏洞已普遍存在于早期的学术研究和最近的黑客社区中，但 ADS-B 架构和设计中的根本问题从未得到解决与修复。考虑到目前已经投入和将来还会投入的时间与金钱，我们不清楚为什么这样一个关键任务的安全协议根本没有解决安全问题，而且在主要需求规范文件中甚至没有安全章节[93]。

综上所述，本研究最重要的和预期的贡献是提高学术界、产业界以及政策制定者的认识，即关键基础设施技术（如 ADS-B）需要真正的安全保障才能按照要求安全运行。为达成这一目的，我们可以向人们展示，低成本硬件设置与价值数百万美元技术的中等软件相结合，足以使系统面临潜在危险和运营故障，同时无法利用基本的安全机制（如消息认证）进行防护保护。

# 18.3　远程爆炸物和机器人武器的无线触发系统

在本节中，我们来检验点火系统的风险。我们会介绍在对一个系统没有先验知识的情况下，如何在短时间内发现和利用无线点火系统。我们还会演示从固件分析到发现漏洞的方法论。静态分析帮助我们获得了符合目标的系统，然后我们对其进行了深入的分析。这使得我们能够确认实际硬件中存在的可利用漏洞。最后，我们非常重视硬件和软件的安全性，以及对烟花点火系统使用安全的监控。

本节参考作者原著（*A dangerous 'pyrotechnic composition': fireworks, embedded wireless and insecurity-by-design*）[24]。

## 18.3.1　主要动机

烟花主要是娱乐用的炸药。烟花活动，也称为烟火表演或烟花表演，是由烟花装置产生的效果的演示。烟花装置被设计成产生声音、光线、烟雾和漂浮材料（如五彩纸屑）等。烟花活动和烟花装置由烟花发射系统控制。除了烟花，点火系统通常也服务于其他初级产业。这些产业包括特效制作和军事训练或模拟。

尽管烟花用于庆祝活动，但是烟花的使用通常伴随着很高的破坏、伤害甚至死亡的风险。最近的许多新闻和研究显示了烟花的危险性[30,83]。有时，烟花甚至在街头冲突中被用作武器[108]。烟花事故通常是由于设备操作不当、不遵守安全规定或劣质烟花造成的。当带有软件缺陷的 CPS 型系统连接到弹药/炸药点火系统时，也会产生致命的后果[14]。另一个危险因素是烟花通常会在人口稠密的地区燃放。尽管对烟花的分销有严格的控制，并且烟花燃放者必须有强制性的职业执照，但事故还是不断发生。

传统上，烟花点火系统由机械或电气开关和电线（通常称为点火线）组成。这种设置简单、高效且相对安全[38]。但是，它极大地限制了烟花系统和活动的效果、复杂性和实现。嵌入式软件和无线技术可以充分利用在烟花系统中。现代（无线）燃放系统同时是一个完整的嵌入式网络物理系统（ECPS）和无线传感器/执行器网络（WSAN）的组合。随着焰火燃放系统越来越依赖无线、嵌入式和软件技术，它们面临着与其他 ECPS、WSAN 或计算机系统相同的风险。最近的研究表明，关键系统和嵌入式系统的安全声誉都很差。例如，飞机可能被新的雷达系统欺骗[23]，汽车控制可能被接管[18,65]，汽车驾驶可能因故障而受到影响[55]，植入的胰岛素泵可能出现故障[86]，或者核电厂 PLC 可能失效[37,68]。

## 18.3.2　烟花系统概述

烟花系统通常由以下部分组成:
- 遥控模块;
- 点火模块;
- 有线连接;
- 无线收发机;
- 点火器夹;
- 迫击炮;
- 烟火装置。

遥控模块（有时也称主控）控制整个表演过程，包括排序提示和点火命令的传输。它们通过有线或无线连接到点火模块。在简单系统中，一个遥控模块连接到所有点火模块，而在更复杂的表演中，有多个遥控模块，每个模块都连接到一组特定的点火模块，具体取决于表演。所有遥控模块都独立工作。这些设备依赖于嵌入其自身固件中的微控制器。

点火模块接收来自遥控模块的点火命令，并激活点火器夹的最小点火电流。点火模块基于微控制器，有自己的固件。为了完整起见，这里描述的是有线连接，但是在我们的例子中，所有的遥控和点火模块都是无线连接的。传统的烟花点火系统由遥控器和点火模块之间的电线组成[38]。带线尾（EOL）电阻器的简单连接电缆用于接线环的安全端。EOL电阻器可使遥控器在短路情况下检测接线问题，同时监控现场接线。

无线收发机可实现遥控模块和点火模块之间的无线连接。这些连接通常通过433.92MHz模块（通常能够使用滚动码[10]）或按照标准支持AES的2.4GHz ZigBee兼容（IEEE 802.15.4）模块来实现。

点火器夹将点火模块连接到点火器内部的烟火装置。当点火模块激活最小电流时，烟火装置点火。迫击炮包含烟火装置。它们还确保将烟火装置安全发射到空中。烟火装置是真正的烟火组合，点火后在空中产生视觉和声音效果。

## 18.3.3　初步分析

首先，我们通过从互联网上收集固件映像进行了大规模的固件分析，达到了172000个候选固件[26]。固件映像打开后，我们使用简单的静态分析、关联和报告工具处理每个映像，发现了38个以前未知的漏洞。在此过程中，我们意外发现了无线发射系统的固件映像。出于安全和道德原因，我们省略了供应商和系统的名称。对该系统固件映像的分析显示，组件（字符串、二进制代码、配置）似乎不安全。这些发现足够令人信服，所以我们收购了这些设备进行详细的分析。此次收购的另一个推动因素是，据供应商称，该系统被"60多个国家的1000多个客户"使用。这些系统似乎在烟花公司特别受欢迎。

### 18.3.3.1　固件分析

我们的爬虫程序从互联网上收集了几个专用于无线点火系统的Intel十六进制目标文件（Intel Hex）固件映像。我们在解压之后，使用了关键词匹配等几种启发法。我们用关键词匹配方法搜索特定的关键字，如backdoor、telnet、UART、Shell，通过这些关键词，通常可以找到许多漏洞。例如，固件镜像与"Shell"这个字符串是匹配的。

在此基础上，我们分离出这些固件镜像，并用自动和手动方法进一步分析它们。我们从分析中检测到几个安全问题。首先，Intel十六进制目标文件格式本身不具备加密或身份验证功能，因此其功能对攻击者是开放的，从而可能对恶意软件也是开放的。此外，攻击者可以利用该格式的某些机制，将代码或数据插入到不可访问的内存区域。

### 18.3.3.2　无线通信分析

无线通信系统，像许多其他供应商提供的系统一样，包含了一个2.4 GHz ZigBee

（IEEE 802.15.4）CEL MeshConnect 收发机。设备的发现、配置、安装和配对，以及固件更新，都是通过 Synapse Portal[101]完成的。我们安装了 Synapse Portal，然后进行了一次设备发现和配置查询操作。

用于远程控制、点火和固件重编程模块的无线芯片组包括兼容 AES-128 的固件。但是，加密功能没有启用，加密密钥也不存在，AES-128 算法似乎没有被使用。此外，系统文档似乎不支持 AES-128 的安全配置步骤。令人惊讶的是，即使这些设备符合标准并具有 AES-128 功能，也不使用消息认证或加密。这可能是由于在正确配置密钥管理和分发方面存在困难。因此，当以这种方式使用时，AES-128 会给烟花带来功能故障的风险，而不是作为一种安全机制。

进一步分析表明，可以将 Python 应用程序代码加载到无线远程芯片组中。这些脚本在无线芯片组微控制器（MCU）上的 Python 解释器中执行[100]。所用的解释器框架是 Python 的一个子集。在下载目标节点之前，Synapse Portal 将这些 Python 脚本编译为二进制文件，并将它们存储为 SNAPpy 文件（其扩展名为 .spy）[102]。二进制格式被指派给用于驱动特定无线芯片组的特定 MCU。这些脚本暴露了其他无线节点可以远程调用（通过 RPC）的入口点（函数）。这些脚本可以与无线芯片组 MCU 或通用输入/输出（GPIO）端口进行交互。这些 GPIO 端口通常与遥控或点火模块的主控 MCU 连接。这样就可以与各种主控 MCU 以及输入/输出外设（如按钮、显示器和点火器）进行交互了。脚本入口点的典型用途如下：遥控模块处理字符分隔值（CSV）编排脚本时，若其决定需要一个点火指令时，则会向特定远程模块的特定入口点发送一个包含更高级别消息的 ZigBee 包。

通常的标准点火程序如下。

（1）每个点火模块与特定的遥控模块相连接。

（2）点火模块的物理按键变为待机模式。

（3）工作人员根据点火提示转移至规定的安全距离。

（4）打开遥控装置的按键。

（5）在确保一切安全后，工作人员按下遥控装置上的电源按钮。接着，遥控装置会向点火模块发送无线数字指令，点火模块进入待机模式，等待接收点火指令。

（6）工作人员通过手动操作，或者根据脚本操作，向每个发射模块发送指令，以开始表演。

每个点火模块只接收与其配对的遥控装置的准备点火、解除准备和点火指令。配对是强制通过核对遥控器的 802.15.4 短地址（类似于 MAC 地址过滤）来完成的。

## 18.3.4　无线威胁

缺乏加密和交互单元验证会使系统容易受到多种攻击，尤其是嗅探、欺骗和重放。我们描述的是一种简单的攻击，但我们认为这对烟花表演人员来说是最危险的。攻击者将按照以下步骤进行操作：他/她通过学习每个遥控、点火模块及其配对装置的 802.15.4 地址，来窃听数据包（广播、组播、点对点）。针对这些已经掌握的模块及其配对装置，攻击者会假冒遥控装置上的 802.15.4 地址和发送给配对的点火模块的数字点火准备指令，并在收到点火模块应答的数字点火准备确认之后，立即根据所有的点火提示发送点火指令。这种攻击的结果是，表演操作员将点火模块的实体按键转动到点火准备的位置时，该点火模块会立即收到所有点火提示的准备点火和点火指令。这将导致所有的烟火被点燃，而最坏的情况是工作人员没有足够的时间转移至安全距离。因此，上述情况覆盖了实体按键的安全性和功能分离。通过使用本节中描述的组件，我们对所掌握的系统成功实施了攻击。

或者，攻击者可以轻松地用恶意 Python 函数替换掉负责点火信号的默认 Python 函数。例如，每个恶意的点火提示函数都可能根据所有的提示，而不是其自己的提示来触发一个点火模块，这可能会导致大规模的连锁爆炸，或者它根本无法根据提示点火，或者随机点火，从而导致烟花表演无法达到预期效果。但同样重要的是，攻击者可以远距离在远程节点上设置随机加密密钥，这意味着针对合法用户的拒绝服务攻击，因为他/她的设备不能再与用于烟花的其他设备进行通信。毫无疑问，这会毁了一场节日派对，或者伤害到专业烟花比赛的参赛者。

## 18.3.5  实施无线攻击

我们实施了简单的攻击，如消息重放和未授权消息注入（如"fire all"指令）。然而，显而易见的是，扩展实现方案、自动且持续地嗅探新的触发模块，并随后欺骗远程控制序列都是毫不费力的。接下来，我们介绍用来实施攻击的软件和硬件。

**SNAP Stick SS200**：SNAP Stick SS200[103]是一款主要用于遥控和点火模块的固件软件，基于 Atmel 著名的 ATmega128RFA1 芯片组研发。使用 SNAP Portal 应用程序及其固件（Synapse ATmega128RFA1 Sniffer），SNAP Stick SS200 可以变成一个专门针对 SNAP 的 802.15.4 嗅探器，该嗅探器基于 Synapse 的更高级别协议语义（如组播、广播、点对点或多播 RPC）对 802.15.4 包进行嗅探和解码。我们可以使用这个嗅探器来嗅探和记录正常运行的遥控与点火模块之间的数据包。最后，我们还用它来验证数据包注入以及重放攻击。如果这个嗅探器探测到了注入的数据包，那么遥控及点火模块就会发现我们的恶意数据包；反之，（不管较低级原始包嗅探器是否探测到它们）我们必须修补自己的注入器，然后重新测试嗅探过的数据包以及设备的实际反应。

**GoodFET**：GoodFET[43]是用于各种微控制器和无线电的嵌入式总线适配器，同时为高级攻击提供了强大的开源支持。其兼容的 TelosB 固件有允许嗅探等功能。我们用 TelosB 上运行的 GoodFET 固件测试了我们的攻击。

**KillerBee**：KillerBee[64]是利用 ZigBee 和 802.15.4 网络的框架和工具。它为额外的攻击功能提供了方便的预编译 GoodFET 固件。我们在 TelosB 上运行 GoodFET 固件来测试我们的攻击。

**TelosB**：一个基于 SS200 的嗅探器对于 SNAP 协议和可视化十分有用，但其过滤和剥离数据包的功能在很大程度上限制了它。我们需要一个较低级别的原始数据包嗅探器，以及一种廉价且有开源支持的方法。Crossbow 的 TelosB[104]和 GoodFET 固件非常符合我们的要求，所以把它们作为额外的、更详细的原始嗅探器。在学习了执行关键指令的 SS200 高层数据包后，我们将它们与 TelosB（运行 GoodFET 固件）记录的原始数据包进行关联。另外，Zigduino（ZigBee 近距离无线通信技术+Arduino 开源软硬件平台）[118]也可以用于该任务。

**Econotag**：Econotag 是一款廉价、易用的 802.15.4 网络开源平台。我们组装数据包序列，从遥控器向点火模块发送准备点火和点火指令。最后，我们在自定义固件中对这些序列进行了无限循环编码。一旦接通电源，当点火模块的钥匙转到实际的点火准备位置时，Econotag 就会针对点火模块发起攻击。另外，Zigduino[118]也可以用于这项任务。

### 18.3.6　主要成果

我们能够快速、自动地隔离关键远程点火系统的固件，并使用自动和手动静态分析识别多个潜在漏洞，包括未经授权的固件更新、未经证实的无线通信、无线通信嗅探与欺骗、任意代码注入、功能触发和暂时拒绝服务。我们已经成功地实施和测试了一个可能会造成毁灭性后果的简单攻击。我们的结论是，使用无线点火系统会带来风险，因此其安全性应该得到重视，且系统本身也需要更为严格的认证和监管。

我们强调引入类似 DO-178B 和 DO-254 的软硬件符合性验证的必要性与迫切性。我们坚信，这些小的改进以及解决方案，绝对有助于改善无线嵌入式系统的安全保障问题。最后，我们与供应商就这些安全问题进行了讨论。目前的固件更新修复了大多数安全问题。但不幸的是，由于供应商有 20 多家，无线点火系统可能易受到类似攻击，尤其对于那些无法进行固件更新的系统。

## 18.4　用于物理安全的闭路电视

视频监控、闭路电视（Closed-Circuit Television，CCTV）、数字/网络视频录像机（DVR/NVR）和网络摄像机（IPcam）系统①在世界各地普遍应用。目前，在现代社会中，视频监控系统（VSS）在大多数生活领域都发挥着极为重要的作用。从执法、犯罪预防，到运输安全、交通监测，再到工业生产、零售管控，它们在诸多方面均得到了广泛应用。可惜，未经授权[109,116]、非法[117]使用视频监控系统，甚至用它们来犯罪[63]的现象也十分常见。摄像机/视频监控系统数量庞大，一些报告显示，

---

① 我们将这类系统称为视频监控系统（VSS）。

其数量估计有 2.45 亿[56]。到 2021 年，全球闭路电视摄像机的数量超过 10 亿。

本节参考作者原著（*Poor man's panopticon：mass CCTV surveillance for the masses* 和 *Security of CCTV and video surveillance systems：threats，vulnerabilities，attacks，and mitigation*）[21,22]。

## 18.4.1 通用闭路电视

人们对视频监控系统的担忧大多与隐私保护相关，其原因显而易见。鉴于全球监控曝光的事件，尤其是视频监控丑闻[31]，提高视频监控系统的隐私安全就显得尤为重要。然而，除了隐私问题，一个不安全的或遭到破坏的视频监控系统可能会引发无数其他非隐私问题。例如，数据泄露被证实会危及监狱安全[63]，会给银行[6]和赌场[117]等以货币为基础的机构带来盗窃风险，会影响人们（尤其是儿童）的情绪[54]，还会干扰警察、干涉执法[80]。

当嵌入式设备被越来越多地进行大规模分析，以发现安全漏洞[26,27]时，安全研究人员明显增加对 VSS 的关注也就并不奇怪了[21,52,70,81,96]了。上述人员进行的研究和类似研究发现了大量的漏洞[7,8,16,17,33,34,53,59,60,73,77,111]，这些漏洞对现实生活产生了重大影响[61,114]。调查发现，供应商的数量和漏洞的多样化清楚地表明了视频监控系统的网络安全状况并不乐观。

## 18.4.2 视觉层攻击

与其他嵌入式系统相比，视频监控系统有一个额外的抽象层，即视觉层。因此，可以（滥）用视觉层对利用图像语义和图像识别的视频监控系统进行新形式的攻击。科斯廷（Costin）[21]首次提出这样一种利用视觉层后门对 CCTV 摄像头进行攻击的方法。莫维利（Mowery）等[75]利用一个秘密的连锁图像对全身扫描仪进行了类似的攻击。

这种攻击是多阶段的，在视觉层上的工作流程如下。

第一阶段，视频监控系统被恶意组件（如硬件、固件）感染。在某些情况下，可以通过 USB 口更新恶意固件完成本地感染，也可以通过命令注入或在网络界面更新恶意固件完成远程感染。在其他情况下，带有预安装恶意软件的 VSS 或 CCTV 系统可以通过合法销售渠道出售[78,113]。

第二阶段，通过输入一个恶意图像，经由摄像机和视频传感器对恶意图像进行"可视化"后，触发和控制恶意组件。

在大多数情况下，触发器指令可以用任意的"数据转图像"的编码方法进行编码。①首先，一个恶意组件可以被预编程，以模糊攻击者的面部或其车辆的车牌，

---

① 二维码是这种数据到图像编码方案的一种流行实现。

或者禁用监视系统的某些功能(如录像功能或在全身扫描中扫描枪支等违禁物品[75])。这种恶意功能可能用于盗窃和其他犯罪行为。其次,恶意组件可以从类似二维码的代码中读取命令。恶意图像[62]可印在 T 恤、汽车或任何摄像机拍摄范围之内的配件上。指令可以是"停止录像""用恶意图像/二维码模糊攻击者的面部""联系命令和控制中心""更新恶意组件"。类似的攻击还应用在对谷歌眼镜(Google Glass)[45]的黑客攻击中。这种攻击使用一种特制的二维码作为恶意图像输入来控制(未经授权和无人看管)谷歌眼镜,并强制该设备访问一个恶意的 URL。

光学隐蔽信道(Optical Covert Channel)技术可以用来隐藏视觉层攻击和由人工操作产生的负载。攻击者利用摄像机对红外和近红外光谱的灵敏度,可以发送"隐形"信息。攻击者还可以使用类似于 VisiSploit[46]的技术,只是该信道仅用于注入数据和指令,而不是用于窃取数据。

最后,视觉层攻击当然不是遥不可及的。由于视觉层信息是在某一特定方面被处理的[如图像压缩、人脸识别、光学字符识别(OCR)],因此有意和无意的错误都可能发生。一个无意识错误案例就是施乐扫描仪和复印机,它们随机更改了文档编号和数据[66]。由于现代视频监控系统中内置了极为复杂的处理技术[如图像压缩、人脸识别、自动车牌识别(ALPR)],因此我们有理由认为,视觉层中存在的类似问题(包括有意和无意造成的)也可能导致视频监控系统遭受攻击。

## 18.4.3 隐蔽信道攻击

近年来,隐蔽信道和数据泄露(特别是在物理隔离的环境下)已经成为富有成果的研究课题。隐蔽信道所使用的信道可以是电磁信道[47,48,67,112]、声学信道[50,51,79]、热信道[49,72]或光学信道[46,69,88,95]。关于 VSS 和 CCTV 系统,我们将介绍一种新型隐蔽信道,并更广泛地研究现有几种隐蔽信道的使用。虽然我们介绍的信道主要通过失陷的 VSS 和 CCTV 系统组件来窃取数据[78,113],但它们也可用于自主和分布式的命令与控制功能。

### 1. 普通和红外 LED

在设备状态指示器等现代电子设备中,LED 反复用于隐蔽信道和数据泄露[19,69,95]。最近有证据表明,智能 LED 也可能造成类似威胁[88]。尽管 LED 有时与硬件进行实体连接,且不能通过软件/固件控制,但最近的攻击表明,通过软件/固件控制 LED 变得越来越实用和可行[13]。VSS 和 CCTV 系统通常在核心设备与户外 CCTV 摄像机上都装有大量的状态指示 LED(Status LED)。因此,VSS 和 CCTV 系统中的 LED 也被用于数据泄露攻击。

在这类攻击中,(滥)用普通 LED 有一个主要缺陷。如果将 LED 设置成醒目的发光方式(如异常闪烁频率、异常亮度水平),这些信号就可以被人眼识别,从而暴露隐蔽信道。因此,我们建议在光学隐蔽信道中使用红外(IR)LED。IR-LED 阵列几乎安装在所有现代 CCTV 摄像机中。IR-LED 用于照明，并为摄像机和视频监控系统提供红外夜视。IR-LED 的一个重要特点是，当它们工作时，通常是不可见的。[①]例如，必须使用另一台没有红外截止滤光片的摄像机（如另一台兼容红外的 CCTV 摄像机）来检测 IR-LED 的工作情况。因此，红外兼容的 CCTV 摄像机可以利用 IR-LED 的强度（或其开关模式）来调制和窃取数据。这样的数据泄露是人眼无法察觉的。

周围的照明会影响攻击的成败。在夜晚的时候，IR-LED 强度/状态的变化会立即反映在监控摄像机图像中，因此操作人员可能会注意到有问题了。当周围环境明亮时，IR-LED 的变化在监控摄像头图像中不会很明显，但攻击者仍然可以继续远程截获泄露的数据。

### 2. 隐蔽信道

最近，古里（Guri）等[46]提出了一种新型的光学隐蔽信道 VisiSploit，它利用人类视觉感知的局限性，通过标准计算机的液晶显示器（LCD），在不被察觉的情况下泄露数据。大多数 VSS 和 CCTV 系统都连接到对公众完全或部分可见的屏幕上。这些屏幕会显示监控系统中的一个或多个摄像机所拍到的实时图像。例如，超市常用这种设备来防止入店行窃行为，并帮助员工及早发现潜在的非法或不道德行为。在其他地方，可以看到同样采用 VSS 和 CCTV 系统与屏幕相连的方式进行监控，如大型停车场的运营中心、各种组织的接待大厅（如公司、酒店、精英公寓）。因此，受到破坏的 VSS 和 CCTV 系统组件可以通过用上述方法安装的屏幕，并结合 VisiSploit 技术来窃取数据。

隐写术是一种将信息隐藏于其他信息（如图像、文档、媒体流或网络协议）中的艺术。虽然许多不同的"承载媒体"均可达到上述目的，但数字图像最受欢迎，因为它们在互联网上广泛普及并具有较高隐藏效率。文献[74]、[82]中对图像隐写术进行了全面的描述。VSS 和 CCTV 系统的一个特殊的地方是几乎所有系统都提供视频流与图像流[32]。图像流可以是动态图像（如 MJPEG 格式）或静态快照，通常可以通过 URL 进行访问。

因此，在生成上述图像/图像流时，受到破坏的 VSS 组件［如 CCTV 摄像机、DVR（数字视频录像机）、NVR（网络视频录像机）］可以通过隐写术窃取数据。然后，攻击者只需要捕获知名 URL 上的数字快照，并恢复泄露的数据。攻击者是否可以访问图像流以及如何访问不是本节讨论的问题。然而，最近的一些项目，如 TRENDnet Exposed[106]、Insetam[57]、Shodan images[97]，证实了文献[28]中的研究。这些研究表明，在当前网络安全实践所保护的 VSS 和 CCTV 系统中，应用隐写术是可行性的，甚至还非常容易。如上所述，为了防止隐写术中的数据泄露，可以使用自动化方法来检测隐写术[12,41]。

---

① 几乎总是看不见的，但它也取决于所使用的 IR-LED 的特性。在这里，我们假设人类的眼睛不是不可能的，而是很难轻易地区分出 IR-LED 正常和异常工作状态下的区别。

### 3. CCTV 摄像机的机械运动和位置

许多现代 CCTV 摄像机都有所谓的"云台全方位移动变焦"（Pan-Tilt-Zoom，PTZ）功能。有了 PTZ 功能，CCTV 摄像机可以在三维（3D）中的任何方向上移动或保持固定（如具有平移和倾斜功能），还可以通过多种变焦系数放大和缩小场景（如使用高精度镜头）。这种功能通常通过特定相机模型中内置的步进电机实现，一般由PTZ 数据协议管控。PTZ 数据协议是通过通信信道发送的命令字节序列，用于控制摄像机的平移、倾斜和缩放。PTZ 命令通常通过 RS-422 或 RS-485 链接发送，但也可以通过传统的以太网（Ethernet）和无线网络（Wi-Fi）信道发送。PTZ 命令可以通过定制的 PTZ 控制器（如监控人员专用的操纵杆键盘）或软件（如特定操作系统的重量级客户端或基于浏览器的轻量级客户端）发送到兼容 PTZ 的摄像机。

在这种情况下，一个被入侵的 CCTV 摄像机可以通过对其位置或运动变化相关的数据进行编码，将数据泄露给外部攻击者。例如，它可以将自身正常的固定位置更改为另一个特定的固定位置，这一特定的固定位置将对某一确定数值进行编码。假设墙上一个被攻陷的摄像机的正常位置"看起来"是向右下方的，为了获取数据，这个被攻陷的摄像机会编码。

（1）二进制数 00，摄像机"看向"右上方。

（2）二进制数 01，摄像机"看向"左上方。

（3）二进制数 10，摄像机"看向"左下方。

增加数据分辨率的位数（能够增加数据泄露的速率）会增加异常位置的数量，就像在相移键控（PSK）调制中一样，这将要求攻击者从外部更近距离地观察失陷摄像机。

许多 VSS 和 CCTV 系统都具有音频功能，因此它们能够记录和处理一个或多个音频信道，它们源自外部传声器或摄像机内置传声器。因此，一个失陷的 VSS 组件（如 CCTV 摄像机、DVR、NVR）可以使用音频层作为命令和控制的通道，如通过隐藏的语音命令技术实现[15]。

## 18.4.4　拒绝服务和干扰攻击

我们想强调拒绝服务（DoS）和干扰攻击对视频监控系统的重要性。在这种情况下，重点是视频监控系统作为攻击的最终目标。若视频监控系统遭到入侵，为僵尸网络所利用，将其他系统作为最终目标进行分布式拒绝服务（DDoS）攻击，那么此时视频监控系统就是攻击源[116]。

在大多数情况下，不间断和不受干扰的运行对视频监控系统至关重要，因为它们用于监控和记录犯罪或其他重要活动。对 CCTV 系统仅仅进行一分钟的拒绝服务攻击就可能会导致系统错过一个重要事件，如一次速度极快的银行抢劫[6,105]或一次严重的犯罪[63]。虽然拒绝服务攻击对家庭路由器来说可能只是一个小麻烦，但对于视频监控系统来说，影响重大，需要在设计、评估和测试时多加考虑。然而，就像文献[42]中解释的那样，系统安全本身并不是小事。

## 18.4.5　在线网络攻击

现代视频监控系统最有用的功能是即插即用，便于安装和部署，以及远程访问控制和视频监控。所以，许多视频监控系统都与互联网相连[57]。它们通常直接暴露在互联网上，甚至连同默认设置和凭证一起暴露[28]。因此，我们尝试估计互联网上视频监控系统的数量，以此估计潜在暴露的程度。

为此目的，我们编制了一个关于视频监控系统的广泛查询列表，然后通过在线服务和现有的互联网扫描数据库中运行查询。通过搜索引擎 Shodan[98]进行在线服务查询，结果显示共有 20 多个供应商生产的超过 220 万个视频监控系统，数量惊人。利用互联网普查 2012 年数据库[58]，结果显示有 10 多家供应商生产的 40 多万个视频监控系统。与此同时，一些报告显示[56]，2014 年，全球安装了近 2.45 亿个视频监控摄像机。不出所料的是，发现、追踪和发布[①]这些易受攻击、失陷或对其所有者隐私保护不力的在线视频监控系统一直是人们津津乐道的话题。TRENDnet Exposed[106]、Instam[57]、Shodan images[97]和 EFF ALPR[84]等项目都是这样的例子。因此，这些项目受到了媒体的大量关注，引起公众的监督和愤怒，进而再次引出了现代视频监控系统中缺乏安全性和隐私性的问题。

崔（Cui）和斯托尔福（Stolfo）[28]报告称，2010 年他们在互联网上分析的摄像机和视频监控系统中，有 39.72%的劣质设备使用了默认凭证。这基本上意味着它们极易受到各种攻击，如视频内容窃听[②]、恶意固件更新和 DNS 劫持。作为进一步分析的示例，我们分析了一组来自 DVR 系统的固件镜像，并发现了一个完整的管理后门。然后，我们将固件镜像中提取的标识信息与上述查询结果进行关联，结果有超过 13 万台受此后门影响的设备使用在线连接。

尽管其中一些系统（IP 地址）和供应商可能重叠（或无法准确计算），但这些结果得出了视频监控系统的脆弱性在面对网络安全威胁时的下限。事实证明，运行互联网查询并利用以往的漏洞评估工作[28]是评估潜在暴露面和易受攻击的视频监控系统数量的有效方法。

## 18.4.6　关键要点

18.4 节系统地审视了视频监控系统的安全性，详细介绍了威胁、漏洞、攻击和缓解措施。我们的审视基于公开的可用数据以及现有的分类和分类法，提供了视频监控系统在各个层面如何遭受攻击和进行保护的全面信息。然后，读者可以通过这

---

① 很多时候还会附上他们的屏幕截图和视频资源。

② 在 TRENDnet Exposed[106]、Instam[57]、和 Shodan images[97]等项目中得到广泛实践论证。

些结构化信息，更好地理解和识别与系统开发、部署及使用相关的安全和隐私风险。

## 18.5　结论

在本章中，我们详细地研究了几个 CPS 的用例。在 18.2 节中，我们分析了与航空运输部门相关的 CPS，并且特别关注了用于雷达、态势感知、空中交通管制和空中交通管理的下一代 ADS-B。通过真实的实验室攻击，我们已经证明，整个 ADS-B 以无线通信为基础，其本质上是不安全的，容易遭受大多数的无线攻击（如干扰、窃听、欺骗、假冒）。

在 18.3 节中，我们对烟花爆竹中使用的无线点火系统进行了网络安全分析和攻击实现。这些类型的 CPS 十分棘手，因为它们直接涉及爆炸物，从而威胁到人类生命和物质世界安全。我们证明了，以不安全的固件作为开起点，我们能够迅速发现与引发爆炸相关的无线通信的网络安全问题。我们还证明了，实施危险的攻击相对容易且可行，即使是菜鸟攻击者也可以完成。

在 18.4 节中，我们研究了 CCTV 和视频监控系统中的漏洞与攻击。在设备数量方面，到 2021 年，超过 10 亿个 CCTV 摄像机[20]将代表着或许是最大规模的 IoT 和 CPS 攻击面。Mirai 僵尸网络充分展示了仅有一小部分受损的 CCTV/DVR/VSS[5]所具有的毁灭性力量。作为 CPS、CCTV 的风险来自与物质世界的直接互动，包括隐私、人脸识别和（非）合法监控。如前所述，CCTV 固件漏洞以及针对它的无线攻击是这类系统中主要存在的网络安全风险因素。

总之，我们发现，在多个关键领域，CPS 都容易出现安全漏洞和遭受攻击。只需利用有限的知识和经济的硬件/软件，就可以实施所有攻击。然而，大多数的漏洞都存在于设备的固件或系统使用的无线通信中。

最后，我们邀请感兴趣的读者更深入地了解以下相关作品：文献[9]、[11]、[14]、[25]、[26]、[27]、[40]、[99]、[107]、[115]。

**致谢**　本章作者感谢合作伙伴、编辑、编辑助理以及所有参与本书制作的人。作者要特别感谢 Aurélien Francillon 教授［欧洲电信学院（EURECOM）］对本章的贡献，感谢其与作者合作撰写与 18.2 节和 18.3 节相关的原始论文。

## 原著参考文献

# 第 19 章　智能手机的物理武器化技术

**摘要**：根据文献资料和相关媒体报道，智能手机造成的危险和暴露通常集中在信息安全或隐私问题层面，此外还有火灾、爆炸、电击或因设计或制造失误而造成手机功能丧失等。本章概述了由第三方诱发或触发智能手机给手机用户带来的身体上和心理上的严重危害，并提出了一个分类讨论框架来描述针对智能手机设计的攻击向量的危险、其对智能手机的影响以及潜在的肇事者等方面。在这种情况下，假冒的智能手机本身就是一种巨大的潜在威胁。最后，我们提出了一些解决方案和缓解措施来预防此类危险，同时提供了一些威胁评估表格的模板。

**关键词**：技术接受；智能手机；危险；技术滥用；非传统武器

## 19.1　引言

远程"自毁"智能手机可能很快就成为现实[19]。之前有报告显示 ISP 和移动运营商很快就能够远程禁止使用手机[14]。智能手机自毁与远程禁用的不同之处在于消费者不仅能够禁用设备（类似于 PIN 锁定），还可以在硬件层面销毁设备数据甚至硬件[20]，即使是能解除禁用状态重新激活设备的有经验的窃贼，也不能再使用该设备，因为手机自毁后的用户数据无法物理恢复。

由用户或运营商激活的启动信号（或基于软件）禁用不同于自毁。基于软件的禁用，手机的存储卡和芯片不受影响，因此数据可以恢复，但是文献[20]中描述的自毁方法破坏了设备的系统数据或硬件，使设备无法重新激活、数据无法恢复、设备无法使用。

与恶意软件和硬件攻击有关的问题与威胁在网络安全领域是众所周知的。计算机甚至汽车等联网的设备都能够被远程入侵。黑客的目的主要是窃听、远程控制等。最近，维基解密揭露远程黑客攻击是有可能实现的，至少在安卓和苹果设备上是有可能的[40]。据透露，情报机构有可能覆盖供应链中的智能手机固件[11]，所以安卓和苹果手机也会遭受恶意软件攻击，这种攻击来自不属于任何政府的个人黑客。此外，一些软件能让第三方完全远程控制某些苹果和安卓手机。

本章讨论了一些假设行为，这些行为给智能手机所有者，更准确地说是主要用户（无论是真正目标还是弄错的目标，也无论是被设计还是巧合）造成影响。在假设的场景中，我们采用溯因的和非现实的研究方法。假设主要用户对智能手机的使用是典型的，也就是说，以正常情况来使用。本章没有描述对智能手机硬件潜在的第三方诱导的直接操作，这些操作会导致身体或心理上的威胁和危险。我们的目的是引起相关的注意，帮助利益相关者制定预防和缓解措施。我们尝试提出一个从潜在威胁概况形成的讨论框架。通过描述潜在的威胁向量、第三方行为主体或不法分子以及用户承受的估算后果来进行分析。

在这项工作中，我们不考虑武器化的智能手机带来的非物理危险，如欺诈、隐私威胁、安全威胁、财产损失或身份窃取，也不涉及信息的武器化，如通过旨在操控用户的通知、消息或警报来对用户进行攻击，也不包括滥用智能手机引爆外部连接的炸药（如手机连接的路边炸弹）。把手机作为钝器或抛射物也不会被我们视作智能手机的滥用。

术语"智能手机""电话""设备"可互换使用。

## 19.2　智能手机的远程破坏

研究人员已经开发了一种通过引导智能手机电池的电量来加热手机材料的方法，使其膨胀到一定程度，就能在物理上摧毁一些关键硬件，造成设备数据无法恢复，手机无法使用[20]，从而远程破坏智能手机。虽然智能手机的远程破坏能力在预期使用场景下是合法且有效的，但它可能会在目标设备的小型集成电路和元件之外造成更严重与更具破坏性的后果。每部智能手机都有一个锂电池，设计用来存储足够的能量，尽可能使设备长时间地运行。随着电池技术的发展，我们可以设计制造出更高效的电池。智能手机中普遍使用的锂电池具有非常高的能量密度[9]，效率约为90%[44]。一个典型的智能手机电池包含大约 5W·h 的电量，相当于 18000～20000J，根据文献[17]、[43]的信息计算，这些能量相当于 5g TNT 或大约两个 M-80 鞭炮（图 19.1）的能量。

图 19.1　M-80 鞭炮[43]

这些小而高效的电池并不总是无害的，在电池的设计或制造中产生的问题有可能导致故障，从而导致火灾或爆炸。也有一些电池问题是由于智能手机设计、用户不当操作或软件出错引起的。智能手机电池的爆炸足以引起短暂的电击、伤害或火灾[6,23]，在用户没有受到身体伤害的情况下，多数用户仍然认为失去一部智能手机所造成的压力几乎与恐怖主义威胁一样大[31]。

一部智能手机通常由一个人所有和使用，大多数人都随身携带手机，整天放在身边。一旦个人及其手机被识别处理，就可以合理地确定这个人在一天中的大部分时间都会携带手机，使用它或把它放在手边。可以想象，类似于文献[20]所描述的技术（使带有电池电极的设备内部温度迅速上升的技术）可被用于迅速引起电池不受控制的热反应，结果造成火灾或爆炸。因此，黑客通过远程攻击设备并对用户造成身体伤害是可能的。例如，通过未经授权篡改设备固件或操作系统，就很可能导致设备起火或电池爆炸。另外，黑客攻击还会导致设备发生故障，使电量迅速耗尽。

但事实上，一些免费的手机应用程序就可以快速且安全的给电池放电[24]。

高环境温度也是导致电池起火的一个因素[8]。过度充电、异常快速放电、电池短路都会导致发热。将智能手机存放在一个炎热且封闭的地方，也会导致手机和电池发热，继而造成爆炸或火灾。另外，固件攻击也可能导致电池爆炸或起火。手机电池爆炸甚至会造成用户死亡[3,10,21,32,37,46]，据悉充电时导致电击致死的报道不止一例[2]，不过应该注意的是，一些因智能手机爆炸而导致死亡或受伤的报道似乎是一场骗局[33,45]。

经常与智能手机一起使用的电池充电设备也可能构成安全威胁。例如，耳机等手机配件也会过热或爆炸，导致用户脸部烧伤，但这是在极少数情况下发生的，如图 19.2[15,28]所示。就算手机电池的设计可以抵御黑客攻击（如具有强大的短路保护功能），但其任何一个充电配件包括无线耳机或紧贴耳朵的蓝牙耳机遭到黑客攻击都会产生危险，蓝牙扬声器起火的相关报道不止一例[38]。

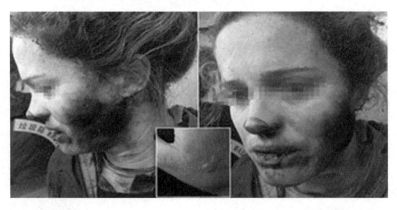

图 19.2　电池供电的耳机在使用者听音乐时发生了爆炸[1]

制造和传播恶意软件，或者实施网络攻击的黑客或不法分子可以是个人或组织。最近，维基解密揭露了一个国家情报机构具有的广泛黑客攻击能力[40]，多个国家情报机构合作开发出了针对智能电视的黑客攻击[41]。一些政府已经有能力开发和实施这种黑客攻击，或者在售后设备上安装后门功能。该功能可以给有能力的坏家伙提供一个个人层面的"杀戮开关"，以控制受到感染的智能手机及其配件，造成电池起火或爆炸，从而导致手机被禁用或销毁。黑客也能开发出一个程序，使设备发出高射频辐射（RF），如果用户能够意识到这种攻击，则会感受到精神上的痛苦，担心自己暴露在辐射中，接触设备的身体部位可能会受到影响。

## 19.3　智能手机危险分类框架

目前已知的各种威胁建模技术和框架中有很多是为那些具有高经济价值与严

格安全要求的大型组织、实体或其他高风险目标而构建的，舍夫琴科（Shevchenko）在文献[35]中所列举的模型内的一些技术可以被用来为个人手机用户进行威胁建模。根据作者所查阅的文献，目前还没有为本章重点讨论的特定威胁而设计的威胁建模技术。

## 19.3.1　攻击效果的特征

在本小节及接下来的小节中，我们提出了以下参数和相应的描述，以帮助评估由第三方攻击造成的潜在危害。攻击效果的特征有：

- 急性与慢性；
- 突发性与长期性；
- 明显的/显著的与隐匿的/不明显的；
- 灾难性的与不可察觉的；
- 维持的功能与受损的功能，对比摧毁的功能。

前两组参数用于说明影响效果是突然的还是长期的。例如，电池爆炸会产生突然的后果，而无线电频率发射的增加造成的影响是长期性的。用户可以明显感觉到这种效果，如手机过热或燃烧，而像无线电频率增加辐射这种影响不容易感受得到。一些灾难性的影响极大地损害了智能手机的功能，威胁到用户的健康；否则，用户在正常使用中不会发现任何不便或危险。

维持的功能（不包括电池寿命）的影响的一个例子是无线电频率辐射的增加。受损的功能是指一些如互联网连接或相机/相册或其他功能被强制关闭，但其他重要功能，如打电话的能力，仍然存在。摧毁的功能是指智能手机被完全禁用或"变砖"的情况。

## 19.3.2　攻击向量

有各种不同的攻击向量可以用来攻击智能手机：

- 植入软件；
- 自愿下载的软件；
- 被劫持的默认软件或被劫持的下载软件；
- 植入固件；
- 恶意固件更新；
- 恶意或伪基站；
- 使用假冒的智能手机。

植入软件是指恶意软件或其他旨在通过搭载有效载荷造成特定效果的软件。自愿下载的软件是用户有意从互联网下载的恶意软件。被劫持的默认软件或被劫持的下载软件是被恶意软件有效载荷感染的固件或看起来合法的软件。植入固件是指在出厂时就嵌入了恶意软件的固件，当用户使用嵌入恶意软件的固件更新设备时，就会发生恶意固件更新。恶意固件是用户从某个恶意网站或其他地方获取的。

恶意或伪基站会冒充一个真实的运营商基站。这个攻击向量支持对连接的设备进行通信监控，并向这些设备发送具有欺骗性的文本信息[25]。因此，黑客有可能从假的基站向用户或组织发送短信进行攻击，如接收文献[30]所描述的作为文本消息的图像。用户使用假冒的智能手机，就是指使用一个未经授权的品牌智能手机产品的复制品，设备制造商并没有授权生产这部设备，或者可能没有被告知生产了这部设备。

### 19.3.3 攻击的实施者

攻击的不法分子/肇事者/来源可能是：
- 一个黑客；
- 黑客组织；
- 国家行为者；
- 私人公司；
- 犯罪团伙或组织。

攻击的实施者可能是利用某一种攻击向量的个人，有组织的黑客攻击则是在多个黑客合作下进行的。国家行为者是指获得国家政府资源和行动支持的任何实体。私人公司是指进行攻击的犯罪公司或私人公司的相关部门。犯罪团伙或组织是指有组织的犯罪集团，也许是作为"地盘争夺战"的一部分或通过代理人实施攻击。

### 19.3.4 可武器化的组件

可武器化的组件包括：
- 射频发射器；
- 电池；
- 用户界面（UI）功能。

射频发射器是一个（射频）硬件模块，可以异常地发射电磁信号。智能手机中的电池可能被破坏。设备的交互式 UI 组件可能发生故障。

### 19.3.5 攻击效果

攻击智能手机造成的影响可能有：
- 设备发热/过热；
- 电池膨胀；
- 电池起火；
- 电池爆炸；

- 设备的异常辐射；
- 设备禁用；
- 破坏设备。

攻击造成设备变热或过热，电池产生的热量足以对用户造成伤害并损坏手机。设备的物理损坏造成电池膨胀，从而影响手机的运行。电池着火通常导致手机高温快速燃烧。电池爆炸产生的能量会伤害用户，但不一定会破坏设备上的数据或功能。

攻击导致设备过度异常辐射，在这种情况下，设备的射频模块和天线会发射异常高电平的电磁辐射，这种辐射所需的功率会更快速地消耗电池电量。发现这种影响或相关的电池消耗会给用户带来困扰。远程或第三方直接或间接（定时或用户触发）禁用设备将导致设备的部分或全部功能停止，而被禁用的功能对特殊用户来说可能是至关重要的。远程或第三方能够摧毁设备，从而导致其无法执行任何操作，以及所有的数据都被销毁。如文献[20]所描述的，这可以通过电池爆炸或不太明显的方式来实现，如破坏基本组件的聚合物层的膨胀。

攻击对用户造成的伤害可能是身体上的伤害，如烧伤或其他生理创伤。心理层面的影响包括痛苦、焦虑或情绪上的冲击等。

除了短期快速的影响，攻击还会产生重大的次生影响。例如，搭乘客运航班时几乎每个乘客都会携带一个充电设备，如果乘客的设备中的电池在飞行过程中燃烧或爆炸，飞行就被迫中断，那么造成的次级社会影响便是用户对智能手机技术的信任度和使用智能手机的意愿下降，同时影响公众对航空飞行安全的信任程度。

19.8 节中的表 19.1 是对可武器化的智能手机组件的假设性评估。表 19.2～表 19.4 为研究人员和分析人员提供了相关参数，以便于进行威胁分析。表中的单元格可以填入一个合适的比例参数，如从 0 到 10 的数字。例如，0 表示没有检测到威胁，10 表示该组合有某种或当前的表现形式。

# 19.4　民族国家恶意行为者

技术的进步为各种组织滥用技术提供了可能，包括拥有重大主权权力和获得大量资源的国家。由于国家具有强大的影响力，它们对技术的滥用是对人权的严重威胁，而我们往往是在新技术被广泛应用之后才意识到这种滥用技术产生的威胁。

维基解密的 Vault 7（七号保险库）文件披露了由国家支持的黑客行为以及手机上的恶意软件。NightSkies 1.2 目的是要实现对苹果手机的完全远程控制和管理，很显然 NightSkies 1.2 已经在产品供应链中被植入设备中[11]。第三方利用 RoidRage 软件可以监控设备的射频功能和短信[29]。Vault 7 披露文件发布于 2008 年，其只占泄密事件的 1%[42]，因此，现在一定存在更加复杂的设备劫持和监控工具。

我们应该充分考虑到远程激活智能手机自毁的益处和风险，防止滥用。在设计和生产过程中采取物理保护措施可以预防由不道德的或非法的黑客行为对智能手机电池的破坏性影响。然而，假冒的智能手机、电池和配件的制造商可能无法实施所有相关的安全功能。

## 19.5　假冒的智能手机

随处可见的假冒伪劣手机也是造成本章所述威胁的一个重要因素。整个假冒电子产品行业规模达到 1000 亿美元，据估计，世界上 10%的电子产品是假冒的[36]。假冒的智能手机相对便宜，在网上便可以购买，市场规模达到 480 亿美元[16]。政府部门对这种贩卖行为进行了打击[18,39]。精心制造的假冒的智能手机看起来与正品智能手机无异[13]，因此一些消费者可能无法辨别出假冒的智能手机，也有可能他们有意使用假冒的智能手机，并不在意其中存在的危险，文献[26]的研究发现消费者默许了假冒（或"灰市"）的智能手机中已知的风险，他们只是不太赞同购买假冒的智能手机的想法：在 Likert 量表上，用户的平均反应是 2.78（从 1=强烈不同意到 5=强烈同意）。

假冒的智能手机会带来额外的风险[13]，因为对于消费者来说，要发现任何一部智能手机中设计的隐藏功能或后门是非常困难的。检测可以嵌入到智能手机中使用的微小集成电路的恶意或可利用的功能，可能需要昂贵的精密设备。在技术上抵制使用假冒的智能手机、电池和配件是很困难的，因为它需要原始制造商的大量参与。防止使用假冒电池的一项措施需要先进的密码安全技术[7]。假冒的智能手机往往是在政府质量控制、法规和政策存在问题的地区设计与生产的。

除了假冒的智能手机，假冒的电池和充电器也随处可见。这些设备的质量参差不齐，存在安全风险[4]。利用现代技术，我们可以在假冒产品的外壳中嵌入隐藏的电子器件或功能，包括智能手机配件。正如 Vault 7 披露的，极其复杂的隐藏功能可以嵌入到合法的真实设备中，也可以嵌入到正品电池或配件中。一种情况是在正品智能手机中安装假电池（或在假冒的智能手机中安装正品电池），再加上恶意软件，就可能造成意想不到的危害，换句话说，恶意软件应用或固件可以像文献[19]所表示的那样造成电池爆炸，使智能手机武器化，或者恶意软件或固件可以作为电池耗尽应用程序[24]的恶意变体，导致电量快速耗尽（假设电池有足够的电量），设备内部温度明显上升，从而对设备和用户构成危险。

智能手机应用广泛，全球大约有 64 亿人使用智能手机[27]。控制与此类设备的远程连接的实体通常无形之中连接到每个智能手机用户附近，可以是用户的口袋、手、手提包或床头柜等。

## 19.6　讨论

考虑到远程武器化的智能手机所带来的潜在威胁，网络安全官员应该采取适当的安全措施。例如，对于一些高级别会议或 VIP 人员的聚集或会议，可以制定协议要求与会者将手机交到单独的地点，或者取出手机中的电池（然而大多数现代智能手机设计成用户无法接触电池）。另一个措施是在安全区域周围建立射频干扰场，防止触发潜在的无线信号，射频干扰也可以阻止来自假手机基站的连接，在干扰期间智能手机无法进行正常的无线通信，类似于利用法拉第笼效应屏蔽会议区所产生的效果。

为了预防上述假设的威胁，我们可以建议智能手机用户避免下载未知或未经授权的应用程序以及打开来自未知发件人的可疑信息，但是这一方法对于供应链中被修改的固件或仅仅在交付时激活的短信劫持来说是无效的。如果黑客拥有大量的技术资源和专业知识，那么预防威胁会很困难，或者说几乎是不可能的。

设计师可以为智能手机机壳选择材料和配置模型，使智能手机机身能够承受灾难性的电池起火或爆炸，同时能够保护用户免受伤害。但是假冒的智能手机很难采取这种措施，更不用说专门武器化的手机了。

下一步研究重点是分析假冒的智能手机和电池中存在的恶意或危险的功能，包括研究这些功能是设计的还是巧合的，它们是否在智能手机的集成电路或电池中，以及它们是否被预编程为软件或固件。如果分析中发现了对身体有害的功能，则应该尝试确定其触发机制。

## 19.7　结论

智能手机的普遍使用，为那些拥有足够技术手段的恶意第三方创造了一种潜在的易受攻击的目标。为实现远程智能手机自毁而开发的技术可能会被第三方滥用，造成灾难性的电池起火和爆炸。对于受害者来说，设备的严重发热或爆炸会造成很多麻烦（设备及其数据和财产受到破坏），受伤甚至死亡。而假冒设备的广泛存在使得消除这种威胁更加困难，仅是禁用手机就会给受害者带来巨大的压力。对智能手机进行物理武器化的第三方可能是任何人或组织，包括国家支持的黑客、组织、黑手党、公司、犯罪团伙、黑客组织或个人黑客。不管罪魁祸首是谁，政府部门和安全分析人员在积极评估潜在威胁与预防措施时，也应考虑公民的利益和基本人权、监管机构的作用以及运营商与高科技产业的利益。

作者绝对没有暗示在上述的任何假设的恶意攻击场景下，任何个人或组织曾经或将要成为攻击行为的实施者，作者也不清楚本节所论述的攻击场景是否真实发生。

## 19.8　附录：威胁分析

表 19.1～表 19.4 呈现了威胁评估标准。

表 19.1 第三方诱导的智能手机武器化威胁分析（假设性评估）

| 组件/模块 | 可能产生的结果 | 攻 击 向 量 |
|---|---|---|
| 射频发射器 | 射频辐射水平异常<br>电池电量消耗过快<br>发热 | 固件编程［呼叫特定号码，打开特定网站（网站中的恶意代码，固件嗅探网站的开放，…）］<br>对于需要传输的每个活动，固件触发永久异常过大的传输强度<br>在普通传输活动和/或禁用 OLPC（开环电源控制）下触发最大传输功率 |
| 电池 | 膨胀<br>起火<br>爆炸 | 远程激活<br>固件编程［定时器，按钮序列，电话，下载，恶意应用程序（恶意软件，…）］ |
| 用户界面功能性 | 由于部分或全部功能被禁用，给用户造成压力、痛苦 | 固件（在制造过程中植入，恶意更新）<br>恶意软件/病毒<br>伪［通过恶意或流氓（被黑客入侵）基站］<br>物理损坏（通过"自毁"或电池损坏破解）<br>"流氓"操作 |

表 19.2 威胁分析表：威胁与潜在的发动攻击者

| | | 发动攻击者 | | | | |
|---|---|---|---|---|---|---|
| | | 黑客 | 民族国家行为者 | 私营公司 | 犯罪组织 | 黑客团体 |
| 威胁 | 设备过热 | | | | | |
| | 电池膨胀 | | | | | |
| | 电池起火 | | | | | |
| | 电池爆炸 | | | | | |
| | 异常射频信号 | | | | | |
| | 远程设备禁用 | | | | | |
| | 远程设备摧毁 | | | | | |

表 19.3 威胁评估表：威胁与潜在诱因/攻击向量

| | | 潜在诱因/攻击向量 | | | | | | |
|---|---|---|---|---|---|---|---|---|
| | | 植入软件 | 自愿下载的软件 | 被劫持的默认下载的软件 | 植入固件 | 恶意固件更新 | 流氓或虚假信号塔 | 使用假冒智能手机 |
| 威胁 | 设备过热 | | | | | | | |
| | 电池膨胀 | | | | | | | |
| | 电池起火 | | | | | | | |
| | 电池爆炸 | | | | | | | |

续表

| | | 潜在诱因/攻击向量 | | | | | | |
|---|---|---|---|---|---|---|---|---|
| | | 植入软件 | 自愿下载的软件 | 被劫持的默认下载的软件 | 植入固件 | 恶意固件更新 | 流氓或虚假信号塔 | 使用假冒智能手机 |
| 威胁 | 异常射频信号 | | | | | | | |
| | 远程禁用手机 | | | | | | | |
| | 远程设备摧毁 | | | | | | | |

表 19.4　威胁评估表格：潜在诱因/攻击向量与潜在发动攻击者（不法分子）

| | | 潜在不法分子 | | | | |
|---|---|---|---|---|---|---|
| | | 黑客 | 民族国家行为者 | 私营公司 | 犯罪组织 | 黑客团体 |
| 潜在诱因/攻击向量 | 植入软件 | | | | | |
| | 自愿下载的软件 | | | | | |
| | 被劫持的默认下载软件 | | | | | |
| | 植入固件 | | | | | |
| | 恶意固件更新 | | | | | |
| | 恶意伪基站 | | | | | |
| | 使用假冒智能手机的用户 | | | | | |
| | 使用假冒电池或配件的用户 | | | | | |

# 原著参考文献

# 第 20 章　现代计算机检测规避技术

**摘要**：蓝色药丸是指一种基于 Hypervisor（虚拟机监视器）的隐形恶意 Rootkit 软件。红色药丸通常是指一种设计用来检测各种蓝色药丸或 Hypervisor 的软件工具包。自从蓝色药丸概念诞生以来，开发隐形 Hypervisor 和检测这种隐形 Hypervisor 的众多开发者之间一直在进行着"军备竞赛"。Hypervisor 也可以用于监控和取证，但是带有红色药丸组件的恶意软件可以发现这样的 Hypervisor，从而绕过它。本章讨论了一种实用方法，即通过绕过红色药丸组件来对抗此类恶意软件。

**关键词**：虚拟化；取证；信息安全；红色药丸

## 20.1　引言

乔安娜·鲁特克丝卡（Johanna Rutkowska）在 2006 年的 Blackhat 大会上首次提出蓝色药丸的概念[16]，虽然此前也有研究人员利用 Hypervisor 来维护安全，但是随着蓝色药丸和红色药丸概念的引入，虚拟化概念与网络安全的联系更加密切。

蓝色药丸是一种可以控制受害者的主机的 Rootkit。与其他 Rootkit 不同，蓝色药丸实际上是一个恶意 Hypervisor。最初的蓝色药丸在操作系统启动后才启动，通过一系列硬件指令来控制受害主机。事实上，在蓝色药丸被部署之后，它就获得了比启动它的操作系统更高的特权。当然，蓝色药丸必须像所有 Rootkit 一样隐藏自身，否则它将被用户清除。由于蓝色药丸可以启动操作系统范围以外的任务，因此它可以利用 Hypervisor 进行伪装。为了应对蓝色药丸，人们发明了红色药丸。这是一种硬件或软件工具，可以用来检测此类恶意蓝色药丸 Rootkit。

红色药丸是可信计算和验证概念的特殊形态，在可信计算中，远程第三方或本地软件通过验证工作来保证本地机器在软件（为主）和硬件（有时）方面的完整性。

当涉及虚拟机管理程序时，文献[3]率先研究了 Hypervisor（或蓝色药丸）缺失的验证，讨论了建立"主机真实性"的方法（确保主机是运行正确软件的物理机，而不是模拟器、虚拟机或运行盗版软件的物理机）。柯尼尔（Kennell）和贾米森（Jamieson）提出进行一系列测试，只有被检测系统是真实时测试才能通过。如果测试中运行 Hypervisor，会产生相应的侧面影响——主要是开销巨大的内存遍历，从而导致测试不通过。

现在，柯尼尔最初的假设受到了质疑，因为现在存在消除内存访问侧面影响的特定硬件指令和功能（二级地址转换指令，如 Intel 的 EPT™和 AMD 的 RVI™）。但是许多现代红色药丸的核心思路还是利用侧面影响。

自鲁特克丝卡引入蓝色药丸恶意软件概念之后，用来检测此类蓝色药丸的红色药丸的概念也多次被提及。然而，随着更先进的规避检测的蓝色药丸被设计出来，这又导致了更加先进的红色药丸的出现。因此，二者的目标是相互对立的，那么一方技术的进步自然需要另一方跟进技术的进步。

如今 Intel、AMD 和 ARM 等现代 CPU 具有硬件辅助虚拟化功能。硬件辅助虚拟化为实现虚拟机和模拟器软件提供了新功能。所以硬件辅助虚拟化可以通过消除虚拟化侧面影响的方法来规避某些"红色药丸"的尝试。然而，现代硬件平台比以前复杂得多，拥有多个处理器以及更多的侧面影响，从而为产生新的红色药丸提供了新的可能。

本章介绍了一种绕过 Intel 虚拟化架构平台上的红色药丸的实用方法。

## 20.2　背景

×86 硬件辅助虚拟化的最新改进支持操作系统进行无缝内省，以验证系统除了在安全的环境中运行，还支持在单个硬件平台上运行多个操作系统。这些是由 Intel 架构上的 VT-x、VT-d 和 EPT 以及 AMD 架构上的 AMD-v，IOMMU 和 RVI 等新指令簇提供支持的。

### 20.2.1　Hypervisor 与 Thin Hypervisor

Hypervisor 是一种计算机软件概念，允许在同一硬件上运行多个操作系统。顾名思义，它比操作系统具有更高的特权（英语 hyper 与 above 意思相近）。如同操作系统监视其上运行进程的内存和硬件资源，Hypervisor 可以监督其上运行的每个操作系统的硬件资源。

针对 Hypervisor 的研究始于文献[14]，其中将 Hypervisor 分为两大类：引导型 Hypervisor、主机型 Hypervisor。

引导型 Hypervisor 在计算机开机时被启动。计算机在启动 Hypervisor 后启动客户操作系统，如 VMWare ESXi。主机型 Hypervisor 仅在操作系统启动后启动，如 VMWare Desktop 或 Oracle Virtual Box。鲁特克丝卡描述的原始蓝色药丸属于主机型 Hypervisor，但是引导型 Hypervisor 蓝色药丸从技术上也是可行的。

Hypervisor 逻辑上位于硬件和监视层之间。其可以拦截各种指令并捕获中断，将它们传递到正确的操作系统并控制内存地址。Hypervisor 使用自己的转换表来确定哪个操作系统拥有哪块内存地址，以及哪个操作系统应处理哪个硬件中断。这类似于操作系统环境中的 MMU，其将每个内存地址分配给不同的进程。

但是，有一种特殊的 Hypervisor，它并不试图运行多个操作系统；相反，这些 Hypervisor［称为"瘦 Hypervisor"（Thin Hypervisor）］仅支持在目标硬件上运行一个操作系统。所有中断和内存访问要么被阻止，要么被传递到操作系统进行处理。实际上，Thin Hypervisor 充当了一个微内核，为底层操作系统提供服务。它只包含很少的内存管理，依赖于单个客户操作系统进行内存管理和中断处理。

## 20.2.2　×86 虚拟化架构

在 Intel ×86 CPU 架构中，硬件辅助虚拟化由独特的指令簇提供。Intel 架构和 AMD 架构各自提供了 3 个指令簇来处理 Hypervisor，这些指令随着每代新处理器而不断优化。

较新一代 CPU 包括新的硬件辅助虚拟化，如 shadow VMCS，此外在新一代 CPU 上虚拟化指令所需的 CPU 周期更少。×86 虚拟化指令如表 20.1 所示。

表 20.1　×86 虚拟化指令

|  | Intel 架构名称 | AMD 架构名称 | 使用 |
|---|---|---|---|
| 虚拟化指令 | VT-x | AMD-v | 启动 Hypervisor 所必要的指令簇 |
| 二级地址转换 | EPT（扩展页表） | RVI（快速虚拟化索引） | 允许 Hypervisor 为多个客户操作系统运行多个 MMU |
| IO MMU | VT-d | IOMMU | 允许 Hypervisor 为特定的客户操作系统指定 I/O 内存 |
| VM 数据结构 | VMCS（虚拟机控制数据结构） | VMCB（虚拟机控制块） | 保存所有 VM 的信息 |

## 20.2.3　Rootkit 与 Bootkit

一旦在任何 Web 服务器上检测到攻击，系统管理员应对网络事件的推荐和通用规程是格式化目标服务器并重装操作系统。一旦操作系统被重新安装（并且已使用安全补丁完全修补），黑客就无法继续访问被感染的系统。于是黑客们便想要隐藏他们的踪迹。这样，就能避免他们的攻击行为被检测到，从而可以保持对被攻击服务器的持久访问。

因此，黑客常常会安装一种名为"Rootkit"的软件包，这种软件包能够帮助黑客访问受害系统的资源。此外，Rootkit 会隐藏自身以及黑客在受感染的系统上运行的所有进程，掩盖其存在的踪迹。Rootkit 有两个目标：一是方便黑客访问受害者计算机资源；二是在受害系统中隐藏自身以及帮助黑客隐藏其入侵痕迹。

构建 Rootkit 的方法有很多，如劫持系统调用和库函数，安装 setuid 程序，替换看起来"无害"的二进制文件。蓝色药丸是一种特殊类型的 Rootkit，与修改操作系统以隐藏文件并获得系统访问的普通 Rootkit 不同，蓝色药丸可以启动一个 Hypervisor。因此，蓝色药丸获得的权限比操作系统多。蓝色药丸可以在 Hypervisor 的地址空间中运行进程，而这些进程和内存空间对操作系统是不可见的。

Rootkit 的一种实例化方式是"Bootkit"。Bootkit 是一种特殊类型的 Rootkit，它在操作系统启动之前启动（通过硬盘驱动器主引导记录、UEFI、PXE 或其他方式），然后先运行自己的软件（蓝色药丸案例中的 Hypervisor），再启动操作系统（通过调用操作系统 Boot 程序）。Bootkit 还可以修改操作系统的系统调用，从而隐藏其进程和文件。

## 20.2.4　Hypervisor，取证和网络安全

一些网络安全技术依赖于硬件辅助虚拟化机制（"Hypervisor 指令"）和硬件辅助虚拟化技术来监视计算机系统免受恶意软件攻击。扎伊登贝格（Zaidenberg）[18]总结了 Hypervisor 在网络安全中的应用。Hypervisor 可以用来检查目标系统，这种取证手段可以协助开发人员[5]分析代码[6]、直接获取被检系统的内存[9]，以及检测恶意软件[19]。

此外，Thin Hypervisor 可以为 guest 系统提供安全服务，如微软的 Deviceguard、防逆向的 TrueProtect Hypervisor[1,10]、Execution Whitelisting[15]等。其他的 Thin Hypervisor 可以监控视频 DRM（数字版权管理）[2]、提供取证数据或提供端点安全服务[10]。监控操作系统的 Thin Hypervisor 不仅能够验证其是否安全运行，还能帮助跟踪检查疑似恶意软件的操作。

但是，一些现代恶意软件嵌入了红色药丸组件，用来检测 Hypervisor 的存在。如果它检测到 Hypervisor，就可以克制容易被虚拟机管理程序发现的部分（或全部）恶意活动，这将迟滞恶意软件被发现和分析的时间，从而隐蔽地传播到其他系统。因此，很明显，现代网络安全 Hypervisor 要想成功地用于监控、检测和分析恶意软件行为，就必须规避红色药丸的检测。

## 20.2.5　柯尼尔的时序方法和衍生攻击

柯尼尔和贾米森[3]提出了一种基于被检测系统的计算侧面影响来执行远程 Hypervisor 红色药丸的方法。此类侧面影响包括转换后备缓冲器（TLB）和 cache 命中与否，以及计算所消耗的真实时间。根据柯尼尔的方法，经过认证的计算机会从可信的远程服务器收到一个"挑战"（计算请求）。

挑战会导致几个计算的侧面影响，如 TLB 命中、TLB 未命中、cache 命中、cache 清除等。挑战包含几个阶段，前一阶段的侧面影响会被添加到计算结果中，所以前一阶段的结果和侧面影响会影响下一阶段计算的结果。要想通过测试，被测试的计算机不仅要保持计算结果的一致，还要准确地计算出侧面影响的结果。此外，整个计算（所有阶段）必须在短时间内完成（非虚拟机计算所需的时间）。

柯尼尔的测试依赖于这样一个事实，即如果蓝色药丸或模拟器正在运行，那么计算的侧面影响必然会有所不同，所以侧面影响的计算必须单独进行，这样就会花费更多的时间。因此，模拟器或虚拟机上的挑战应答不可能正确且及时响应。另外，由于挑战是由许多阶段构建的，因此计算必须按照正确的顺序完成，这样就不能在

多个并行机上模拟。如果答案错误或响应太迟，那么柯尼尔测试将认为这台机器不是真实的。

柯尼尔的方法在第二年受到了直接攻击。尚卡尔（Shankar）等[17]表示性能的侧面影响并不足以作为软件检测的方法。柯尼尔和贾米森[4]也对此做出了回应，而直到虚拟化普遍应用到现代计算机中，这一争议才停止。因为现代计算机系统比柯尼尔和贾米森假设的具有多个缓存的模型更加复杂，所以柯尼尔的方法不能直接在现代计算机上模拟。此外，EPT 即使在有 Hypervisor 的情况下也能提供更快的内存遍历。

虽然基彭贝尔格（Kiperberg）等[7,8]宣称柯尼尔方法可以应用到具有硬件虚拟化的现代计算机上，但是好景不长，Intel 在第二年（在第二代和第三代核心处理器之间）改变了他们的缓存算法，并且没有公开这一算法。

然而，柯尼尔的测试依赖于某些算法的可用性，如 CPU 缓存算法，但这些算法被视为商业秘密，通常并不可得。此外，Intel 在第二代和第三代之间改变了其核心平台的缓存算法，并且为了应对"meltdown"[12]和"specter"[11]漏洞再次更改了算法。因此，支持柯尼尔在现代硬件上的测试需要逆向缓存算法的架构，是非常困难且耗时的。在所有最新的 Intel/AMD 架构上支持柯尼尔测试是一项艰巨的任务，需要进一步研究。

## 20.3　本地红色药丸

本地红色药丸是由被测机器执行的测试，包含在被测机器中。这些测试并不被认为是可靠的，因为计算是在不可信的机器（被检测的机器）上执行的。本地红色药丸的一个例子是恶意软件中运行的红色药丸组件在计算机系统中获得一席之地。由于没有可信的信任根，恶意软件只能尝试提供验证，以便尽可能地在被检查的计算机上检测 Hypervisor。

### 20.3.1　Pafish 和其他现代红色药丸

Paranoid fish（Pafish）[13]是当前事实上"用于 Hypervisor 检测的红色药丸"软件的标准。Pafish 包括多个测试，能够检测到运行在 Linux 或 Windows 系统下的大多数已知 Hypervisor。其中许多 Hypervisor 测试都假定 Hypervisor 未尝试隐藏自己，从而只是简单地在内存中查找特征值。例如，VMWare 定期报告所有机器上的 440BX 芯片组（20 世纪 90 年代的硬件）。

但是，有一些 Pafish 测试专门针对试图隐藏的 Hypervisor。这些方法依赖于运行 Hypervisor 的时序和侧面影响[20]。本地时序方法可用于尝试驱除这些 Hypervisor。本地时序测试执行以下步骤。

步骤 1：获取本地时间（如 RDTSC 指令）。

步骤 2：执行必须被 Hypervisor 拦截的操作（如 CPUID 指令）。

步骤 3：再次获取本地时间得到指令执行的时间。

这种测试的基本假设是，在 Hypervisor 运行的情况下执行步骤 2 会消耗更长的时间。

## 20.3.2　Pafish 时序测试

Pafish 时序测试包括以下内容。

测试 1：RDTSC、RDTSC<750 个周期，

测试 2：RDTSC、CPUID、RDTSC<1000 个周期。

测试 1 涉及一个包含两个连续被调用的 RDTSC 指令的序列，以及对响应时间的测量。并且，该测试通过设计确保 Hypervisor 不会拦截 RDTSC 指令。测试 2 的序列测量 Hypervisor 必须拦截的 CPUID 指令的执行周期。在 Hypervisor 控制下，执行从 guest 到 host（再返回）所需的上下文切换会明显地增加周期数，这可被用作 Hypervisor 存在的证明。在这两种测试中，由于两个 RDTSC 指令之间会出现随机中断，可能会获得不规律的高出阈值的结果。为了避免由于结果不规律而导致假阳性，Pafish 平均执行 10 次以上的指令序列运行（图 20.1）。

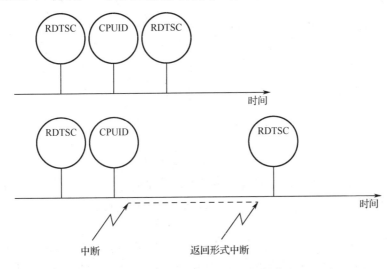

图 20.1　RDTSC 时序和中断拦截

因为这些指令序列在几十个时钟周期内完成，所以假阳性发生概率极低，但并非不可能。为了验证这一点，Pafish 算法针对相当高的阈值（750 个和 1000 个周期）进行测试。在大多数实际情况下，宽泛的阈值将涵盖 10 次运行期间的单个中断事件。然而，如下所述，在广泛的 Pafish 时序测试运行中已经出现了极少的假阳性。因此，我们有理由认为，整合了红色药丸组件的恶意软件将激活多次这样的检测尝试以排

除假阳性，如图 20.2 所示。

这类假阳性错误情况将一直存在，直到拦截中断充当操作系统轮询调度计时器，导致任务被重新调度。在这种情况下，任务被重新安排运行后的周期长度结果比第一次读取到的结果大得多，因此测试不通过。

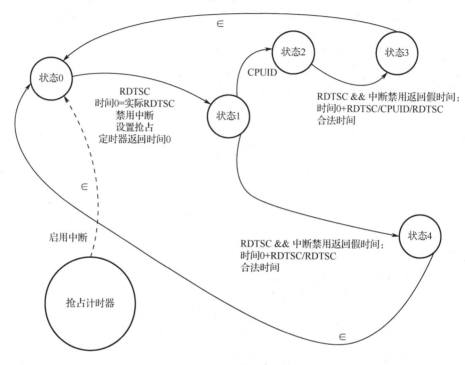

图 20.2　绕过用户模式的 Pafish 状态转移图

### 20.3.3　用户模式下的 Pafish 时序测试

Pafish 时序测试作为一种模型，代表了时序测试的一个大类，这类时序测试被红色药丸用于清除 Hypervisor 的存在。此类测试的特征是包含了 Hypervisor 必须拦截的指令序列的本地时序。以下方法假定 Pafish 测试是在用户模式下执行的，因此容易发生上述中断拦截。

为了规避 Pafish 时序测试，Hypervisor 采取的方法是拦截 RDTSC（和 RDTSCP）Intel 命令，检测一系列间隔紧密的 RDTSC>>RDTSC 或 RDTSC>>CPUID>>RDTSC 命令，并伪造第二次 RDTSC 读取的结果。即使 Hypervisor 设置为拦截 RDTSC（和 RDTSCP）指令，CPUID 指令也会被拦截，因为它是必须拦截的指令。Hypervisor 维护一个状态机，用于检测这两个可能的指令序列，在收到第一个 RDTSC 指令时，将真实的 RDTSC 结果存放在暂存器中，当收到第二个 RDTSC 时，根据检测到的指令序列以伪造的"合法"计算结果进行响应。

完成此设置后，Hypervisor 必须处理出现的以下几个问题。

问题 1：Hypervisor 拦截 RDTSC 和 CPUID 指令会导致一次 guest 模式到 host 模式间的上下文切换，因此拦截期间的累积时间包括任务切换到 host 模式的时间，在主机拦截程序中执行指令的时间以及上下文切换回 guest 模式的时间。此时间跨度比未截获的指令所需时间高出一个数量级。因此，这个过程更容易中断对指令的拦截。

host 模式下并不能处理 guest 中断。如果中断发生时，处理器不处于 guest 模式，那么中断会被挂起，直至上下文切换回 host 模式时再次产生。当此事件链发生在序列中的第一个 RDTSC 指令被拦截时，Hypervisor 将其设置为状态机的参考点和位置，并返回 guest 模式。但是，在 guest 模式的 Pafish 任务重新获得控制权之前会先触发一个被挂起的中断。在大多数情况下，一个挂起的中断会充当操作系统轮询调度计时器的中断，导致任务重新调度。当 guest 模式将重新控制处理器时，有极大可能会被安排到不同的处理器中，其上以 host 模式运行着一个不同的 Hypervisor 实例。这完全破坏了解决方案，因为状态机转移已经分散在不同的上下文中了。

问题 2：RDTSC 指令可以由操作系统的用户模式组件调用，也可以由系统中的其他用户任务调用。因此，并非每个拦截的 RDTSC 指令都是 Pafish 时序测试的一部分。这些分散的 RDTSC 指令往往会使状态机不同步。

针对问题 1 所提出的解决方案建议，在拦截 RDTSC 指令时，重置 guest 模式寄存器中的中断标志，并将该预定义时间段设置为 Hypervisor 抢占计时器，从而实现中断禁用。当抢占计时器到期时，中断会被重新启用。这种方法确保当 RDTSC 指令被拦截时，成为 Pafish 时序中的第一个 RDTSC。这样的话，此时序将有足够的无中断时间来完成。这与非 Hypervisor 的情况非常吻合，其中 Pafish 时序运行时被中断干扰的概率可忽略不计。不属于 Pafish 时序的 RDTSC 指令也将"遭受"中断禁用，但是，预定义的周期相对较短，中断将快速恢复。在对这种方法进行严格测试期间，没有观察到负面影响。

这种方法也能很好地解决问题 2。由于每个 RDTSC 指令现在都会创建一个短期的中断禁用，因此该周期可以用作标记 Pafish 时序必须结束的时间段。换句话说，一旦抢占定时器被激活并重新启用中断，Hypervisor 检测状态机也会被重置为"状态 0"，参见图 20.2。

## 20.3.4　内核模式下的 Pafish 时序测试

从理论上讲，Pafish 时序测试可以从内核模式启动。当然，恶意软件通过利用操作系统漏洞和零日（Zero-Days）漏洞获得内核模式访问权限的可能性较小。但是，随着操作系统日益复杂，难免存在这样的漏洞，因此有必要考虑恶意软件获得内核模式访问权限且同时具有红色药丸组件来检测监视 Hypervisors 的情况。

规避内核模式下启动的 Pafish 时序测试比用户模式下启动的 Pafish 时序测试要

复杂得多，在此，我们仅重点介绍几个问题。

**问题 1：** Hypervisor 无法在响应内核模式 RDTSC 拦截时禁用中断。中断和中断优先级被广泛应用于操作系统中，在内核模式下执行的拦截的 guest 指令期间，Hypervisor 主机对中断设置的任何改变扰乱都将导致操作系统混乱，必须不惜一切代价避免该问题。

**问题 2：** 问题 1 所产生的结果便是丢失其重要的序列-时间-限制标记，这绝对需要强制返回"状态 0"。

**问题 3：**（Windows）操作系统在内核模式下广泛使用 RDTSC 和 CPUID 指令。因此，拦截 RDTSC 指令以定位 Pafish 时序的 Hypervisor 还将从在执行时序期间执行的各种内核线程获得大量的 RDTSC/CPUID 拦截。因此，Hypervisor 必须基于一个单线程来检测时序。

**问题 4：** 非时序中的 RDTSC 指令可能出现在时序的第一个 RDTSC 指令之前，并且非常接近于该指令。在这种情况下，Hypervisor 无法将此情况与时序的两个连续的 RDTSC 指令区分开来。因此，它必须以伪造的时间响应第一个 RDTSC 指令（在本例中为第二个 RDTSC）。现在，当真实的第二条 RDTSC 指令被拦截时，Hypervisor 也必须伪造其结果。但是，要做到这一点，Hypervisor 必须记住以前的假结果。这一连串事件可能会持续一段时间，并在实际的和虚假的时间结果之间造成时延雪崩。因此，必须制定规则来保证在正确的点上打破这条链条，以恢复实时性。

解决这些（以及其他一些）的方法是在 Hypervisor 中创建数据结构，持续监视 RDTSC 和 CPUID 拦截及其内核模式坐标（如内核线程 ID、实际 RDTSC 时间、报告的假 RDTSC）。每次拦截首先将拦截的指令及其坐标存储在此数据结构中的相应槽（Slot）中，然后对此槽的拦截进行回溯分析，以确定是否需要伪造响应，如果需要，则再确定要报告的值。

定义数据结构的一种可能方法就是创建一个槽向量，其中每个槽由唯一的内核线程 ID 定义。向量大小代表预期的并发内核线程数。当一个内核线程在预定义的时间内处于非活动状态时，可以从数据结构中删除，从而为新的内核线程释放一个槽。每个槽都指向被拦截的指令属性的一个循环列表。这个列表可以支持一个持续的注册 RDTSC 和 CPUID 指令的进程。列表深度将反映覆盖一个实际 Pafish 时序测试的最长指令序列。循环列表是存储连续信息流的一个非常好的选项，同时能提供支持分析阶段的回溯内存，如图 20.3 所示。

作者已经成功地按照这种方法编写了一个可行的解决方案，并在 Windows 10 系统上演示了规避内核模式启动的 Pafish 时序测试。有关具体细节不在本章的论述范围之内，将在后续章节中做重点陈述。

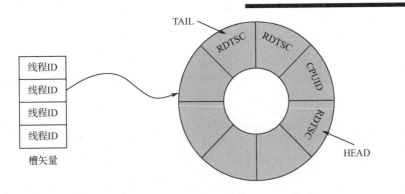

图 20.3　内核模式数据结构中的绕过 Pafish 时序测试

## 20.4　结论

近年来，使用 Hypervisor 作为计算机系统的监控和自省安全工具可能会受到来自现代恶意软件中包含的红色药丸组件的阻碍。但是，本章表明，Hypervisor 可以绕过红色药丸检测。应该指出的是，本章的重点是 Pafish 时序测试，用来模拟红色药丸检测。其他在野模型一旦被披露，相关绕过技术很可能需要被修改。

## 原著参考文献

# 第 21 章　恶意软件分析技术

**摘要**：当前，恶意软件数量持续增长。一方面，为了尽可能缩短检测时间，减少恶意软件攻击的成本消耗，需要开发更好的检测技术；另一方面，恶意程序会通过各种技术规避检测，而每种被开发出来的规避检测技术都用来对抗某种特定的检测方法。本章介绍恶意软件分析技术及其对策，以便读者了解恶意软件检测与规避检测两个技术研究阵营之间的"军备竞赛"的演进变化。

**关键词**：恶意软件；虚拟机监视器（Hypervisor）；绕过

## 21.1　引言

当前，新发现恶意软件的数量逐年递增。AV-TEST 公司在 2020 年新发现 11.39 亿个恶意程序，相较于 2019 年增长了 14%。IBM[7]的数据显示，2019 年识别恶意软件漏洞的平均时间为 206 天，比 2018 年的识别时间增加了 5%。与遏制恶意软件有关的成本随着其识别时间的增加而增加。因此，该领域需要更好的识别技术来缩短识别时间，降低相关成本。

恶意软件因其目的、复制方法和破坏能力[37]而异。间谍软件（Spyware）[5,8,18]会记录受害者的行为活动[15]，如击键、鼠标移动、活动窗口标题、屏幕快照、相机图像和传声器声音，之后间谍软件将记录的数据发送给攻击者。勒索软件（Ransomware）[11]对受害者的信息进行加密，并将解密密钥发送给攻击者，然后，攻击者向受害者索要赎金来赎回解密密钥并恢复被加密信息。恶意广告软件（Adware）[5]是一个经常显示无关广告的恶意程序。僵尸网络（BotNet）[10]是一种能够听取攻击者命令的恶意程序，收到攻击者命令后，僵尸网络就会通过计算机硬件攻击其他计算机或网络。例如，分布式拒绝服务攻击通常通过僵尸网络得以实现。加密劫持（Cryptojacking）软件[14]则使用受害者的计算机资源来挖掘加密货币。

恶意软件在计算机之间传播的方法主要有 3 种：

（1）病毒；

（2）蠕虫；

（3）特洛伊木马。

病毒通过将其副本插入其他程序或文档进行传播。蠕虫是可以将自己复制到另一个位置的独立程序，且无须其他程序和文件作为承载容器。特洛伊木马是一种既有合法功能又有非法破坏能力的程序。用户通常会随意安装特洛伊木马，以使用该程序的合法功能，但不知道它还有恶意破坏的能力。

恶意软件可以在用户模式下运行，从而能够窃取用户文件，破坏用户程序。更复杂的恶意软件可以攻击操作系统内核本身，从程序内存及其他用户文件中窃取信息。此外，这种恶意软件对杀毒软件的检测具有更强的抵抗力。基于 Hypervisor 的恶意软件[16]通过将恶意软件转移到隔离环境进一步提高了规避杀毒软软件检测的能力。其中，设备的固件就是一种很好的隔离环境[9]，CPU 无法直接访问设备的固件。因此，在 CPU 上运行的杀毒软件无法对设备的固件进行分析。

恶意软件通过各种技术手段来规避检测，每种技术都用来应对特定的检测方法。例如，多态和变形[36]用来应对静态分析，调试器及 Hypervisor 检测技术用来应对动态分析。在本章中，我们介绍分析技术及其对策，让读者了解两个研究阵营之间"军备竞赛"的演变。

## 21.2　静态分析

最简单的恶意软件检测方法是根据预定义的模式库检查程序样本。模式是指令[27]上的正则表达式。这些模式应该是非常普遍的，可以用来描述轻微的恶意软件变体；但是又不能过于普遍，这样会捕获良性程序。YARA[28]是一个恶意软件分类工具。YARA 规则是指 YARA 使用正则表达式来定义恶意软件。ClamAV 是一种能够使用 YARA 规则定义恶意软件的杀毒软件。商业杀毒软件使用类似的恶意软件定义库。

每个正则表达式可捕获的恶意软件样本范围很窄，通过对现有的恶意软件样本稍加修改，攻击者就会制作出新的恶意软件变体，以对抗已有的恶意软件定义。针对这种情况，商业杀毒软件必须通过增加新的样本定义更新其恶意软件库。攻击者及杀毒软件供应商之间的这场"军备竞赛"要求终端用户通过更新恶意软件定义库来及时应对新型恶意软件的威胁。

多态恶意软件[36]是攻击者设计的一种新型攻击方法，它简化了恶意软件变体的生成过程。多态恶意软件主要由以下两部分组成。

（1）加密的主体：包含恶意业务逻辑。

（2）解密程序：在实际执行之前解密主体。

当恶意软件进行自我复制时，它会使用不同的密钥对主体进行加密，并改变解密程序。变异引擎因其复杂性而不同，有的可以重新分配寄存器，有的则可以完全重写原始解密程序。变异引擎本身在恶意软件的不同副本中保持不变。

与多态恶意软件不同，变形[36]恶意软件不仅变形它的主体，还变形引擎本身。变形恶意软件的复制操作包括 3 个步骤。

（1）反汇编：将二进制表示转换为中间形式。

（2）随机变异：中间形态被改变。

（3）汇编：在这个过程中，改变的中间形式被转换回二进制表示。

这种复制操作允许变形恶意软件在两个副本之间造成高度差异。

为了检测多态和变形恶意软件，一类新的语义感知检测器[6]被提出。在一般情况下，恶意软件定义描述的是其行为，而不是结构，因此无法判定一个样本是否与一个定义相对应。然而，多态和变形恶意软件有限的转换次数是可以被掌控的。因此，这种方法可以在实践中有效地对抗各种 Netsky 和 Beagle 恶意软件的变体。随后，文献[27]提出一种一般不可判定变换，可以分析恶意软件语义以解决分类的限制问题。

静态分析是一种快速可靠的方法，能够根据恶意软件的句法和语义属性检测恶意软件。虽然静态分析在现代恶意软件检测中的有效性还有待商榷，但这种方法的低开销和简单性使其成为许多系统安全包中默认的预防恶意软件措施。

# 21.3　动态分析

变形恶意软件通过混淆语义和改变每次复制的语法结构来规避静态分析。然而，恶意软件的行为在复制过程中保持不变。该属性构成了恶意软件动态分析的基础。与静态分析不同，动态分析[31]对以混淆为基础的各种规避（绕过）行为免疫，这使其成为分析未知风险及零日漏洞恶意软件的首选。

动态分析可以从多种角度进行分类。首先，当潜在恶意软件在系统中执行命令时，动态分析技术可以在线执行命令。另外，动态分析还可以记录内存，以便随后进行脱机分析。其次，从用户模式、内核模式到外部设备，动态分析技术因特权级别而异。最后，从系统调用、功能函数到数据移动，分析技术因所分析的信息而异。我们将在下面的内容中讨论这些观点。

## 21.3.1　内存采集

内存采集[19]是指获取所分析内存的可靠镜像的过程。在各种情况下，内存采集可能需要获得单个进程、一组进程或整个 RAM 的内存镜像。获取内存镜像后，安全专家可以使用各种工具进行分析，如 Rekall[39]和 Volatility[42]。这种分析在某种程度上可以自动化进行。

最直接的内存采集技术可以实现为内核模式驱动程序，它映射并转储整个 RAM。驱动程序可以自主执行采集操作，也可以通过使用操作系统的服务来完成任务。这种例子包括 Pmem[41]、LiME[13]、FTK[4]和 DumpIt[26]。这虽然很简单，但内核模式的内存采集技术也存在缺陷，那就是攻击内核本身的恶意软件可以检测到这种行为，并破坏它们的运行。

为了保护自己免受恶意软件的侵害，内存采集技术可将特权级别提高到虚拟机监视器级别。LibVMI[32]提供了提取虚拟和实际内存快照的 API。另一种基于 Thin Hypervisor 的解决方案是 HyperSleuth[25]。HyperSleuth 提供运行系统的原子内存采集。我们注意到内核模式的内存采集技术从来没有证明过原子性。Vis[43]是 HyperSleuth 的继承者，它使用 Intel 的 EPT 机制提供了更有效的实现方法。基彭贝尔格（Kiperberg）等[17]也演示了类似的方法。

对于绕过而言，Hypervisor 是一个更具挑战性的目标。然而，多项工作表明，Hypervisor 存在被检测到的可能性，从而使得恶意软件在发现 Hypervisor 时禁用自己的恶意行为。奥列克苏克（Oleksiuk）[30]演示了从活跃的系统管理模式（System Management Mode，SMM）中采集内存的方法。SMM 以更高级别的特权模式执行，从而保护内存采集过程免受恶意软件的妨碍。但不幸的是，在 SMM 中执行的代码是系统供应商签名固件的一部分。因此，部署基于 SMM 的系统需要与系统供应商进行合作。

外部设备可以使用 DMA 来获取系统内存。例如，PCILeech[33]和 Inception[21]就是这样的外部设备。通过外部设备获取内存的好处主要表现在它们的不可检测性和对恶意软件的免疫力。但是，外部设备存在两个问题。第一，外部设备无法制作原子内存快照。第二，当输入/输出内存管理单元（IOMMU）[3]活跃时，外部设备无法运行。IOMMU 是 Intel 最近引入的一种安全机制，它允许操作系统和管理程序在输入/输出设备和主内存之间构造一个页表。特别之处在于，IOMMU 可以阻止外部设备访问某些内存区域。恶意软件可以改变 IOMMU 的配置，从而妨碍 PCILeech 和 Inception 可靠的采集内存。

通过上述某一种方法获得的内存快照必须经过分析。快照通常缺乏存储在 CPU 寄存器中的关键信息，如 CR3、GS_BASE 和 LSTAR 寄存器的值。若没有这些信息，则无法可靠地重建实际的系统状态。此外，在大多数情况下，快照提供了实际内存的非原子视图。例如，链表、树和任何其他复合对象在快照中可能会损坏。最后，内存采集最显著的缺点是它不能及时对恶意软件的行为做出反应。

## 21.3.2　行为分析

行为分析[31]的目的是根据程序的行为来判断其是否为恶意软件。行为分析系统可以使用各种各样的监视技术来监视单个进程或整个操作系统，然后根据预定义的策略[38]或使用机器学习技术[12]将观察到的行为归类为恶意行为。因此，在概念上，行为分析系统由两部分组成：（1）进程或系统监视器；（2）分析器。

在本章中，我们只讨论监视组件。

虽然多个策略在分类方面提供了确定性保证，但编写策略需要对整个系统操作和安全风险有深刻的理解。错误的策略会让恶意程序的攻击得逞。因此，机器学习技术对于保护系统免受已知和未知恶意软件的攻击变得越来越有帮助。监视组件的目的是记录系统运行期间发生的事件。监视组件与机器学习的不同在于：①记录事件的粒度；②为每个事件收集的附加信息；③它们规避检测绕过的能力。

所记录事件的粒度可以是高级的，如进程或文件的创建，发送一个文档到打印机，打开一个套接字。粒度可以是中级的，它对应于一个系统调用接口。例如，在 Windows 上，套接字打开函数执行 DeviceIoControl 系统调用。粒度可以是低级的，它对应于程序或操作系统内部函数的调用，如执行 RSA 加密的函数的调用。

监视组件会记录每个事件的标识，如系统调用号和可能的附加信息。附加信息可以包括传递给系统调用的参数、返回值和进行系统调用的上下文。收集这些信息并不容易，因为参数通常包括指向复合对象的直接指针和间接指针。

绕过能力指的是监视组件的两个特性：能够保护其功能免受恶意软件的直接攻击；能够隐藏它的存在。

这些可以防止恶意软件的恶意行为和规避检测。绕过能力通常通过仿真、虚拟化或外部设备来实现。

监控高级 API 是一种广泛使用的技术，它不仅仅局限于恶意软件分析。来自 Windows Sysinternal[24]的系统进程监视软件可以记录进程、文件和注册表活动。系统进程监视软件收集每个操作的参数及其调用上下文。然而，庆幸的是，从系统内部监控恶意软件很容易被恶意软件发现并绕过。

为了使它们不易被检测到，监视软件被移动到所监控系统之外的虚拟机监视器和模拟器中。基于仿真的方法在软件中构建的仿真环境无须硬件辅助。但是，由于底层硬件的复杂性，因此很难实现完美模拟。因此，如林多尔弗（Lindorfer）等[20]所说，基于仿真方法构建的 Anubis[23]和 Bitblaze[40]可以被恶意软件检测到。

虚拟化解决方案使用两种类型的 Hypervisor[31]：基于 Hypervisor 的解决方案；基于虚拟机的解决方案。

第一类的 Hypervisor 可以直接在硬件上运行，而第二类的 Hypervisor 则需要一个操作系统来协调硬件和 Hypervisor 本身。这两种情况都使用完整的 Hypervisor，如 KVM 或 Xen，至少会运行一个操作系统作为恶意软件的执行环境。由于它们提供的仿真设备，这样的系统会遭受高性能损失及更高的可检测性。MAVMM[29]是另一种解决方案，因为该方案基于 Thin Hypervisor，所以降低了它的可检测性。

基于虚拟化的恶意软件分析技术通过检测系统调用并记录它们的参数。该技术在性能方面是高效的，且不容易被恶意软件绕过。但是，所有这些技术都根据系统调用问题将程序归类为恶意程序。因此，这些技术不能充分处理零日漏洞攻击，因为这些攻击可能使用以前未使用过的系统调用或以未知的方式使用标准的系统调用。

### 21.3.3　绕过

恶意软件试图通过使用各种绕过技术[1]来规避分析。这些技术的目的是检测监视器的存在并禁用其对恶意软件的动作。绕过技术可分为两类：

（1）通用型绕过；

（2）特定监视器绕过。

通用型绕过技术可以绕过任何监视，而特定监视器技术可以绕过特定的监视器或一系列类似的监视器。

两种常规且普遍的绕过技术是基于这样的假设：分析不是持续的，而是在预定义的一段时间结束之后就终止了。因此，为了防止恶意行为分析，将其禁用恶意行为的时间延迟到这个时间量就足够了。或者，恶意行为可以由某些事件触发，接收到一个网络数据包，从而在正常运行期间隐藏其恶意行为。在这两种情况下，假设分析时间有限，则恶意软件可以成功地逃脱检测。

另一种常规绕过技术被称为"反向图灵测试"，可验证底层操作系统的真实性。需要注意的是，恶意软件分析通常是在预先生成的合成操作系统镜像上执行的。该镜像恢复的操作系统可能不具有经常使用的操作系统中通常存在的构件。例如，经常使用的 Windows 存储一个最近打开的文档列表。反向图灵测试技术可以使用这种观察来确定底层操作系统是不是合成的。

目标恶意软件只在预定义的环境中才显示其恶意活动。该环境可以通过特定的网络拓扑结构、特定的外部设备或特定应用程序的存在来定义。例如，只有在特定的工业控制器存在时才会激活"震网"病毒的恶意行为。

特定监视器绕过技术试图检测监视器本身。商业 Hypervisor 通过它们模拟的设备和安装的附加应用程序来证明其存在。例如，VirtualBox 安装"vboxservice.exe"应用程序。VMWare 为其模拟设备安装"vmmouse.sys"驱动程序。Thin Hypervisor 不模拟设备；它们不需要安装额外的应用程序或设备驱动程序。因此，基于 Thin Hypervisor 的监视器不易受到这种规避技术的影响。

一般的 Hypervisor 检测技术都以时序攻击[2,35]为基础。这些攻击在一个严密的循环中执行一组特定的指令，并测量平均执行时间。该组指令至少包括一个引发 Hypervisor（如果存在）处理的指令，因此需要额外的处理时间。时间差异能够证明 Hypervisor 的存在。这些技术使用从 CPU 时钟计数器到外部时间服务器等各种时间源。

模拟器能够同 Hypervisor 一样被时序攻击检测到。然而，除此之外，还存在另一种无须时间源的方法。由于仿真指令集架构的复杂性和仿真器并不完善，一些指令在物理处理器和仿真处理器上的行为可能不同。恶意软件可以利用这些差异来检测模拟器。

# 21.4　总结

在过去的 10 年里，恶意软件检测分析和绕过技术已经发展到高度复杂的程度。在本章中，我们描述了这一发展演变和当前的技术状态，以鼓励安全系统的产业界供应商将学术创新引入他们的商业产品中。

# 原著参考文献

# 反侵权盗版声明

电子工业出版社依法对本作品享有专有出版权。任何未经权利人书面许可,复制、销售或通过信息网络传播本作品的行为,歪曲、篡改、剽窃本作品的行为,均违反《中华人民共和国著作权法》,其行为人应承担相应的民事责任和行政责任,构成犯罪的,将被依法追究刑事责任。

为了维护市场秩序,保护权利人的合法权益,我社将依法查处和打击侵权盗版的单位和个人。欢迎社会各界人士积极举报侵权盗版行为,本社将奖励举报有功人员,并保证举报人的信息不被泄露。

举报电话:(010)88254396;(010)88258888

传　　真:(010)88254397

E-mail: dbqq@phei.com.cn

通信地址:北京市海淀区万寿路173信箱

　　　　　电子工业出版社总编办公室

邮　　编:100036